高等学校机电工程类系列教材

可编程逻辑控制器

(基于 S7-200 系列)

主　编　赵全利

副主编　齐国红　许新华　陈景召

西安电子科技大学出版社

内 容 简 介

本书以工程为导向，以实践为核心，系统阐述了 S7-200 系列 PLC 的性能特点、硬件结构和配置、工作原理、编程资源、指令系统、模拟量采集、PID 控制回路、程序设计方法及应用，同时介绍了 S7-200 升级版 S7-200 SMART PLC 的系统配置、编程环境及一般应用，并简要介绍了西门子新一代 S7-1200 PLC 的结构特点、编程软件及应用示例，以满足当前高等学校相关专业的教学需求。

本书内容由浅入深、循序渐进，编程应用示例和实例丰富，便于推行基于项目设计案例的实践育人教学方法和学习方法，便于教与学，有助于引导读者逐步认识、熟悉、掌握及应用 PLC。

本书可作为高等学校电气工程、自动化、机电工程、测控技术及计算机等专业 PLC 应用技术课程的教材，同时也可作为相关技术人员的参考书。

图书在版编目(CIP)数据

可编程逻辑控制器：基于 S7-200 系列 / 赵全利主编；齐国红，许新华，陈景召副主编.--西安：西安电子科技大学出版社，2024.6

ISBN 978-7-5606-7266-3

Ⅰ.①可… Ⅱ.①赵… ②齐… ③许… ④陈… Ⅲ.①可编程序控制器—高等学校—教材 Ⅳ.①TM571.61

中国国家版本馆 CIP 数据核字(2024)第 091599 号

责任编辑 薛英英
出版发行 西安电子科技大学出版社(西安市太白南路 2 号)
电　　话 (029)88202421 88201467　　邮　　编 710071
网　　址 www.xduph.com　　电子邮箱 xdupfxb001@163.com
经　　销 新华书店
印刷单位 陕西天意印务有限责任公司
版　　次 2024 年 6 月第 1 版　　2024 年 6 月第 1 次印刷
开　　本 787 毫米×1092 毫米 1/16　　印张 18
字　　数 426 千字
定　　价 47.00 元
ISBN 978-7-5606-7266-3 / TM

XDUP 7568001-1

前　言

可编程逻辑控制器(Programmable Logic Controller，PLC)是以微处理器为基础，综合了计算机技术、自动控制技术和通信技术发展起来的一种新型工业自动化控制装置，其在电气控制等各种自动化控制领域有着越来越广泛的应用。

S7-200 系列 PLC 使用灵活、操作简便、价格低廉，能够满足一般控制系统的功能要求，占有很大的市场份额。西门子公司为了满足我国用户的习惯，推出了 S7-200 CN、S7-200 SMART PLC 以及升级版新一代小型 S7-1200 PLC 等产品。为了便于读者学习和掌握 PLC 基础知识及应用，为后续学习和应用 PLC 高端产品打下坚实的基础，我们编写了本书。

本书以实践育人和工程应用为出发点，在介绍 PLC 基础知识的基础上，结合由浅入深的应用示例和实例，系统阐述了 S7-200 系列 PLC 的性能特点、硬件结构、工作原理、编程资源、指令系统、网络通信及应用，同时介绍了 S7-200 SMART PLC 的系统配置、编程环境及应用示例，并简要介绍了西门子新一代 S7-1200 PLC 的结构特点及简单应用，以满足当前高等学校相关专业的教学需求。

本书为郑州西亚斯学院示范性应用技术学校系列创新教材，由郑州西亚斯学院、河南大学和科大讯飞等相关高校教师和企业人员合作编写。本书融入了编者多年来在高校“可编程逻辑控制器”课程教学实践中所取得的教学改革成果和相关企业 PLC 应用的成功案例。

本书主要特点如下：

(1) 实践导向。本书既注重通过应用实例映射 PLC 的一般工作原理及应用特点，又注重 PLC 教学的可阅读性和实践性，更注重 PLC 工程应用的可操作性和实用性。

(2) 应用示例和实例丰富。本书用丰富的应用示例和实例贯穿相关知识点，引导读者逐步认识、熟悉、掌握、应用 PLC。

(3) 项目实践。本书以问题—项目—系统设计案例的方式实现技能实训过程，由浅入深，内容翔实，便于操作和应用。

(4) 便于自学。本书针对主要知识点提供了详尽的描述，详细介绍了实际操作过程，循序渐进、通俗易懂、条理清晰，便于自学。

本书共10章，第1章简要介绍了PLC基础及系统结构；第2章详细介绍了S7-200系列PLC硬件系统配置、外部端口接线、内部资源以及S7-200 SMART PLC的系统配置；第3章至第5章分别介绍了S7-200系列PLC的基本指令及应用、PLC开关量及顺序控制梯形图程序设计方法、S7-200系列PLC的功能指令及应用；第6章介绍了PLC模拟量采集及PID控制回路；第7章主要介绍了S7-200 PLC的网络通信实现及通信指令的应用示例等；第8章通过几个典型工程控制系统实例，详细介绍了PLC在工业控制系统中的设计过程和操作步骤；第9章介绍了STEP 7-Micro/WIN V4.0和STEP 7-Micro/WIN SMART编程软件的使用方法、编程示例；第10章介绍了S7-1200 PLC的结构及应用。

本书中所列举的PLC设计实例，都已经由STEP 7-Micro/WIN 4.0或STEP 7-Micro/WIN SMART编程软件编译通过，读者可直接使用，或稍作修改用于相关系统的设计。

本书由郑州西亚斯学院赵全利任主编，齐国红、许新华、陈景召任副主编。其中，赵全利编写第1、2、3、4、5、10章，齐国红编写第6、8章，许新华编写第7、9章，陈景召对全书进行了结构设计，河南大学秦春斌博士进行了逻辑层次设计，科大讯飞王喜军高级工程师对全书工程应用实例进行了设计和调试，附录、各章习题、程序上机调试、图表制作、文字录入及电子课件由杨伦、齐国红、赵崇焱、路瀚程编写和完成。全书由赵全利统稿。

本书可作为高等学校电气工程、自动化、机电、测控技术及计算机等专业的教材，也可作为相关技术人员的参考书。

为了方便教师、学生和自学者使用，本书配备了课件、各章源程序文件、习题解答、教案、课程提纲、实验指导及部分短视频等电子资源。读者可在出版社网站自行获取。

在本书的编写过程中，编者参考和引用了许多文献，在此对文献的作者表示真诚感谢。

由于编者水平有限，书中难免存在不妥之处，敬请广大读者批评指正。

编　者

2024年3月

目　录

第 1 章　PLC 基础及系统结构

可编程逻辑控制器(PLC)以微处理器为核心，以存储程序控制的方式实现逻辑运算、定时、计数、模拟信号处理及比例、积分、微分控制(PID)运算等功能，是一种新型工业自动化控制装置。

本章在介绍继电接触控制电路的基础上，阐述 PLC 的产生、发展及应用特点，介绍 PLC 的工作过程、硬件结构及软件组成，并通过一个简单的 PLC 应用示例，使读者初步了解 PLC 应用的开发过程。

1.1　继电接触控制电路

虽然可编程逻辑控制器已经广泛应用在各种控制领域中，但是控制对象信号的采集及控制系统的驱动输出仍然需要由电气元器件完成。对于一些要求不高的小规模的控制，由于继电接触控制方便、性价比高，因而仍然在使用。传统的继电接触控制仍然是现代电气控制技术的基础。

1.1.1　继电接触控制系统的结构

继电接触控制主要通过电气开关、按钮、继电器、接触器等电气元器件来实现对电机或其他电气设备的控制。

一个继电接触控制系统由主电路(被控对象)和控制电路组成，控制电路主要由输入部分、输出部分和控制部分组成，如图 1-1 所示。

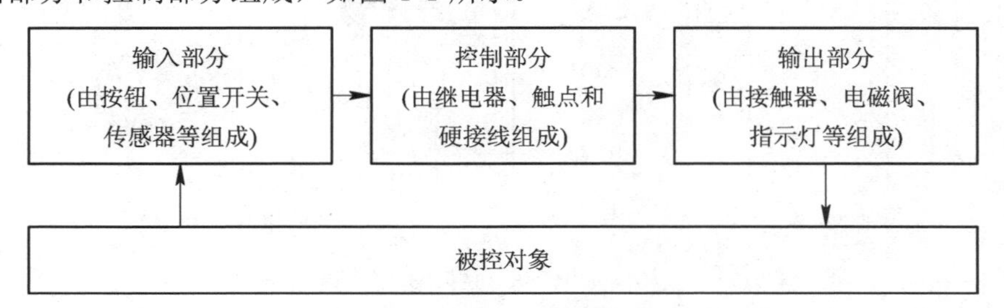

图 1-1　继电接触控制系统的组成

图中，控制电路的输入部分是由各种输入设备，如按钮、位置开关及传感器等组成的；控制部分是按照控制要求，由若干继电器、触点和硬接线组成的；输出部分是由各种输出设备，如接触器、电磁阀、指示灯等执行部件组成的。

继电接触控制系统根据操作指令及被控对象发出的信号，由控制电路按规定的动作要求决定执行什么动作或动作顺序，然后驱动输出设备实现各种操作功能。

继电接触控制系统的缺点是接线复杂、灵活性差、工作频率低、可靠性差、触点易损坏。

1.1.2　继电接触控制基本控制电路

下面介绍继电接触控制常用的三相异步电动机自锁单向启动控制电路和电动机正、反转控制电路。

1. 三相异步电动机自锁单向启动控制电路

三相异步电动机是一种将电能转换成机械能的动力机械，其结构简单、使用方便、可靠性高、易于维护、不受使用场所限制，广泛应用于厂矿企业、科研生产、交通运输、娱乐生活等各个领域。根据生产过程和工艺需求，本小节所介绍的三相异步电动机自锁单向启动控制电路的功能要求如下：

(1) 对三相异步电动机进行启动、停止、自锁保护控制。

(2) 对三相异步电动机实施过载保护、失电保护及短路保护等方面的控制。

实现以上功能的三相异步电动机自锁单向启动控制电路如图 1-2 所示，这也是电气控制系统中最典型的电路之一。

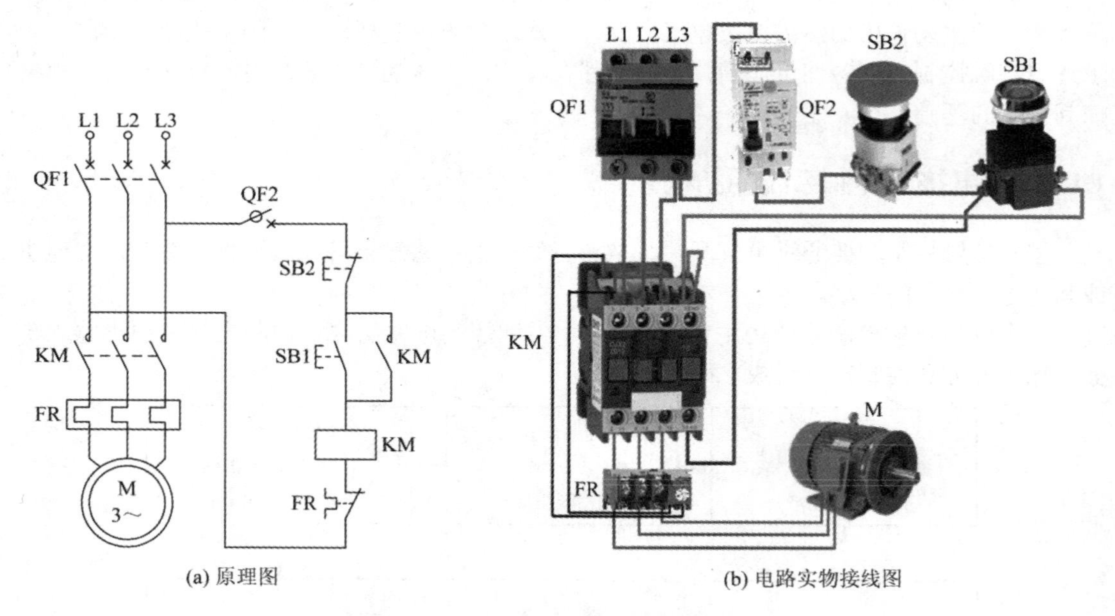

(a) 原理图　　(b) 电路实物接线图

图 1-2　三相异步电动机自锁单向启动控制电路

1) 控制电路的组成

三相异步电动机自锁单向启动控制电路由主电路和继电控制电路组成。

(1) 主电路由三相电源、电动机 M、热继电器 FR、接触器(控制电路的输出部分)KM

的主常开触点及低压断路器 QF1 构成。

(2) 继电控制电路的输入控制部分由漏电保护断路器 QF2、常开按钮 SB1(启动控制)、常闭按钮 SB2(停止控制)及热继电器 FR 的常闭触点(串联电路)组成；输出控制部分由接触器 KM 的辅助常开触点及它的线圈组成(注意：本例控制电路工作电压为两相电压 AC 380 V)，接触器 KM 的主常开触点实现对主电路的控制。

2) 控制电路的工作原理

三相异步电动机自锁单向启动控制电路的工作原理如下：

(1) 合上 QF1，主电路引入三相电源 L1-L2-L3。

(2) 合上 QF2，控制电路引入 L1-L3 相电源，当按下启动按钮 SB1 时，接触器 KM 线圈通电，其常开主触点闭合，电动机接通电源开始全启动，同时接触器 KM 的辅助常开触点闭合，这样，松开启动按钮 SB1 后，接触器 KM 线圈仍能通过其辅助触点通电并保持吸合状态。这种依靠接触器本身辅助触点使其线圈保持通电的现象称为自锁，起自锁作用的触点称为自锁触点。

(3) 按下停止按钮 SB2 后，接触器 KM 线圈失电，其主触点断开，切断电动机三相电源，电动机 M 自动停止，同时接触器 KM 自锁触点也断开，控制回路解除自锁，KM 断电。松开停止按钮 SB2 后，控制电路又回到启动前的状态。

3) 控制电路的保护环节

由于在生产运行中有很多无法预测的情况，因此为了工业生产能够安全、顺利地进行，减少生产事故造成的损失，有必要在电路中设置相应的保护环节。

三相异步电动机自锁单向启动控制电路的保护环节及功能如下：

(1) 短路保护。低压断路器 QF1 和漏电保护断路器 QF2 对主电路和控制电路实现短路保护。当电路发生短路故障时，低压断路器立即切断电路，停止对电路的供电。

(2) 过载保护。热继电器 FR 对电动机 M 实现过载保护。当通过电动机的电流超过一定范围且经过一定时间后，FR 触点动作，切断电动机供电回路。

(3) 漏电保护。在控制电路发生漏电故障时，如果漏电保护断路器 QF2 工作十分可靠，则控制电路可通过漏电保护断路器切断电路，实施保护。

(4) 欠压、失压保护。交流接触器 KM 还具有欠压、失压保护功能，即当电源电压过低或电源断电时，KM 自动复位，电动机 M 停止工作。在 KM 复位后，即便电源电压恢复正常状态，电路也不能自恢复启动，必须重新按下启动按钮，电动机才能重新启动。

2. 电动机正、反转控制电路

在工业控制中，各种生产机械常常需要在上、下、左、右、前、后等相反方向进行可逆运行，如车床刀具的前进、后退，钻床的上升、下降，皮带轮的左、右传送等，这些操作都要求电动机能够实现正、反转切换。由电动机的原理可知，要实现电动机的正、反转切换，只需将三相电源进线中的任意两相对调。因此，可逆运行控制电路实质上是由两个方向相反的单向运行电路构成的，且必须保证对调过程中不发生相间短路。

1) 控制电路的组成

图 1-3 为电动机正、反转运行控制的典型电路之一。

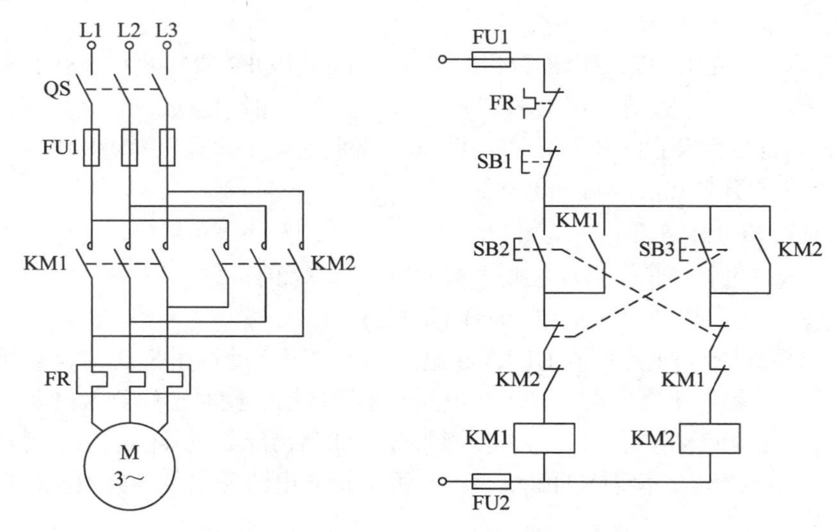

图 1-3　电动机正、反转控制电路

2) 控制电路的工作原理

电动机正、反转控制电路的工作原理如下：

(1) 按下电动机正转启动按钮 SB2，接触器 KM1 线圈通电，其常开主触点闭合，电动机接通电源开始全启动，同时接触器 KM 的辅助常开触点闭合自锁。

(2) 按下停止按钮 SB1，KM1 断电，电动机停止工作。

(3) 按下反转启动按钮 SB3，接触器 KM2 通电自锁，电动机反转启动。

3) 控制电路的保护环节

电动机正、反转控制电路除具有短路保护、电动机过载保护、欠压及失压保护外，为了防止由于误操作而引起相间短路，在控制电路中还加入了接触器触点 KM1、KM2 互锁及按钮 SB2、SB3 互锁保护环节。

1.1.3　继电接触控制电路电气元器件选择原则

电路原理图设计完成后，应依照所设计电路选择所需电气元器件。一般情况下，各电气元器件的选择原则如下：

(1) 自动开关(低压断路器)的选择：自动开关的额定电压和额定电流应不小于电路的正常工作电压和电流；热脱扣器的整定电流应与所控制电动机的额定电流或负载额定电流一致；电磁脱扣器的瞬时脱扣整定电流应大于负载电路正常工作时的尖峰电流。

(2) 熔断器的选择：应根据控制电路要求、使用场合和安装条件选择熔断器的类型；熔断器的额定电压应大于或等于控制电路的工作电压；熔断器的额定电流应为负载工作电流的 2～3 倍。

(3) 接触器的选择：应根据接触器所控制的负载性质来选择接触器的类型；接触器的额定电压应大于或等于负载回路的电压；接触器的额定电流应大于或等于被控回路的额定电流；吸引线圈的额定电压应与所接控制电路的电压一致；触点数量和种类应满足主电路和控制电路的要求。

(4) 时间继电器的选择：应根据控制电路的要求来选择延时方式，即通电延时型或断电延时型；根据延时准确度要求和延时长短要求、使用场合、工作环境选择合适的时间继电器。

(5) 热继电器的选择：应根据电动机的工作环境、启动情况、负载性质等因素来选择热继电器。

1.2　PLC 概　述

通俗地说，PLC 就是专用的、便于扩充的计算机控制装置。

1987 年，国际电工委员会(International Electrotechnical Commission，IEC)颁布的 PLC 标准草案中对 PLC 作了如下定义："可编程控制器是一种数字运算操作系统，专为工业环境下应用而设计。它采用了可编程序的存储器，用来在其内部存储执行逻辑运算、顺序控制、定时、计数和算术运算等操作的指令，并通过数字式或模拟式的输入和输出，控制各种类型的生产机械和生产过程。可编程控制器及其有关外围设备，都按易于与工业系统连成一个整体、易于扩充其功能的原理设计。"

1.2.1　PLC 的产生、发展、特点及分类

1. PLC 的产生和发展

PLC 问世以前，人们主要利用继电接触式控制系统控制工业生产过程。

1969 年，美国数字设备公司(Digital Equipment Corporation，DEC)根据美国通用汽车(General Motors，GM)公司的要求，研制出了第一台 PLC(型号为 PDP-14)，该 PLC 在美国通用汽车公司的生产线上进行了试用，并取得了令人满意的效果，PLC 自此诞生。

早期的可编程控制器是为了取代继电接触控制电路、存储程序指令，完成顺序控制而设计的，主要用于逻辑运算、定时、计数和顺序控制等开关量逻辑控制，所以通常被称为可编程逻辑控制器。

20 世纪 70 年代，随着微电子技术的发展，出现了微处理器和微型计算机。人们将微机技术应用到 PLC 中，计算机的功能得到了充分发挥，不仅用逻辑编程取代了继电器和数字电路逻辑功能，还增加了运算、数据传送和处理等功能，使 PLC 真正成为一种工业控制计算机设备。1980 年，美国电器制造商协会正式将其命名为可编程控制器(Programmable Controller，PC)，但由于容易与个人计算机(Personal Computer，PC)混淆，人们还是习惯性地用 PLC 作为可编程控制器的缩写，以示区别。

进入 20 世纪 80 年代，随着大规模和超大规模集成电路等微电子技术的快速发展，以 16 位和 32 位微处理器构成的微机化 PLC 得到了迅猛发展。这一阶段，PLC 的功能增强，体积、功耗减小，成本下降，可靠性提高，同时 PLC 在远程控制、网络通信、数据图像处理等方面也得到了长足的发展。

自 20 世纪 80 年代以来，随着改革开放的不断深入和社会主义现代化的全面推进，PLC

的应用在我国得到长足的发展。在改造传统设备、设计新的控制设备产品及生产过程工控系统中，PLC 的应用逐年增多，并取得了显著的经济效益。

目前，PLC 技术已非常成熟，不仅实现了多处理器的多通道处理。而且控制功能增强，功耗和体积减小，编程和故障检测更为灵活方便。此外，随着远程 I/O、通信网络及图像显示等多种技术的融合，PLC 在连续生产过程控制领域的应用也更加广泛，PLC 已经成为实现工业生产自动化的主要控制装置。

2. PLC 的特点

PLC 作为一种新型、专用的工业控制装置，有着其他控制设备不可替代的特点。

(1) 编程方法简单、易学。PLC 是面向用户的设备，它采用梯形图和面向工业控制的简单指令语句编写程序。梯形图是最常用的可编程控制器的编程语言，其编程符号和表达方式与继电器电路原理图相似。梯形图编程语言形象直观，易学易懂，熟悉继电器电路图的工程技术人员只需少量时间就可熟练掌握梯形图编程语言。梯形图编程语言实际上是一种面向用户的高级语言，可编程控制器在执行梯形图程序时，用编译程序将它“翻译”成机器语言后再去执行。

(2) 功能强、性价比高。一台小型 PLC 内有成百上千个可供用户使用的编程元件，可以实现非常复杂的控制功能。此外，PLC 还可以通过通信联网，实现分散控制、集中管理。与相同功能的继电器系统相比，PLC 具有很高的性价比。

(3) 硬件配套齐全、线路连接方便、适应性强。PLC 及外围模块品种多、功能全、接线方便，它们可以灵活方便地组合成各种大小和不同功能要求的控制系统。在由 PLC 构成的控制系统中，只需在 PLC 的端子上接入相应的输入/输出(I/O)信号线，不需要继电器等物理电子器件和大量而繁杂的硬接线线路。PLC 的输入端可以通过输入开关信号直接与 DC 24 V 的电信号相连接；根据功能选择，还可以直接输入工业标准模拟量(电压、电流)信号及工业温控热电阻、热电偶，以供 PLC 采集。PLC 的输出端可以根据负载需要直接控制 AC 220 V 或 DC 24 V 电源与其连接，且具有较强的带负载能力，可以直接驱动一般的电磁阀和交流接触器的控制线圈；根据功能选择，还可以直接输出工业标准模拟量(电压、电流)控制信号。

(4) 可靠性高、抗干扰能力强。可靠性高、抗干扰能力强是 PLC 最突出的特点之一。

① PLC 的 I/O 通道均采用光电隔离，使工业现场的外电路与 PLC 内部电路之间在电气上隔离，有效地抑制了外部干扰源对 PLC 的影响。

② 对供电电源及线路采用多种形式的滤波，以消除或抑制高频干扰；对 CPU 等重要部件采用优良的导电、导磁材料进行屏蔽，以减少空间电磁干扰。

③ PLC 采用了现代大规模集成电路技术以及严格的生产工艺，且内部电路采用了先进的抗干扰技术，因此其具有很高的可靠性。

④ PLC 采用扫描工作方式，减少了由外界环境干扰引起的故障。

另外，PLC 在结构上对耐热、防潮、防尘、抗震等也都有精确的考虑。因此，PLC 与一般控制系统相比，具有更高的可靠性和很强的抗干扰能力，可以直接用于具有强烈干扰的工业现场，并能持续正常工作。PLC 平均无故障时间可达数万小时，使用寿命可达 10 年以上。

(5) 通信方便、便于实现组态监控。由 PLC 构成的控制系统通过通信接口可以实现与现场设备及计算机之间的信息交换，可以方便地与上位机实现计算机组态监视与控制，为实现分布式控制系统(Distributed Control System，DCS)，进一步深化自动化技术应用奠定了基础。

(6) 体积小、功耗低。PLC 体积小、质量轻、便于植入各种机械设备内部，实现机电一体化。对于复杂的控制系统，应用 PLC 后，可大大缩小控制系统的体积。此外，在控制系统中采用 PLC，减少了各种时间继电器和中间继电器的数量，可以降低能耗。

(7) 系统的设计、安装、调试工作量小。PLC 用软件功能取代了继电接触控制系统中大量的继电器、计数器等器件，大大减少了控制柜的设计、安装及接线工作。PLC 的梯形图编程方法规律性强，容易掌握。对于复杂的控制系统，设计梯形图所需的时间比设计继电器系统电路所需时间要少得多。PLC 的用户程序可模拟调试，输入信号用小开关代替，输出信号的状态可通过 PLC 上的发光二极管表示，调试好后再将 PLC 安装在现场统一调试。调试过程中发现的问题一般通过修改程序就可以解决，所需调试时间比继电器系统少得多。由于 PLC 及其模块内部包含了各类通用接口电路，由 PLC 组成的控制系统外部接线简单、方便，设计周期短，可操作性强。

(8) 维护方便。PLC 的故障率非常低，并且有完善的自诊断和显示功能。当 PLC 本身、外部的输入装置或执行机构发生故障时，可以根据 PLC 上的发光二极管或编程器提供的信息迅速查明故障原因。如果是 PLC 自身故障，可用更换模块的方法迅速解决问题。

3. PLC 的分类

PLC 的形式有多种，功能也不尽相同，一般按照以下两种原则对 PLC 进行分类。

1) 按硬件结构形式分类

根据硬件结构形式的不同，PLC 可分为整体式 PLC 和模块式 PLC。

(1) 整体式 PLC。整体式 PLC 是将 CPU、I/O 接口、电源等部件集中装在一个机箱内，其具有结构紧凑、体积小、价格低、安装方便的特点。整体式 PLC 提供了多种不同 I/O 点数的基本单元和扩展单元，供用户选择。基本单元包含 CPU、I/O 接口、与 I/O 扩展单元相连的扩展口、与编程器或 EPROM 写入器相连的接口等。扩展单元内只有 I/O 接口和电源等，没有 CPU。小型 PLC 一般采用整体式结构，如西门子 S7-200 系列、S7-200 系列 PLC 的替代产品 S7-200 SMART 及 S7-1200 PLC 等。

(2) 模块式 PLC。模块式 PLC 由机架和具有不同功能的模块组成，各模块可直接挂接在机架上，模块之间通过背板总线连接起来。

大、中型 PLC 多采用这种结构形式，如西门子 S7-300 系列、S7-400 系列。

2) 按功能和 I/O 点数分类

根据 PLC 的功能强弱不同，PLC 可分为小型 PLC、中型 PLC 和大型 PLC。

(1) 小型 PLC。小型 PLC 的 I/O 点数在 256 点以下，其中，I/O 点数小于 64 点的为超小型或微型 PLC。小型 PLC 除具有逻辑运算、定时、计数、移位、算术运算、数据传送、比较、通信、自诊断、监控等基本功能外，还具有进行少量模拟量输入/输出、PID 控制及中断控制等功能。小型 PLC 主要用于逻辑控制、顺序控制或少量模拟量控制的单机控制系统，也可以组成小规模的通信控制系统，能够满足当前大多数控制系统的需求。

(2) 中型 PLC。中型 PLC 的 I/O 点数在 256～2048 点之间。中型 PLC 除具有小型 PLC 的功能外，还具有较强的模拟量输入/输出、算术运算、数据传送和比较、数制转换、远程 I/O、子程序、通信联网等功能。例如，西门子 S7-300 系列 PLC 为中型 PLC。

(3) 大型 PLC。大型 PLC 的 I/O 点数在 2048 点以上。其中，I/O 点数超过 8192 点的 PLC 为超大型 PLC，可用于大规模过程控制或构成分布式网络控制系统，更利于实现工厂自动化。例如，西门子 S7-400 系列 PLC 为大型 PLC。

目前，国外的 S7-200 PLC 生产线已经停产，但在我国及其他一些发展中国家，中小型控制系统应用特别广泛，S7-200 CN 系列 PLC 由于价格便宜、设计简单及操作方便，仍然占有很大的市场保有量。

1.2.2 PLC 的应用领域

PLC 不仅能替代继电接触控制，还能用来解决模拟量闭环控制及较复杂的计算和通信问题。PLC 在工业自动化领域的应用比例越来越大，当前已处于自动化控制设备的领先地位。

1. 开关量的逻辑控制

开关量的逻辑控制是 PLC 最基本、最广泛的应用领域。它取代了传统的继电接触控制系统，实现了逻辑控制、顺序控制。开关量的逻辑控制是系统工作最基本的控制，也是离散生产过程最常用的控制。

开关量的逻辑控制可用于单机控制，也可用于多机群及自动生产线的控制等，例如，印刷机械、包装机械、组合机床、电镀流水线、电梯控制等。

顺序控制是根据有关输入开关量记忆状态产生所要求的开关量输出，使系统能按一定顺序工作。

2. 运动控制

运动控制主要指对工作对象的位置、速度及加速度所作的控制。PLC 可用于直线运动或圆周运动的控制。早期直接用开关量 I/O 模块连接位置传感器和执行机械，现在一般使用专用运动模块来实现。

3. 闭环过程控制

PLC 通过模拟量的 I/O 模块可实现模拟量与数字量的 A/D、D/A 转换。此外，PLC 可实现对温度、压力、流量等连续变化的模拟量的闭环 PID 控制。当过程控制中某个变量出现偏差时，PID 控制算法根据程序设定的参数，进行数据处理，产生所要求的模拟量或开关量输出，其输出控制执行机构，使变量按照设计要求的控制规律变化恢复到设定值上。

4. 数据处理

数据处理也称信息控制，现代的 PLC 具有数学运算(包括矩阵运算、函数运算、逻辑运算)、数据传递、排序、查表以及位操作等功能，可以完成数据的采集、分析和处理。数据处理一般用在大中型控制系统中。

5. 联机通信

PLC 通过通信线路可以方便地实现与 PLC、上位机及其他智能设备之间的通信，便于网络组成，实现“集中管理，分散控制”的分布式控制系统(DCS)。

6. 现场总线控制

使用现场总线后，自控系统的配线、安装、调试和维护等方面的费用可以节约 2/3 左右，而且，操作员可以在中央控制室实现远程控制，对现场设备进行参数调节，也可通过设备的自诊断功能寻找故障点。现场总线 I/O 与 PLC 可以组成低价的分布式控制系统(DCS)，现场总线控制系统将 DCS 的控制站功能分散给现场控制设备，仅靠现场总线设备就可以实现自动控制的基本功能。例如，将电动调节阀及其驱动电路、输出特性补偿、PID 控制和运算、阀门自校验和自诊断功能集成在一起，再配上温度变送器就可以组成一个闭环温度控制系统，有的传感器也可植入 PID 控制功能。

1.2.3 PLC 控制与继电接触控制的区别

前已述及，继电接触控制系统主要由输入部分(开关等)、输出部分(接触器等)和控制部分(继电器及触点等)组成。对于不同要求的控制功能，必须设计相应的控制电路。PLC 控制系统也由输入、输出和控制三部分组成，如图 1-4 所示。

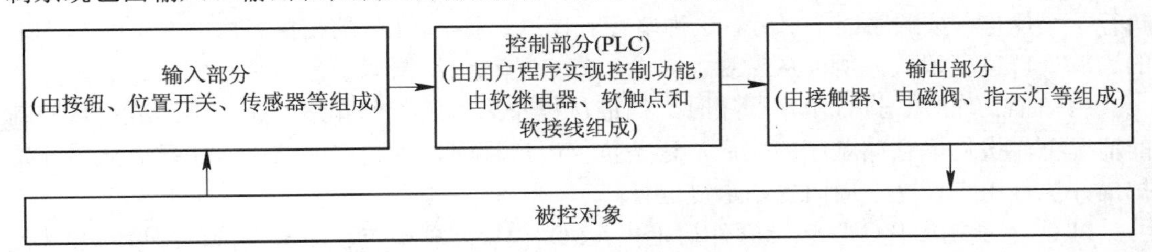

图 1-4　PLC 控制系统的组成

从图 1-4 中可以看出，PLC 控制系统的输入、输出部分和继电接触控制系统的输入、输出部分基本相同，但其控制部分则采用了“可编程”的 PLC，而不是实际的继电器线路。因此，在硬件电路基本不变的情况下，PLC 控制系统可以方便地通过改变用户程序实现各种控制功能，从根本上解决了继电接触控制系统控制电路难以改变的问题。同时，PLC 控制系统不仅能实现逻辑运算、数值运算，还具有过程控制等复杂的控制功能。

PLC 控制系统与继电接触控制系统的主要区别如下。

1. 组成器件不同

继电接触控制系统由许多真正的硬件继电器组成，而 PLC 控制系统由许多所谓的“软继电器(简称元件)”组成。这些“软继电器”实质上是存储器中的位触发器，可以置“0”或置“1”。

2. 触点数量不同

硬件继电器的触点数量有限，用于控制的继电器的触点一般只有 4～8 对，而 PLC 中每只软继电器供编程使用的触点数有无数多对。

3. 控制方法不同

继电接触控制系统通过各种继电器之间的硬接线来实现某种控制，由于其控制功能已经包含在固定线路之间，因此它的功能专一、灵活性差；而 PLC 控制系统在输入/输出硬件装置基本不变的情况下，可以通过用户编写梯形图程序(软件功能)实现多种控制功能，使用方便、灵活多变。

继电接触控制系统中设置了许多制约关系的互锁电路，可满足提高安全性和节约继电器触点的要求；而 PLC 控制采用了扫描工作方式，不存在几个支路并列工作的情况，此外，软件编程也可将互锁条件编制进去，大大简化了控制电路设计工艺。

4. 工作方式不同

继电接触控制系统采用硬逻辑的并行工作方式，继电器线圈通电或断电都会使该继电器的所有常开和常闭触点立刻动作；而 PLC 控制系统采用循环扫描工作方式(串行工作方式)，如果某个软继电器的线圈被接通或断开，其触点只有等到扫描到该触点时才会动作。

1.2.4 PLC 的扫描工作方式

PLC 是通过执行反映控制要求的用户程序来完成控制任务的。完成控制任务需要执行多种操作，但 CPU 不可能同时执行多个操作，它只能按分时操作(串行工作)方式，每一次执行一个操作，按顺序逐个执行，这种串行工作过程称为 PLC 的扫描工作方式。由于 CPU 的运算处理速度很快，所以从宏观上来看，PLC 的输出结果似乎是同时完成的。

用扫描工作方式执行用户程序时，扫描从程序第一条指令开始，在无中断或跳转控制的情况下，按程序存储顺序的先后，逐条执行用户程序，直到程序结束，然后再从头开始扫描并执行用户程序，周而复始重复运行。

PLC 上电初始化主要包括硬件初始化、I/O 模块配置检查、断电保持范围设定及其他初始化处理。整个扫描工作过程包括内部处理、通信服务、输入采样、程序执行、输出处理五个阶段，如图 1-5 所示。整个扫描过程执行一遍所需的时间称为扫描周期。扫描周期与 CPU 运行速度、PLC 硬件配置及用户程序长短有关，典型值为 1～100 ms。

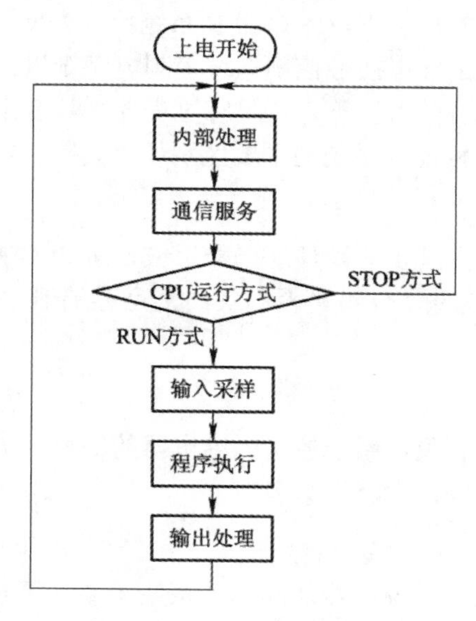

图 1-5 扫描过程示意图

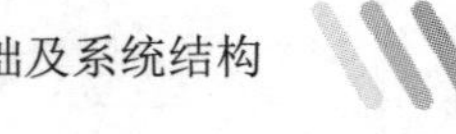

1. 内部处理阶段

在内部处理阶段，进行 PLC 自检，对监视定时器(WDT)复位以及完成其他一些内部处理工作。

2. 通信服务阶段

在通信服务阶段，PLC 与其他智能装置实现通信，响应编程器键入的命令，以及更新编程器的显示内容等。

当 PLC 处于停止(STOP)状态时，只完成内部处理和通信服务工作；当 PLC 处于运行(RUN)状态时，除完成内部处理和通信服务工作外，还要完成输入采样、程序执行、输出刷新工作。

3. 输入采样阶段

在输入采样阶段，PLC 以扫描工作方式按顺序对所有输入端的输入状态进行采样，并存入刷新的输入映像寄存器中。即使输入状态发生变化，输入映像寄存器的内容也不会改变，输入映像寄存器只有在下一个扫描周期的输入状态采样后才能被刷新。

4. 程序执行阶段

在程序执行阶段，PLC 按顺序进行扫描并执行用户程序。若程序用梯形图来表示，则总是按先上后下，先左后右的顺序进行；当遇到程序跳转指令时，则根据跳转条件是否满足来决定程序是否跳转；当指令中涉及输入、输出状态时，PLC 从输入映像寄存器和元件映像寄存器中读出，根据用户程序进行运算，运算的结果再存入元件映像寄存器中。对于元件映像寄存器来说，其内容会随程序执行的过程而变化。

5. 输出处理阶段

当所有程序执行完毕后，进入输出处理阶段。在这一阶段中，PLC 将输出映像寄存器中与输出有关的状态(输出继电器状态)转存到输出锁存器中，并通过一定方式输出，驱动外部负载。

综上所述，PLC 采用了周期循环扫描、集中输入、集中输出的工作方式，具有可靠性高、抗干扰能力强等优点，但 PLC 的串行扫描方式、输入接口的信号传递延迟、输出接口中驱动器件的延迟等原因也造成了 PLC 的响应滞后，不过对一般的工业控制，这种滞后是完全被允许的。

1.3　PLC 的基本结构

与普通计算机相比，PLC 具有更强的 I/O 接口能力和优良的抗干扰能力，更适用于工业控制要求的编程语言。

1.3.1　PLC 的硬件组成

PLC 的硬件主要由中央处理器(CPU)、存储器、输入单元、输出单元、通信接口、扩展接口、电源等几部分组成。其中，CPU 是 PLC 的核心，输入单元和输出单元是 CPU 与现场输入/输出设备之间的接口电路，通信接口主要用于连接编程器、上位机等外部设备。

对于整体式 PLC，其组成框图如图 1-6 所示；对于模块式 PLC，其组成框图如图 1-7 所示。无论是哪种结构类型的 PLC，都可根据用户需要进行配置与组合。

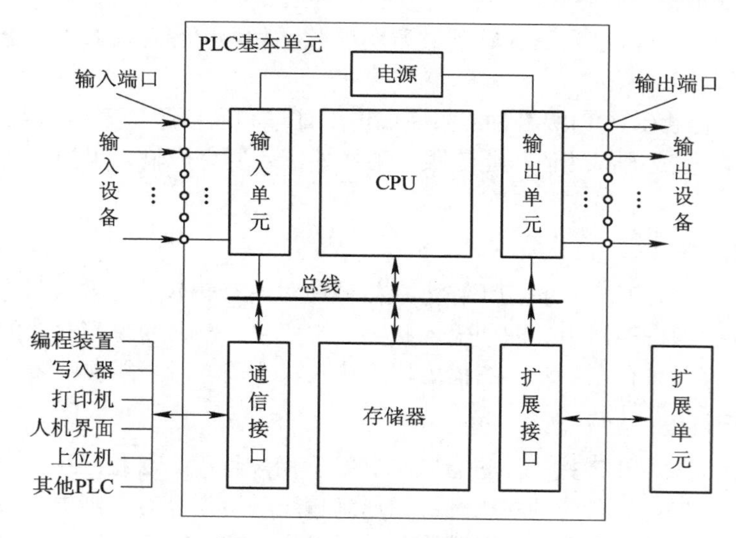

图 1-6 整体式 PLC 组成框图

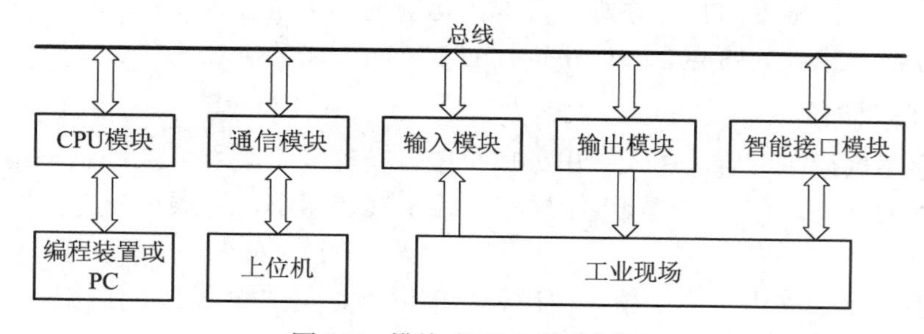

图 1-7 模块式 PLC 组成框图

尽管整体式 PLC 与模块式 PLC 的结构不太一样，但各部分的功能作用是相同的，下面对 PLC 主要组成部分进行简单介绍，包括 CPU、存储器、输入/输出单元、通信接口、智能接口模块、编程装置和电源。

1. CPU

CPU 是 PLC 的核心，PLC 中所配置的 CPU 随机型不同而不同。在实际应用中，小型 PLC 大多采用通用微处理器或单片微处理器；中型 PLC 大多采用 16 位通用微处理器或单片微处理器；而大型 PLC 大多采用高速位片式微处理器。

目前，小型 PLC 多为单 CPU 系统，而大、中型 PLC 则多为双 CPU 系统。对于双 CPU 系统，其中一个为字处理器，一般采用 8 位或 16 位处理器；另一个为位处理器，采用由各厂家设计制造的专用芯片。

字处理器为主处理器，用于实现与编程器连接、监视内部定时器和扫描时间、处理字节指令以及对系统总线和位处理器进行控制等。位处理器为从处理器，主要用于处理位操作指令和实现 PLC 编程语言向机器语言的转换。位处理器的使用，提高了 PLC 的速度，使其能够更好地满足实时控制要求。

在 PLC 中，CPU 按系统程序赋予的功能，指挥 PLC 有条不紊地进行工作，归纳起来主要有以下几个方面。

(1) 接收从编程器输入的用户程序和数据。

(2) 诊断电源以及 PLC 内部电路的工作故障和编程中的语法错误等。

(3) 通过“输入接口”接收现场的状态或数据，并存入输入映像寄存器或数据寄存器中。

(4) 从存储器逐条读取用户程序，经过解释后执行。

(5) 根据执行的结果，更新有关标志位的状态和输出映像寄存器的内容，通过输出单元实现输出控制。

2. 存储器

PLC 中的存储器主要用来存放系统程序、用户程序以及工作数据。常用的存储器主要有可读/写操作的随机存储器(RAM)和只读存储器(ROM、PROM、EPROM 与 EEPROM)两类。

系统程序用于完成系统诊断、命令解释、功能子程序调用、逻辑运算、通信及各种参数设定等功能，以及提供 PLC 运行所需要的工作环境，由 PLC 制造厂家编写，直接固化到 ROM、PROM 或 EPROM 中，不允许用户访问和修改。系统程序与 PLC 的硬件组成有关，直接影响 PLC 的性能。

用户程序是用户按照生产工艺的控制要求编制的应用程序，它随 PLC 的控制对象不同而不同。为了便于检查和修改，用户程序一般存储于 RAM 中。同时，为防止掉电时信息丢失，通常用锂电池作为后备电源。如果用户程序运行后一切正常，不需改变，也可将其固化在 EPROM 中，现在有许多 PLC 直接采用 EEPROM 作为用户存储器。当 PLC 提供的用户存储器容量不够时，PLC 还提供有存储器扩展功能，如存储模块、存储卡等。

工作数据是 PLC 运行过程中经常变化、经常存取的一些数据，一般将其存放在 RAM 中，以适应随机存取的要求。

3. 输入/输出单元

输入/输出单元通常也称为 I/O 单元或 I/O 模块，是 PLC 与工业生产现场之间连接的部件。PLC 通过输入单元可以检测被控对象的各种数据，并将这些数据作为 PLC 对控制对象进行控制的依据，同时 PLC 也可通过输出单元将处理结果送给被控制对象，以实现控制。

4. 通信接口

为了实现人机交互，PLC 配有各种通信接口。PLC 可通过这些通信接口与监视器、打印机以及其他的 PLC 或计算机等设备实现通信。

PLC 与打印机连接，可将过程信息、系统参数等输出打印；与监视器连接，可将控制过程图像显示出来；与其他 PLC 连接，可组成多机系统或连成网络，实现更大规模控制；与计算机连接，可组成多级分布式控制系统，实现控制与管理相结合。

远程 I/O 系统也必须配备相应的通信接口模块。

5. 智能接口模块

智能接口模块是一独立的计算机系统，它有自己的 CPU、系统程序、存储器以及与 PLC

系统总线相连的接口。作为 PLC 系统的一个模块，智能接口模块通过总线与 PLC 相连，进行数据交换，并在 PLC 的协调管理下独立地进行工作。PLC 的智能接口模块种类很多，如精简系列面板(HMI)、闭环控制模块、运动控制模块、中断控制模块等。

6. 编程装置

编程装置的作用是供用户编辑、调试、输入程序，也可在线监控 PLC 内部状态和参数，与 PLC 进行人机对话。编程装置是开发、应用、维护 PLC 不可缺少的工具。它可以是专用编程器，也可以是配有专用编程软件包的通用计算机系统。

专用编程器由 PLC 厂家生产，供该厂生产的某些 PLC 产品使用，主要由键盘、显示器和外存储器接插口等部件组成。按结构的不同，专用编程器可分为简易编程器和智能编程器两类。简易编程器体积小、价格便宜，可直接与 PLC 相连。智能编程器又称图形编程器，其本质是一台专用便携式计算机，既可联机编程，又可脱机编程，还具有 LCD 或 CRT 图形显示功能，可直接输入梯形图和通过屏幕对话，使用更加直观、方便，但价格较高，操作也比较复杂。

随着 PLC 产品的不断更新换代，专用编程器的生命周期也十分有限，编程装置的发展趋势是计算机编程(即配有编程软件的个人计算机)，用户只需购买 PLC 厂家提供的编程软件和相应的通信电缆。这样，用户只用较少的投资即可得到高性能的 PLC 程序开发系统。基于个人计算机的程序开发系统功能强大，它既可以编制、修改 PLC 的梯形图程序，又可以监视系统运行、打印文件、进行系统仿真等，配上相应的软件还可实现数据采集和分析等许多功能。

7. 电源

PLC 配有开关电源，以供内部电路使用。与普通电源相比，PLC 电源的稳定性好、抗干扰能力强，对电网稳定度要求不高。另外，许多 PLC 电源还能够向外提供 24 V 直流电压，为外部位控开关或传感器供电。

1.3.2 PLC 的输入/输出单元接口

I/O 单元内部的接口电路具有电平转换的功能，由于外部输入设备和输出设备所需的信号电平多种多样，而在 PLC 内部，CPU 处理的信息只能是标准电平，这种电平的差异要由 I/O 接口来完成转换。

I/O 接口电路一般具有光电隔离和滤波功能，用来防止各种干扰信号和高电压信号的进入，以免影响设备的可靠性或造成设备的损坏。

I/O 接口电路上通常还有状态指示，使工作情况更直观，方便用户维护。

PLC 还提供了多种操作电平和驱动能力的 I/O 单元，供用户选用。I/O 单元的主要类型有数字量(开关量)输入、数字量(开关量)输出、模拟量输入、模拟量输出等。

1. 开关量输入单元

常用的开关量输入单元按其使用的电源不同分为直流输入单元、交流输入单元、交/直流输入单元和传感器输入单元四种类型，其内部接口电路原理及外部输入开关信号接线如图 1-8 所示。

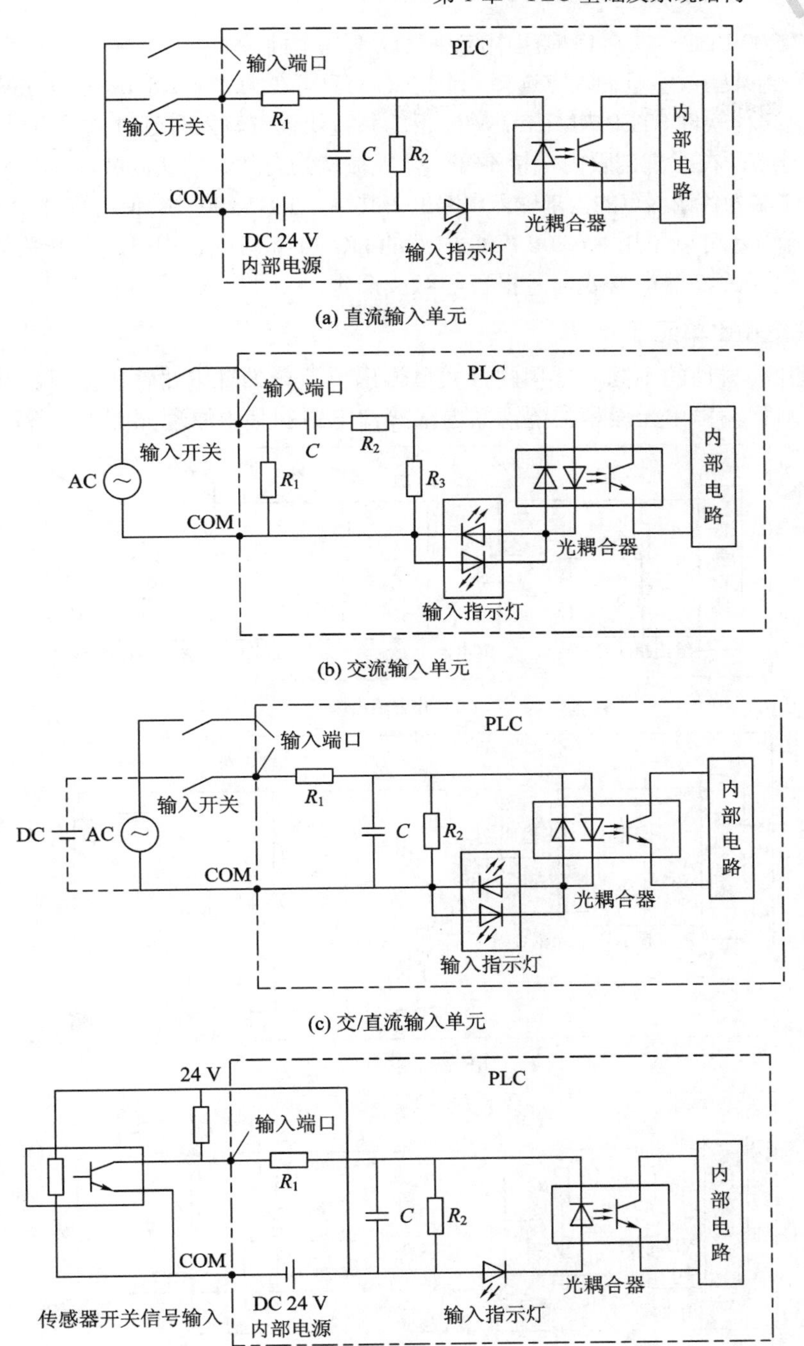

图 1-8　开关量输入单元

在图 1-8 中，开关量输入单元均设有 *RC* 滤波电路，以防止输入开关触头的抖动或干扰脉冲引起的误动作。直流输入单元、交流输入单元及交/直流输入单元的接口电路都通过光耦合器把输入开关信号传递给 PLC 内部输入单元，从而实现输入电路与 PLC 内部电路之间的隔离。虽然各类 PLC 型号不尽相同，但输入接口电路的结构没有大的差别。

对于 S7-200 PLC，在接口应用中应注意以下几个问题。

(1) 允许为某些数字量输入点选择一个定义时延(可在 0.2～12.8 ms 之间选择)的输入滤波器，可以通过编程软件 STEP 7-Micro/WIN 下的系统块设置输入时延过滤数字量输入信号。因此，输入信号必须在时延期限内保持不变，才能被认为有效。默认滤波器时延是 6.4 ms。

(2) COM 端为各输入点的内部输入电路的公共端，在 S7-200 中，使用符号 1M 或 2M 表示。

(3) 直流输入可以采用 S7-200 PLC 内部的 DC 24 V 直接供电，输入开关信号可以由普通按钮、行程开关、继电器或信号报警等触头产生。

2. 开关量输出单元

按输出开关器件的不同，常用的开关量输出单元分为继电器输出单元、晶体管输出单元和双向晶闸管输出单元三种类型，其内部接口电路的基本原理如图 1-9 所示。

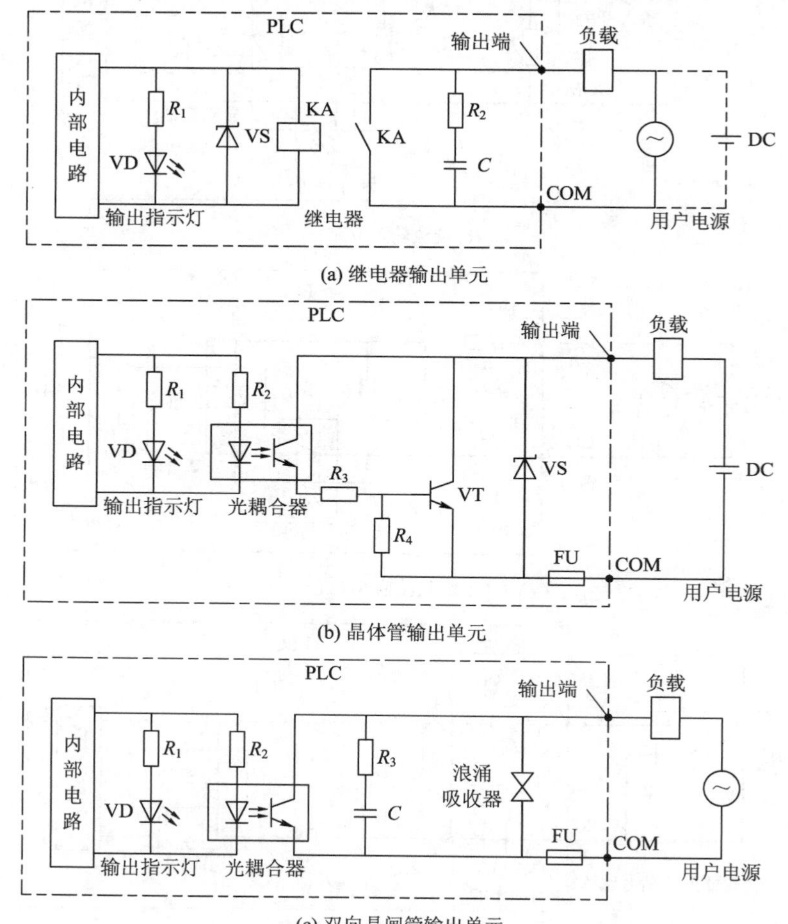

图 1-9 开关量输出接口

继电器输出单元可驱动交流或直流负载，但其响应速度慢，适用于动作频率低的负载；而晶体管输出单元和双向晶闸管输出单元的响应速度快，工作频率高，前者仅用于驱动直流负载，后者多用于驱动交流负载。

由图 1-9 可知，每种输出单元都有隔离措施。继电器输出单元是利用继电器触点与线圈将 PLC 内部电路与外部负载电路进行电气隔离的；晶体管输出单元是在 PLC 内部电路与输出晶体管之间实现光电隔离的；双向晶闸管输出单元则是在 PLC 内部电路与双向晶闸管之间采用光触发晶体管进行隔离的，因此，具有很强的抗干扰能力。

PLC 的外部负载通常是接触器、电磁阀、执行器、信号灯及相关驱动电路等，外部负载应符合 PLC 输出电路对电压、电流的要求。

PLC 的 I/O 单元所能接受的输入信号个数和输出信号个数称为 PLC 输入/输出(I/O)点数。I/O 点数是选择 PLC 的重要依据之一，当系统的 I/O 点数不够时，可通过 PLC 的 I/O 扩展接口对系统进行扩展。

3. 模拟量输入单元

需要处理的外部模拟信号可以通过 CPU 自带的模拟量(A/D)输入单元输入给 PLC，如 S7-200～CPU 224XP、S7-1200 CPU 均带有模拟量输入单元。外部模拟信号也可以通过模拟量输入扩展模块输入给 PLC。

4. 模拟量输出单元

PLC 输出的数字信号可以通过 CPU 自带的模拟量(D/A)输出单元输出给外部设备，如 S7-1200 CPU 1215C 带有模拟量输出单元。PLC 输出的数字信号也可以通过模拟量输出扩展模块输出给外部设备。

1.3.3　PLC 的软件组成

PLC 的软件主要分为系统软件和用户程序两大部分。系统软件是由 PLC 制造商编制，并固化在 PLC 内部 PROM 或 EPROM 中，随产品一起提供给用户的，用于控制 PLC 自身的运行；用户程序是由用户编制、用于控制被控装置运行的程序。

1. 系统软件

系统软件分为系统管理程序、编程软件和标准程序库。

(1) 系统管理程序是系统软件最重要的部分，是 PLC 运行的主管，具有运行管理、存储空间管理、时间控制和系统自检等功能。其中，存储空间管理是指生成用户程序运行环境，规定输入/输出、内部参数的存储地址及大小等；时间控制主要是对 PLC 的输入采样、运算、输出处理、内部处理和通信等工作的时序实现扫描运行的时间管理；系统自检是对 PLC 的各部分进行状态检测，及时报错和警戒运行时钟等，确保各部分能正常有效地工作。

(2) 编程软件是一种用于编写应用程序的工具，具有编辑、编译、检查、修改等功能。常见的西门子编程软件有 S7-200 PLC 的 STEP 7-Micro/WIN、S7-200 升级版 S7-200 SMART PLC 的 STEP 7-Micro/WIN SMART、新一代升级版 TIA 博途中的 STEP 7 Basic(S7-1200 PLC)及 WinCC 组态编程等。

(3) 标准程序库由许多独立的程序块组成，包括输入、输出、通信等特殊运算和处理程序，如信息读写程序等，各个程序块能实现不同的功能。PLC 的各种具体工作都是由这部分程序完成的。

2. 用户程序

用户程序是指用户根据工艺生产过程的控制要求，按照所使用 PLC 所规定的编程语言或指令而编写的应用程序。用户程序除 PLC 的控制逻辑程序外，还包括界面应用程序。

用户程序的编制可以使用编程软件在计算机或者其他专用编程设备上进行，也可使用手持编程器。用户程序常采用梯形图、助记符等方法编写。用户程序必须经编程软件编译成目标程序后，下载到 PLC 的存储器中进行调试。

1.4 从一个简单示例看 PLC 应用开发过程

本节通过一个简单的 PLC 三相异步电动机自锁启动控制系统应用示例，让读者初步了解 PLC 的应用开发过程。

1. 控制要求

控制要求如下：

(1) 用 S7-200 系列 PLC 实现对电动机的启动、停止、自锁保护、过载保护的控制。

(2) 按下输入控制启动按钮，电动机自锁启动；按下输入控制停止按钮，电动机停止运行。

(3) 利用热继电器的常闭触点实现过载保护。

2. PLC 三相异步电动机自锁启动控制系统的构成

根据控制要求，PLC 三相异步电动机自锁启动控制系统的主电路和控制电路如图 1-10 所示。

图 1-10(a)为该控制系统的主电路，其由电动机 M、热继电器 FR、接触器(输出部分)KM 的主常开触点、熔断器 FU1 和刀开关 QS 构成；图 1-10(b)为控制电路，其由 S7-200 PLC 控制器启动按钮 SB1(输入部分)、停止按钮 SB2(输入部分)、接触器 KM 等构成(注意：本例中控制电路接触器线圈的工作电压为 DC 24 V)。

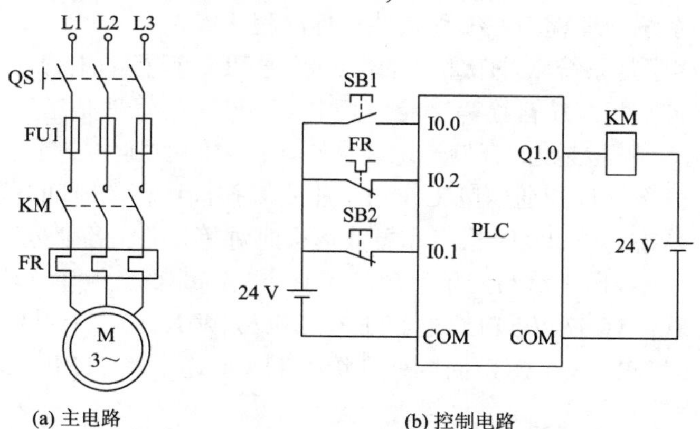

图 1-10 PLC 三相异步电动机自锁启动控制系统的主电路和控制电路

3. PLC 三相异步电动机自锁启动控制系统的工作原理

PLC 三相异步电动机自锁启动控制系统的工作原理如下：

(1) 合上刀开关 QS，主电路引入三相电源。

(2) PLC 控制电路中只需要连接输入开关信号(I0.0、I0.1、I0.2)和输出开关信号(Q1.0)，

PLC 就会执行相应的控制程序，从而实现对接触器 KM 的自锁控制。

(3) 当按下启动按钮 SB1 时，24 V 直流电源通过 PLC 输入端口 I0.0 形成回路，置 PLC 内部的输入软继电器 I0.0 为 ON，其软常开触点 I0.0 导通；由于按钮 SB2 原状态是闭合的，故输入软继电器 I0.1 为 ON，其软常开触点 I0.1 也是导通的，因此，PLC 内部的输出继电器 Q1.0 得电为 ON，其内部触点闭合，24 V 直流电源通过内部触点使接触器 KM 线圈形成通电回路，同时实现自锁功能；KM 线圈得电时，其常开主触点 KM 闭合，电动机接通电源开始全启动。

(4) 按下停止按钮 SB2 后，I0.1 回路断电，软继电器 I0.1 线圈失电，其软触点断开，Q1.0 失电为 OFF，接触器 KM 线圈断电，KM 触点断开，切断电动机三相电源，电动机 M 自动停止。松开 SB2 后，控制电路又回到启动前的状态。

(5) 热继电器 FR 对电动机实现过载保护。正常工作时，热继电器的常闭触点闭合，I0.2 为 ON，电路工作正常，当通过电动机电流超过一定范围时，热继电器动作，常闭触点断开，I0.2 为 OFF，切断电动机供电回路。

(6) 熔断器 FU1 对主电路实现短路保护，电路同时具有欠压、失压保护功能。

4. PLC 端口及接线

以 S7-200 CPU224 PLC(集成 14 输入/10 输出共 24 个数字量 I/O 点)模块作为控制器，PLC 电动机自锁启动控制电路外围接线如图 1-11 所示。

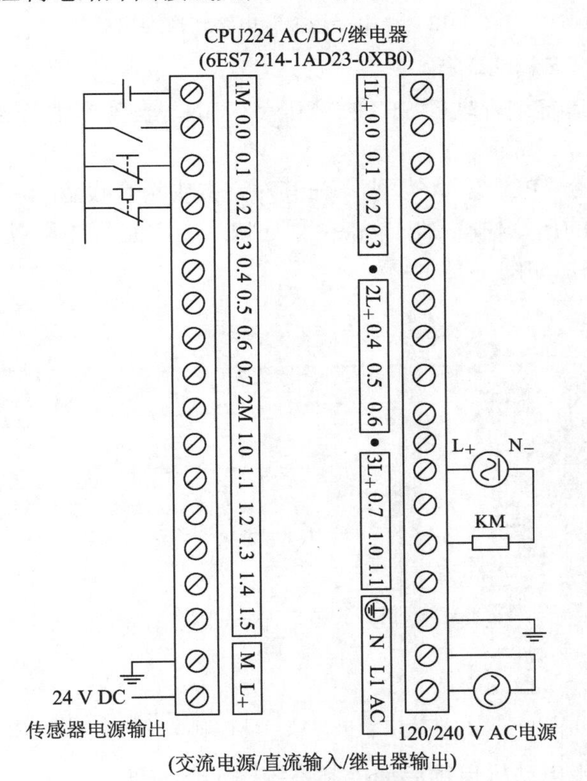

图 1-11　CPU224 外围接线图

在图 1-11 中，开关符号连接的端口均为输入端口(如 I0.0、I0.1、I0.2)；接触器连接的端口为输出端口(如 Q1.0)。

5. 编程、下载及运行

1) 程序设计

图 1-12(a)所示为传统的继电接触控制电路，可以十分方便地将其移植到 PLC 相应的软元件并稍作修改，得到如图 1-12(b)所示的 PLC 梯形图控制程序。

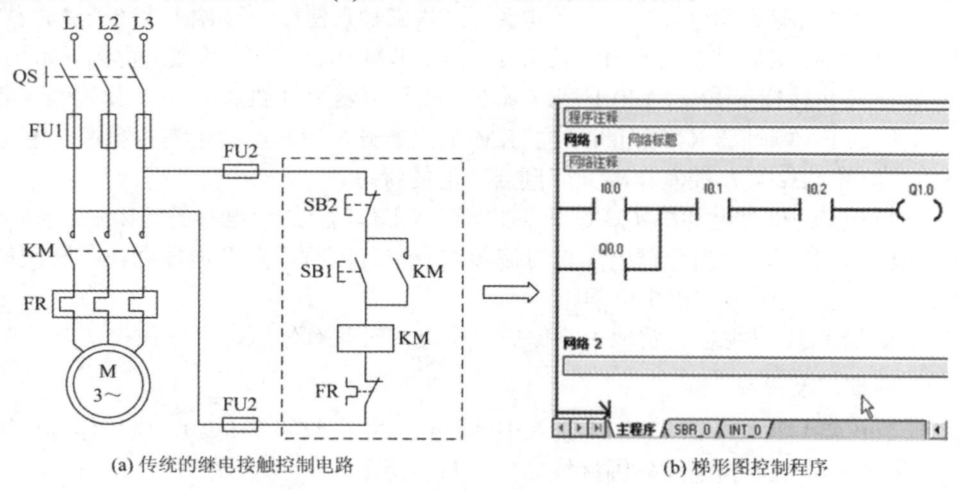

(a) 传统的继电接触控制电路　　(b) 梯形图控制程序

图 1-12　继电接触控制电路转换为梯形图

2) 编程、编译、下载及运行

(1) 在上位机上运行编程软件 SETP 7-Micro/WIN，自动产生新建项目，项目名称默认为“项目 1”。

(2) 执行菜单命令“PLC”→“类型”，在其对话框中选择设置所使用 PLC 的 CPU 型号。

(3) 在窗口左边的指令树栏目中单击“程序块” → “主程序”，进入梯形图编辑窗口，在网络 1 中输入程序，如图 1-13 所示。

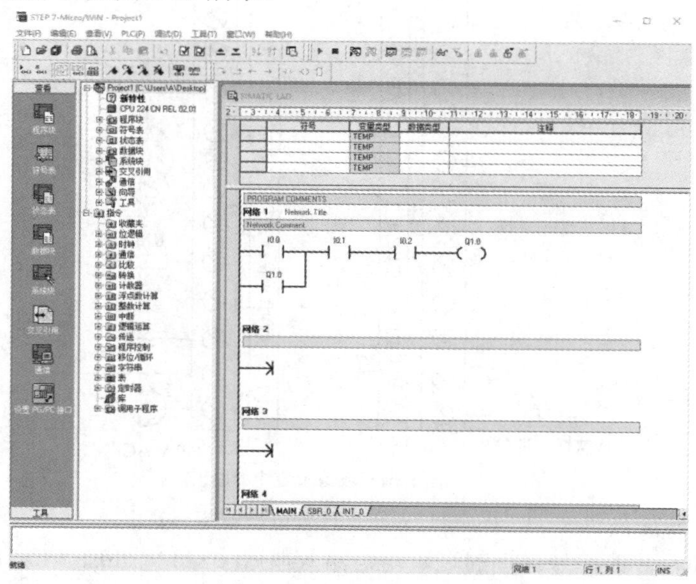

图 1-13　梯形图编辑窗口

(4) 执行菜单命令“PLC”→“编译”或“全部编译”命令，编译程序。发现运行错误或需要修改程序时，重复上述步骤，直至程序编译成功，产生目标文件。

(5) 建立通信。在 STEP 7-Micro/WIN 主操作界面下，单击操作栏中的“通信”图标或选择主菜单中的“查看”→“组件”→“通信”选项，然后双击“双击刷新”图标，STEP 7-Micro/WIN 将检查连接的所有 S7-200 CPU 站，并为每个站建立一个 CPU 图标，建立上位机与 PLC 通信连接，如图 1-14 所示。

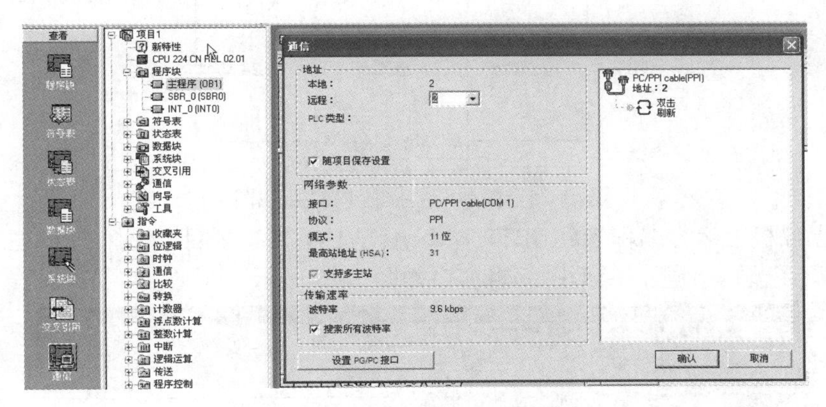

图 1-14　上位机与 PLC 通信连接

(6) 下载程序之前，用户必须将 PLC 置于“停止”模式。单击工具条中的“停止”按钮，或选择菜单“PLC”→“停止”命令即可实现。

(7) 单击工具条中的“下载”按钮，或选择菜单“文件”→“下载”命令，程序开始下载。

(8) 下载成功后，将 PLC 从“停止”模式转换为“运行”模式，可实现程序运行。

实训 1　PLC 简单应用示例

1. 实训目的

(1) 了解可编程逻辑控制器的应用领域及特点。

(2) 初步认识可编程逻辑控制器简单的应用过程，为学习、应用可编程逻辑控制器打基础。

2. 实训内容

(1) 熟悉可编程逻辑控制器实训设备、演示课件及应用示例。

(2) 用 PLC 实现一个最简单的开关电路。功能要求：按下开关 SB1(闭合)时，指示灯亮；松开开关 SB1(断开)时，指示灯灭。

3. 实训设备及元器件

(1) 安装有 STEP 7-Micro/WIN 编程软件的 PC。

(2) S7-200 PLC 实验工作台或 S7-200 PLC 装置。

(3) PC/PPI 通信电缆。

(4) 开关、指示灯、导线等必备器件。

4. 实训操作步骤

(1) 选择输入端口 I0.0、输出端口 Q0.0，简单开关控制 PLC 外部接线如图 1-15 所示。

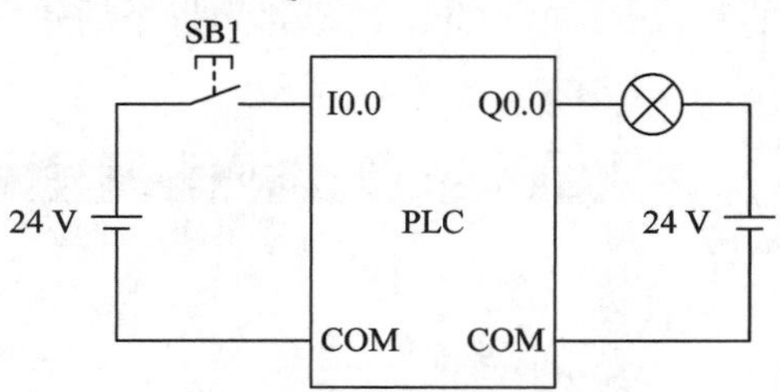

图 1-15 简单开关控制 PLC 接线图

(2) 在上位机上运行编程软件 SETP 7-Micro/WIN，新建项目，选择 PLC 型号，输入程序(方法见 9.1.3 节，下同)，梯形图编辑窗口如图 1-16 所示。

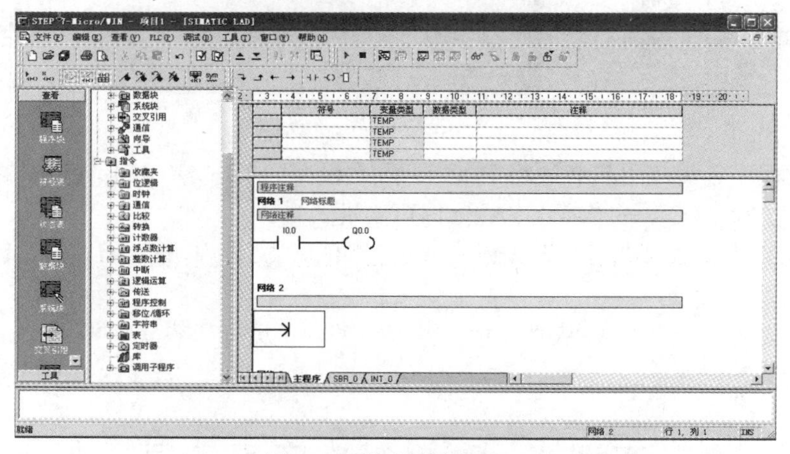

图 1-16 梯形图编辑窗口

(3) 执行“编译”命令，编译程序，产生目标文件。

(4) 单击“通信”按钮，建立上位机与 PLC 通信连接，如图 1-17 所示。

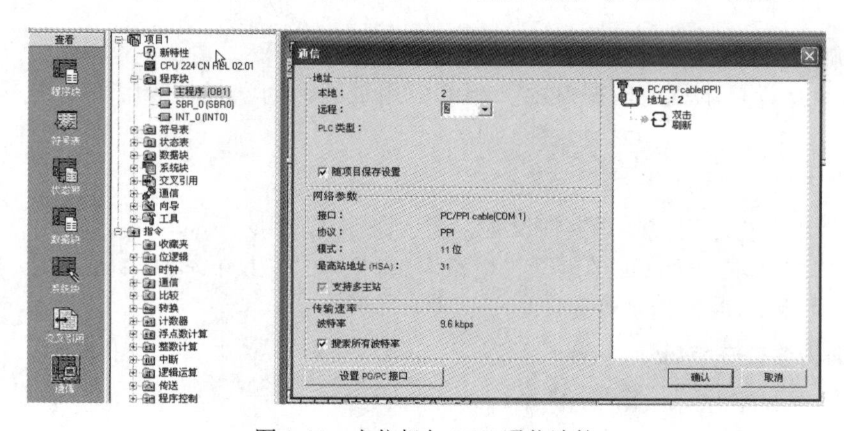

图 1-17 上位机与 PLC 通信连接

(5) 下载程序并运行，观察实训结果。

程序执行过程：当 SB1 闭合时，I0.0 触点闭合，Q0.0 为 ON，点亮指示灯。

5. 注意事项

(1) 明确实训要求，按要求完成实训内容。

(2) 爱护实训中用到的设备器件。在连接 PLC 外部电路时，注意输入/输出电路对电源的要求(可参考相应 PLC 的 CPU 使用说明书)。

(3) 注意用电安全。

6. 实训报告

(1) 整理出 PLC 应用的操作步骤及工作过程。

(2) 指出梯形图程序与输入/输出端口的对应关系。

(3) 整理程序的调试步骤和实训结果。

说明：本书中其他实训操作步骤可参考本实训，后面章节中不再赘述。

思考与练习 1

1.1　在继电接触控制电路中，什么是主电路？什么是控制电路？

1.2　在继电接触控制电路中，如何正确选择断路器和熔断器？

1.3　画出电动机自锁启动控制电路，并有过载保护和短路保护功能。简述电路中各电器元件的作用。

1.4　简述 PLC 的定义。

1.5　简述 PLC 的分类。

1.6　PLC 有哪些主要特点？

1.7　与继电接触控制系统相比，PLC 控制系统有哪些优点？

1.8　为什么说传统继电接触控制电路很容易转换为 PLC 梯形图程序？

1.9　简述 PLC 的系统结构。

1.10　PLC 的扫描工作方式的特点是什么？扫描工作过程包括哪些阶段？

1.11　可编程逻辑控制器的输入、输出单元各包括哪些类型？各有什么特点？使用时应注意哪些问题？

1.12　通过 PLC 简单应用示例，说明 PLC 应用的一般过程。

第2章　S7-200系列PLC的硬件及编程资源

本章从应用角度出发，主要介绍 S7-200 PLC 的技术指标、硬件配置、编程软元件及S7-200 SMART PLC 系统配置及特征等。

2.1　S7-200 系列PLC及其升级版

S7-200 系列 PLC 是西门子公司生产的一种超小型可编程逻辑控制器。

1. S7-200 PLC

S7-200 PLC 设计紧凑，使用方便、应用灵活、性价比高，具有良好的可扩展性及强大的指令集，能够满足多种场合中的检测、监测及小规模控制系统的需求，可以作为独立的控制器模块，广泛应用在各类自动控制及集散化控制系统中。

2. S7-200 SMART PLC

S7-200 SMART PLC 是西门子公司推出的 S7-200 PLC 的升级产品，其指令系统与S7-200 PLC 基本相同，但其编程资源和功能大大增加，集成了强大的以太网功能，可以覆盖所有与自动检测、自动控制有关的工业及民用领域。

3. S7-1200 PLC

S7-1200 PLC 是 S7-200 的新一代升级产品，涵盖了 S7-200 的原有功能并增加了许多特殊功能，可以提供多种智能模块，具有非常强大的通信功能，可以满足比较复杂及更广泛控制领域的应用。

2.2　S7-200 PLC的硬件系统配置

S7-200 PLC(简称 S7-200)适用于各种场合中的监测及系统自动控制，具有极高的可靠性、极其丰富的指令集、强大的通信能力和丰富的扩展模块，易于用户掌握。

2.2.1　S7-200 PLC 的硬件系统构成和性能特点

1. 硬件系统构成

S7-200 PLC 硬件系统主要包括 CPU 主机、扩展模块、功能模块、相关设备以及编程工具，其系统组成如图 2-1 所示，S7-200 CN CPU 的硬件特点如图 2-2 所示。

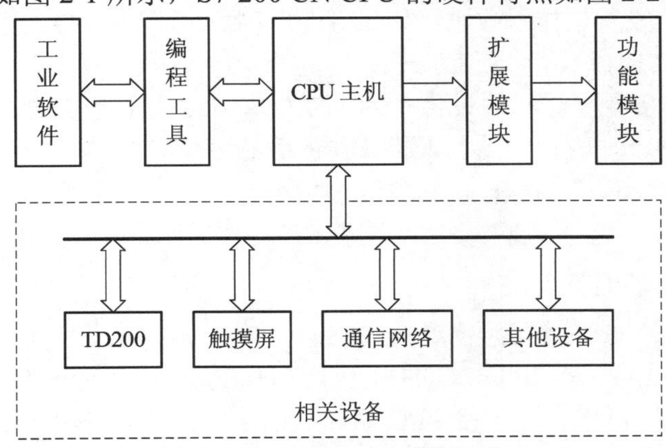

图 2-1　S7-200 PLC 系统组成

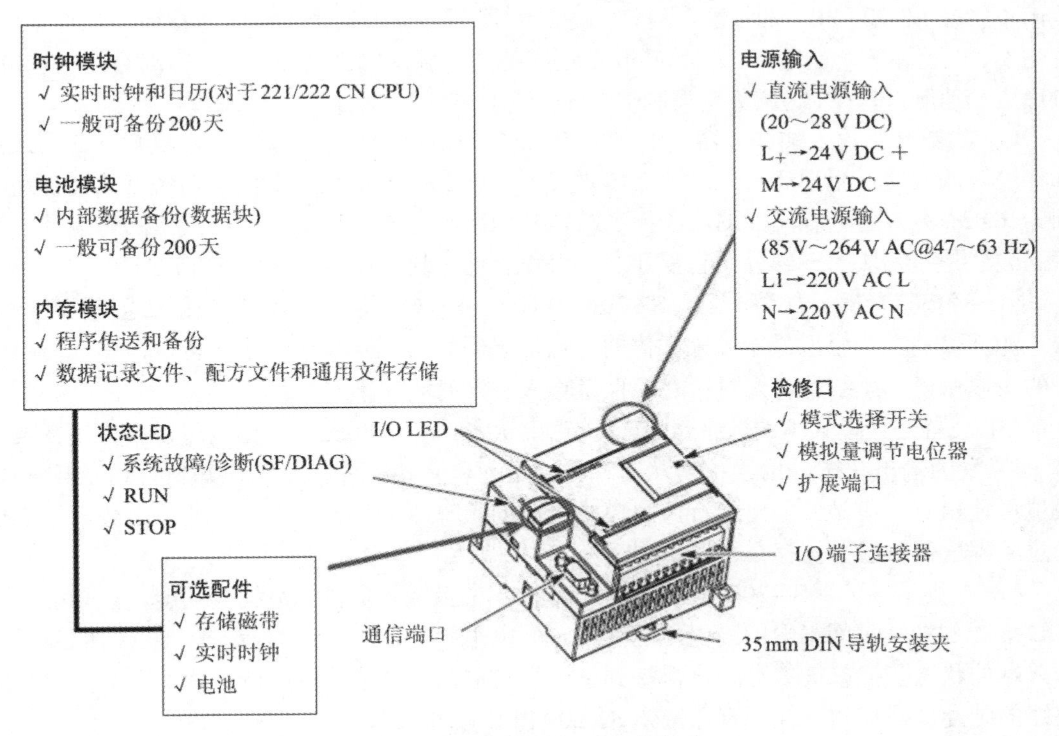

图 2-2　S7-200 CN CPU 硬件特点

S7-200 PLC 硬件特点主要表现在以下方面。

(1) CPU 主机具有增强的内置集成功能。CPU 主机是 PLC 最基本的单元模块，是 PLC 的主要组成部分，包括 CPU、存储器、基本 I/O 点和电源等，内置功能强大。CPU 主机实际就是一个完整的控制系统，可以单独完成一定的控制任务。

(2) 增强的扩展模块特性。当主机 I/O 点数量不能满足控制系统的要求时，用户可以根据需要使用各种 I/O 扩展模块。如数字扩展模块 EM 223-24 V DC 支持 32 个输入/输出和 32 个输入/继电器输出，模拟量 EM 235 扩展模块组合的模拟量为 4 输入/1 输出。

(3) 增强的编程软件包。STEP 7-Micro/WIN V4.0 编程软件支持 Microsoft Vista 等操作系统。同时，对通信设置也作了改进，如果 STEP 7-Micro/WIN V4.0 第一次启动时检测到 USB 电缆，就会自动选择 USB 通信方式。

(4) 相关设备配备齐全。相关设备即为了充分和方便利用系统的硬件和软件资源而开发和使用的一些设备，如编程设备、人机操作界面和网络设备等。为更好地管理和使用这些设备，开发了与之相配套的程序，它主要由标准工具、工程工具、运行软件和人机接口软件等构成。

2. S7-200 PLC 性能特点

S7-200 PLC 性能特点主要表现如下。

(1) 立即读写 I/O 点。S7-200 PLC 的指令集提供了立即读写物理 I/O 点的指令，用户可以在程序中立即读写 I/O 点，而不受 PLC 循环扫描工作方式的影响。

(2) 提供高速 I/O 点。S7-200 PLC 具有集成的高速计数功能，能够对外部高速事件计数而不影响 S7-200 PLC 的性能。这些高速计数器都有专用的输入点作为时钟、方向控制、复位端、启动端等功能输入；S7-200 PLC 还支持高速脉冲输出功能，其输出点 Q0.0 和 Q0.1 可形成高速脉冲串(PTO)或脉宽调制(PWM)控制信号。

(3) 对数字量输入加滤波器。S7-200 PLC 允许用户为某些或者全部本机数字量输入点选择输入滤波器，用户还可以对滤波器定义 0.2～12.8 ms 的延迟时间，系统默认的延迟时间为 6.4ms。该延迟时间能滤除输入杂波，从而减小输入状态发生意外改变的可能性。输入滤波器是系统块的一部分，它需要通过编程软件下载并储存在 S7-200 PLC CPU 中。

(4) 对模拟量输入加滤波器。S7-200 PLC 允许用户对每一路模拟量输入选择软件滤波器，滤波值是多个模拟量输入采样值的平均值。滤波器具有快速响应的特点，可以反映信号的快速变换，系统默认为对所有模拟量输入进行滤波配置。

(5) 设置停止模式下的数字量/模拟量输出状态。S7-200 PLC 输出表可以用来设置数字量/模拟量的输出状态，用于指明从运行模式进入停止模式后，是将已知值传送至数字量/模拟量输出点，还是使输出保持停止模式之前的状态。输出表是系统块的一部分，它需要通过编程软件下载并储存在 S7-200 PLC CPU 中。

(6) 捕捉窄脉冲。S7-200 PLC 为每个本机数字量输入提供脉冲捕捉功能，该功能允许 PLC 捕捉到持续时间很短的高电平脉冲或者低电平脉冲。当一个输入设置了脉冲捕捉功能，输入端的状态变换就被锁存一直保持到下一个扫描循环刷新，这样就能确保一个持续时间很短的脉冲被捕捉到，并一直保持到 S7-200 PLC 读取该输入点。

(7) 设置掉电保护存储区。S7-200 PLC 允许用户最多定义 6 个掉电保护区的地址范围，变量存储器 V、位存储器 M、计数器 C 和定时器 T。在缺省情况下，M 存储器的前 14 个字节是非保持的。对于定时器，只有保持型定时器 TONR 可以设为掉电保护。而且定时器和计数器只有当前值可以保持，定时器位和计数器位是非保持的。

(8) 快速响应中断服务程序。S7-200 PLC 允许用户在程序扫描周期中使用中断，与中断事件相关的中断服务程序作为程序的一部分被保存。在正常的程序扫描周期中，有中断请求就立即执行中断事件。在中断优先级相同的情况下，S7-200 PLC 遵循“先来先服务”的原则来执行中断服务程序。

(9) 实现 PID 运算操作。S7-200 PLC 设置了 PID 回路指令，通过程序设置 PID 回路表参数，可以十分方便地通过执行 PID 回路指令，对模拟量构成闭环控制系统。

(10) 提供模拟电位器。S7-200 PLC 提供有模拟电位器可以手动调节，位于模块前盖下面。调节电位器能增加/减小存于特殊存储器中的值，这些只读值在程序中可以有很多功能，如更新定时器或计数器的当前值，输入或修改预置值、限定值等。

(11) 提供四层口令保护。S7-200 PLC 所有型号都提供口令保护功能，用以限制对特殊功能的访问。对 CPU 功能及存储器的访问权限是通过设置口令来实现的。S7-200 PLC CPU 提供了限制 CPU 访问功能的四个等级，若要进行四个等级的访问，均需输入正确的口令。

2.2.2　S7-200 PLC 的 CPU 模块和技术指标

S7-200 CPU22 x 系列 PLC 主机有 CPU 221、CPU 222、CPU 224、CPU 224XP 和 CPU 226 五种不同结构配制的 CPU 单元，供用户根据不同需要选用。本节以 S7-200 PLC 为例介绍 CPU 模块。

1. CPU 模块结构

S7-200 的 CPU 模块是一个功能强大的整体式 PLC，它集成了一个微处理器、一个集成电源、输入/输出(I/O)若干端点(口)及 RAM、EEPROM 等，被封装在一个紧凑的外壳内。CPU 模块负责执行程序，输入点用于从现场设备中采集信号，输出点则负责输出控制信号，用于驱动外部负载。CPU 22x 系列 PLC 主机(CPU 模块)的外形功能示意如图 2-3 所示。

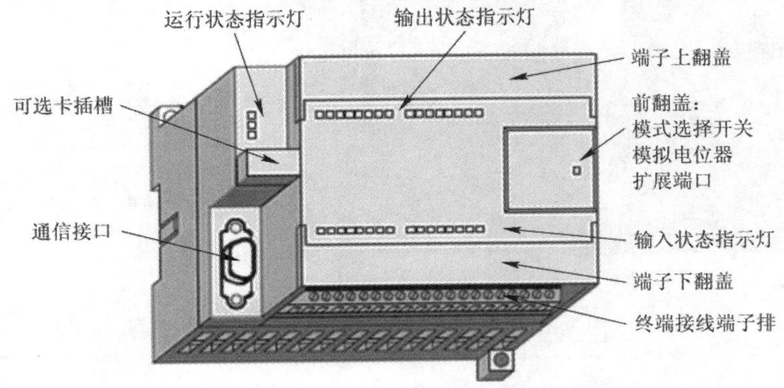

图 2-3　CPU 22x 系列 PLC 主机模块外形功能示意图

S7-200 PLC 有 RUN 和 STOP 两种工作模式，工作模式可由模式选择开关选择。当模式选择开关处于 STOP 位置时，不执行程序但可以对其编写程序；当开关处于 RUN 位置时，PLC 处于运行状态，此时不能对其编写程序；当开关处于 TERM 监控状态时，可以运行程序也可以进行读/写操作。扩展端口用于连接扩展模块，实现 I/O 扩展。

端子下翻盖下面为输入端子和传感器电源端子，输入端子的运行状态可以由端子下翻盖上方的一排指示灯显示，正常工作时输入状态指示灯被点亮。

端子上翻盖下面为输出端子和 PLC 供电电源端子，输出端子的运行状态可以由端子上翻盖下方的一排指示灯显示，正常工作时输出状态指示灯被点亮。

运行状态指示灯显示 CPU 所处的工作状态。当 CPU 处于 STOP 状态(停机方式)或重新启动时，黄灯常亮；当 CPU 处于 RUN 状态(运行方式)时，绿灯常亮；当 CPU 处于 SF 状态(硬件故障或软件错误)时，红灯常亮。

可选卡插槽可以插入存储卡、时钟卡、电池卡等，存储卡用来在没有供电的情况下(不需要电池)保存用户程序。

通信接口可以连接 RS-485 通信电缆，可以通过专用 PPI 通信电缆连接上位机(RS-232)或编程设备或文本显示器或其他的 CPU，实现 PLC 与上位机或者其他 PLC 之间的通信。CPU 224 XP、CPU 226 有两个通信接口。

2. CPU 模块实物外形

常用的 S7-200 PLC CPU 模块实物外形如图 2-4 所示。

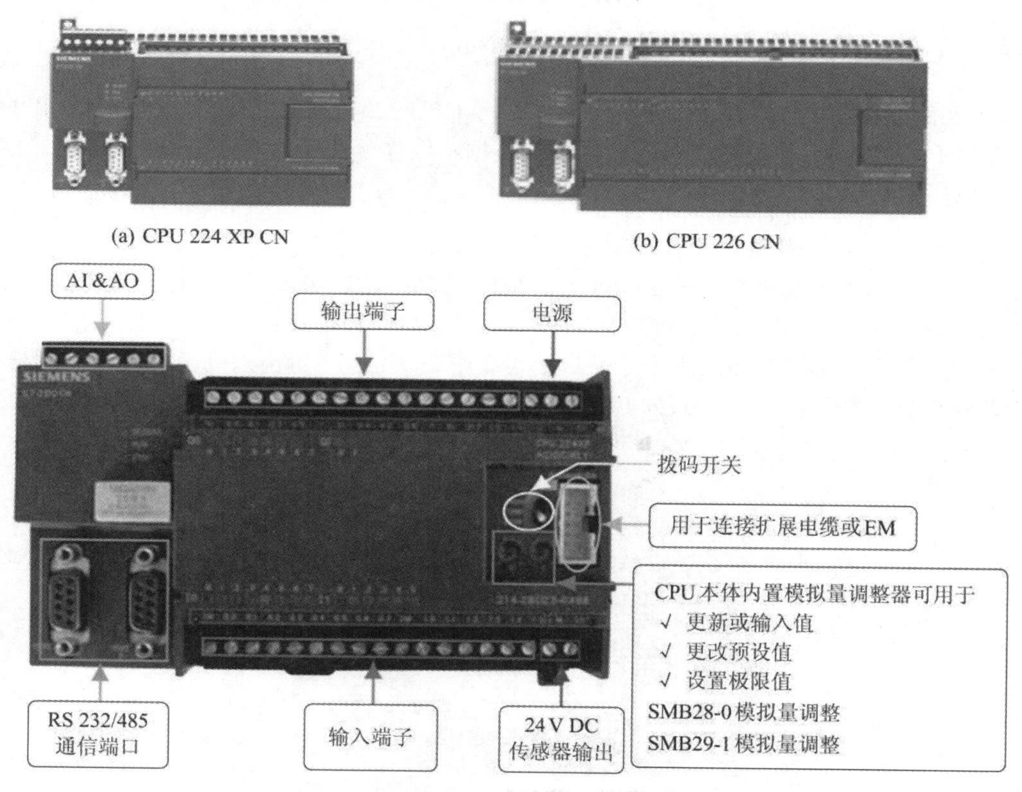

(a) CPU 224 XP CN (b) CPU 226 CN

(c) CPU 224 XP CN 实物端口功能注释

图 2-4 常用 S7-200 CPU 实物图

3. 模块功能

下面介绍 S7-200 常用的典型模块。

1) CPU 224 XP CN PLC

CPU 224 XP CN PLC 集成了 14 输入/10 输出数字量 I/O 点、2 输入/1 输出模拟量 I/O 端口；22 KB 程序和数据存储空间；6 个独立的 100 kHz 高速计数器、2 路独立的 100 kHz 高速脉冲输出；内置模拟量 I/O、自整定 PID、线性斜坡脉冲指令等功能。CPP 224 XP CN PLC 具有实现 PID 运算控制功能，构成闭环控制系统；2 个 RS485 通信编程口，具有 PPI 通信协议、MPI 通信协议和自由方式通信功能。

CPU 224 XP CN PLC 可以连接 7 个扩展模块，最大扩展为 168 路数字量 I/O 点或 38 路模拟量 I/O 端口。CPU 224 XP CN PLC 是具有强大控制能力的控制器。

2) CPU 226 CN PLC

CPU 226 CN PLC 集成了 24 输入/16 输出数字量 I/O 点、2 输入/1 输出模拟量 I/O 端口；26 KB 程序和数据存储空间；6 个独立的 30 kHz 高速计数器、2 路独立的 20 kHz 高速脉冲输出；具有实现 PID 运算控制功能，可以构成闭环控制系统；2 个 RS485 通信编程口，具有 PPI 通信协议、MPI 通信协议和自由方式通信功能。

CPU 226 CN PLC 可以连接 7 个扩展模块，最大扩展为 248 路数字量 I/O 点或 35 路模拟量 I/O 端口，CPU 226 CN PLC 具有更快的运行速度和功能更强的内部集成模块，完全能够适应一些较复杂的中、小型控制系统。

4. S7-200 CPU 技术指标

S7-200 CPU 的技术指标如下：

1) S7-200 CPU 电源技术规范

CPU221～CPU226 分别设定了 DC 24 V 和 AC 120～220 V 两种电源供电模式。

例如，CPU22x DC/DC/DC，其中第 1 个参数 DC 表示 CPU 工作供电为直流电源(20.4～28.8 V)，第 2 个 DC 表示输入信号控制电压为直流电源，第 3 个参数 DC 表示输出控制电压(负载的工作电源)为直流电源。CPU 直流供电如图 2-5(a)所示。

再如，CPU22x AC/DC/继电器，其中第 1 个参数 AC 表示 CPU 工作供电为交流电源(AC85～265 V)，第 2 个 DC 表示输入信号控制电压为直流电源，第 3 个参数表示继电器输出，其触头控制负载的电压可以为交、直流电源(电流小于 2 A，电压 85～265 V)。CPU 交流供电如图 2-5(b)所示。

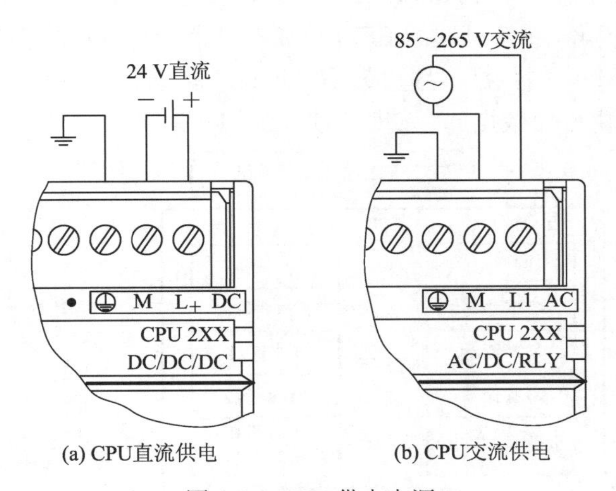

图 2-5　CPU 供电电源

2) S7-200 CPU 单元技术指标

S7-200 CPU 单元技术指标见表 2-1。

表 2-1　S7-200 PLC 技术指标

特　性		CPU 221	CPU 222	CPU 224	CPU 224 XP	CPU 226
用户程序长度	运行模式/B	4096	4096	8192	12 288	16 384
	非运行模式/B	4096	4096	12 288	16 384	24 576
数据存储区/B		2048	2048	8192	10 240	10 240
掉电保护时间/h		50	50	100	100	100
本机 I/O	数字量	6 入/4 出	8 入/6 出	14 入/10 出	14 入/10 出	24 入/16 出
	模拟量	无	无	无	2 入/1 出	无
扩展模块数量/个		0	2	7	7	7
高速计数器	单相	4 路 30 kHz	4 路 30 kHz	6 路 30 kHz	4 路 30 kHz 2 路 200 kHz	6 路 30 kHz
	两相	2 路 20 kHz	2 路 20 kHz	4 路 20 kHz	3 路 20 kHz 1 路 100 kHz	4 路 20 kHz
脉冲输出(DC)		2 路 20 kHz	2 路 20 kHz	2 路 20 kHz	2 路 100 kHz	2 路 20 kHz
模拟电位器		1	1	2	2	2
实时时钟		配时钟卡	配时钟卡	内置	内置	内置
通信口		1 RS-485	1 RS-485	1 RS-485	2 RS-485	2 RS-485
I/O 映象区		256(128 入/128 出)				
布尔指令执行速度		0.22 μs/指令				

5. 存储系统及功能

1) 硬件组成

S7-200 PLC 的存储系统由随机存储器(RAM)和可编程的只读存储器(EEPROM)构成，CPU 模块内部配备一定容量的 RAM 和 EEPROM，其存储容量以字节“B”为单位，如图 2-6 所示。同时，CPU 模块支持可选的 EEPROM 存储器卡，还增设了超级电容和电池模块，用于长时间保存 RAM 中的数据。用户数据可通过主机的超级电容存储若干天；电池模块可选，使用锂电池模块可使数据的存储时间延长到 1—3 年。

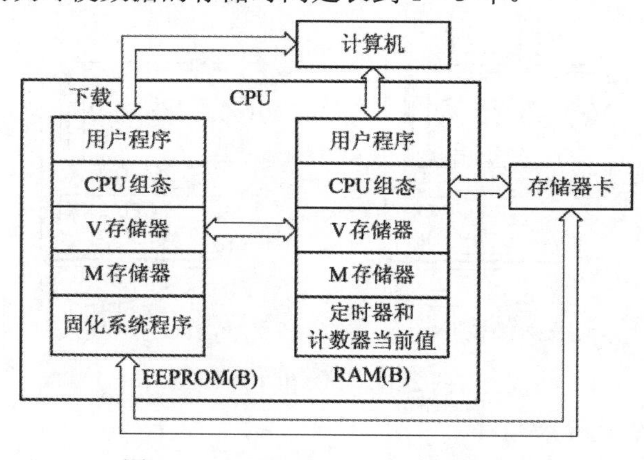

图 2-6　S7-200 PLC 存储系统示意图

例如，CPU 224 CN PLC 程序存储器在运行模式下为 8192 B，数据存储器为 8192 B。

2) 程序存储空间

存储空间可分为系统程序存储器和用户程序存储器。系统程序存储器由 PLC 产品设计者设计并由生产厂商固化在 EEPROM 中，对用户不透明，它反映了 PLC 的技术水平，能够智能化地管理和完成 PLC 规定的各种基本操作，用户不能修改；用户程序存储器(在需要时含数据块、CPU 组态设置)是根据 PLC 用户要求实现的特定功能而设计的程序。

3) 程序下载和上传

用户程序、数据块(可选)及 CPU 组态(可选)需要通过上位机编程下载到 CPU 存储器 RAM 区，CPU 自动将其拷贝到 EEPROM 中，在存储器 RAM 和 EEPROM 中互为映像空间，以利于长期保存，以利于提高系统的可靠性。

当需要上传程序时，从 CPU 的 RAM 中将用户程序及 CPU 配置上传到上位机。

4) 开机恢复及掉电保持

CPU 上电后，将自动从 EEPROM 中将用户程序、数据及 CPU 配置恢复到 RAM 中，当 CPU 模块掉电时，如果在编程软件中设置为保持，通用辅助存储器 M 的前 14 个字节(MB0～MB13)数据会自动保存在 EEPROM 中。

2.2.3　S7-200 PLC 的数字量输入/输出(I/O)扩展模块

通过数字量 I/O 扩展模块可以扩展输入/输出点，扩展模块外部连接示意如图 2-7 所示。除 CPU 221 外，其他 CPU 模块均可配接一个或多个扩展模块，连接时 CPU 模块放在轨道左侧，扩展模块用扁平电缆与左侧的模块依次相连，形成扩展 I/O 链，扩展模块实物如图 2-8 所示。

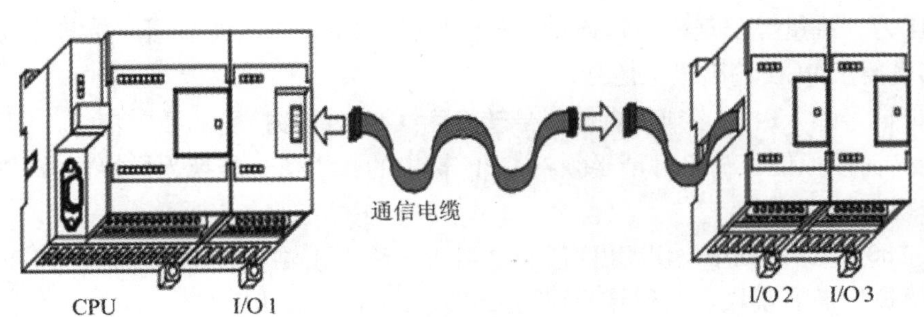

图 2-7　扩展模块外部连接示意图

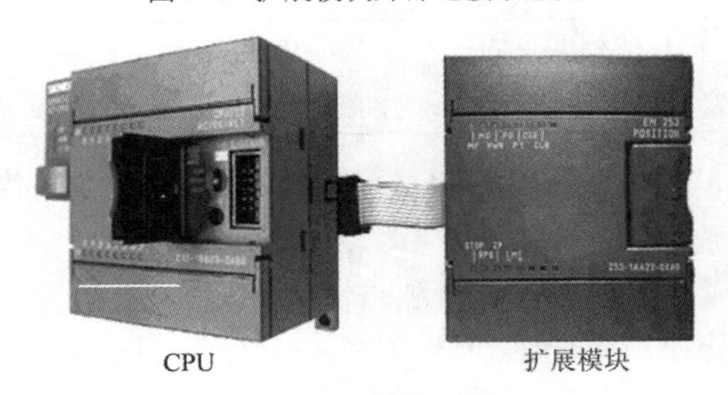

图 2-8　扩展模块实物

注意：控制模块依次连接的顺序可以不受位置限制，但各扩展 I/O 模块端口地址是按其 I/O 扩展链中的顺序由 CPU 进行统一编址的。

S7-200 PLC 提供了 3 种类型的数字量扩展模块，分别是数字量输入模块 EM221、数字量输出模块 EM222、数字量输入/输出模块 EM223，其技术数据见表 2-2。

表 2-2 S7-200 数字量扩展模块技术数据

型 号	技 术 数 据			
EM221 输入模块	8 点输入、DC 24 V	8 点输入、 AC 120/230 V	16 输入、DC 24 V	—
EM222 输出模块	4 点输出、DC 24 V	4 点继电器输出	8 点输出、 AC 120/230 V	—
	8 点输出、DC 24 V	8 点继电器输出	—	—
EM223 输入/输出模块	4 点输入、DC 24 V 4 点输出、DC 24 V	8 点输入、DC 24 V 8 点输出、DC 24 V	16 点输入、DC 24 V 16 点输出、DC 24 V	32 点输入、DC 24 V 32 点输出、DC 24 V
	4 点输入、DC 24 V 4 点继电器输出	8 点输入、DC 24 V 8 点继电器输出	16 点输入、DC 24 V 16 点继电器输出	32 点输入、DC 24 V 32 点继电器输出

S7-200 PLC 数字量扩展模块的每一个 I/O 点与 S7-200 CPU 的 I/O 点统一按字节序编址，便于用户编程。

2.2.4 S7-200 PLC 的模拟量输入/输出扩展模块

在工业控制过程中，常需要对一些模拟量(连续变化的物理量)实现输入或输出控制，如温度、压力、流量等都是模拟输入量，某些执行机构(如电动调节阀、晶闸管调速装置和变频器等)也要求 PLC 输出模拟信号。

在模拟信号输入时，必须将模拟信号转换为 CPU 能够接受的数字信号，即进行模/数(A/D)转换；在模拟信号输出时，必须将 CPU 输出的数字信号转换为模拟信号，即进行数/模(D/A)转换。

在 S7-200 CPU 系列中，仅 CPU 224XP 自带 2 输入/1 输出模拟量端口。S7-200 PLC 配备了 3 种模拟量扩展模块，系列号分别为 EM231、EW232、EW235，其技术数据见表 2-3。

表 2-3 模拟量输入/输出扩展模块技术数据

型号	EM231 模块	EM232 模块	EM235 模块
点数	4 路模拟量输入	2 路模拟量输出	4 路输入、1 路输出

S7-200 PLC 的模拟量扩展模块中 A/D、D/A 转换器的数字量位数均为 12 位。

1. 模拟量输入模块

模拟量输入模块 EM231 可以实现 4 路模拟量输入，输入信号为差分输入，可以实现电压单极性、电压双极性、基电流三种输入模式(量程)；其输出信号为 12 位数字量，由 CPU 读入。

EM231 模拟量输入模块有 5 档量程供用户选择：直流单极输入 0～10 V、直流单极输入 0～5 V、电流输入 0～20 mA、直流双极输入 -10～10 V、直流双极输出 -5～5 V，用户可以通过模块的 DIP 开关设置不同的输入量程。

模拟量转换为数字量的数据格式如图 2-9 所示。

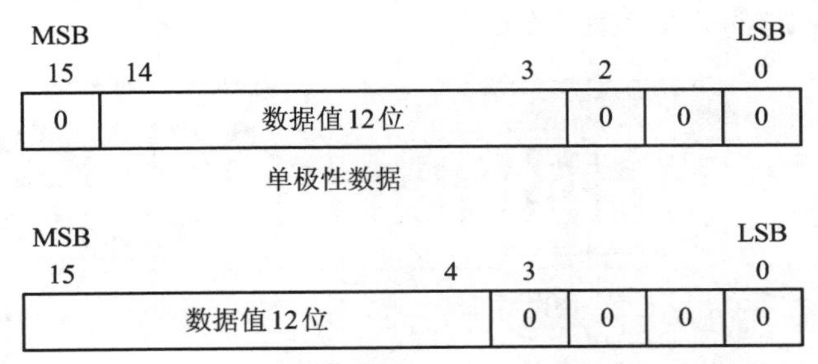

图 2-9　模拟量转换为数字量的数据格式

模拟量输入模块的有效数据位为 12 位，在单极性格式中，最低三个位均为 0，即 A/D 转换有效数据位每变化一个最小位，数字量以 8 为单位变化，相当于 12 位数据 $\times 8 = 2^{12} \times 8 = 32\ 768$，因此，取全量程范围的数字量输出对应为 0～32 000；在双极性格式中，最低四个位均为 0，即 A/D 转换有效数据位每变化一个最小位，数字量以 16 为单位变化，相当于 12 位数据 × 16，由于含一位双极性符号位，全量程范围的数字量输出相当于 -32 000～32 000。

EM231 模拟量输入模块电压输入时，输入阻抗大于等于 10 MΩ；电流输入时，输入电阻为 250 Ω；A/D 转换时间为小于 150 μs；模拟量阶跃输入响应时间为 1.5 ms。

2. 模拟量输出模块

EM232 模拟量输出模块可以实现 2 路模拟量输出，输入信号为 CPU 写入的 12 位数字量，其输出模拟信号范围为：-10～10 V 或 0～20 mA。

EM232 数字量的数据格式如图 2-10 所示。

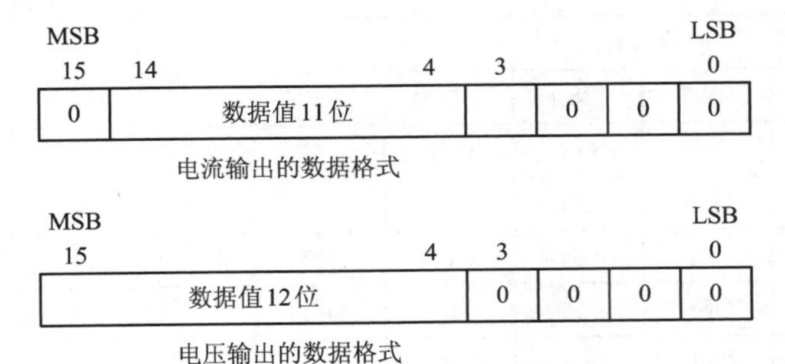

图 2-10　EM232 数字量的数据格式

当输出信号为 -10～10 V 时，全量程范围的数字量输入相当于 -32 000～32 000；当输出信号为 0～20 mA 时，全量程范围的数字量输入相当于 0～32 000。

EM232 模拟量输出模块转换精度为 ±0.5%；电压输出时响应时间为 100 μs，其负载电阻大于等于 5 kΩ；电流输出时响应时间为 2 ms、其负载电阻小于等于 500 Ω。

3. 模拟量输入/输出模块

EM235 模拟量输出模块可以实现 4 路模拟量输入/1 路模拟量输出，输入模拟量量程档位多，方便用户选择，适合在一般单闭环控制系统中使用。

EM235 可以通过模块下部的 DIP 开关设置不同的输入量程和分辨率，如图 2-11 所示。量程为 0～10 V 时的分辨率为 2.5 mV。

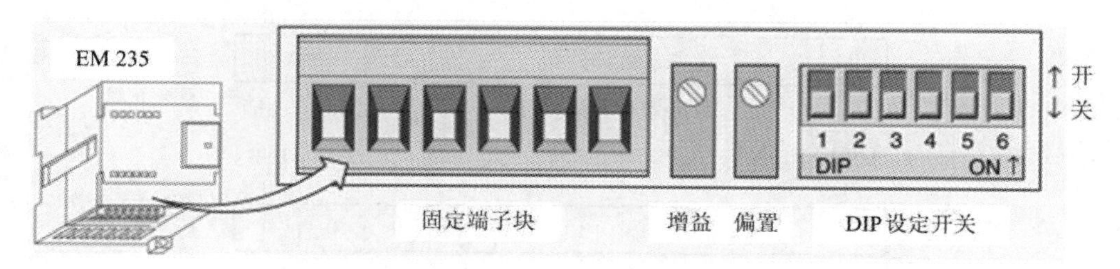

图 2-11 EM235 配置 DIP 开关

图2-11 中的DIP 设定开关1～6 的不同组合可以设置并选择模拟量的输入范围和分辨率，设置选择见表 2-4(ON 表示开，OFF 表示关)。EM235 数字量的数据格式与 EM231 相同。

表 2-4 选择模拟量量程和精度的 EM235 配置 DIP 开关表

单极性输入						满量程输入	分辨率
SW1	SW2	SW3	SW4	SW5	SW6		
ON	OFF	OFF	ON	OFF	ON	0～50 mV	12.5 μV
OFF	ON	OFF	ON	OFF	ON	0～100 mV	25 μV
ON	OFF	OFF	OFF	ON	ON	0～500 mV	125 μA
OFF	ON	OFF	OFF	ON	ON	0～1 V	250 μV
ON	OFF	OFF	OFF	OFF	ON	0～5 V	12.5 mV
ON	OFF	OFF	OFF	OFF	ON	0～20 mA	5 μA
OFF	ON	OFF	OFF	OFF	ON	0～10 V	2.5 mV
双极性输入						满量程输入	分辨率
SW1	SW2	SW3	SW4	SW5	SW6		
ON	OFF	OFF	ON	OFF	OFF	±25 mV	12.5 μV
OFF	ON	OFF	ON	OFF	OFF	±50 mV	25 μV
OFF	OFF	ON	ON	OFF	OFF	±100 mV	50 μV
ON	OFF	OFF	OFF	ON	OFF	±250 mV	125 μV
OFF	ON	OFF	OFF	ON	OFF	±500 mV	250 μV
OFF	OFF	ON	OFF	ON	OFF	±1 V	500 μV
ON	OFF	OFF	OFF	OFF	OFF	±2.5 V	1.25 mV
OFF	ON	OFF	OFF	OFF	OFF	±5 V	2.5 mV
OFF	OFF	ON	OFF	OFF	OFF	±10 V	5 mV

2.2.5　S7-200 PLC 的热电偶、热电阻输入扩展模块

1. 热电偶输入扩展模块

S7-200 PLC 的 EM231 热电偶扩展模块直接以热电偶输出的电势作为输入信号，进行 A/D 转换后输入 PLC，可以实现 4 路热电偶输入。该模块具有冷端补偿电路，可用于 J、K、E、N、S 和 R 型热电偶，可通过模块下方的 DIP 开关来选择热电偶的类型、断线检查、测量单位、冷端补偿等功能。

2. 热电阻输入扩展模块

S7-200 PLC 的 EM231 热电阻输入扩展模块提供了与多种热电阻的连接口，通过 DIP 开关来选择热电阻的类型、接线方式、测量单位和开路故障的方向，可以实现 2 路热电阻输入。

所有连接到扩展模块上的热电阻必须是同一类型。

热电阻传感器与 EM231 热电阻控制模块连接方式有 2 线、3 线、4 线，共 3 种，后两种主要是为了消除连接导线引起的测量误差，4 线方式精度最高，一般情况下使用 3 线方式即可满足测量要求。可以通过 DIP 开关 SW8(OFF 为 3 线、ON 为 2 线或 4 线)设置热电阻连接方式。

2.2.6　S7-200 PLC 的网络通信及其他控制模块

S7-200 PLC 除前面介绍的常用模块外，还配备了网络通信、位置控制、称重、文本显示器及触摸屏等扩展模块。

1. 网络通信模块

网络通信模块有 EM277 PROFIBUS-DP 从站通信模块、工业以太网通信模块 243-1、调制解调器模块 EM 241(通过模拟电话线实现远距离通信)等。

2. 位置控制模块

位置控制模块 EM253 用于 S7-200 PLC 定位控制系统，它能够产生脉冲序列，实现对电动机速度及位置的开环控制。

3. 称重模块

称重模块 SIWAREX MS 可以实现多用途电子称重，如轨道衡、吊称及力矩的测量。

4. 文本显示器模块

S7-200 PLC 文本显示器 TD 产品包括 TD 200、TD400C，使用方便，具有良好的信息交互功能。

5. 触摸屏模块

S7-200 PLC 系统有多种触摸屏，以实现更为完善的人机界面，如 TP070、TP170A 等。

2.3 S7-200 PLC 的 I/O 编址及外部端口接线

I/O 端口是 CPU 与外部设备进行信息交换的接口，本书主要介绍 S7-200 PLC 的 I/O 端口编址及端口的外部接线。

2.3.1 S7-200 PLC 的 I/O 编址

CPU 必须通过编程实现从输入端口获取外部设备信息、从输出端口对外部设备进行控制的功能。CPU 是通过系统分配给各端口相应的编址来访问输入/输出端口的。

1. I/O 端口类型

I/O 端口类型分为以下几种。

(1) 数字量输入端口：CPU 分配给数字量输入端口地址以字节(8 位)为单位，一个字节对应八个数字量输入点，起始地址为 I0.0(输入端口 0 字节第 0 位)。

(2) 数字量输出端口：CPU 分配给数字量输出端口地址以字节(8 位)为单位，一个字节对应八个数字量输出点，起始地址为 Q0.0(输出端口 0 字节第 0 位)。

(3) 模拟量输入端口：CPU 分配给模拟量输入端口的地址以字(16 位)为单位，一个字对应一个模拟量输入端口，起始地址为 AIW0。

(4) 模拟量输出端口：CPU 分配给模拟量输出端口的地址以字(16 位)为单位，一个字对应一个模拟量输出端口，起始地址为 AQW0(一个模块分配留有 2 个模拟输出端口地址，如果模块的实际模拟输出端口只有一个，则未使用的端口地址系统保留，不得留作下一链接模块使用)。

2. 端口编址

(1) 在 CPU 22x 系列中，每种主机 CPU 所提供的本机 I/O 点的 I/O 地址是固定的。例如，主机为 CPU 224 的输入点有 14 点，其编址为 I0.0～I0.7、I1.0～I1.5；输出点有 10 点，其编址为 Q0.0～Q0.7、Q1.0～Q1.1。

(2) 在进行 I/O 扩展时，可以在 CPU 扩展槽口右边依次连接多个扩展模块，每个扩展模块的组态地址编号取决于各模块的类型和该模块在 I/O 链中所处的位置。编址时同种类型输入或输出点的模块在链中按其与主机的位置递增，其他类型模块的有无以及所处的位置不影响本类型模块的编号。

例如，某系统所需的数字量输入为 24 点、输出为 20 点，模拟量输入为 6 点、输出为 2 点。如果系统选用主机 CPU 224，为满足系统需要，可以有多种不同扩展模块的选取组合，并且各模块在 I/O 链中的位置排列方式也可能有多种。扩展 I/O 模块链如图 2-12 所示。

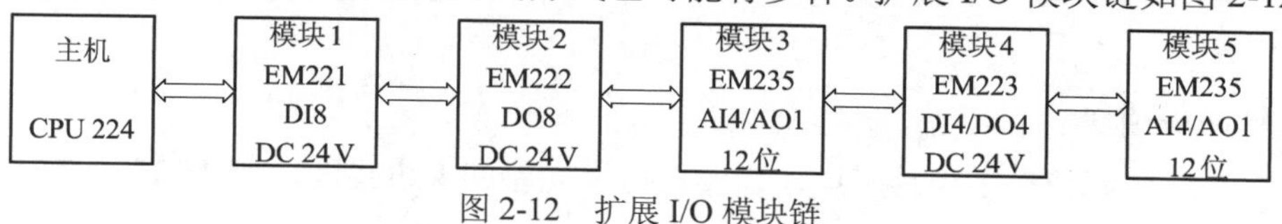

图 2-12 扩展 I/O 模块链

表 2-5 所列为图 2-12 中各扩展模块的编址情况。

表 2-5　各模块编址

主机-I/O	模块 1 EM221- I/O	模块 2 EM222- I/O	模块 3 EM235- I/O	模块 4 EM223- I/O	模块 5 EM235- I/O
I0.0　Q0.0	I2.0	Q2.0	AIW0	I3.0　Q3.0	AIW8
I0.1　Q0.1	I2.1	Q2.1	AIW2	I3.1　Q3.1	AIW10
I0.2　Q0.2	I2.2	Q2.2	ATW4	I3.2　Q3.2	ATW12
I0.3　Q0.3	I2.3	Q2.3	ATW6	I3.3　Q3.3	ATW14
I0.4　Q0.4	I2.4	Q2.4			
I0.5　Q0.5	I2.5	Q2.5	AQW0		AQW4
I0.6　Q0.6	I2.6	Q2.6			
I0.7　Q0.7	I2.7	Q2.7			
I1.0　Q1.0					
I1.1　Q1.1					
I1.2					
I1.3					
I1.4					
I1.5					

S7-200 系统扩展对输入/输出端口编址的组态应遵循以下规则：

(1) 对于同类型输入或输出点的模块按 I/O 链中的顺序进行编址，而不受其位置是否连续影响。

(2) 对于数字量，输入/输出映像寄存器的单位长度为 8 位(1 个字节)，本模块实际 I/O 位数按字节未满 8 位的，未用位不能分配给 I/O 链的后续模块(即后续模块编址必须从另一连续字节开始)。

(3) 对于模拟量输入，以 2 个字节(1 个字)递增方式来分配地址空间。

(4) 对于模拟量输出，以 2 个字节(1 个字)递增方式来分配地址空间。

必须注意，CPU 分配给模拟量输入/输出端口地址总是以 2 个通道的规律增加的。

在表 2-5 中，CPU 主机不含模拟量端口，第 1 个模拟量扩展模块 EM235 集成了 4 个模拟量输入端口和 1 个模拟量输出端口，则其模拟量输入通道的地址为 AIW0、AIW2、AIW4 和 AIW6；模拟量输出通道的地址为 AQW0(AQW2 未使用)。后面的第 2 个模拟量扩展模块的第 1 个模拟量输入端口的起始地址为 AIW8，第一个模拟量输出端口的起始地址为 AQW4，而不能使用 AQW2。

例如，CPU 224 XP 在 CPU 上集成了两个模拟量输入端口和一个模拟量输出端口，则其模拟量输入通道的地址为 AIW0 和 AIW2；模拟量输出通道的地址为 AQW0(AQW2 未使用)。对于 CPU 224 XP 后面扩展的第一个模拟量，输入模块通道的起始地址为 AIW4，第一个模拟量输出模块通道的起始地址为 AQW4，而不能使用 AQW2。

2.3.2　S7-200 PLC 的外部端口接线

一个 PLC 控制系统首先需要建立 PLC 与外部输入信号与输出控制设备的接口电路，

然后才能面向 I/O 端口进行程序设计。因此，用户必须掌握 I/O 点与外部设备的连接关系和配电要求。

1. CPU 工作电源接线

S7-200 PLC 的 CPU 工作电源有直流电源(24 V)和交流电源(85～265 V)两种供电方式。CPU 电源接线如图 2-13 所示。

(1) 图 2-13(a)中的 CPU 工作电源为直流 24 V，L_+ 接电源正极、M 接电源负极。

(2) 图 2-13(b)中的 CPU 工作电源为交流电源，其电压值应根据相应产品的使用说明书选取，其接地端可以采用共地方式(当大地电位比较稳定时)，即将 PLC 控制系统中电路的接地点、机壳的接地点与电网提供的(可靠)地线连接在一起，整个系统以大地为电位参考点，可以稳定系统工作，便于安全操作。

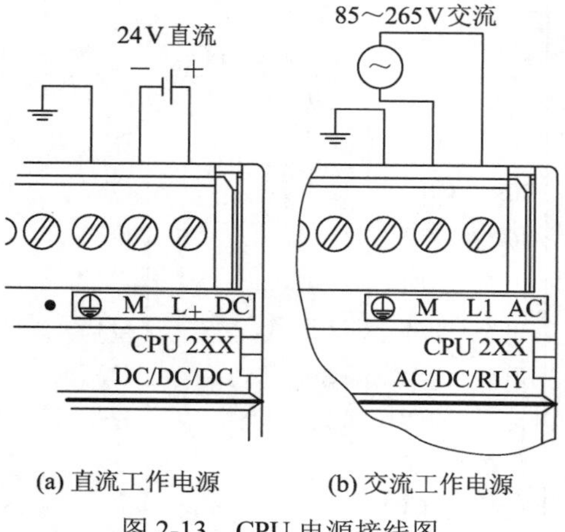

(a) 直流工作电源　　(b) 交流工作电源

图 2-13　CPU 电源接线图

2. 输入/输出端口接线

1) 直流输入接线

对于 S7-200 所有型号，其 CPU 的直流输入(24 V DC)端口，既可以作为源形输入(公共端接负电位)，又可以作为漏形输入(公共端接正电位)，CPU 直流输入接线如图 2-14 所示。

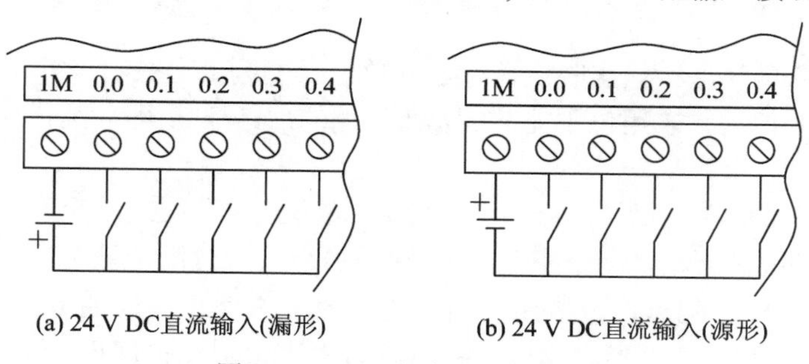

(a) 24 V DC直流输入(漏形)　　(b) 24 V DC直流输入(源形)

图 2-14　CPU 直流输入接线图

在图 2-14 中，端子 1M 是同一组输入点(0.0～0.4)在其内部输入电路的公共点，每个点输入电流约几个毫安，每个点输入开关可以是任何部件(如光电开关、传感器开关、接近开关等)信息的无源开关信号。当外部输入开关闭合时，通过 PLC 内部相应输入点的光耦合电路将输入继电器置“1”。

2) 直流输出接线

对于 S7-200 所有型号，其 CPU 的直流输出(即驱动直流负载)可分为 24 V DC 源形直流输出和 24 V DC 漏形直流输出，CPU 直流输出接线如图 2-15 所示。

在图 2-15 中，外部 24 V DC 实际上是 PLC 输出端口(0.0～0.3)内部晶体管的工作电源，外部负载是作为晶体管的输出负载的。对于 24 V DC 源形直流输出，1M 是同一组输出点(0.0～0.3)外部连接的公共点，即 24 V DC 的负极。对于 24 V DC 漏形直流输出，

1M 接 24 V DC 的负极，外部负载的公共点则是 24 V DC 的正极。每个点输出电流最大为 75 mA，实际使用时不要超过 50 mA。如果负载电流比较大，可以通过控制固态继电器驱动。

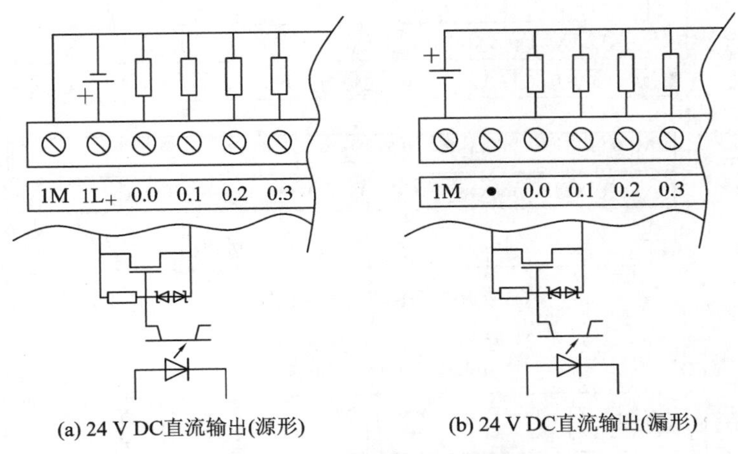

(a) 24 V DC直流输出(源形)　　(b) 24 V DC直流输出(漏形)

图 2-15　CPU 直流输出接线图

3) 继电器输出接线

继电器输出接线如图 2-16 所示。图中，PLC 内部的继电器输出电路起到将 PLC 与外部负载实现电路上的完全隔离的作用，每一个继电器通过其常开机械触点实现外部电源对负载供电回路。因此，负载电源可以是 250 V 以下交/直流、驱动电流 2 A 以下的阻性负载。图中的 1L 端是输出电路若干输出点的公共端。

4) 模拟量输入/输出接线

S7-200 CPU 224 XP 的模拟量输入/输出接线如图 2-17 所示。

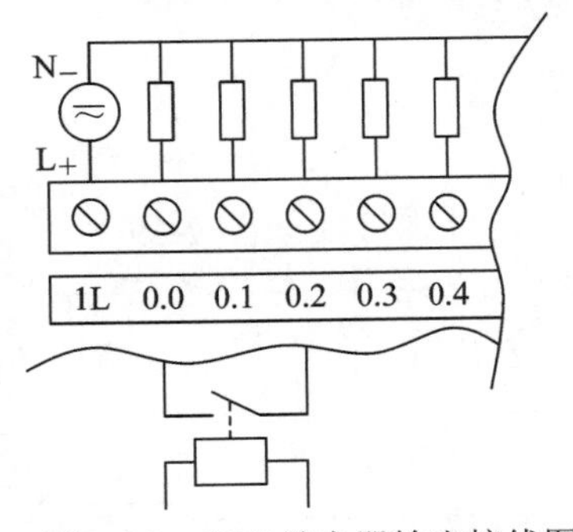

图 2-16　CPU 继电器输出接线图

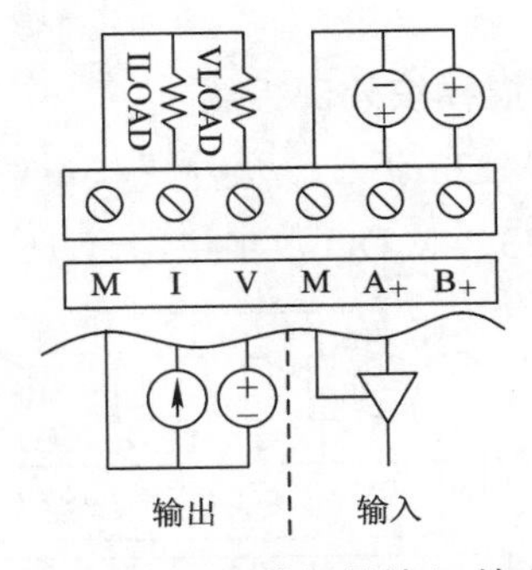

图 2-17　CPU 224 XP 模拟量输入/输出接线图

3. S7-200 CPU 模块外围接线

下面以 CPU 224 XP 为例，介绍 CPU 的 I/O 点与外部设备的连接。CPU 224 XP 集成数字量 14 输入/10 输出共 24 个 I/O 点，模拟量 2 输入/1 输出共 3 个 I/O 点，其中，模拟量输出点可以选择电压输出也可以选择电流输出。CPU 224 XP 模块典型外围接线如图 2-18 所示。其中，输入点为 24 V DC 漏形直流输入，输出点为 24 V DC 源形直流输出和继电器输出，外部输入设备都用开关表示，外部输出设备(负载)则以电阻代表。

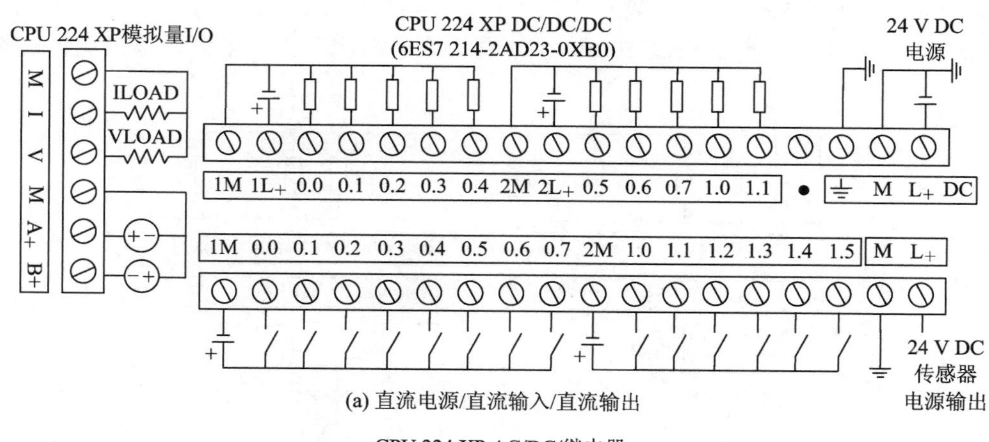

(a) 直流电源/直流输入/直流输出

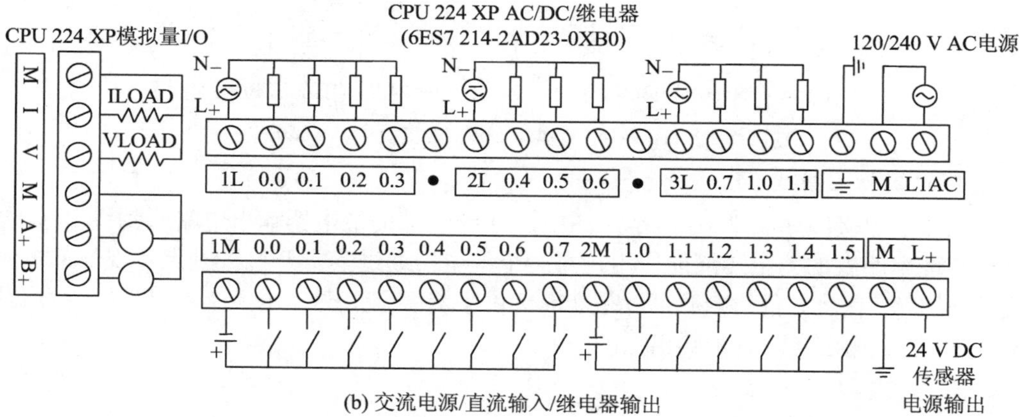

(b) 交流电源/直流输入/继电器输出

图 2-18 CPU 224 XP 典型外围接线图

4. 扩展模块外部接线

1) EM223 扩展模块外围接线图

EM223 24V DC 数字量组合 16 输入/16 继电器输出外围接线如图 2-19 所示。

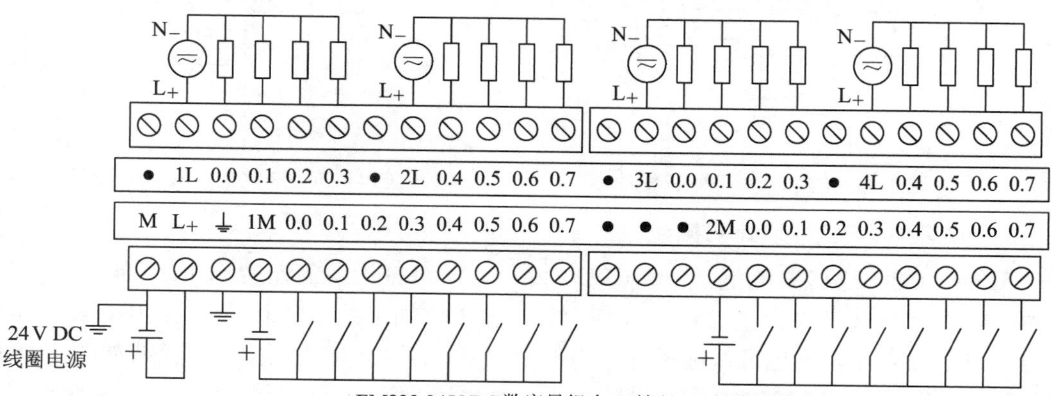

图 2-19 EM223 扩展模块外围接线图

2) EM235 扩展模块外围接线图

EM235 模拟量组合 4 输入/1 输出扩展模块外围接线如图 2-20 所示。

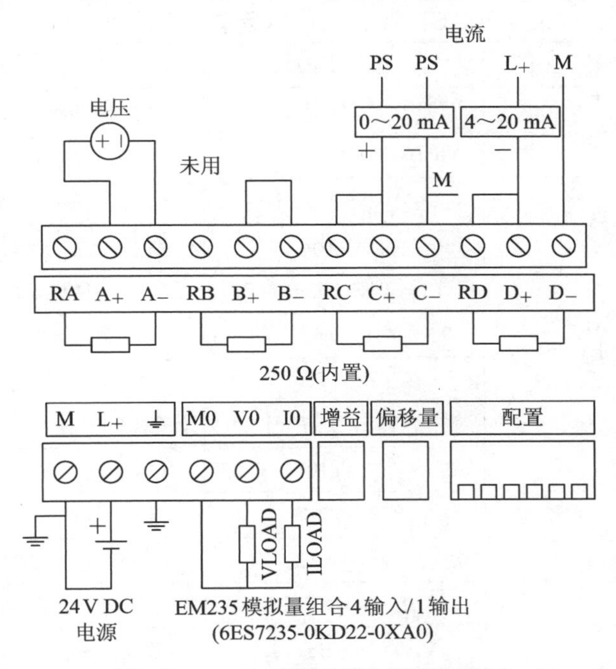

图 2-20　EM235 扩展模块外围接线图

S7-200 PLC 其他模块的外部接线可以查阅 S7-200 的用户手册。

特别指出，在实际应用中，用户必须根据所使用的主机和扩展模块参考相应 PLC 的 CPU 用户手册，选择符合系统要求的 PLC 工作电源并进行 I/O 连接。

2.4　S7-200 PLC 的内部编程资源

2.4.1　S7-200 PLC 的编程软元件

编程软元件是 PLC(CPU)内部具有不同功能的存储器单元，每个单元都有唯一的地址，在编程时，用户只需使用软元件的符号地址即可。S7-200 PLC 根据软元件的不同功能，分为输入寄存器、输出寄存器、位存储器、定时器、计数器、通用寄存器、数据寄存器及特殊功能存储器等区域。

PLC 内部这些存储器的作用和继电接触控制系统中使用的继电器十分相似，也有“线圈”与“触点”，但它们不是“硬”继电器，而是 PLC 存储器的存储单元。当写入该单元的逻辑状态为“1”时，表示相应继电器线圈得电，其动合(常开)触点闭合，动断(常闭)触点断开，所以，内部的这些继电器称之为“软”继电器，这些软继电器的最大特点是其触点可以无限次使用。

软元件的地址编排采用“区域号＋区域内编号”方式。CPU224、CPU226 部分编程软元件的编号范围和功能说明见表 2-6。

表 2-6　S7-200 PLC 软元件的编号范围

软元件名称	符　号	编号范围	功　能　说　明
输入寄存器	I	I0.0～I1.5，共 14 点	接受外部输入设备的信号
输出寄存器	Q	Q0.0～Q1.1，共 10 点	输出程序执行结果并驱动外部设备
位存储器	M	M0.0～M31.7	在程序内部使用，不能提供外部输出
定时器	256(T0～T255)	T0，T64	保持型通电延时 1 ms
		T1～T4，T65～T68	保持型通电延时 10 ms
		T5～T31，T69～T95	保持型通电延时 100 ms
		T32，T96	ON/OFF 延时，1 ms
		T33～T36，T97～T100	ON/OFF 延时，10 ms
		T37～T63，T101～T255	ON/OFF 延时，100 ms
计数器	C	C0～C255	加法计数器，触点在程序内部使用
高速计数器	HC	HC0～HC5	用来累计比 CPU 扫描速率更快的事件
顺需控制继电器	S	S0.0～S31.7	提供控制程序的逻辑分段
变量存储器	V	VB0.0～VB5119.7	数据处理用的数值存储元件
局部存储器	L	LB0.0～LB63.7	使用临时的寄存器，作为暂时存储器
特殊存储器	SM	SM30.0～SM549.7	CPU 与用户之间交换信息
特殊存储器	SM(只读)	SM0.0～SM29.7	只读信号
累加寄存器	AC	AC0～AC3	用来存放计算的中间值

2.4.2　软元件的类型和功能

1. 输入继电器(I)

输入继电器又称输入过程映像寄存器，一个输入继电器对应一个 PLC 的输入端子，用于接收外部开关信号的状态。输入继电器与输入开关信号的连接及内部等效电路如图 2-21 所示。

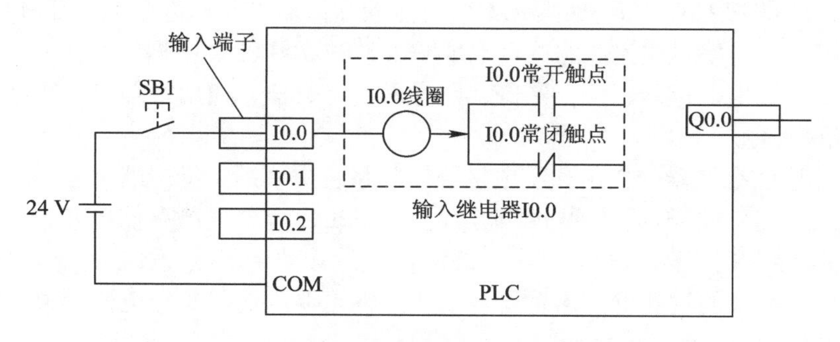

图 2-21　输入继电器外接控制开关及内部等效电路图

例如，当外部的开关 SB1 闭合(输入回路导通)，输入继电器的线圈 I0.0 得电，则该继电器“动作”，在程序中表现为该继电器常开触点闭合/常闭触点断开。这些触点可以在编程时任意使用，并且使用次数不受限制。

当 PLC 每个扫描周期开始时，PLC 对各个输入端子点进行采样，并把采样值送到输入映像寄存器。PLC 在接下来的本周期各阶段不再改变输入映像寄存器中的值，直到下一个扫描周期的输入采样阶段。

输入继电器可以按位直接寻址读取数据，如 I1.0(第 1 个字节第 0 位)；也可以按字节(8 位)、字(16 位)或双字(32 位)直接寻址来读取数据，如 IB1(第 1 个字节)、IW1(第 1 个字)、ID1(第 1 个双字)，它们的起始地址是相同的。

以下软元件地址格式类同，只是软继电器符号改变。

在编程时应注意以下几点：

(1) 输入继电器只能由输入端子接收外部信号控制，不能由程序控制。

(2) 为了保证输入信号有效，输入开关动作时间必须大于一个 PLC 扫描工作周期。

(3) 输入继电器软触点只能作为中间控制信号，不能直接输出给负载。

(4) 输入开关外接电源的极性和电压值应符合输入电路的要求，如直流输入、交流输入。

2. 输出继电器(Q)

输出继电器又称输出过程映像寄存器，一个输出继电器对应一个 PLC 的输出端子，可以作为负载的控制信号。输出继电器与负载电路的连接及内部等效电路，如图 2-22 所示。

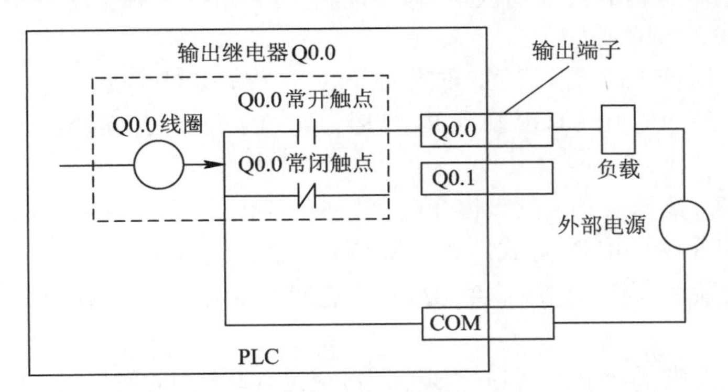

图 2-22　输出继电器外接控制及内部等效电路图

例如，当通过程序使输出继电器线圈 Q0.0 得电时，该继电器“动作”，在程序中表现为常开触点闭合/常闭触点断开，即输出端子可以作为控制外部负载的开关信号。

在每个扫描周期的输入采样、程序执行等阶段，并不把输出结果(信号)直接送到输出锁存器(端点)，而只是送到输出映像寄存器。只有在每个扫描周期结束时才将输出映像寄存器中的结果几乎同时送到输出锁存器，对输出端点进行刷新。

输出继电器可以按位来写入数据，如 Q1.1；也可以按字节、字或双字来写入数据，如 QB1。

在编程时应注意以下几点：

(1) 输出端点只能由程序写入输出继电器控制。

(2) 输出继电器触点不仅可以直接控制负载，同时还可以作为中间控制信号，供编程使用。

(3) 输出外接电源的极性和电压值应符合输出电路的要求，输出继电器的执行部件有继电器、晶体管和晶闸管 3 种形式，图 2-22 是继电器输出等效电路。

(4) 在继电器输出电路中，输出继电器(软触点)控制 PLC 内部的一个实际的继电器，PLC 输出端输出的是这个实际继电器的触点开关状态。继电器输出起着 PLC 内部电路与负载供电电路的电气隔离的作用，同时，负载所需的外接电源可使用直流或交流，但其输出电流、电压值应满足输出触点的要求。

3. 通用辅助继电器(M)

通用辅助继电器(又称位存储区或内部标志位)在 PLC 中没有输入/输出端子与之对应，在逻辑运算中只起到中间状态的暂存作用，类似继电器控制系统中的中间继电器。

通用辅助继电器可以按位来存取数据，如 M26.7；也可以按字节、字或双字来存取数据，如 MD20。

4. 特殊继电器(SM)

特殊继电器的某些位(特殊标志位)具有特殊功能或用来存储系统的状态变量、控制参数和信息，是用户与系统程序之间的界面。用户可以通过特殊标志位来沟通 PLC 与被控制对象之间的信息；用户也可以通过编程直接设置某些位来使设备实现某种功能(参考 S7-200 用户手册)。

特殊继电器有只读区和可读写区，例如，常用的 SMB0(特殊继电器字节 0)单元有 8 个状态位为只读标志，其含义如下：

SM0.0：PLC 运行(RUN)指示位，该位在 PLC 运行时始终为 1。

SM0.1：该位在 PLC 由 STOP 转入 RUN 时，为 ON 一个扫描周期，常用作调用初始化子程序。

SM0.2：若保持数据丢失，则该位在一个扫描周期中为 1。

SM0.3：开机后进入 RUN 方式，该位将 ON 一个扫描周期。

SM0.4：该位提供了一个周期为一分钟、占空比为 0.5 的时钟脉冲，可作为简单延时使用。

SM0.5：该位提供了一个周期为一秒钟、占空比为 0.5 的时钟脉冲。

SM0.6：该位为扫描时钟，本次扫描时置 1，下次扫描时置 0，可用作扫描计数器的输入。

SM0.7：该位指示 CPU 工作方式开关的位置(0 为 TERM 位置，1 为 RUN 位置)。

在每个扫描周期的末尾，由 S7-200 更新这些位。

特殊继电器可以按位来存取数据，如 SM0.1。也可以按字节、字或双字来存取数据，如 SMB86。

5. 变量存储器(V)

变量存储器用来存储变量(可以被主程序、子程序和中断程序等任何程序访问，也称全局变量)，可以存放程序执行过程中数据处理的中间结果，如直接寻址位变量 V1.0、字节变量 VB10、字变量 VW10、双字变量 VD10，它们的起始地址是相同的。

6. 局部变量存储器(L)

局部变量存储器用来存放局部变量(局部变量只在特定的程序内有效)，可以用来存储临时数据或者子程序的传递参数。局部变量可以分配给主程序段、子程序段或中断程序段，但不同程序段的局部存储器是不能相互访问的。

7. 顺序控制继电器(S)

PLC 中也把顺序控制继电器称为状态器或状态元件，是顺序控制继电器指令的重要元件，常与顺序控制指令 LSCR、SCRT、SCRE 结合使用，实现顺序控制或步进控制，如 S2.1。

8. 定时器(T)

定时器是 PLC 中常用的编程软元件，主要用于累计时间的增量，其分辨率有 1 ms、10 ms 和 100 ms 三种。定时器的工作过程与继电器控制系统的时间继电器类同，当定时器的输入条件满足时，开始累计时间增量(当前值)；当定时器的当前值达到预设值时，定时器触点动作。

9. 计数器(C)

计数器是用来累计输入脉冲的个数。当输入触发条件满足时，计数器开始累计它的输入端脉冲上升沿(正跳变)的次数；当计数器计数值达到预定的设定值时，计数器触点动作。

10. 累加器(AC)

累加器是用来暂存数据的寄存器，累加器可进行读、写两种操作，它可以向子程序传递参数，也可以从子程序返回参数，或用来存储运算中间结果。S7-200 提供了 4 个 32 位的累加器，其地址格式为 AC[累加器号]，如 AC0、AC3 等。累加器的可用长度为 32 位，可采用字节、字、双字的存取方式。按字节、字存取时，只能存取累加器的低 8 位或低 16 位，双字可以存取累加器全部的 32 位，如图 2-23 所示。

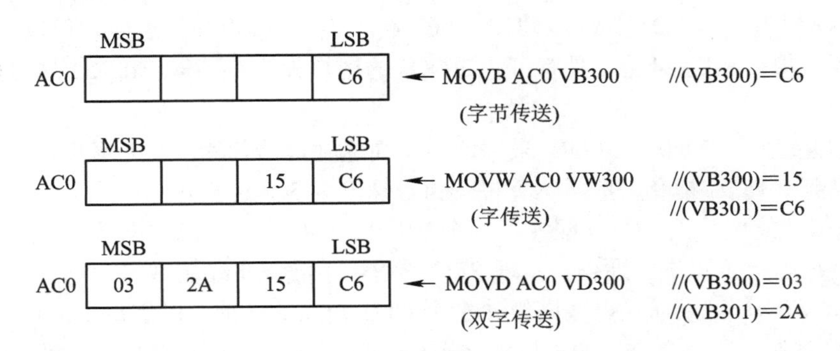

图 2-23　累加器的操作

11. 模拟量输入/输出映像寄存器(AI/AQ)

模拟量输入映像寄存器用以存放 A/D 转换后输入的 16 位的数字量，其地址格式为 AIW[起始字节地址]，如 AIW2。注意：模拟量输入映像寄存器地址必须用偶数字节地址(0、2、4，…)，且只能进行读操作。

模拟量输出映像寄存器用以存放需要进行 D/A 转换的 16 位的数字量，其地址格式为

AQW[起始字节地址]，如 AQW2。注意：模拟量输出映像寄存器地址必须用偶数字节地址(0、2、4，…)，且只能进行写操作。

12. 高速计数器(HC)

一般计数器的计数频率受扫描周期的影响，不能太高。而高速计数器可累计比 CPU 的扫描速度更快的事件。高速计数器的当前值是一个双字长(32 位)的整数，且为只读值。高速计数器的数量很少，地址格式如 HC2。

2.5 S7-200 SMART PLC 的系统配置

西门子 S7-200 SMART PLC(简称 S7-200 SMART)是西门子公司经过大量的市场调研，为中国用户定制的一款高性价比的小型 PLC 产品。该产品在保留 S7-200 诸多优点的基础上，增加了 CPU 的 I/O 点数，网络接口和通信功能更加强大，CPU 执行速度等性能优势明显提高，编程软件界面与 S7-200 几乎一样，但操作更加方便，指令系统与 S7-200 基本相同。

2.5.1 S7-200 SMART PLC 的功能特点

相较 S7-200，S7-200 SMART PLC 的主要特点如下：

(1) CPU 配置更加灵活。S7-200 SMART 的 CPU 模块分为标准型和经济型，大部分 CPU 内部带有信号板，可以根据需要进行 I/O 扩展等，CPU 设计更人性化，产品配置灵活，其中 20 点 1 款，40 点 3 款，60 点 2 款，还包括 1 款 40 点不带扩展功能的经济型，一个模块就可以满足大部分小型自动化设备的要求。

CPU(单体)模块的 I/O 点数可以增加到 60 点，最大 I/O 点的扩展能力可以达到 188 点，最大可扩展模拟量点数 24 点。具有可达 30 KB 的用户程序存储器、20 KB 的用户数据区存储器容量。

(2) 速度更快。S7-200 SMART 采用西门子高速处理器芯片，性能卓越，基本指令的执行速度提高到 0.15 μs/指令，数学运算指令执行速度为 3.6 μs/指令。

(3) 通信功能更强大。CPU 配置了一个 RS-485 接口，一个以太网端口。通过以太网可以用普通网线与上位机进行通信，实现 PLC 的程序下载、在线调试等功能。以太网传输速率为 10/100 MB/s，可以通过以太网组建多个 CPU 之间的通信，以满足小型化 PLC 控制向中型化 PLC 控制发展的需求。通过以太网端口接口还可以与其他 CPU、触摸屏等外部模块实现通信连接，方便组网。

(4) 配置更全面。S7-200 SMART CPU 集成了 Micro SD 插槽，支持通用的 Micro SD 卡，可以方便地实现程序传送和 PLC 固件升级。

(5) 性能更强大。S7-200 SMART 内部集成了可达 3 路晶体管输出的高速脉冲输出，脉冲频率可以达到 100 kHz，支持 PWM/PTO 输出方式以及多种运行模式。

(6) 编程软件更友好，功能更强大，使用更方便。S7-200 SMART 编程软件(STEP

7-Micro/WIN SMART)的窗口可以浮动，可以方便地布置工作台、支持分屏工作，STEP7 Micro/WIN SMART 还提供了运动控制面板，便于用户开发运动控制方案等功能。方便的程序注释功能以及增加的 help 文件的检索能力便于在线操作、查询和自学。

2.5.2　S7-200 SMART PLC 的 CPU 模块

S7-200 SMART PLC 的 CPU 有 6 种模块，配备标准型和经济型供用户选择，其中，经济型 CPU CR40 模块价格低，无扩展功能，可以直接通过单机本体满足一般控制系统需求。其余的均为标准型，具有可扩展功能，可满足对 I/O 规模有较大需求、逻辑控制较为复杂的应用。

S7-200 SMART PLC 的 CPU 模块的外形和技术指标如下。

1. CPU 模块外形

S7-200 SMART PLC CPU 将微处理器、集成电源、输入电路和输出电路组合到一个结构紧凑的模块中，形成了功能强大的微型 PLC，S7-200 SMART PLC CPU 模块外形示意如图 2-24 所示。

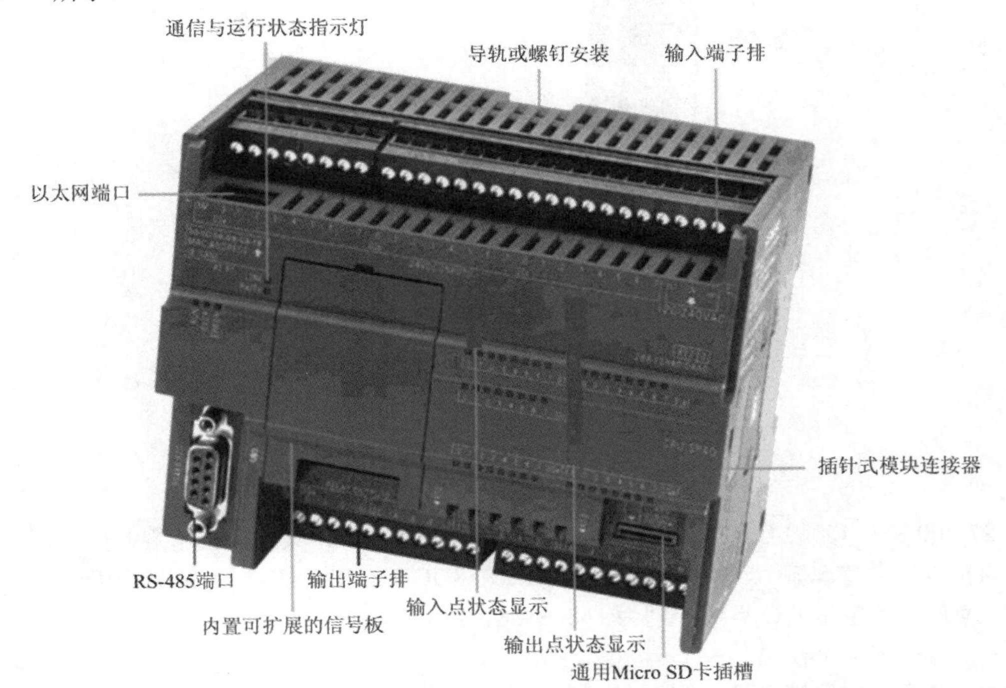

图 2-24　S7-200 SMART PLC CPU 模块外形示意图

模块外部主要功能包括：通信与运行状态指示灯，用于显示 CPU 当前的工作状态；输入端子排(连接器)和输出端子排(连接器)，用于连接外部设备；以太网端口和 RS-485 端口，用于上位机及其他设备通信；输入点、输出点状态显示；插针式模块连接器，用于连接扩展模块；内置可扩展信号板及通用 Micro SD 卡插槽。

2. CPU 模块技术规范

S7-200 SMART PLC CPU 模块有 CPU CR40、CPU SR20、CPU SR40、CPU SR60、CPU

ST40、CPU SR600、CPU ST60 等种类，以满足用户的不同需求，各模块及其特性如下。

1) 经济型 CPU CR40

S7-200 SMART PLC CPU CR40 为经济型 CPU 模块，继电器输出，220 V 交流供电，数字量输入/输出点数为 24DI/16DO(输出点每点额定电流最大 2.0 A，每个公共端额定电流最大 10.0 A)，用户程序区 12 KB，用户数据区 8 KB，一个以太网端口，一个 RS485 串口，无扩展功能，高速计数器频率最高 30 kHz。CPU CR40 外形如图 2-25 所示。经济型 CPU 模块可以满足大部分小型自动化设备的要求。

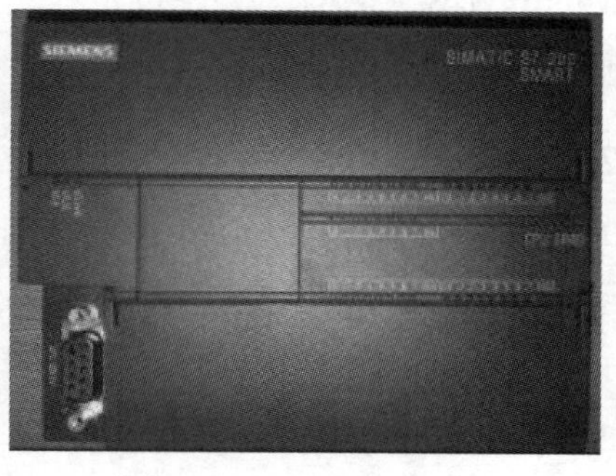

图 2-25 CPU CR40 外型

2) 标准型 CPU SR20/SR40/SR60

S7-200 SMART PLC CPU SR20/SR40/SR60 为标准型 CPU 模块，继电器输出，220 V 交流供电，CPU SR20/SR40/SR60 如图 2-26 所示。

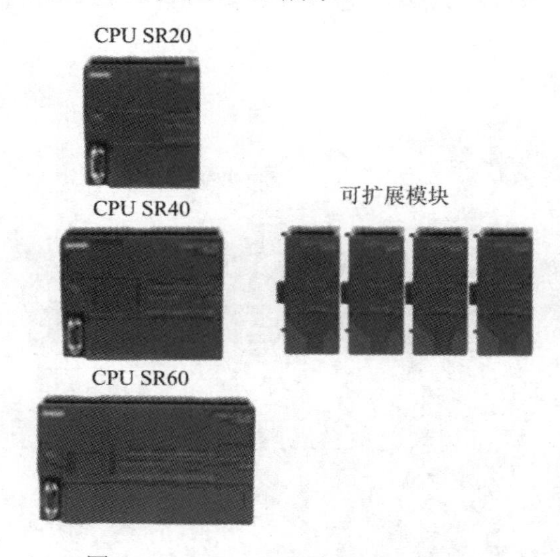

图 2-26 CPU SR20/SR40/SR60 外形

S7-200 SMART PLC CPU SR20/SR40/SR60 有扩展功能，其主要技术规范如下：

(1) CPU 数字量输入/输出点数分别为 12DI/8DO、24DI/16DO 和 36DI/24DO。

(2) 最大数字量 I/O 点数分别为 148、168、188 点。

(3) 可扩展 4 个模块。

(4) 最大可扩展模拟量点数 24 点。

(5) 用户程序区分别为 12 KB、24 KB 和 30 KB，用户数据区分别为 8 KB、16 KB 和 20 KB，可以内置一个信号板。

(6) CPU 有一个以太网端口、一个 RS485 串口和一个附加串口。

(7) 高速计数器频率最高可达 60 kHz。

3) 标准型 CPU ST40/ST60

S7-200 SMART CPU ST40/ST60 为标准型 CPU 模块，晶体管输出，24 V 直流供电，

CPU-ST40/ST60 外形如图 2-27 所示。

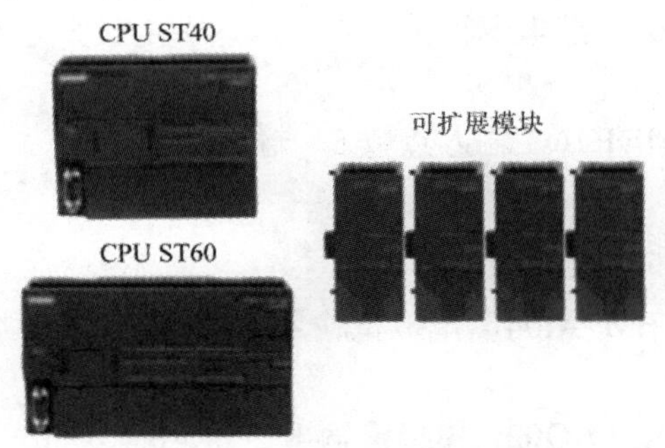

图 2-27　CPU ST40/ST60 外形

S7-200 SMART CPU ST40/ST60 有扩展功能，其主要技术规范如下：

(1) CPU 数字量输入/输出点数分别为 24DI/16DO 和 36DI/24DO。

(2) 最大数字量 I/O 点数分别为 148、168、188 点。

(3) 可扩展 4 个模块。

(4) 最大可扩展模拟量点数 24 点。

(5) 用户程序区分别为 12 KB、24 KB 和 30 KB，用户数据区分别为 8 KB、16 KB 和 20 KB，可以内置一个信号板。

(6) 高速计数器频率最高可达 60 kHz。

3. CPU 模块中的存储器

CPU 模块中的存储器用于存放 PLC 的程序(包括操作系统和用户程序)。

S7-200 SMART 的操作系统作为 PLC 系统工作的管理程序，被固化在 ROM 存储器中，ROM 的内容只能由 CPU 读出，不能写入。用户程序和需要保存的数据一般写入 EEPROM 存储器中，EEPROM 存储器具有长期保存和随机存取的功能。

2.5.3　S7-200 SMART PLC 的扩展模块

S7-200 SMART PLC 扩展模块主要有信号板、数字量 I/O 扩展及模拟量扩展等模块。

1. 信号板

S7-200 SMART 信号板可以直接安装在 CPU 本机上，安装拆卸方便，不占用控制柜空间。

S7-200 SMART 系列 PLC 提供 3 种信号板，可以适当扩展 CPU 的 I/O 处理功能。部分信号板功能如下：

(1) 型号 SB DT04 信号板，扩展 2DI(数字量输入)、2DO(晶体管输出，每点额定电流最大 0.5 A)。

(2) 型号 SB AQ01 信号板，扩展 1AO(支持将 12 位数字量转换为一路模拟量 0～20 mA 输出)。

(3) 型号 SB CM01 信号板，扩展 RS232/RS485 串行通信接口。

2. 数字量 I/O 扩展模块

常用的数字量 I/O 扩展模块如下：

(1) 输入模块 EMDI08，输入点数 8。

(2) 输出模块 EMDR08，继电器输出 8 点，每点额定最大电流 2.0 A，每个公共端最大电流 8 A。

(3) 输入输出模块 EMDR16，输入点数 8，输出点数 8。

3. 模拟量扩展模块

常用的模拟量 I/O 扩展模块如下：

(1) 模拟量输入模块 EM AI04，模拟量输入 4 路，0～20 mA 或电压输入，分辨率 11 位数字量。

(2) 模拟量输出模块 EM AQ02，模拟量输出 2 路，0～20 mA 或电压输出，电流输出负载阻抗小于等于 500 Ω)。

(3) 模拟量输入输出模块 EM AM06，模拟量输入 4 路，0～20 mA 或电压输入；模拟量输出 2 路，0～20 mA 或电压输出，电流输出负载阻抗小于等于 600 Ω。

(4) 热电阻输入模块 EM AR04，4 通道，可以通过多种热电阻(PT100、Cu100 等)传感器进行温度测量，支持两线制、三线制和四线制的 RTD 传感器信号。

(5) 热电偶输入模块 EM AT04，4 通道，可以通过多种热电偶传感器进行温度测量。

2.5.4 S7-200 SMART PLC 的 I/O 编址及外部端口接线

1. S7-200 SMART PLC 的 I/O 编址

S7-200 SMART PLC 的 I/O 编址同 S7-200 PLC 类同，CPU 本机有固定的 I/O 地址(输入/输出映像寄存器)，可以通过信号板和 I/O 扩展模块(最多 4 块)增加 I/O 点数。其地址分配如下：

(1) CPU 的固定 I/O 编址以 I0.0/Q0.0 为起始地址，依据其 I/O 点数递增。

(2) 信号板的起始地址为 I7.0/Q0.7，模拟量输出地址为 AQW12。

(3) I/O 扩展模块的地址取决于模块在 I/O 链接中的排列位置，顺序编号如下：

模块 0(紧靠 CPU)起始地址为 I8.0/Q8.0，模拟量地址为 AIW16/AQW16。

模块 1 起始地址为 I12.0/Q12.0，模拟量地址为 AIW32/AQW32。

模块 2 起始地址为 I16.0/Q16.0，模拟量地址为 AIW48/AQW48。

模块 3 起始地址为 I20.0/Q20.0，模拟量地址为 AIW64/AQW64。

注意：数字量 I/O 映像寄存器空间总是以一个字节(8 位)为单位递增，模拟量 I/O 编址总是以偶地址递增方式进行分配。其空间预留形式同 S7-200 PLC，如果模块中这些点没有相应的物理 I/O，则这些点的地址将无任何意义，并且也不能分配给 I/O 链中后续模块使用。

2. S7-200 SMART PLC 外部端口接线

S7-200 SMART PLC 外部端口接线包括交流电源的接线(L1 相线、N 零线)、模块 DC 24 V(L_+ 和 M)、保护接地、输入端口和输出端口接线。S7-200 SMART PLC 典型模块端口外部接线如下：

1) CPU CR40 外部端口接线

CPU CR40 模块工作为交流电源、继电器输出，数字量输入/输出点数为 24DI /16DO。

该模块外部端口接线如图 2-28 所示。

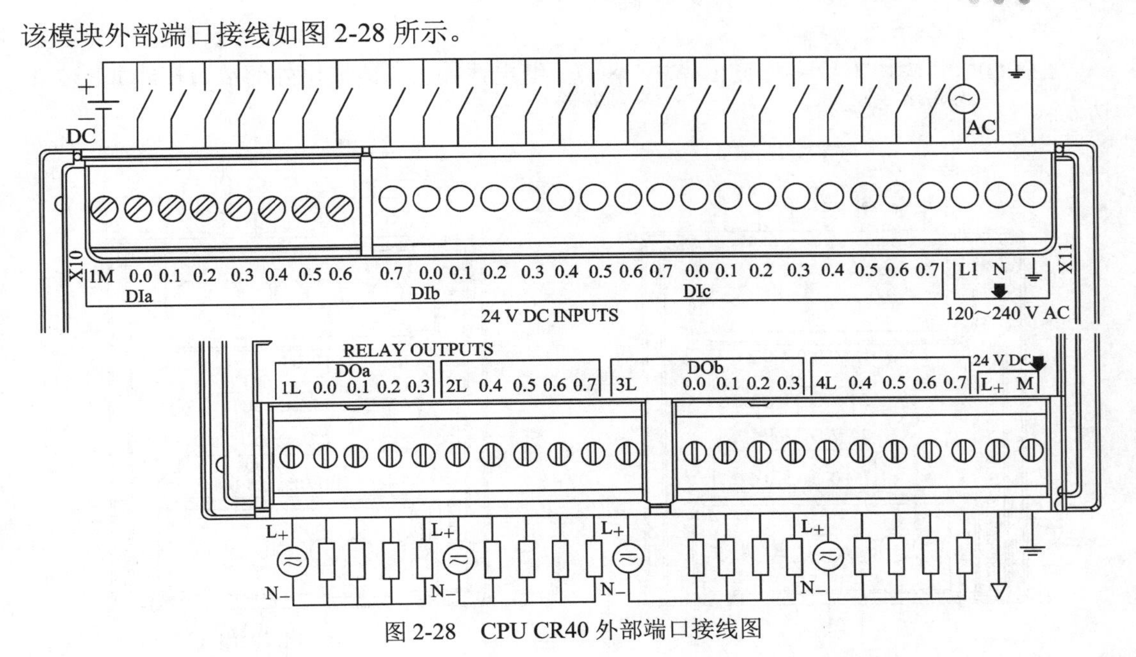

图 2-28　CPU CR40 外部端口接线图

2) CPU ST40 外部端口接线

CPU ST40 模块工作为 24 V DC 供电、晶体管输出，数字量输入/输出点数分别为 24DI/16DO。该模块外部端口接线如图 2-29 所示。

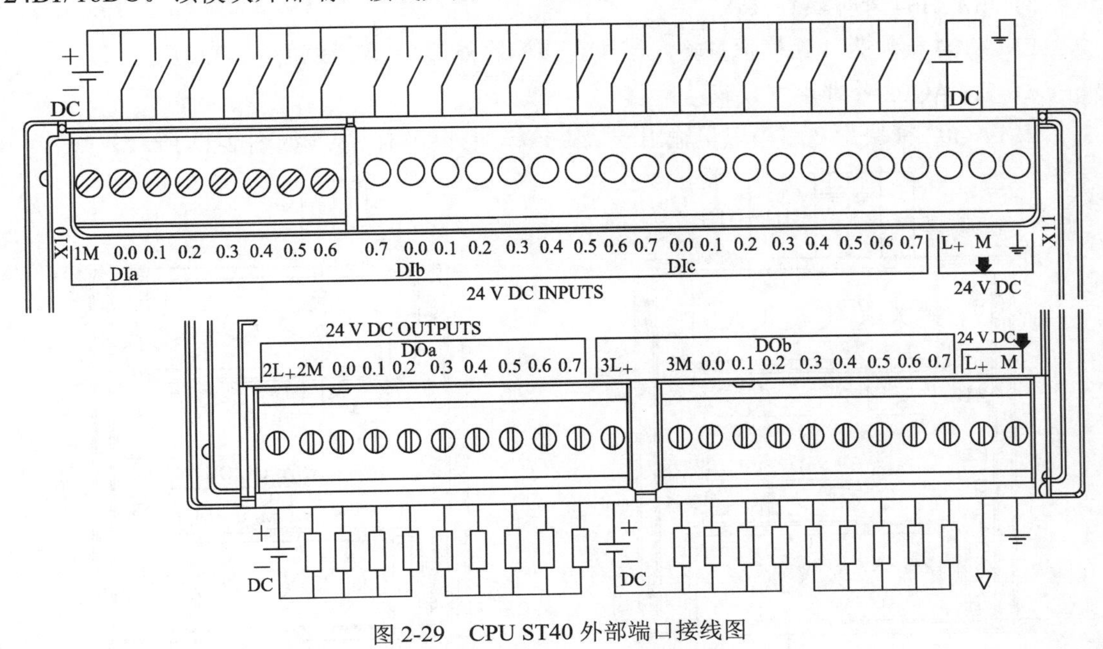

图 2-29　CPU ST40 外部端口接线图

3) EM DI 08 外部端口接线

EM DI 08 模块为数字量输入模块，8 点，24 V DC 输入。该模块外部端口接线如图 2-30 所示。

4) EM DR 08 外部端口接线

EM DR 08 模块为数字量输出模块，8 点，继电器输出。该模块外部端口接线如图 2-31 所示。

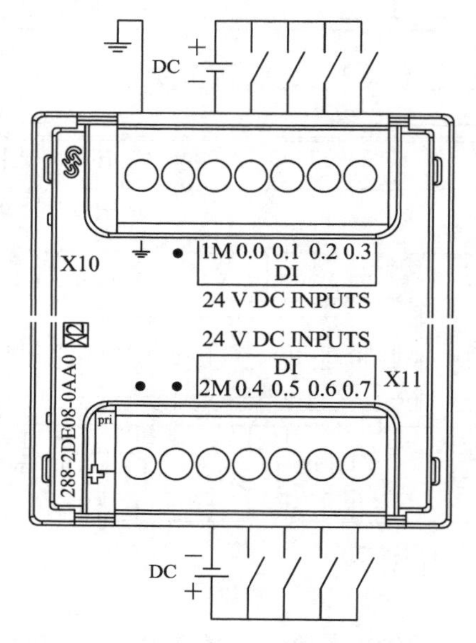

图 2-30　EM DI 08 外部端口接线图

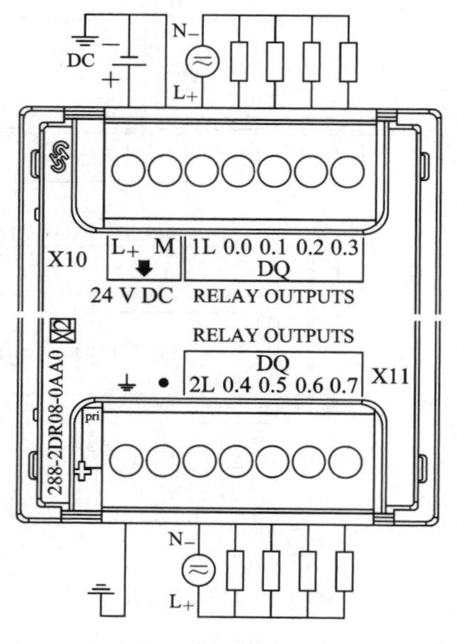

图 2-31　EM DR 08 外部端口接线图

5) EM AI04 外部端口接线

EM AI04 模块为 4 路模拟量输入模块。该模块外部端口接线如图 2-32 所示。

6) EM AQ02 外部端口接线

EM AQ02 模块为 2 路模拟量输出模块。该模块外部端口接线如图 2-33 所示。

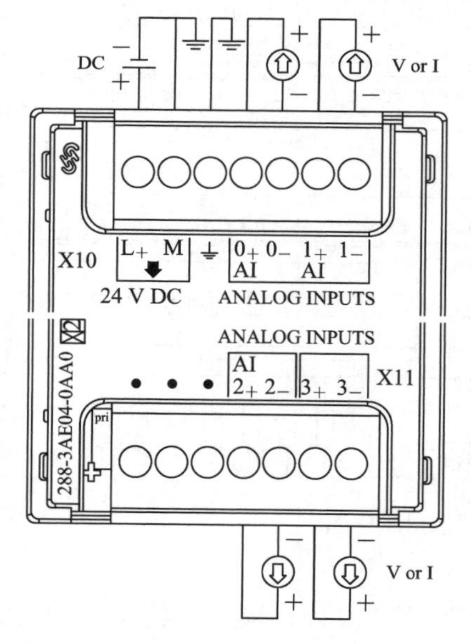

图 2-32　EM AI04 外部端口接线图

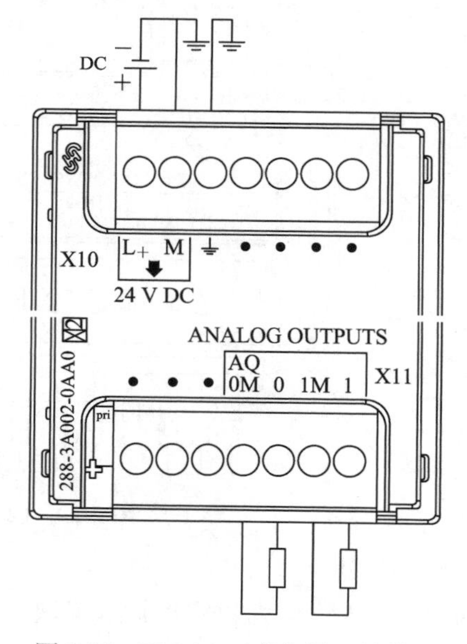

图 2-33　EM AQ02 外部端口接线图

实训 2　PLC 硬件连接及简单程序

1. 实训目的

(1) 熟悉可编程控制器基本构成及扩展。

(2) 熟悉可编程控制器内部资源及数据类型。

(3) 正确掌握可编程控制器外部端口线路连接。

2. 实训内容

(1) 通过实际动手连接小型 PLC 及可扩展模块，了解 PLC 基本构成。

(2) 电动机启动(启-保-停)控制电路。

(3) 参照相应型号的 PLC 使用说明书，通过对常开、常闭按钮及继电器负载，进行包括外部电源的正确接线。

3. 实训设备及元器件

(1) S7-200 PLC 实训工作台或 PLC 装置、可扩展模块若干个。

(2) 安装有 STEP 7-Micro/WIN 编程软件的 PC。

(3) PC/PPI 通信电缆。

(4) 开关 2 个、继电器 1 个、导线等必备器件。

4. 实训操作步骤

(1) 将 PC/PPI 通信电缆与 PC 连接，运行 STEP 7-Micro/WIN 编程软件。

(2) 在实验教师指导下，通过 PLC 实现对接触器 KM1 的控制。电机自锁启动控制 PLC 接线图如图 2-34 所示。

(3) 输入梯形图程序如图 2-35 所示。

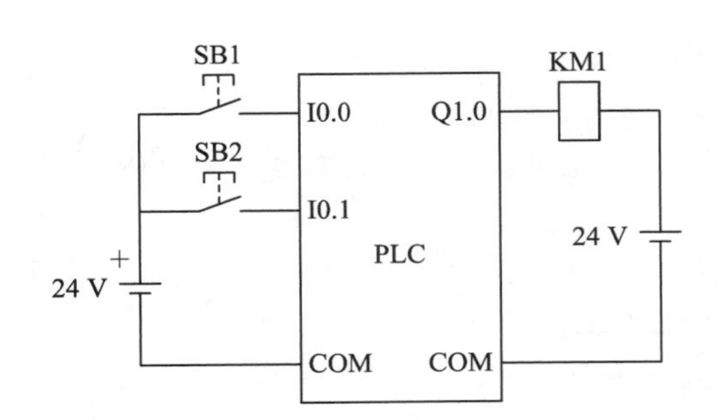

图 2-34　电机自锁启动控制 PLC 接线图

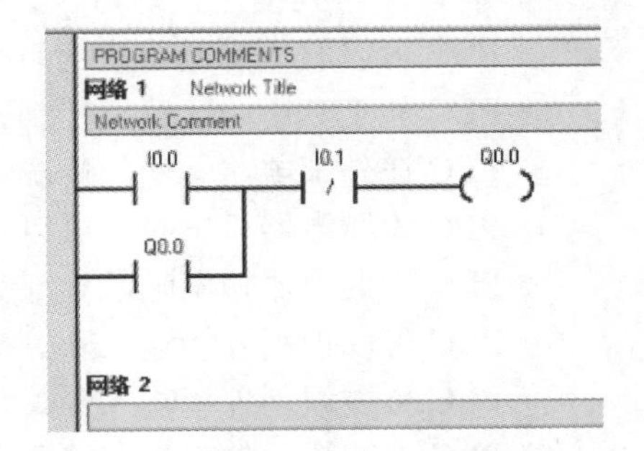

图 2-35　电机自锁启动梯形图控制

对梯形图程序编译、调试、运行后，观察运行结果。

思考：如果将 SB2 改为常闭按钮，实现同样功能，程序如何改变？

5. 注意事项

(1) 每个程序应单独输入、编译、下载、调试运行。

(2) 注意电源极性、电压值是否符合所使用 PLC 输入、输出电路的要求。

6. 实训报告

(1) 整理出 PLC 外部连接的接线图。

(2) 写出不同型号 PLC 在外部接线时的注意问题。

(3) 整理出运行调试后的梯形图程序。

(4) 写出该程序的调试步骤和实验结果。

思考与练习 2

2.1 简述 S7-200 PLC 的硬件系统组成。

2.2 S7-200 PLC 常见的扩展模块有哪几类？扩展模块的具体作用是什么？

2.3 S7-200 PLC 扩展模块编址的组态规则是什么？举例说明。

2.4 S7-200 PLC 包括哪些编程软元件？其主要作用是什么？

2.5 在 PLC 输入端子 I0.0 外接一个常开开关，该开关对 PLC 内部的输入继电器 I0.0 的控制关系是什么？在 PLC 输出端子 Q0.0 外接一个继电器，则 PLC 内部的输出继电器 Q0.0 对外接继电器的控制关系是什么？

2.6 PLC 外接端子和输入输出继电器是什么关系？哪些信号可以用来控制输入继电器？哪些信号可以用来控制输出继电器？

2.7 输入继电器触点可以直接驱动负载吗？输出继电器触点的可以作为中间触点吗？

2.8 PLC 输入输出端子与外部设备(如开关、负载)连接时，应注意哪些方面？

2.9 阅读 CPU224XP 典型外围接线图(见图 2-18)，其中，“图 2-18(b)图题交流电源/直流输入/继电器输出”的含义是什么？指出 CPU 供电电源类型、I/O 端口供电、I/O 接线方式及注意事项。

2.10 判断下列描述正确与否？

① PLC 可以取代继电器控制系统，因此，电器元件将被淘汰。

② PLC 就是专用的计算机控制系统，可以使用任何高级语言编程。

③ PLC 在外部电路不变的情况下，在一定范围内，可以通过软件实现多种功能。

④ PLC 为继电器输出时，可以直接控制电动机。

⑤ PLC 为继电器输出时，外部负载可以使用交、直流电源。

⑥ PLC 可以识别外接输入开关是常开开关还是常闭开关。

⑦ PLC 可以识别外接输入开关是闭合状态还是断开状态。

⑧ PLC 中的软元件就是存储器中的某些位、或数据单元。

2.11 解释并举例说明位数据、字节数据、字数据和双字数据，指出它们在存储单元中的位置关系。

2.12 说明特殊继电器位 SM0.0、SM0.1、SM0.5 的含义，试用 SM0.0 及 SM0.5 位编写一个工作状态显示灯及周期为 1 s 的闪光灯程序。

2.13 假设输入继电器在外部开关控制下，输入继电器 IB0 为 11000001，指出外部开

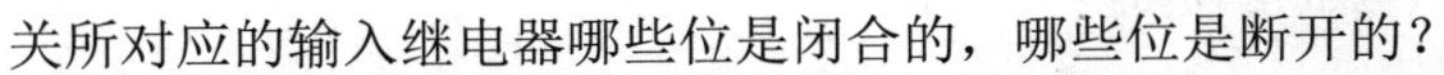
关所对应的输入继电器哪些位是闭合的，哪些位是断开的？

2.14　假设变量寄存器区从 V300 开始的 10 字节存储单元存放的数据依次为：12，34，56，78，9A，50，31，49，24，97，分别指出 V302.1、VB302、VW302 及 VD302 存储单元的数据。

2.15　S7-200 PLC 指令中使用的常数有哪些类型和表示方法？

2.16　S7-200 CPU224 PLC 有哪些寻址方式？举例说明。

2.17　S7-200 SMART PLC 和 S7-200 PLC 的 I/O 编址有哪些异同？

2.18　S7-200 SMART PLC 有哪些扩展模块？

2.19　PLC 输入输出端子与外部设备(如开关、负载)连接时，应注意哪些方面？

2.20　PLC 外部电源接线需要注意哪些方面的问题？

第3章 S7-200系列PLC的基本指令及应用

指令是编程软件能够识别、PLC 能够执行的命令，指令的有序集合构成了程序。编程者是通过 PLC 编程语言进行程序设计来实现特定功能的。

本章重点介绍 S7-200 系列 PLC 梯形图(语句表)编程语言的基本指令及应用。

3.1 S7-200 系列 PLC 的编程软件及编程规约

S7-200 系列 PLC 的编程环境主要有 STEP 7-Micro/WIN 编程软件和 STEP-7-Micro/WIN SMART 编程软件，用户需要按编程软件约定的编程规约进行编程。

3.1.1 S7-200 系列 PLC 编程软件简介

PLC 应用程序编辑、编译和下载可以通过上位机(PC)运行集成编程软件来实现。

使用 S7-200 PLC，首先要在 PC 上安装 STEP 7-Mirco/WIN 编程软件；使用 S7-200 SMART PLC，则需要在 PC 上安装 STEP 7-Mirco/WIN SMART 编程软件。

STEP 7-Mirco/WIN 和 STEP 7-Mirco/WIN SMART 的指令格式基本相同，支持梯形图 LAD(Ladder)、语句表 STL(Statement List)和功能块图 FBD(Function Block Diagram)等编程语言来编制用户程序，并且可以直接进行显示切换。其中，梯形图和语句表是最基本、最常用的 PLC 编程语言，它们不但支持结构化编程方法，而且可以相互转化。用户应按照编程软件规定的编程语言(指令格式)编写 PLC 应用程序。

用户可以从 STEP 7-Micro/WIN 中导出项目移植到 STEP 7-Micro/WIN SMART，也可以在 STEP 7-Micro/WIN SMART 中直接打开一个 STEP 7-Micro/WIN 项目文件(.mwp)。

编程软件可以使用上位机作为图形编程器，用于在线(联机)或离线(脱机)开发用户程序，还可以在线实时监控用户程序的执行状态。

STEP 7-Mirco/WIN 和 STEP 7-Mirco/WIN SMART 编程软件的使用方法见第 9 章。

3.1.2 S7-200 系列 PLC 常用指令的基本格式及编程规约

1. S7-200 PLC 指令基本格式

在 S7-200 PLC 程序设计中，常用的指令有梯形图(以下简称 LAD)和语句表(以下简称 STL)两种表示方法。

1) LAD 指令基本格式

LAD 指令是使用最广泛的 PLC 图形编程语言，梯形图与继电器控制系统的电路图具有相似、直观、易懂的优点。

LAD 指令使用类似电气控制形式的符号来描述指令要执行的操作，以符号上的数据表示需要操作的数据，简单 LD 位逻辑(开关量)指令的梯形图格式如图 3-1(a)所示，STEP 7-Mirco/WIN 编程环境梯形图格式如图 3-1(b)所示，STEP 7-Mirco/WIN SMART 编程环境梯形图指令的格式如图 3-1(c)所示。

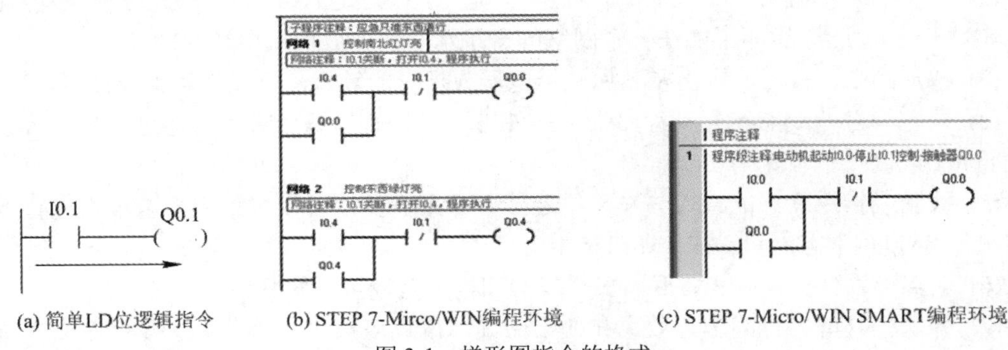

(a) 简单LD位逻辑指令　(b) STEP 7-Mirco/WIN编程环境　(c) STEP 7-Micro/WIN SMART编程环境

图 3-1　梯形图指令的格式

图 3-1(a)所示指令表示当输入位(外部按钮控制)I0.1 闭合时，输出位(线圈)Q1.0 为 ON(得电)。

在梯形图中，为了便于理解和分析各个元器件间的输入与输出关系，可以假想指令为电路中某支路的概念电流，也称作能流。因此，本书在描述指令的连接时，融入了“电路”的概念。例如，图 3-1(a)所示指令中 I0.1 触点接通时，有一个假想的能流(箭头)流过 Q1.0 的线圈。

触点和线圈等组成的独立语句称为网络。在网络中，程序的逻辑运算按从左到右的方向执行，与能流的方向一致。

2) STL 指令(语句表)

STL 指令一般由助记符和操作数组成，其格式如下：

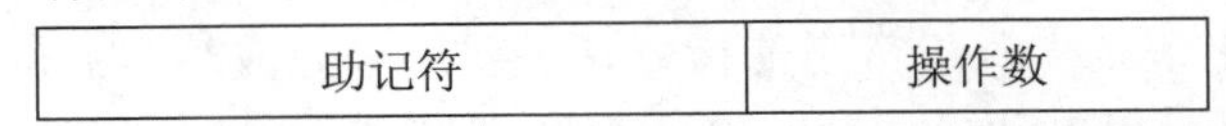

助记符	操作数

助记符表示指令要执行的功能操作，操作数表示指令要操作的数据。

例如：

```
LD   I0.1        //LD：取指令操作码；       I0.1：输入位操作数
=    Q1.0        // “=” ：输出操作码；      Q1.0：输出位操作数
```

STL(语句表)指令表达式与梯形图有一一对应关系，在编程环境中可以方便地相互转换。

3) 指令中操作数表示方法

指令中的位逻辑操作数(bit)只能以直接寻址方式对其进行读写操作。直接寻址也称字节 • 位寻址，由元件名称、字节地址和位地址组成。

在图 3-1 中，操作数 I0.1 中的 I 表示输入映像寄存器第 0 字节中的第 1 位输入点；操作数 Q1.0 中的 Q 表示输出映像寄存器的第 1 字节中的第 0 位输出位。

2. S7-200 PLC 梯形图编程规约

使用梯形图编程时应符合以下规约。

(1) 每个网络单元(即输出单元)构成一个梯级，每个网络必须以触点开始，根据其逻辑条件组成逻辑控制，网络结束(右侧)为输出单元，输出单元应为软元件线圈或定时器、计数器等指令/指令盒。网络不能以触点终止。

(2) 一个网络可有若干个线圈，但线圈必须位于该特定网络的并行分支上。不能在网络上串联一个以上线圈(即不能在一个网络的一条水平线上放置多个线圈)。

(3) 梯形图中，输入、输出及其他软继电器或指令的触点，可以任意重复使用。

(4) 同一编号的线圈在同一程序中不得使用多次，虽然编译时可以通过，但是容易发生逻辑错误。

(5) 线圈或指令盒不能直接与左母线连接，如果需要，可以根据程序要求通过特殊功能继电器 SM0.0(常态为 ON)或 SM0.1 连接。

(6) 触点可以任意并联和串联，多个线圈和指令盒也可以并联使用。

(7) 为编程方便、提高编程效率和便于阅读，编程应按“上繁下简、左繁右简”原则进行。

(8) 编程时，以假设电路中概念电流(能流)的理解方式为出发点，更能确保程序的正确性。

(9) 由于 PLC 采用扫描工作方式，对于某些程序块(如第 5 章的子程序、中断程序)，如果按一般计算机常规编程思想编写梯形图，会出现梯形图程序执行情况与编程者意图不一致的结果，因此需要深刻理解 PLC 扫描工作方式的工作过程，才能避免这些错误。

3.2 位逻辑指令

位逻辑指令是 PLC 中最基本、最常用的指令，主要用来完成基本的位逻辑运算及控制。位逻辑指令的典型应用有电动机控制、红绿交通灯控制、电梯自动控制、密码锁、抢答器、二位(或三位)式闭环控制及位控报警器等领域。位逻辑指令主要包括触点输入、线圈驱动输出指令、位逻辑(运算)指令、置位/复位指令、立即指令、边沿触发指令及堆栈操作指令等。

3.2.1 触点输入/线圈驱动输出指令

1. LD、LDN 指令

1) 取指令 LD(Load)

LD 指令的格式如图 3-2 所示，其中，bit 为触点位操作数(本书下同)。

梯形图	语句表
bit ─┤ ├─	LD bit

图 3-2 LD 指令的格式

使用 LD 指令过程中，启动梯形图任何逻辑块的第一条指令时，对应输入端点连接开关导通，触点 bit 闭合；对应输入端点连接开关断开，触点 bit 断开。LD 指令也被称为动合指令，一般用于连接动合(常开)触点。

2) 取反指令 LDN(Load Not)

LDN 指令的格式如图 3-3 所示。

LDN 指令在启动梯形图任何逻辑块的第一条指令时，对应输入端点连接的开关导通，触点 bit 断开；对应输入端点连接的开关断开，触点 bit 闭合。LDN 指令也被称为动断指令。

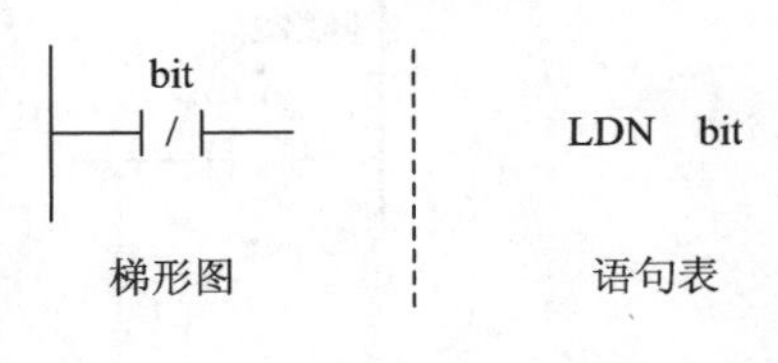

图 3-3　LDN 指令的格式

2. = (Out)输出指令

= (Out)输出指令又称为线圈驱动指令，其指令的格式如图 3-4 所示。

输出指令示例如图 3-5 所示。

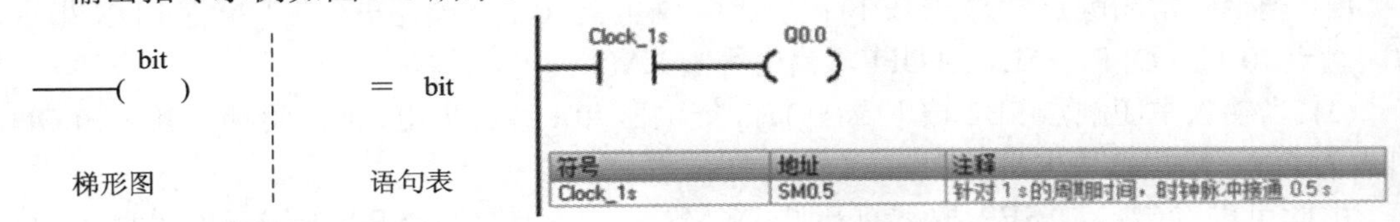

图 3-4　= Out 指令的格式　　图 3-5　输出指令示例

在梯形图中，该指令必须放在网络的最右端。

该类指令使用时注意以下几个方面：

(1) LD、LDN 指令操作数区域为：I、Q、M、T、C、SM、S、V；“=”指令的操作数区域为 M、Q、T、C、SM、S。

(2) 指令中常开接点和常闭接点作为使能的条件，在语法上和实际编程中都可以无限次重复使用。

(3) 作为驱动元件，PLC 输出线圈在语法上可以无限次地使用。由于在重复使用的输出线圈中，只有程序中的最后一个是有效的，因此输出线圈具有最后优先权。所以，同一程序中，“=”指令后的线圈使用 1 次为宜。

(4) 在第 2 章已经强调，PLC 输入继电器只能识别相应的外部端口开关是接通状态还是断开状态，不能识别外部连接的是常开按钮还是常闭按钮。

【例 3-1】 PLC 触点输入/输出指令示例的硬件电路如图 3-6 所示，其中 I0.0 外接常开按钮控制，I0.1 外接常闭按钮控制。梯形图及语句表如图 3-7 所示。

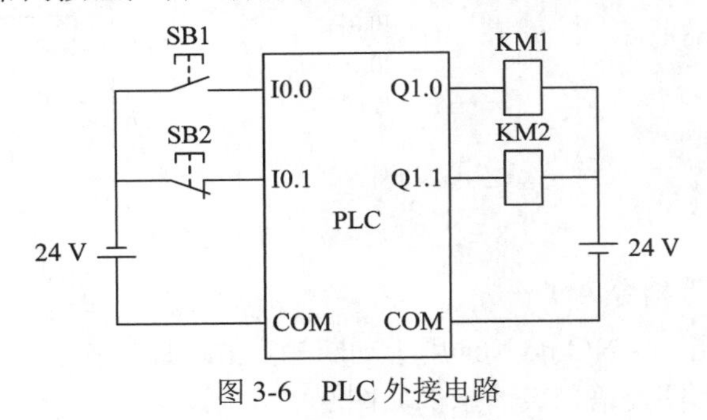

图 3-6　PLC 外接电路

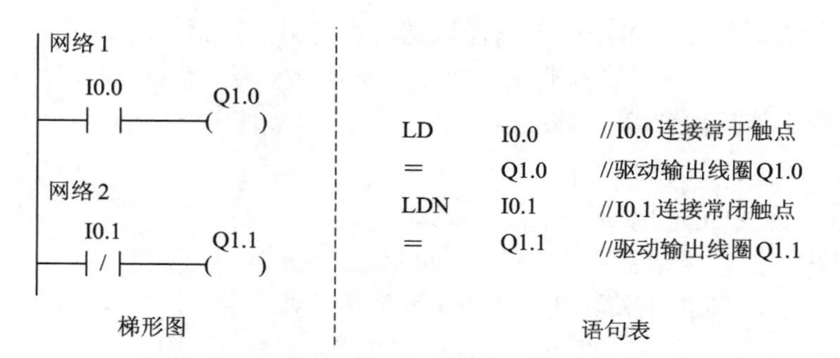

图 3-7 LD、LDN 及＝指令示例

在执行图 3-7 所示指令后，图 3-6 所示电路工作过程如下：

(1) 当输入常开按钮 SB1 闭合时，执行 LD 指令，继电器 I0.0 线圈得电，常开触点为 ON，Q1.0 为 ON，输出线圈 KM1 得电。

(2) 当输入常闭触点 SB2 未按下(闭合)时，继电器 I0.1 线圈得电，由于执行 LDN 指令，常闭触点 I0.1 为 OFF，Q1.1 为 OFF，输出线圈 KM2 失电。

(3) 当输入常闭触点 SB2 按下(断开)时，继电器 I0.1 线圈失电，则常闭触点 I0.1 为 ON，Q1.1 为 ON，输出线圈 KM2 得电。

由此可以看出，当 SB2 按下断开时，KM2 得电工作；当 SB2 未按下接通时，KM2 失电。

特别需要指出，由于 PLC 执行程序采用的是串行执行，循环扫描的工作方式，则输入触点的动作时间与扫描周期有关，因此要求外接输入开关的有效时间必须大于一个扫描工作周期。如果输入开关的工作频率很高，PLC 只能检测到在一个扫描周期内执行程序那一时刻的开关状态。

3.2.2 位逻辑“与”指令

1. 位逻辑“与”指令 A

位逻辑“与”指令 A(And)用于动合触点的串联连接，只有串联在一起的所有触点全部闭合时，输出才有效。

位逻辑“与”指令的梯形图、语句表及时序图如图 3-8 所示。

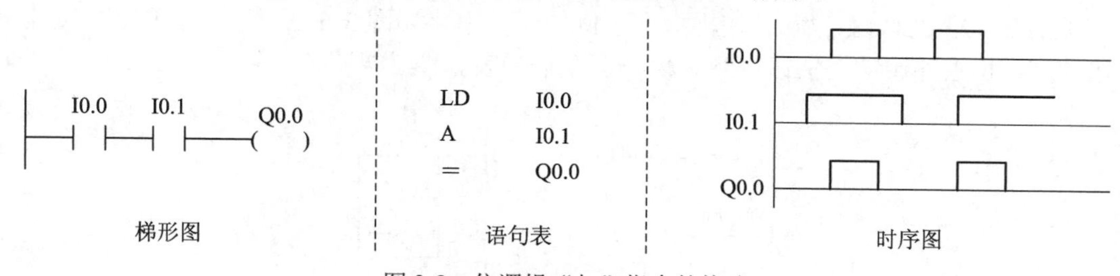

图 3-8 位逻辑“与”指令的格式

2. 位逻辑“与非”指令 AN

位逻辑“与非”指令 AN(And Not)用于动断触点的串联连接。

A 和 AN 指令梯形图及语句表的示例如图 3-9 所示。

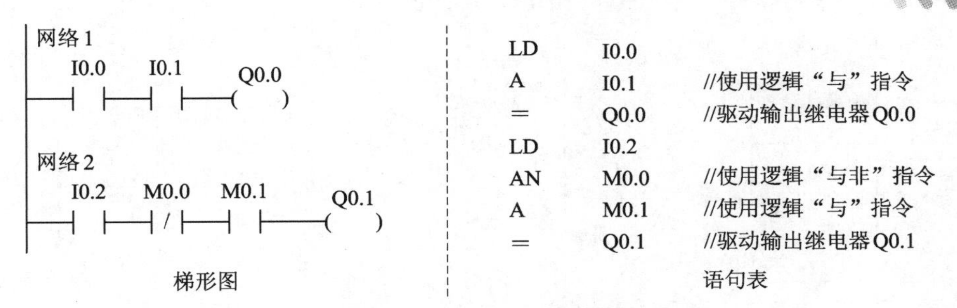

图 3-9　位逻辑“与非”指令 AN 的格式

A 和 AN 指令的操作数区域为 I、Q、M、SM、T、C、S、V、L。单个触点可以连续串联使用，最多为 11 个。

【例 3-2】 使用 3 只开关全部闭合时控制一盏灯点亮，其他状态灯熄灭。

3 只开关分别控制 PLC 的输入端口地址 I0.1、I0.2 和 I0.3，灯接在 PLC 输出端口 Q0.0 上。

根据控制要求，需要将 3 个输入触点串联，其对应的梯形图与语句表如图 3-10 所示。

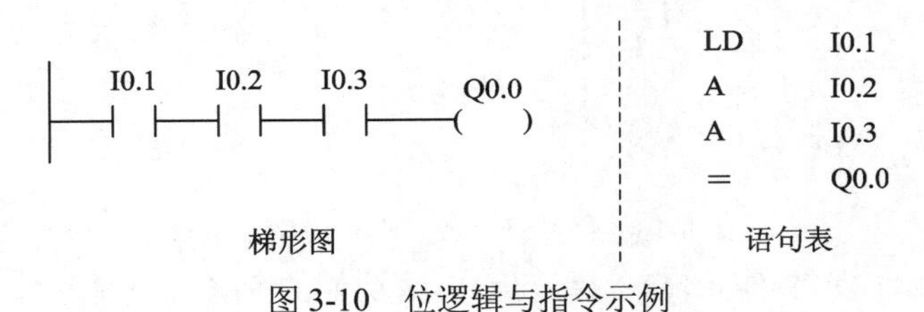

图 3-10　位逻辑与指令示例

3.2.3　位逻辑“或”指令

1. 位逻辑“或”指令 O

位逻辑“或”指令 O(Or)用于动合触点的并联连接，并联在一起的所有触点中只要有一个闭合，输出就有效。

位逻辑“或”指令的梯形图、语句表及时序图如图 3-11 所示。

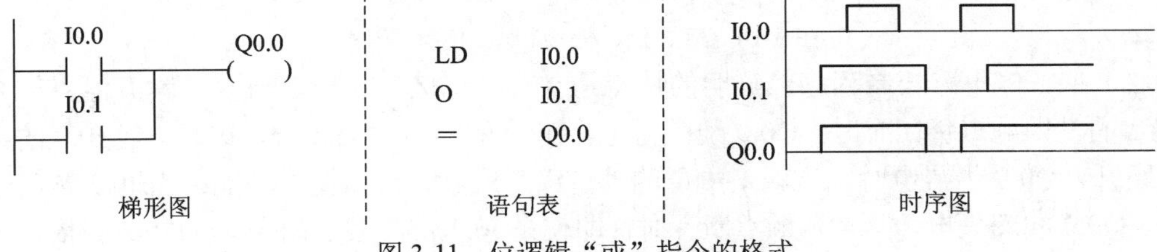

图 3-11　位逻辑“或”指令的格式

2. 位逻辑“或非”指令 ON

位逻辑“或非”指令 ON(Or Not)用于动断触点的并联连接。

位逻辑“或非”指令的梯形图及语句表如图 3-12 所示。

O 和 ON 指令的操作数区域为：I、Q、M、SM、T、C、S、V、L。单个触点可以连续并联使用。

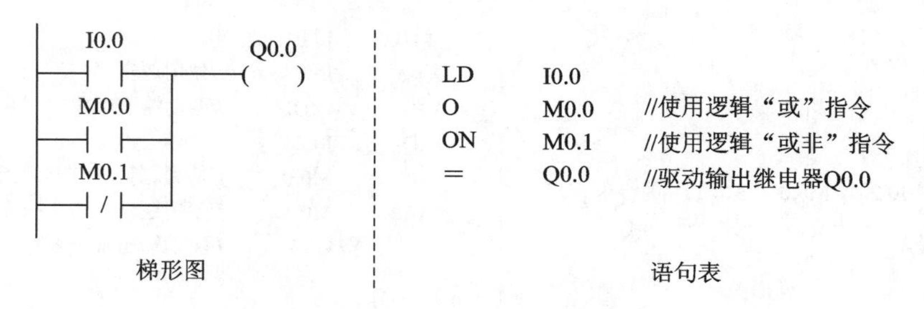

图 3-12 位逻辑“或非”指令的格式

【例 3-3】 使用 3 个开关(分别控制 I0.1、I0.2 和 I0.3)控制一盏灯。任一开关闭合时均可点亮灯，其中，I0.1 由一个常闭按钮控制，I0.2 和 I0.3 分别由两个常开按钮控制。

位逻辑“或非”指令的梯形图与语句表如图 3-13 所示。

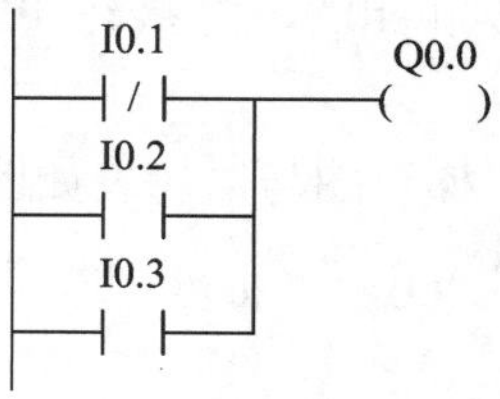

梯形图：I0.1（常闭）、I0.2、I0.3 并联 → Q0.0

语句表：

```
LDN    I0.1
O      I0.2    //逻辑或，I0.2与I0.1并联
O      I0.3
=      Q0.0    //逻辑或，I0.2与I0.3并联
```

图 3-13 位逻辑“或”指令应用示例

【例 3-4】 启动-保持-停止(启、保、停)电路功能的 PLC 控制程序。

启、保、停电路广泛应用于生产实践中，例如，电动机的单向连续运转控制电路，其控制程序如图 3-14 所示。

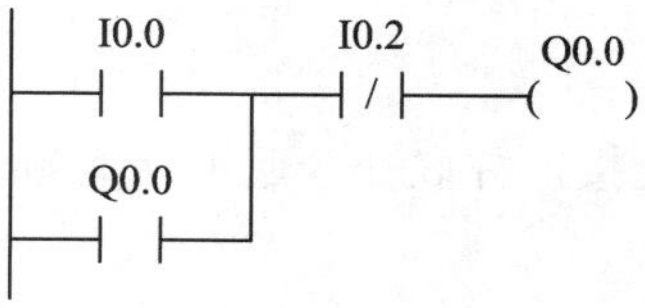

梯形图：I0.0 与 Q0.0 并联，串联 I0.2（常闭） → Q0.0

语句表：

```
LD     I0.1    //启动，电路启动控制
O      Q0.0    //自锁，电路保持控制
AN     I0.2    //停止，电路停止控制
=      Q0.0    //线圈输出
```

图 3-14 启、保、停控制电路编程示例

启、保、停电路控制程序最鲜明的特点是具有“记忆”功能。当 I0.0 常开触点闭合，而 I0.2 的常闭触点仍闭合时，Q0.0 线圈得电，Q0.0 的常开触点闭合，这时，当 I0.0 的常开触点断开，Q0.0 仍得电时，这就是所谓的“自锁”或者“自保持”功能；当 I0.2 常闭触点断开，Q0.0 线圈失电，其常开触点断开时，即使是 I0.2 常闭触点闭合，Q0.0 线圈依然为断电的状态。

【例 3-5】 PLC 互锁电路控制程序。

PLC 互锁电路广泛应用于生产实践中，其控制程序如图 3-15 所示。

程序的输入信号分别是 I0.1 和 I0.2，若 I0.1 先接通，M0.1 有输出并保持(即自锁)，同时 M0.1 常闭触点断开，此时即便是 I0.2 接通，也不能使 M0.2 动作；若先接通 I0.2，M0.2 有输出并保持(即自锁)，同时 M0.2 常闭触点断开，此时即便是 I0.1 接通，也不能使 M012

动作；这种相互约束关系称为互锁。

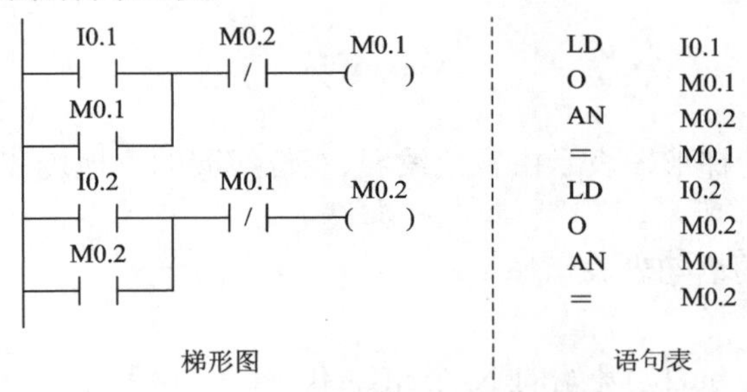

图 3-15　PLC 互锁控制程序示例

3.2.4　位逻辑块“与”指令

位逻辑块“与”指令 ALD(And Load)用于并联电路块的串联连接。

位逻辑块是指以 LD 或 LDN 起始的一段程序，两条以上支路并联形成的电路叫并联位逻辑块。如果将两个并联位逻辑块串联在一起，则需要使用 ALD 指令。

ALD 指令的梯形图及语句表示例如图 3-16 所示。

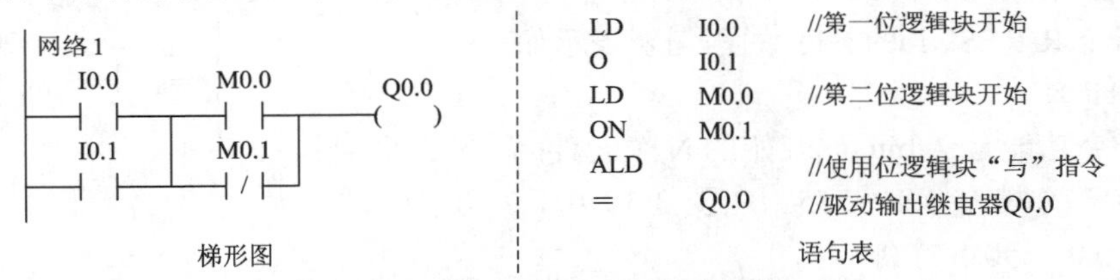

图 3-16　ALD 指令梯形图及语句表示例

在图 3-16 中，第一位逻辑块实现 I0.0 与 I0.1 逻辑或操作；第二位逻辑块实现 M0.0 与 M0.1(常闭)位逻辑或操作；然后实现这两个位逻辑块的逻辑与操作，驱动 Q0.0。

3.2.5　位逻辑块“或”指令

位逻辑块“或”指令 OLD(Or Load)用于串联电路块的并联连接。

两个以上触点串联形成的电路叫串联位逻辑块，如果将两个串联位逻辑块并联在一起，则需要使用 OLD 指令。

OLD 指令的梯形图及语句表如图 3-17 所示。

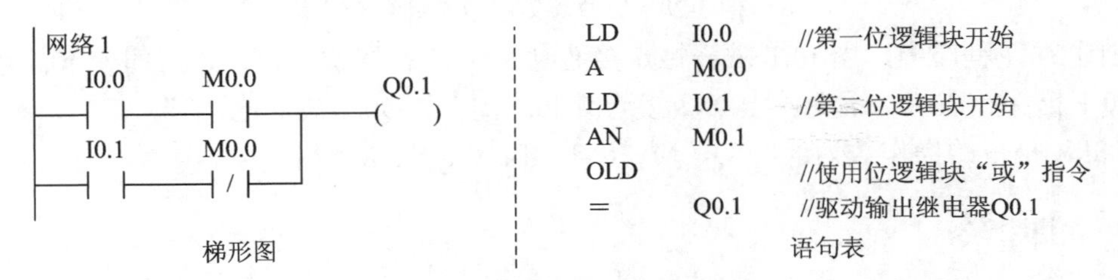

图 3-17　OLD 指令的格式

在图 3-17 中，第一位逻辑块实现 I0.0 与 M0.0 位逻辑与操作；第二位逻辑块实现 I0.1 与 M0.1(常闭)位逻辑与操作；然后实现这两个位逻辑块的位逻辑或操作，驱动 Q0.1。

3.2.6 置位/复位指令

1. 置位指令 S

置位指令 S(SET)的梯形图表示由置位线圈、置位线圈的位地址和置位线圈的数目构成，其指令的格式如图 3-18 所示。

置位指令 S(SET)的语句表表示如下：

S bit, N

置位指令功能是从 bit(位)开始的 N 个元件(位)置 1 并保持。其中，N 的取值为 1～255。在图 3-18 中，I0.0 为 ON 时，线圈 Q0.0、Q0.1 置 1；在 Q0.0、Q0.1 置位后，即使 I0.0 变为 OFF，被置位的状态具有保持功能，直至复位信号的到来才进行改变。

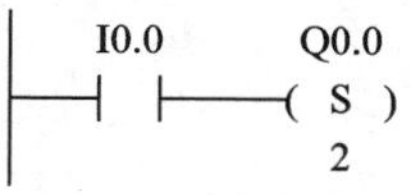

I0.0 Q0.0
(S)
2

图 3-18 置位指令 S 的格式

2. 复位指令 R

复位指令 R(RESET)的梯形图表示由复位线圈、复位线圈的位地址和复位线圈的数目构成，其指令的格式如图 3-19 所示。

复位指令 R(RESET)的 STL 的语句表表示如下：

R bit, N

复位指令功能是从 bit(位)开始的 N 个元件(位)置 0 并保持。其中，N 的取值为 1～255。在图 3-19 中，I0.0 为 ON 时，线圈 Q0.0、Q0.1 置 0。

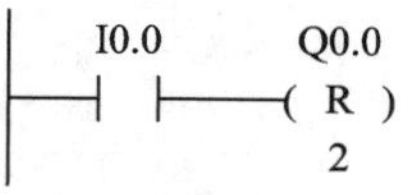

I0.0 Q0.0
(R)
2

图 3-19 复位指令 R 的格式

置位和复位指令的梯形图及语句表示例如图 3-20 所示。

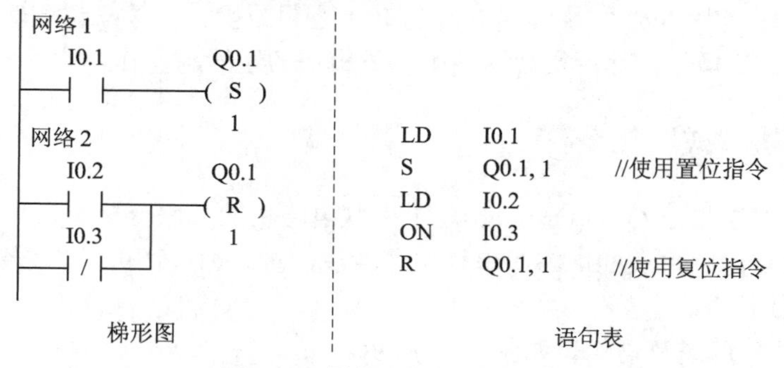

图 3-20 置位、复位指令示例

在图 3-20 程序中，当 I0.1 常开触点接通时，Q0.1 被置位“1”，之后即使 I0.1 触点断开，Q0.1 仍保持该状态不变；当 I0.2 接通或 I0.3 闭合，Q0.1 被复位“0”。

S 和 R 指令的操作数为：I、Q、M、SM、T、C、S、V 和 L。

3.2.7 立即指令

立即指令(Immediate)不受 PLC 扫描工作方式的限制，可以对输入、输出点进行立即读写操作并产生逻辑作用。

立即指令又称加 I 指令，其格式为在 LAD 符号内或 STL 的操作码后加入“I”。

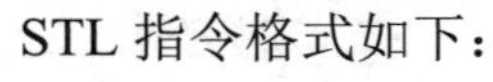

STL 指令格式如下：

```
LDI     bit        //立即取指令
LDNI    bit        //立即取非指令
OI      bit        //立即“或”指令
ONI     bit        //立即“或非”指令
AI      bit        //立即“与”指令
ANI     bit        //立即“与非”指令
=I      bit        //立即输出指令
SI      bit，N     //立即置位指令
RI      bit，N     //立即复位指令
```

立即指令的梯形图及语句表示例如图 3-21 所示。

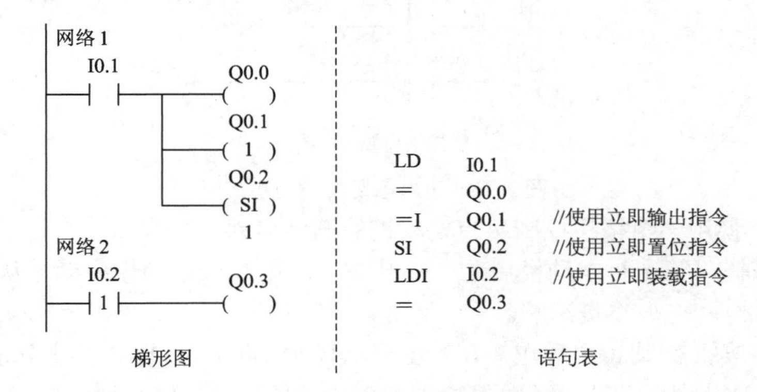

图 3-21　立即指令的梯形图及语句表示例

注意：

(1) 用立即指令读取输入点的状态时，该点对应的输入映像寄存器中的值并未立即变化，而是随着扫描工作周期在采集到该输入点的状态时才发生变化。

(2) 用立即指令访问输出点时，同时写入 PLC 的物理输出点和相应的输出映像寄存器。

3.2.8　边沿触发指令

边沿触发指令又称微分指令，分为上升沿微分和下降沿微分指令。

1. 上升沿微分指令

上升沿微分指令的 STL 格式如下：

```
EU      //(Edge UP)
```

上升沿微分指令的 LAD 格式由在常开触点中加入符号“P”构成。

指令功能是当执行条件从 OFF 变为 ON 时，在上升沿产生一个扫描周期的脉冲。

2. 下降沿微分指令

下降沿微分指令的 STL 格式如下：

```
ED      //(Edge Down)
```

下降沿微分指令的 LAD 格式由在常开触点中加入符号“N”构成。

指令功能是当执行条件从 ON 变成 OFF 时，在下降沿产生一个扫描周期的脉冲。

边沿触发指令无操作数。边沿触发指令的梯形图、语句表及时序图如图 3-22 所示。

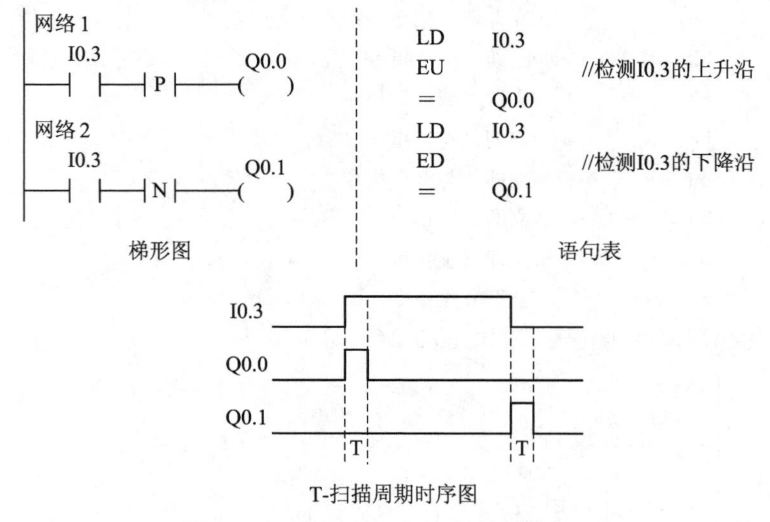

图 3-22　边沿触发指令的格式

【例 3-6】 使用一个按钮控制两台电动机的顺序启动。

要求按下按钮，第一台电动机启动；松开按钮，第二台电动机启动，从而防止两台电动机同时启动对电网造成不良影响。

分析：启动按钮控制 I0.0 触点，在其上升沿控制 Q0.0 为 ON，其下降沿控制 Q0.1 为 ON，Q0.0、Q0.1 分别驱动两个接触器控制两台电动机启动。停止按钮控制 I0.1 触点，其梯形图、语句表如图 3-23 所示。

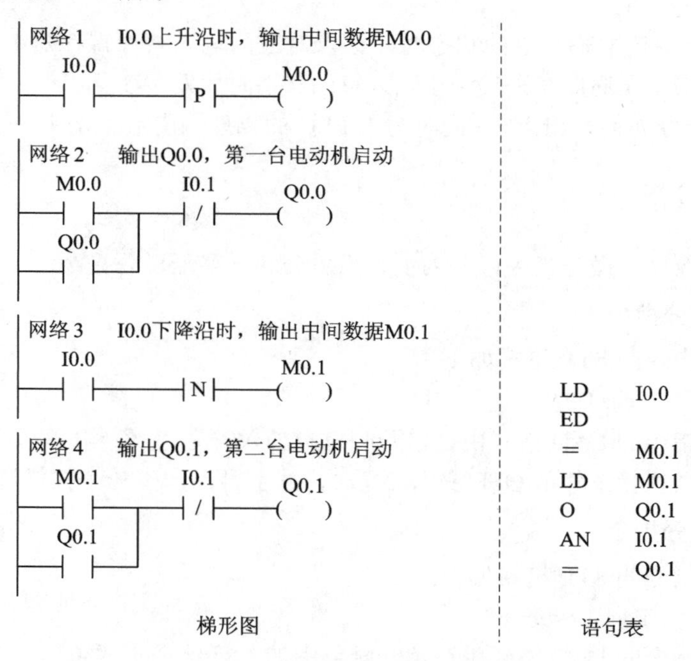

图 3-23　边沿触发指令编程示例

3.2.9　堆栈及堆栈操作指令

1. 堆栈及其操作

堆栈是一组能够按照先进后出、后进先出进行存取数据的连续的存储器单元，主要用来暂存一些需要临时保存的数据。把数据存入堆栈的栈顶单元称为压栈，把数据从栈顶取出称为出栈(弹出)，其数据从栈顶单元弹至目标单元。

S7-200 有一个 9 位的堆栈，栈顶用来存储逻辑运算的结果，下面的 8 位用来存储中间运算结果。

应该注意到，在 S7-200 系统中，对于不同的指令，系统将自动对其执行堆栈操作，以暂存某些数据以备后用，或从栈顶弹出数据以供操作。如执行 LD 指令时，系统自动将指令指定的位地址中的二进制数据压入栈顶，以备后续指令(如逻辑与或输出等指令)使用；执行 A 指令时，将指令指定的位地址中的二进制数和栈顶中的二进制数(自动弹出后)相“与”，结果自动压入栈顶；执行“=”输出指令时，系统自动将栈顶值复制到对应的映像寄存器；执行 OLD 指令时，首先对栈顶第 1 层存放的逻辑块结果(S1)和第 2 层存放的另一逻辑块结果(S0)弹出进行逻辑块或操作，其结果 S2 存入栈顶，栈的深度减 1，堆栈操作如图 3-24 所示。

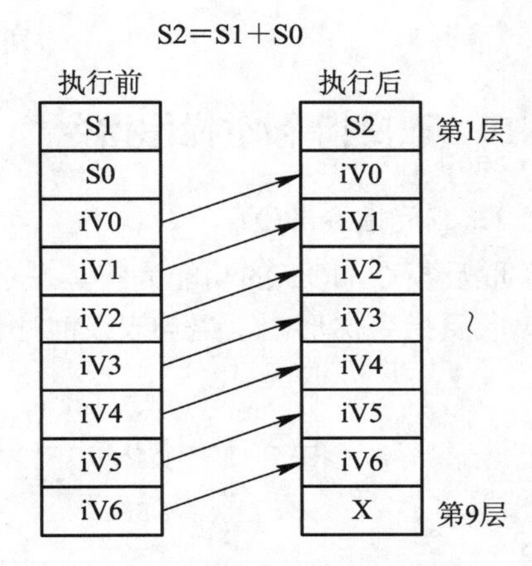

图 3-24　OLD 指令对堆栈的影响

2. 堆栈操作指令

堆栈操作指令包含 LPS、LRD、LPP、LDS，各命令功能描述如下：

(1) LPS(Logic Push)：逻辑入栈指令(分支电路开始指令)。在梯形图中，本指令就是生成一条新的母线，本母线的左侧为原来的主逻辑块，右侧为新生成的从逻辑块。

(2) LRD(Logic Read)：逻辑读栈指令。在梯形图中，当新母线生成后，LPS 开始右侧第一个从逻辑块的编程；LRD 则开始右侧第二个及其后的从逻辑块的编程。

(3) LPP(Logic Pop)：逻辑出栈指令(分支电路结束指令)。在梯形图中，本指令用于新母线右侧最后一个从逻辑块的编程。

(4) LDS(Logic Stack)：装入堆栈指令。本指令复制堆栈中第 n(n=1～8)层的值到栈顶，栈中原来的数据依次向下一层推移，栈底推出丢失。

指令格式：

```
LDS  n
```

注意：LPS、LPP 指令必须成对出现。LPS、LPP、LRD 无操作数。

【例 3-7】 堆栈指令示例如图 3-25 所示。

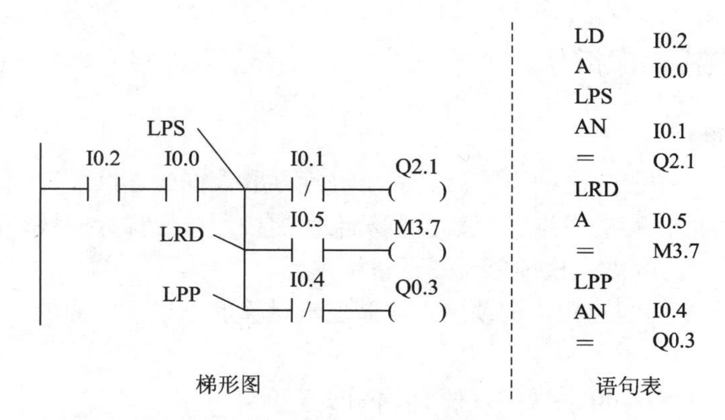

图 3-25 堆栈指令示例

3.2.10 取反指令/空操作指令

1. 取反指令 NOT

取反指令 NOT 的功能为将其左边的逻辑运算结果取反，指令本身没有操作数。

取反指令梯形图、语句表及时序图示例如图 3-26 所示。

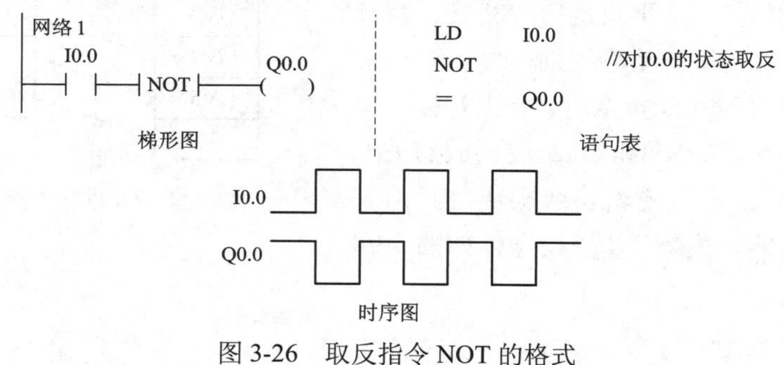

图 3-26 取反指令 NOT 的格式

2. 空操作指令 NOP

空操作指令 NOP，不影响程序的执行。指令格式如下：

NOP N // N = 0～255，为执行空操作的次数

3.3 定 时 器

定时器是 PLC 常用的编程元件之一。在 PLC 系统中，定时器主要用于延时系统。

3.3.1 基本概念及定时器编号

定时器在满足一定的输入控制条件后，从当前值按一定的时间单位进行计数增加操作，直至定时器的当前值达到由程序设定的定时值，定时器位发生动作(即定时器常开位触点闭

合，常闭位触点断开)，以满足定时位控的需要。

1. 定时器种类

S7-200 PLC 提供了三种类型的定时器供编程使用。

(1) 通电延时定时器(TON)。

(2) 断电延时定时器(TOF)。

(3) 保持型通电延时定时器(TONR)。

2. 定时器分辨率 S

定时器分辨率 S 为定时器对时间定时的最小时间单位，S7-200 PLC 定时器分辨率可分为三个精度等级：1 ms、10 ms 和 100 ms。

3. 定时时间 T

定时器定时时间 T 为定时器的分辨率 S 与定时器设定值 PT 的乘积，即

$$T = S \times PT$$

其中，设定值 PT 为 int 型数据，一般可设为常数。

4. 定时器类别编号

在 S7-200 PLC 程序中，系统是通过定时器编号来使用定时器的。

定时器的编号格式为

Tn (n 为常数)

其中，常数 n 范围为 0～255，例如，T0、T33、T255。

程序通过定时器编号对定时器直接寻址，定时器编号在程序中不同位置具有不同的含义，如下：

(1) 定时器编号在定时器指令中表示程序中使用的是哪一个定时器。

(2) 定时器编号在程序中可提供用户定时器位(输出触点)的状态(常开、常闭触点)。

(3) 在指令中需要数据格式的地方，定时器编号表示定时器当前所累计的定时时间值。

定时器类别及编号见表 3-1。

表 3-1　定时器类别及编号

类型	分辨率/ms	最大定时值/s	编　号
保持型通电延时定时器 TONR	1	32.767	T0、T64
	10	327.67	T1-T4、T65-T68
	100	3276.7	T5-T31、T69-T95
通电/断电延时型定时器 TON/TOF	1	32.767	T32、T96
	10	327.67	T33-T36、T97-T100
	100	3276.7	T37-T63、T101-T255

3.3.2　通电延时定时器指令

通电延时定时器 TON(On-Delay Timer)用于通电后单一时间间隔的计时。其指令的格式如图 3-27 所示。

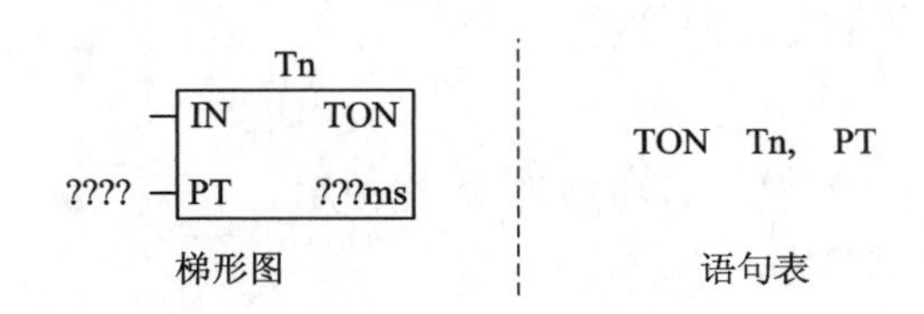

图 3-27 TON 指令的格式

图中，TON 为接通延时定时器指令助记符；Tn 为定时器编号；IN 为定时器定时输入控制端；PT 为定时设定值输入端。

输入端(IN)接通为 ON 时，定时器位为 OFF，定时器开始从当前值 0(加 1)开始计时，当前值大于等于设定值时(PT = 1～32 767)，定时器位变为 ON，定时器对应的常开触点闭合，常闭触点断开。达到设定值后，当前值仍继续计数，直到最大值 32 767 为止。输入端断开时，定时器复位，即当前值被清零，定时器位为 OFF。

通电延时定时器的定时器编号为 T32、T96(分辨率 1 ms)；T33-T36、T97-T100(分辨率 10 ms)；T37-T63 T101-T255(分辨率 100 ms)。

【例 3-8】 通电延时型定时器梯形图、语句表指令示例如图 3-28 所示，时序图如图 3-29 所示。

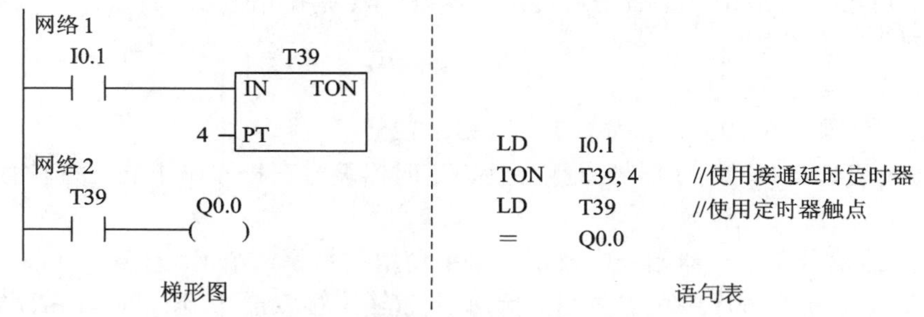

图 3-28 通电延时定时器指令示例

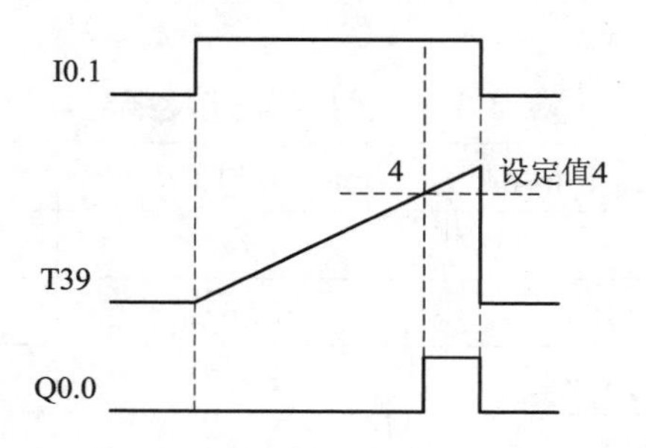

图 3-29 通电延时定时器指令时序图

本例中，由表 3-1 可知 T39 为接通延时型定时器，其分辨率 S = 100 ms，指令中设定值 PT = 4，定时时间 T = 100 × 4 = 400 ms，其工作过程如下：

(1) I0.1 接通时，T39 开始从当前值 0 开始(加 1)计时。

(2) 当前值大于等于设定值(PT = 4)时，T39 常开位触点闭合，Q0.0 为 ON。

(3) 当前值达到设定值 4 后，当前值仍继续计数，直到最大值 32 767 为止。

(4) I0.1 断开时，定时器 T39 复位，即当前值被清零，定时器位为 OFF，Q0.0 失电。

【例3-9】 I0.0接通时，Q0.0为ON，按下按钮SB后，指示灯亮，延时0.5 s自动熄灭。用T33延时，设定值PT = 0.5 s/10 ms = 50。

通电延时定时器指令示例如图3-30所示。

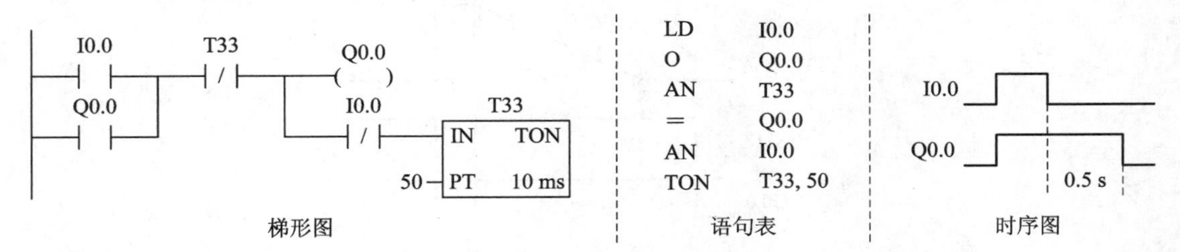

图3-30　通电延时定时器指令示例

3.3.3　断电延时定时器指令

断电延时定时器TOF(Off-Delay Timer)用于断电后的单一时间间隔计时，其指令的格式如图3-31所示。

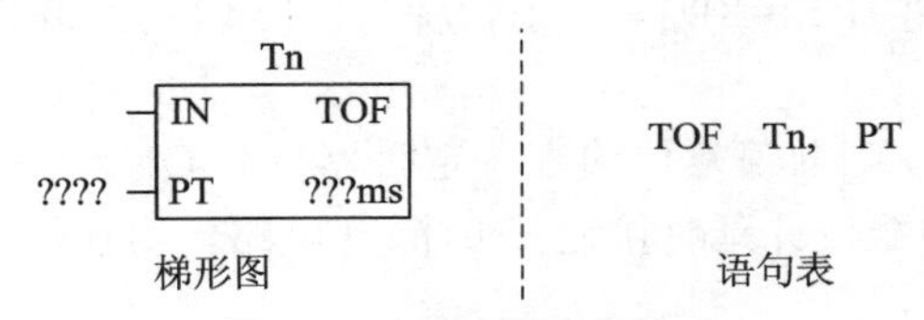

图3-31　TOF指令的格式

图3-31中，TOF为断电延时定时器指令助记符；Tn为定时器编号；IN为定时器定时输入控制端；PT为定时设定值输入端。

输入端(IN)接通时，定时器位为ON，当前值为0；当输入端由接通到断开时，定时器从当前值0(加1)开始计时，定时器位仍为ON，只有在当前值等于设定值(PT)时，输出位变为OFF，当前值保持不变，停止计时。

断电延时定时器可用复位指令R复位，复位后定时器位为OFF，当前值为零。

断电延时定时器的定时器编号为T32、T96(分辨率1 ms)；T33-T36、T97-T100(分辨率10 ms)；T37-T63 T101-T255(分辨率100 ms)。

【例3-10】 断电延时型定时器梯形图、语句表指令示例如图3-32所示，时序图如图3-33示。

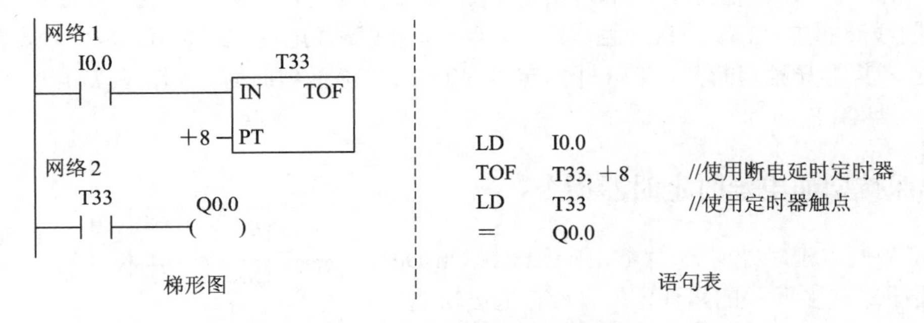

图3-32　断电延时定时器梯形图、语句表示例

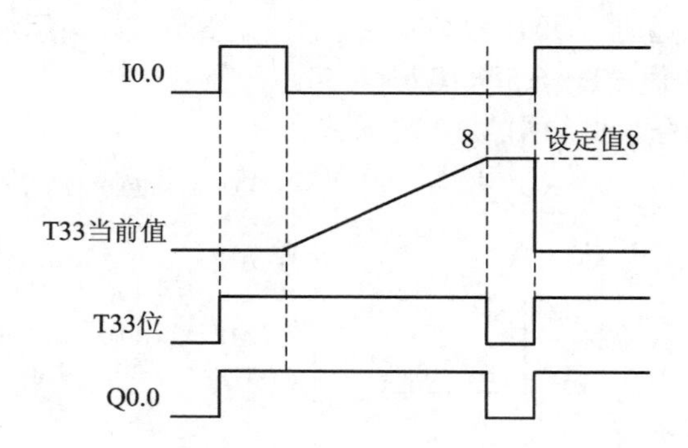

图 3-33 断开延时定时器示例时序图

本例中，由表 3-1 可知编号 T33 为断开延时型定时器，其分辨率 S=10ms，指令中设定值 PT=8，定时时间 T=10×8=80ms，其工作过程如下：

(1) I0.0 接通时，T33 为 ON，Q0.0 为 ON。

(2) I0.0 断开时，T33 仍为 ON 并开始从当前值 0 开始(加 1)计时。

(3) 当前值等于设定值(PT = 8)时，当前值保持，T33 变为 OFF，常开位触点断开，Q0.0 为 OFF。

(4) I0.0 再次接通时，当前值复位清零，定时器位为 ON。

【例 3-11】 用定时器设计延时接通/延时断开电路，实现输入 I0.0 和输出 Q0.1 的程序如图 3-34 所示。

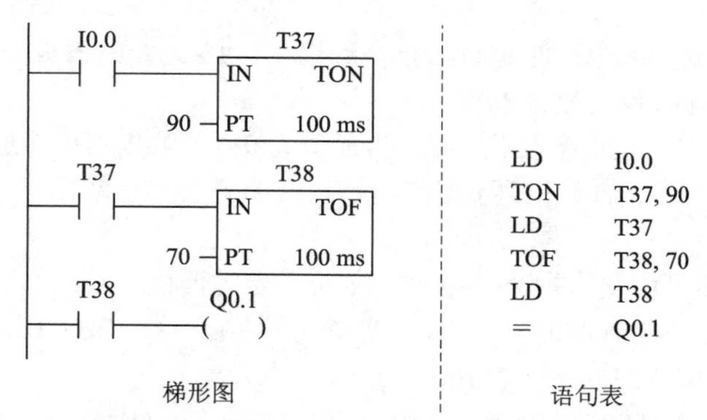

图 3-34 定时器实现延时接通/延时断开电路示例

I0.0 的常开触点接通后，T37 开始定时，9 s 后 T37 的常开触点接通，使断电延时定时器 T38 的线圈通电，T38 的常开触点闭合，Q0.1 的线圈通电为 ON。I0.0 常开触点断开后，T37 复位，其常开触点断开，T38 开始定时，7 s 后 T38 的定时时间到，其常开触点断开，Q0.1 断电为 OFF。

3.3.4 保持型通电延时定时器指令

保持型通电延时定时器 TONR(Retentive On-Delay Timer)用于对许多间隔的累计定时，具有记忆功能。其指令的格式如图 3-35 所示。

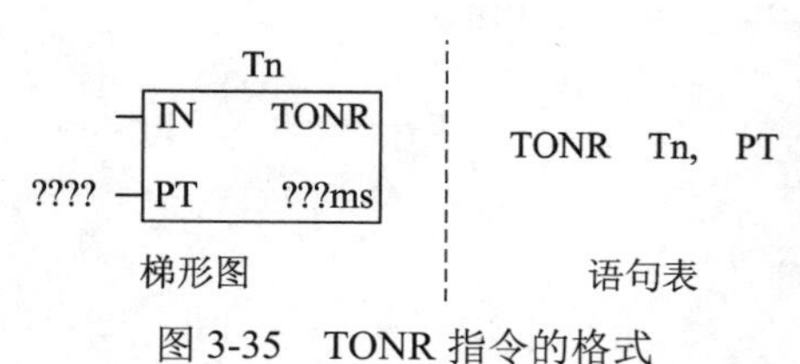

图 3-35 TONR 指令的格式

图 3-35 中，TONR 为保持型通电延时定时器指令助记符；Tn 为定时器编号；IN 为定时器定时输入控制端；PT 为定时设定值输入端。

当输入端(IN)接通时，定时器当前值从 0 开始(加 1)计时，当输入 IN 无效时，当前值保持；IN 再次有效时，当前值在原保持值基础上继续计数；当累计当前值大于等于设定值(PT)时，定时器位置 ON。

TONR 定时器可用复位指令 R 复位，复位后定时器位为 OFF、当前值清零。

保持型通电延时定时器的定时器编号为 T0、T64(分辨率 1 ms)；T1～T4、T65～T68(分辨率 10 ms)；T5-T31、T69-T95(分辨率 100 ms)。

【例 3-12】 保持型通电延时定时器梯形图、语句表指令示例如图 3-36 所示，时序图如图 3-37 所示。

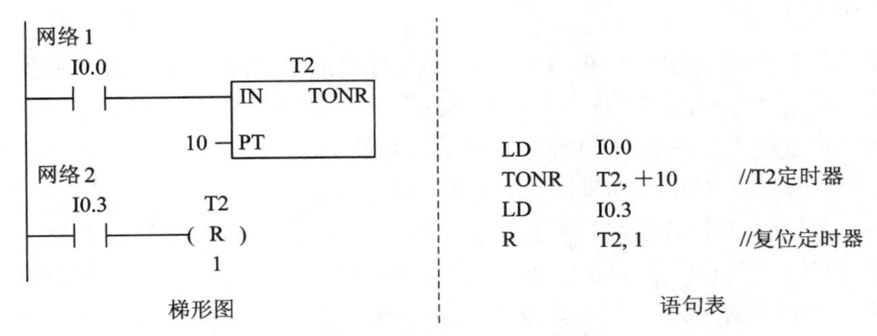

图 3-36　保持型通电延时定时器指令示例

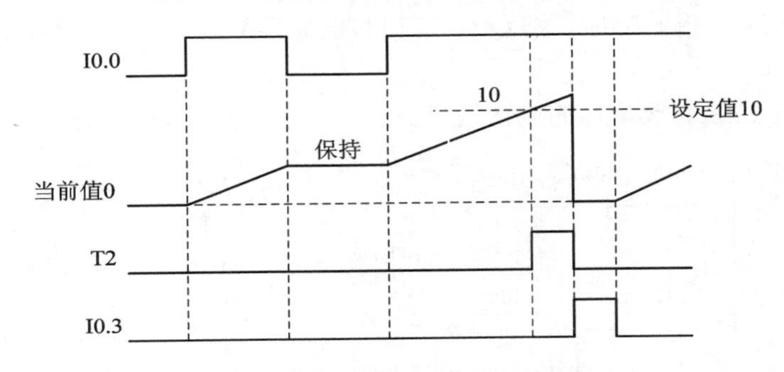

图 3-37　保持型通电延时定时器示例时序图

本例中，由表 3-1 可知编号 T2 为保持型通电延时型定时器，其分辨率 S = 10 ms，指令中设定值 PT = 10，定时时间 T = 10 × 10 = 100 ms，其工作过程如下：

(1) I0.0 接通后，T2 开始从当前值 0 开始(加 1)计时。

(2) I0.0 断开后，T2 当前值保持不变。

(3) I0.0 再次接通，T2 继续计时，直至当前值大于等于设定值(PT = 10)时，定时器 T2 位为 ON。

(4) 当 I0.3 接通时，执行 T2 复位指令，即当前值被清零，定时器位为 OFF。

3.3.5　定时器当前值刷新方式

在 S7-200 PLC 的定时器中，由于定时器的分辨率不同，其刷新方式是不同的，在使用时一定要注意根据使用场合和要求来选择定时器。定时器的刷新方式按照定时器的分辨率分类，有 1 ms、10 ms、100 ms 三种。

1. 1 ms 定时器

1 ms 定时器由系统每隔 1 ms 对定时器和当前值刷新一次，不与扫描周期同步。扫描周期较长时，定时器在一个周期内可能多次被刷新，或者说，在一个扫描周期内，其定时器位及当前值可能发生变化。

2. 10 ms 定时器

10 ms 定时器执行定时器指令时开始定时，在每一个扫描周期开始时刷新，每个扫描周期只刷新一次。在一个扫描周期内定时器位和定时器的当前值保持不变。

3. 100 ms 定时器

100 ms 定时器在执行定时器指令时，才对定时器的当前值进行刷新。因此，如果启动了 100 ms 定时器，但是没有在每一个扫描周期都执行定时器指令，将会造成时间的失准。如果在一个扫描周期内多次执行同一个 100 ms 定时器指令，将会多计时间。所以，应保证每一扫描周期内同一条 100 ms 定时器指令只执行一次。

【例 3-13】 定时器实现报警电路程序如图 3-38 所示，要求如下：

(1) 定时器 T37 和定时器 T40 构成振荡器，每 0.5 s 执行一次通断，反复循环。

(2) I0.0 为 ON 要求报警，输入点 I0.0 为报警输入条件，则输出 Q0.0 控制报警灯闪亮，Q0.1 控制报警蜂鸣器。

(3) I0.1 为 ON 为报警响应，则 Q0.0 控制的报警灯从闪烁变为常亮，Q0.1 控制的报警鸣器关闭。

(4) 输入条件 I0.2 为报警灯的测试信号。I0.2 接通，则 Q0.0 接通。

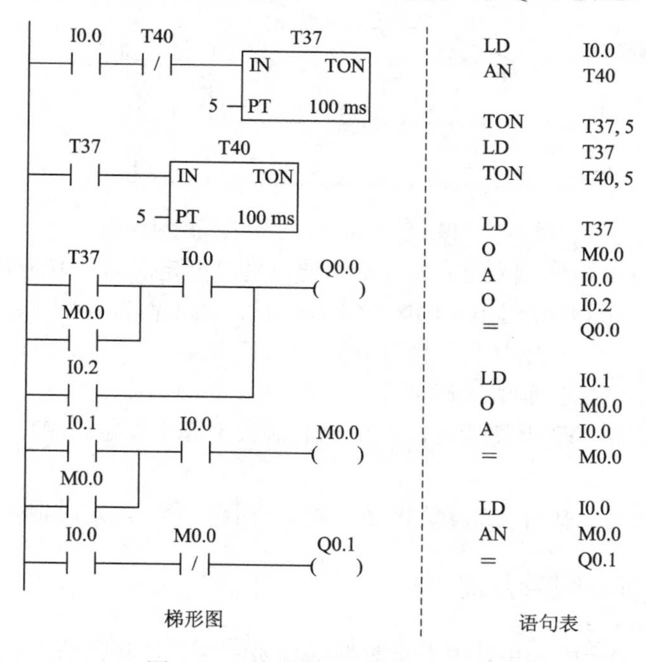

图 3-38 定时器实现报警电路程序

3.4　计数器指令

在 PLC 系统中，计数器主要用于对计数脉冲个数的累计。

3.4.1　基本概念及计数器编号

当计数器所累计脉冲的个数(当前值)等于计数设定值时，计数器位发生动作(由 OFF 变为 ON)，以满足计数控制的需要。

1. 计数器种类

S7-200 PLC 提供了三种类型的计数器，递增计数器 CTU、递减计数器 CTD、增减计数器 CTUD。

2. 计数器编号

在 S7-200 PLC 中，系统通过对计数器的编号来使用计数器。

计数器的编号格式为

Cn (n 为常数)

其中，常数 n 范围为 0～255，如 C50 等。

计数器编号在程序中可作为计数器位(输出触点)的状态及计数器当前所累计的计数脉冲个数，其最大计数值为 32 767。

程序是通过计数器编号(对计数器直接寻址)来使用计数器的。计数器编号在程序中不同位置具有不同的含义，具体如下：

(1) 在计数器指令中，计数器编号表示程序制定使用的是哪一个计数器。

(2) 在程序中，可提供用户定时器位(输出触点)的状态(常开、常闭触点)。

(3) 在指令中需要数据格式的地方表示定时器当前所累计的定时时间值。

注意：不同类型计数器不能共用同一计数器编号。

3. 计数器设定值

计数器设定值为 int 型，寻址范围：VW、IW、QW、MW、SW、SMW、LW、AIW、T、C、AC、*VD、*AC、*LD 和常数，一般可设为常数。

3.4.2　递增计数器指令

递增计数器(CTU)指令的格式如图 3-39 所示。图中，CTU 为递增计数器指令助计符；Cn 为计数器编号；CU 为计数脉冲输入端；R 为复位输入端；PV 为设定值。

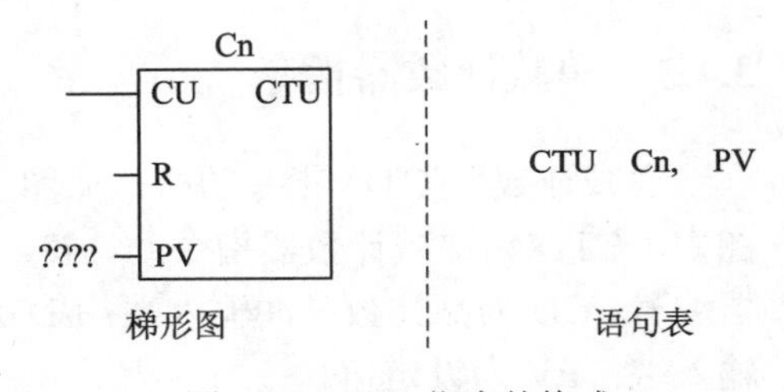

图 3-39　CTU 指令的格式

当复位输入(R)无效时，计数器开始对计数脉冲输入(CU)的上升沿进行加 1 计数，若计数当前值大于等于设定值(PV)时，计数器位被置 ON，计数器继续计数直到 32 767；当复位输入(R)有效时，计数器复位，计数器位变为 OFF，当前值清零。

特别需要指出，由于 PLC 执行程序采用的是串行执行，循环扫描的工作方式，则在计数器工作频率大于扫描工作频率时会丢失计数脉冲。

【例 3-14】 递增计数器梯形图、语句表指令示例如图 3-40 所示，时序图如图 3-41 所示。

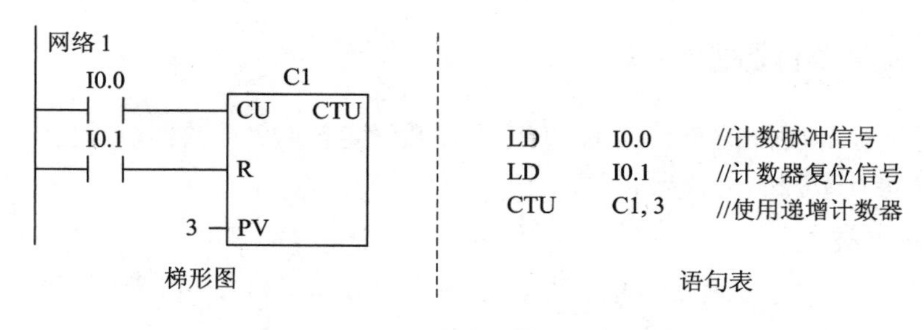

图 3-40 递增计数器示例

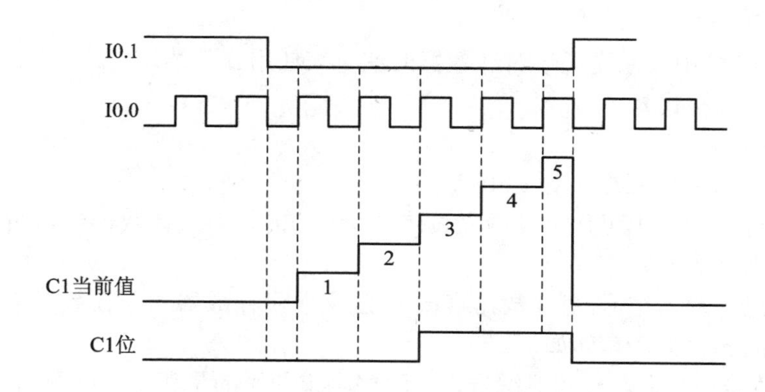

图 3-41 递增计数器示例时序图

本例中，由于 C1 为递增计数器，指令中设定值 PV = 3，其工作过程如下。

(1) 当复位输入控制端 I0.1 接通为 ON 时，计数器复位，计数器位 C1 变为 OFF，C1 当前值清零。

(2) 当复位输入(R)无效，即 I0.1 断开为 OFF 时，在计数脉冲输入端 I0.0 接通的上升沿，C1 开始从当前值(0)开始(加 1)计数。

(3) 当前值等于 PV 时，计数器位 C1 由 OFF 变为 ON，计数器继续计数。

(4) 当 I0.1 再次接通，C1 复位，即计数器位为 OFF，当前值被清零。

3.4.3 递减计数器指令

递减计数器(CTD)指令的格式如图 3-42 所示。图中，CTD 为递减计数器指令助计符；Cn 为计数器编号；CD 为减计数脉冲输入端；LD 为复位脉冲输入端；PV 为设定值。

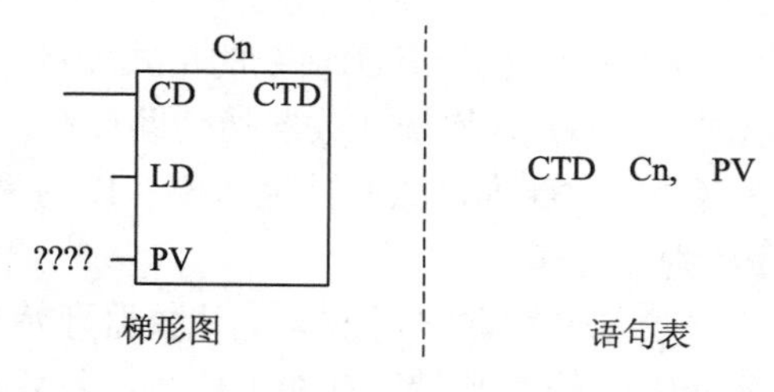

图 3-42 CTD 指令的格式

当复位端 LD 无效时，计数器对减计数脉冲输入端(CD)的上升沿从当前值开始减 1 计数，减到 0 时，停止计数，计数器位被置 ON。复位输入(LD)为 ON 时，计数器复位，计数器当前值被置为设定值 PV，计数器位为 OFF。

【例 3-15】 使用计数器实现顺序控制功能。

I0.0 第一次闭合时 Q0.3 为 ON，第二次闭合时 Q0.0 为 ON，第三次闭合时 Q0.1 为 ON，第四次闭合时 Q0.2 为 ON。第五次闭合时 Q0.3 为 ON，同时将计数器复位，开始下一轮计数，反复循环。

这里，I0.0 既可以是手动开关，也可以是内部定时时钟脉冲，后者可实现自动循环控制。程序中通过比较指令实现当计数值等于比较常数(一个计数周期)时相应的输出为 ON，其程序如图 3-43 所示。

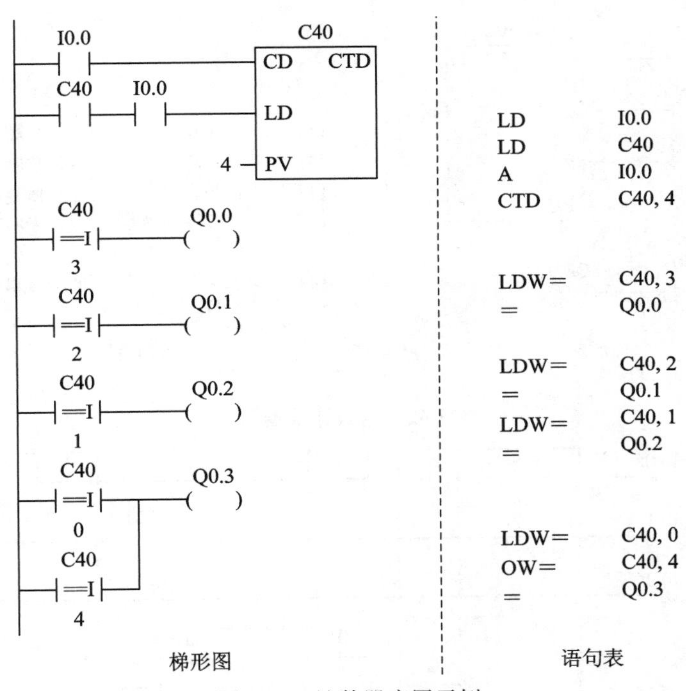

图 3-43　计数器应用示例

3.4.4　增减计数器指令

增减计数器(CTUD，Count UP/Down)指令的格式如图 3-44 所示。

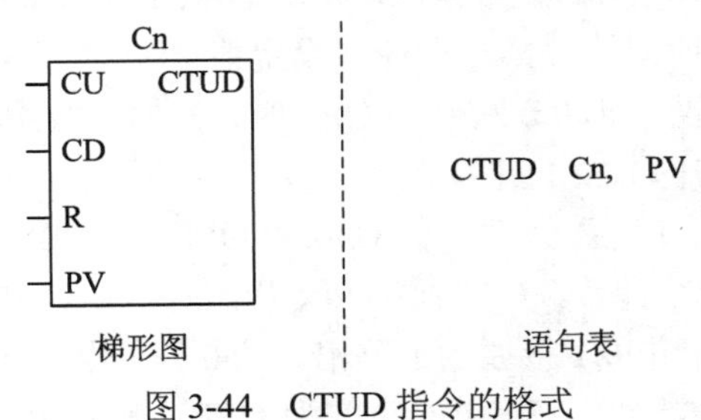

图 3-44　CTUD 指令的格式

图 3-44 中，CTUD 为增减计数器指令助计符；Cn 为计数器编号；CU 为加计数脉冲输入端；CD 为减计数脉冲输入端；R 为复位输入端；PV 为设定值。计数范围在 −32 768～32 767。

在加计数器脉冲输入(CU)的上升沿，计数器当前值加 1；在减计数脉冲输入(CD)的上升沿，计数器的当前值减 1；当前值大于等于设定值(PV)时，计数器置位 ON；复位输入(R)有效时，计数器复位，复位时当前值为 0；当前值 PV 为最大值 32 767 时，下一个 CU 输入的上升沿使当前值变为最小值 −32 768；当前值为 −32 768 时，下一个 CD 输入的上升沿使当前值变为最大值 32 767。

【例 3-16】 增减计数器示例如图 3-45 所示，时序图如图 3-46 所示。

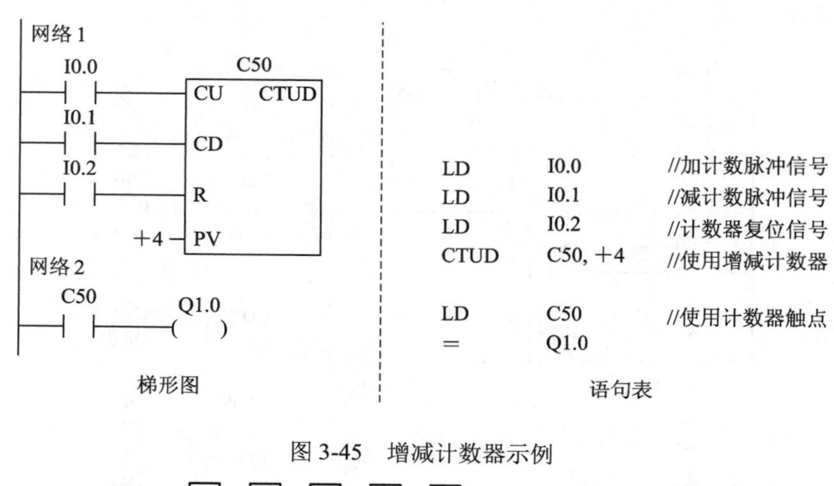

图 3-45 增减计数器示例

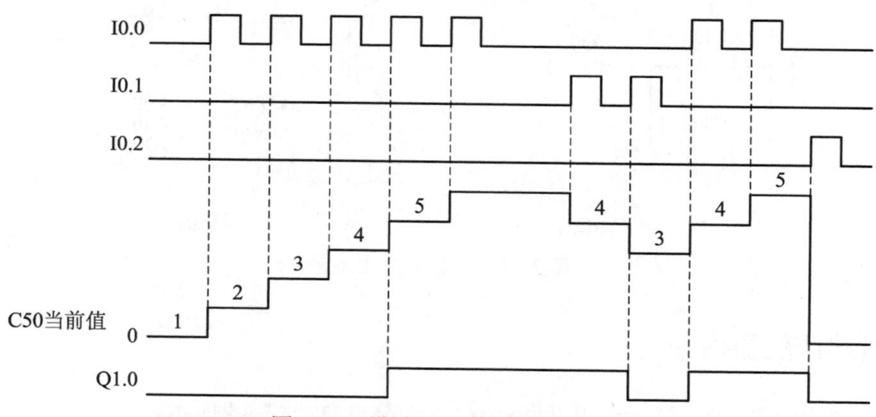

图 3-46 增减计数器示例时序图

本例中，编号 C50 为增减计数器，指令中设定值 PV = 4，其工作过程如下：

(1) 当复位输入(R)无效，即 I0.2 断开为 OFF 时，在加计数脉冲输入端 I0.1 接通的上升沿，C50 开始从当前值(0)开始(加 1)计数。

(2) 当前值等于设定值 4 时，计数器位 C50 由 OFF 变为 ON，其 C50 常开触点闭合，线圈 Q1.0 通电，计数器继续计数，C50 保持 ON 状态。

(3) 在减计数脉冲输入端 I0.1 接通的上升沿，C50 开始从当前值(5)开始(减 1)计数，当前值小于设定值 4 时，计数器位 C50 由 ON 变为 OFF，其 C50 常开触点断开，线圈 Q1.0

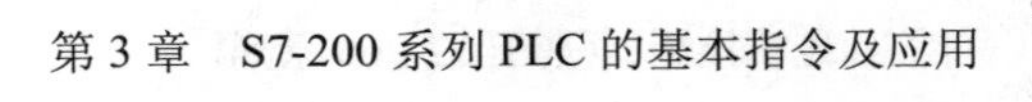

失电。

(4) 当 I0.2 接通时，C50 复位，即计数器位为 OFF，当前值清 0。

3.5　比 较 指 令

比较指令用来在触点内对两个数据按比较运算符功能进行比较，比较的逻辑结果决定该触点是否导通。

3.5.1　比较指令运算符及格式

1. 比较指令

比较指令用来比较两个数 IN1 和 IN2 的大小。比较指令广泛应用在密码锁、交通灯、上下限报警器等 PLC 控制程序中。

比较指令是通过取指令 LD、逻辑与指令 A、逻辑或指令 O 操作码分别加上数据类型符号 B、I(W)、D、R 进行组合实现编程的。在梯形图中，则在以上触点中给出比较条件。

2. 比较指令运算符

在比较触点中，允许使用的比较指令运算符如下：

“==” 运算符，比较 IN1 是否等于 IN2。

“<>” 运算符，比较 IN1 是否不等于 IN2。

“>” 运算符，比较 IN1 是否大于 IN2。

“<” 运算符，比较 IN1 是否小于 IN2。

“>=” 运算符，比较 IN1 是否大于等于 IN2。

“<=” 运算符，比较 IN1 是否小于等于 IN2。

在梯形图中，在比较触点满足比较关系式给出的条件时，该触点接通。

3. 比较指令格式

表 3-2 列出的是两实数大于等于比较指令一般格式。

表 3-2　比较指令格式

LAD	STL	功　能
— IN1 — >=R IN2	LDR>= IN1，IN2	实现操作数 IN1 和 IN2(实数)的比较，当 IN1>=IN2 时，该比较指令触点接通

下面具体说明各种运算比较指令的格式。

(1) 字节比较语句表指令格式为

LDB = IN1, IN2　//字节比较相等输入指令(梯形图中该触点直接与左母线连接，即逻辑取指令)

AB = IN1, IN2　//字节比较相等逻辑与指令(梯形图中该触点串联实现逻辑与)

OB = IN1, IN2　//字节比较相等或指令(梯形图中该触点并联实现逻辑或)

对应的梯形图格式(逻辑取指令、逻辑与指令、逻辑或指令，下同)如图 3-47(a)所示。

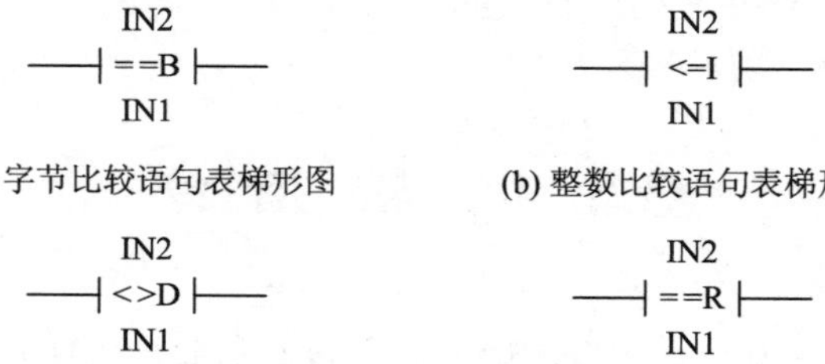

```
      IN2                    IN2
───┤ ==B ├───          ───┤ <=I ├───
      IN1                    IN1
```

(a) 字节比较语句表梯形图　　(b) 整数比较语句表梯形图

```
      IN2                    IN2
───┤ <>D ├───          ───┤ ==R ├───
      IN1                    IN1
```

(c) 双整数比较语句表梯形图　　(d) 实数比较语句表梯形图

图 3-47　比较指令梯形图

当字节数据 IN2 等于 IN1 时，该触点闭合。

(2) 整数比较语句表指令格式为

```
LDW <= IN1, IN2        //整数比较小于等于输入指令
AW <= IN1, IN2         //整数比较小于等于逻辑与指令
OW <= IN1, IN2         //整数比较小于等于逻辑或指令
```

对应的梯形图格式如图 3-47(b)所示。

当整数数据 IN2 小于等于 IN1 时，该触点闭合。

(3) 双整数比较语句表指令格式为

```
LDD <> IN1, IN2        //整数比较不等于输入指令
AD <> IN1, IN2         //整数比较不等于逻辑与指令
OD <> IN1, IN2         //整数比较不等于逻辑或指令
```

对应的梯形图格式如图 3-47(c)所示。

当双整数数据 IN2 不等于 IN1 时，该触点闭合。

(4) 实数比较语句表指令格式为

```
LDR = IN1, IN2         //实数比较相等输入指令
AR = IN1, IN2          //实数比较相等逻辑与指令
OR = IN1, IN2          //实数比较相等逻辑或指令
```

对应的梯形图格式如图 3-47(d)所示。

当实数数据 IN2 等于 IN1 时，该触点闭合。

3.5.2 不同比较指令的数据类型及范围

在应用比较指令时，被比较的两个数的数据类型要相同，数据类型可以是字节、整数、双整数或浮点数(即实数)。

(1) 字节比较指令用来比较两个字节(无符号)的大小，指令助记符中用 B 表示字节。字节比较的数据范围为：0～255。

(2) 整数比较指令用来比较两个整数字的大小，LAD 指令助记符中用 I 表示整数，STL 指令助记符中用 W 表示整数。有符号整数比较的数据范围(补码表示)为：16#8000～16#7FFF。

(3) 双整数比较指令用来比较两个双字的大小，指令助记符中用 D 表示双整数。有符号双字比较的数据范围(补码表示)为：16#80000000～16#7FFFFFFF。

(4) 实数比较指令用来比较两个实数的大小，指令助记符中用 R 表示实数。实数(32 位浮点数)比较的数据范围(补码表示)为：负实数 -1.175495E-38～3.402823E+38，正实数 +1.175495E-38～+3.402823E+38。

3.5.3 比较指令应用示例

下面给出几个比较指令应用的典型示例。

【例 3-17】 比较指令应用示例程序如图 3-48 所示。

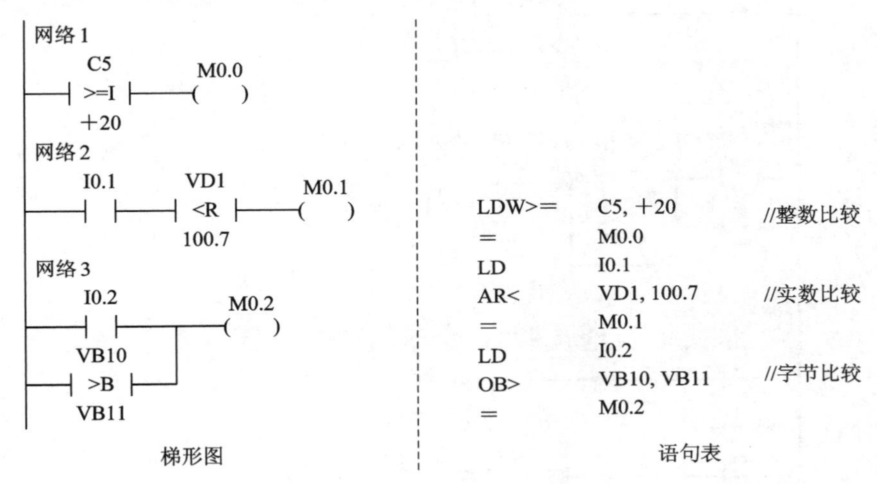

图 3-48　比较指令应用示例程序

本例工作过程如下：

网络 1：整数比较取指令，IN1 为计数器 C5 的当前值，IN2 为常数 20，当 C5 的当前值大于等于 20 时，比较指令触点闭合，M0.0 = 1。

网络 2：实数比较逻辑与指令，IN1 为双字存储单元 VD1 的数据，IN2 为常数 100.7，当 VD1 小于 100.7 时，比较指令触点闭合，该触点与 I0.1 逻辑与置 M0.1 = 1。

网络 3：字节比较逻辑或指令，IN1 为字节存储单元 VB10 的数据，IN2 为字节存储单元 VB11 的数据，当 VB10 的数据大于 VB11 的数据时，比较指令触点闭合，该触点与 I0.2 逻辑或置 M0.2 = 1。

【例 3-18】 基于比较指令的学校作息时间自动打铃控制程序。

自动打铃控制程序按时间 0:00 开始运行，按分钟计数。

I0.0 为启动按钮，I0.1 为停止按钮，启动后状态保存至 M0.0；启动后秒计数器 C0 按秒加一，60 秒为一个周期；C1 对 C0 输出计数(按 1 分钟为单位)。

C1 计数值 = 1440 分钟为一个周期，即一天为一个周期。

C1 计数值 = 60 × 7 + 50=470 分钟，对应的时间上午 7:50，Q0.0 为 ON，第 1 节课预备开始打铃，同时启动计时器 T37，20 秒后断开，铃声停止。

C1 计数值 = 480 分钟，对应的时间上午 8:00，第 1 节上课铃响，以此类推(略)。

基于比较指令的学校作息时间自动打铃控制程序如图 3-49 所示(程序中类推，比较指令部分省略)。

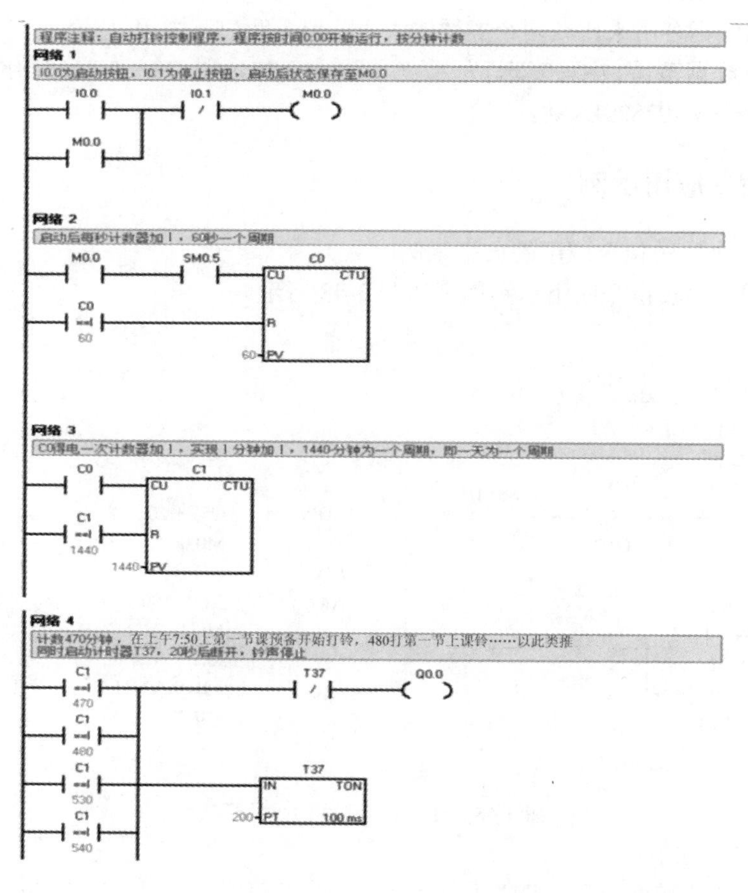

……

图 3-49　基于比较指令的学校作息时间自动打铃控制程序

3.6　程序控制指令

程序控制指令主要包括程序的跳转、循环、停止、结束、子程序等指令。使用程序控制指令不但可以控制程序的流程，进行较复杂的程序设计，而且可以用来优化程序结构，提高编程效率，增加程序功能。

3.6.1　跳转指令

跳转指令又称为转移指令，在程序中使用跳转指令系统可以根据不同条件选择执行不同的程序段。跳转指令由跳转指令 JMP 和标号指令 LBL 组成，JMP 指令在梯形图中以线圈形式编程。跳转指令的格式如图 3-50 所示。

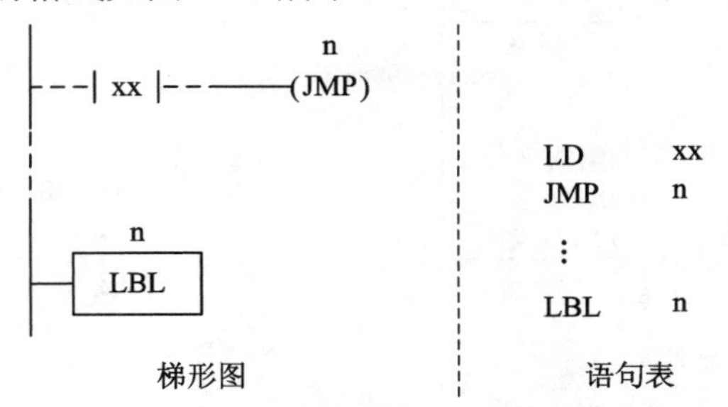

图 3-50　跳转指令的格式

在图 3-50 中，当控制条件满足时，执行跳转指令 JMP n，程序转移到标号 n 指定的目的位置执行，该位置由标号指令 LBL n 确定。n 的范围为：0～255。

使用跳转指令时注意以下问题。

(1) JMP 和 LBL 指令必须在同一程序段中，如同一主程序、子程序或中断程序，即不能从一个程序段跳到另一个程序段。

(2) 执行跳转指令后，在 JMP～LBL 之间程序段中的计数器停止计数，其计数值及计数器位状态不变。

(3) 执行跳转指令后，在 JMP～LBL 之间程序段中的输出 Q、位存储器 M 及顺序控制继电器 S 的状态不变。

(4) 执行跳转指令后，在 JMP～LBL 之间程序段中，分辨率为 1 ms、10 ms 的定时器保持原来的工作状态及功能；分辨率为 100 ms 的定时器则停止工作，当前值保持跳转时的值不变。

【例 3-19】 跳转指令梯形图、语句表示例如图 3-51 所示。

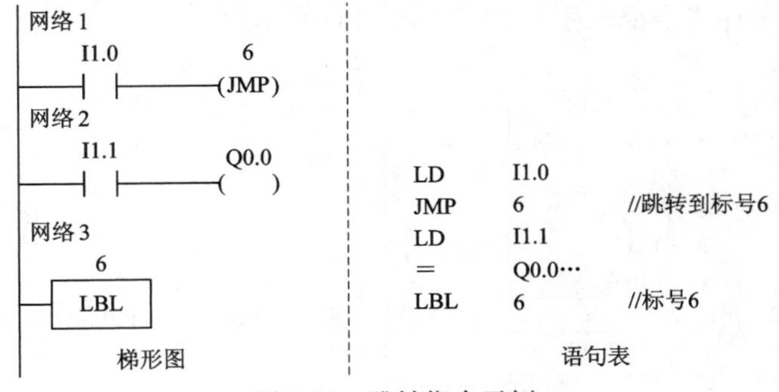

图 3-51　跳转指令示例

本例中工作过程如下：

(1) 当输入端 I1.0 通时，执行跳转指令 JMP，程序跳过网络 2，转移至标号 6 位置执行。

(2) 被跳过的网络 2，其输出 Q0.0 状态保持跳转前的状态不变。

3.6.2　循环指令

在需要反复执行若干次相同功能程序时，可以使用循环指令，以提高编程效率。循环指令由循环开始指令 FOR、循环体和循环结束指令 NEXT 组成。

循环指令格式如图 3-52 所示。

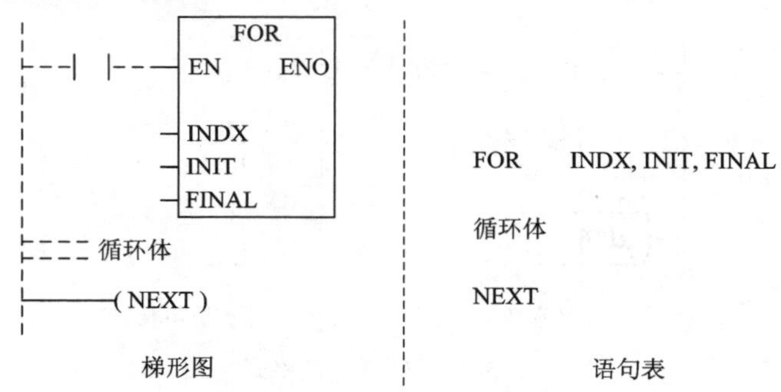

图 3-52 循环指令的格式

图中，FOR 指令表示循环的开始，NEXT 指令表示循环的结束，中间为循环体；EN 为循环控制输入端，INDX 为设置指针或当前循环次数计数器，INIT 为计数初始值，FINAL 为循环计数终值。

循环指令功能：在循环控制输入端有效时且逻辑条件 INDX 小于 FINAL 满足时，系统反复执行 FOR 和 NEXT 之间的循环体程序，每执行一次循环体，INDX 自动增加 1，直至当前循环计数器值大于终值时，退出循环。

INDX 操作数为：VW、IW、QW、MW、SW、SMW、LW、T、C、AC、*VD、*AC、和 *CD，属 INT 型。INIT 和 FINAL 操作数除上述外，也可为 INT 常数。

注意：

(1) FOR 和 NEXT 必须成对出现。

(2) FOR 和 NEXT 可以嵌套型循环，嵌套最多为 8 层。

(3) 当输入控制端 EN 重新有效时，各参数自动复位。

【例 3-20】 循环指令梯形图、语句表示例如图 3-53 所示。

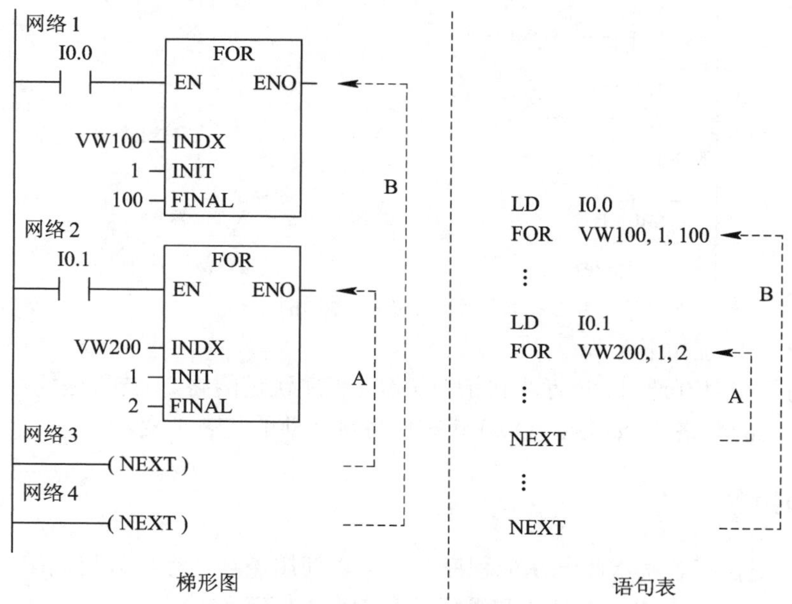

图 3-53 循环指令应用示例

本例工作过程如下：

(1) 网络 1 和网络 4 构成外循环(虚线 B)，其循环体为网络 2 和网络 3；网络 2 和网络 3 为内循环(虚线 A)，故为 2 级循环嵌套。

(2) 外循环计数初始值为 1，终值为 100，循环计数器为自变量存储器 VW100。当 I0.0 接通时，其循环体被执行 100 次。

(3) 当 I0.0 和 I0.1 同时接通后，外循环每执行一次，内循环执行两次，程序共执行 2 × 100 次内循环。

3.6.3　停止、结束及看门狗复位指令

1. 停止指令 STOP

停止指令 STOP 在执行条件成立时，可使 PLC 从运行模式(RUN)进入停止模式(STOP)，同时立即停止程序的执行。STOP 为无数据类型指令，可在主程序、子程序和中断程序服务中使用。STOP 指令在程序中常用于突发紧急事件，其执行条件必须严格选择。

如果在中断程序中执行暂停指令，中断程序立即终止，并忽略全部等待执行的中断，继续执行主程序的剩余部分，并在主程序的结束处完成从运行方式至停止方式的转换。

【例 3-21】 停止指令的应用。SM5.0 为 I/O 错误状态继电器，当出现 I/O 错误时 SM5.0 = 1，图 3-54 所示为强迫 CPU 进入停止模式。

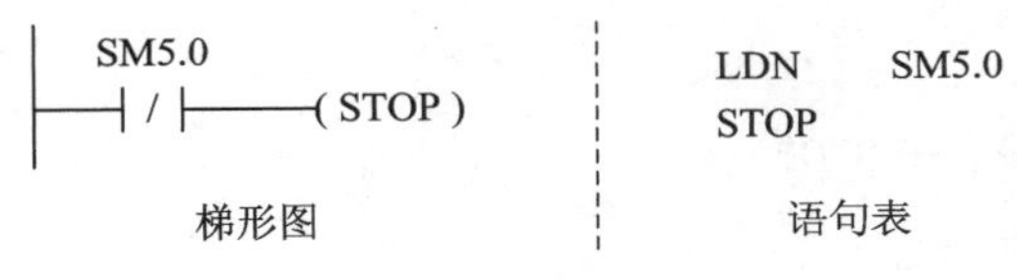

图 3-54　停止指令应用示例

2. 结束指令

结束指令包括两条：条件结束指令 END 和无条件结束指令 MEND。

1) 条件结束指令 END

END 指令不能直接连接母线。条件结束指令的格式如图 3-55 所示。

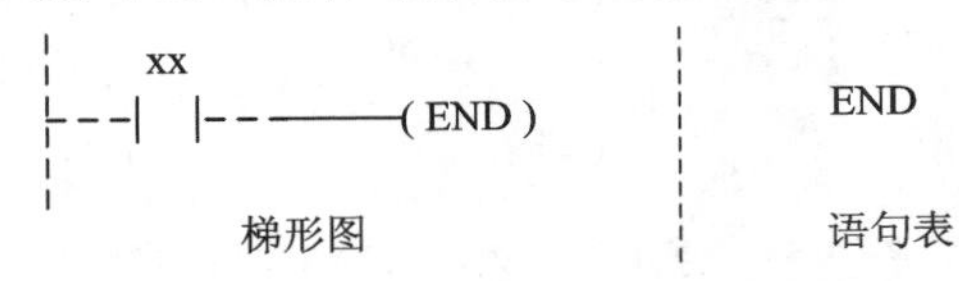

图 3-55　END 指令的格式

该指令功能是当输入条件 xx 有效时，系统结束主程序，并返回主程序的第一条指令开始执行。

2) 无条件结束指令 MEND

无条件结束指令 MEND 可以直接连接母线。

该指令功能是程序执行到此指令时，立即无条件结束主程序，并返回主程序的第一条指令执行。结束指令在梯形图中以线圈形式编程，并且只能在主程序中使用。编程时一般不需要输入 MEND，编程软件自动将该指令追加到程序的结尾。

3. 看门狗复位指令 WDR

看门狗复位指令 WDR(Watch Dog Reset)实际上是一个监控定时器，在梯形图中以线圈形式编程。其指令的格式如图 3-56 所示。

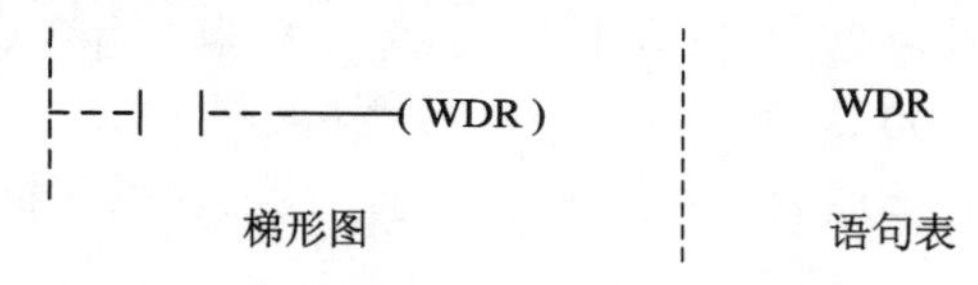

图 3-56 WDR 指令的格式

该指令的定时时间为 300 ms(由系统设置)。CPU 每次扫描到该指令，延时 300 ms 后 PLC 被自动复位一次。

WDR 指令执行过程如下：

(1) 如果 PLC 正常工作时扫描周期小于 300 ms，在 WDR 定时器未到定时时间，系统开始下一扫描周期，则 WDR 定时器不起作用。

(2) 如果外界干扰使程序死机或运行时间超过 300 ms，则监控定时器不再被复位，定时时间到后，PLC 将停止运行，重新启动，返回到第一条指令重新执行。

因此，如果希望延长程序的扫描周期，或者在中断事件发生时有可能使程序超过扫描周期时，为了使程序正常执行，应该使用看门狗复位指令来重新触发看门狗定时器。

【例 3-22】 停止指令、结束指令及看门狗复位指令的示例如图 3-57 所示。

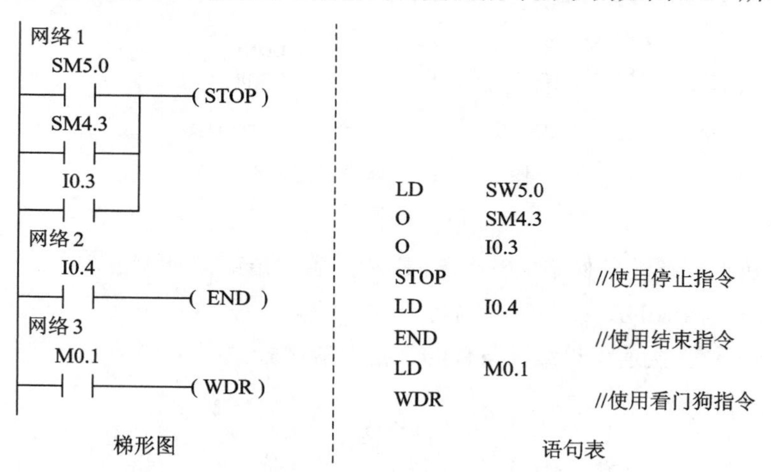

图 3-57 停止、结束、看门狗指令示例

本例中工作过程如下：

(1) 网络 1 为或逻辑使用停止指令。

(2) 网络 2 中的 I0.4 接通时，执行条件结束指令，返回主程序的第一条指令执行。

(3) 网络 3 中的 M0.1 为 ON 时，执行看门狗指令触发看门狗定时器，延长本次扫描周期。

WDR 指令无操作数，使用 WDR 指令时，在终止本次扫描前，以下操作将被禁止：通信(自由接口方式除外)、I/O 更新(立即指令除外)、强制更新、特殊标志位(SM)更新、运行时间诊断、中断程序中的 STOP 指令。

3.6.4　子程序

在结构化程序设计中，将实现某一控制功能的一组指令设计在一个模块中，该模块可以被随机多次调用执行，每次执行结束后，又返回到调用处继续执行原来的程序，这一模块称为子程序。

S7-200 PLC 的指令系统可以方便、灵活地实现子程序建立、子程序调用和子程序返回操作。

1. 建立子程序

用户可以通过 S7-200 编程软件建立子程序。其操作步骤如下：

(1) 运行编程软件。在“编辑”(Edit)菜单的“插入”(Insert)选项中，选择“子程序”(Subroutine)，如图 3-58 所示。

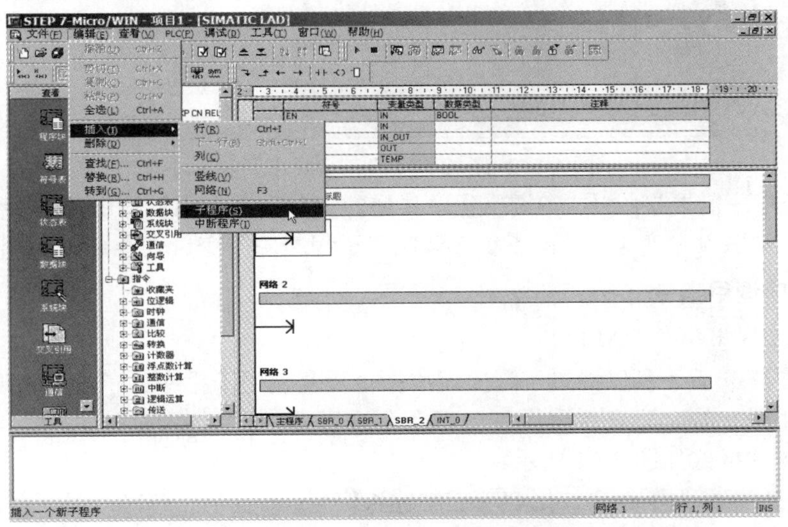

图 3-58　SETP 7-Micro/WIN V4.0 环境下建立子程序

(2) 在指令树窗口可以看到新建的子程序图标，默认的程序名是 SBR_N，编号 N 从 0 开始按递增顺序生成，可以在图标上直接更改子程序的程序名，如图 3-59 所示。

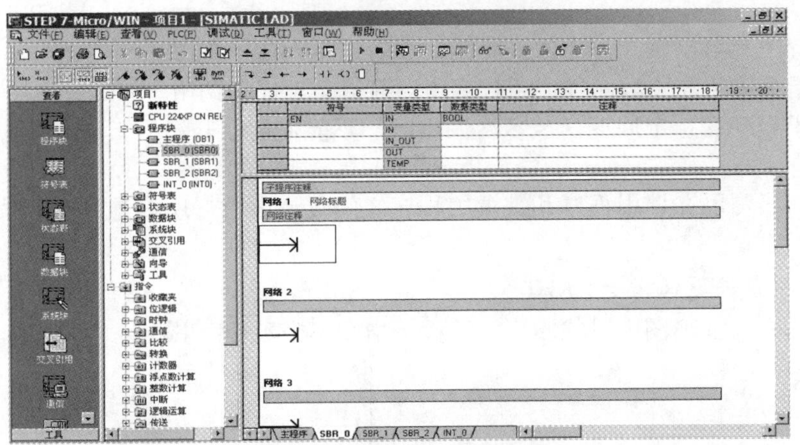

图 3-59　在指令树窗口显示新建的子程序图标及默认的程序名 SBR_0

(3) 在指令树窗口中，双击子程序的图标就可以进入子程序编辑窗口，如图 3-60 所示为对 SBR-0 子程序编辑窗口(双击主程序图标 MAIN 可切换到主程序编辑窗口)。

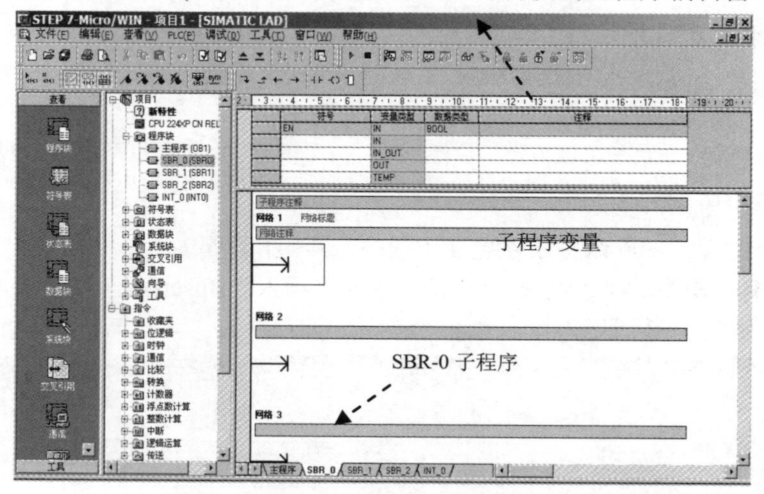

图 3-60　程序名 SBR_0 的子程序编辑窗口

(4) 若子程序需要接收(传入)调用程序传递的参数，或者需要输出(传出)参数给调用程序，则子程序可以设参变量。子程序参变量应在子程序局部变量表中定义，如图 3-60 所示。

2. 子程序调用指令

1) 子程序调用指令 CALL

在子程序建立后，可以通过子程序调用指令反复调用子程序。子程序的调用可以带参数，也可以不带参数。它在梯形图中以指令盒的形式编程，其指令的格式如图 3-61 所示。

图 3-61　CALL 指令的格式

图 3-60 中，EN 为子程序调用使能控制输入信号；SBR_0 为子程序名；CALL 为 STL 指令调用子程序助记符。

在子程序调用使能(EN)控制输入信号接通时，主程序转向子程序入口执行子程序。

注意：

(1) 子程序名可以修改，为便于阅读，一般定义为该子程序功能英文单词的缩写。

(2) 该指令应用在主程序或调用程序中，可以实现嵌套调用。

(3) 当子程序在一个周期内被多次调用时，不能使用上升沿、下降沿、定时器和计数器指令。

(4) 累加器可以在调用程序和被调用程序之间传递参数，所以累加器的值在子程序调用时不需要保护。

2) 子程序条件返回指令 CRET

CRET 指令在梯形图中以线圈形式编程，指令不带参数。其指令格式如图 3-62 所示。

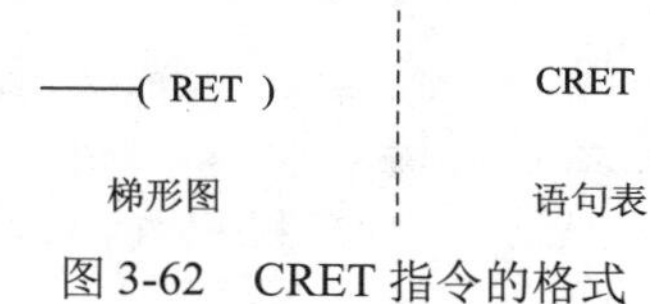

图 3-62　CRET 指令的格式

在控制输入信号接通(即条件满足)时，执行 CRET 指令，结束子程序的执行，返回主程序或调用程序中继续执行原来的程序。

在用 Micro/Winv4.0 编程时，不需要输入 RET 返回指令，该软件自动将 RET 指令加在每个子程序结尾。

3. 子程序嵌套

如果在子程序的内部对另一个子程序执行调用指令，这种调用称为子程序的嵌套。子程序的嵌套深度最多为 8 级。

当一个子程序被调用时，系统自动保存当前的堆栈数据，并把栈顶置“1”，堆栈中的其他位置为“0”，子程序占有控制权。子程序执行结束，通过返回指令自动恢复原来的逻辑堆栈值，调用程序又重新取得控制权。

注意：在中断服务程序调用的子程序中不能再出现子程序嵌套调用。

【例 3-23】 子程序调用指令示例程序如图 3-63 所示。控制要求如下。

建立子程序 SBR_0，其功能为：Q1.0 输出(占空比 50%，周期 4 s)控制一个闪光灯。

该子程序由主程序中 I0.0 控制直接调用，也可由子程序 SBR_1 嵌套调用。

建立子程序 SBR_1，其功能为：对 I1.0 计数脉冲计数，计数值为 10 时，嵌套调用子程序 SBR_0，驱动 Q1.0 闪亮。该子程序由主程序 I0.1 控制调用。

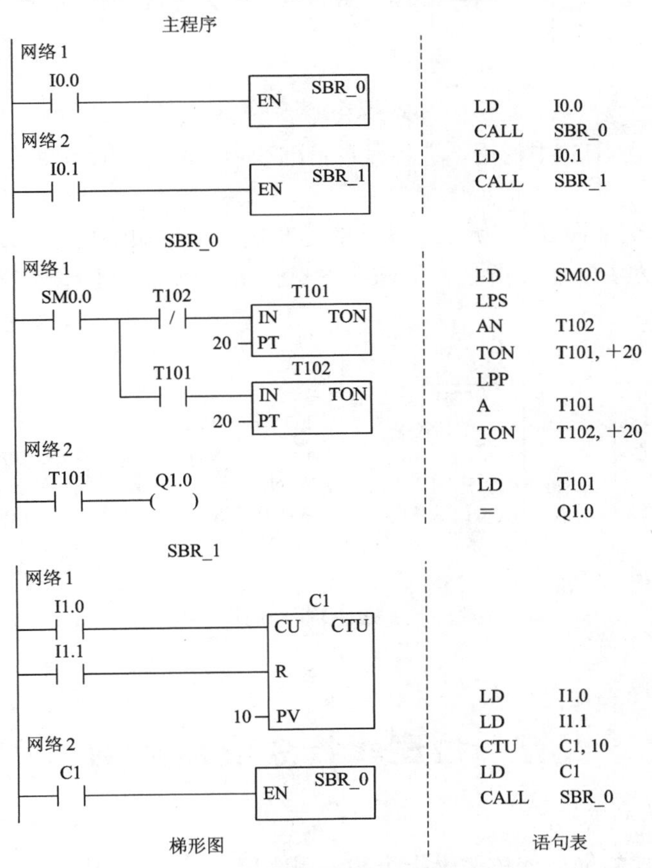

图 3-63　子程序调用指令示例

本例用外部控制条件分别调用两个子程序。

工作过程如下：

(1) 主程序网络 1 中，当输入控制 I0.0 接通时，调用子程序 SBR_0。

(2) 主程序网络 2 中，当输入控制 I0.1 接通时，调用子程序 SBR_1，计数器 C1 开始对 I1.0 脉冲计数，当计数值为 10 时，触点 C1 导通，调用子程序 SBR_0。

3.6.5 “与”ENO 指令

ENO 是 LAD 中指令盒的布尔能流位输出端。在指令盒的能流输入 EN 有效且执行指令盒操作没有出现错误时，ENO 置位，表示指令成功执行。

由于 STL 指令没有相应的 EN 输入指令，可用“与”ENO(AENO)指令来产生和指令盒中的 ENO 位相同的功能。

在应用程序中，可以将 ENO 作为允许位，作为后续使能控制的位信号，使能流向下传递执行。

AENO 指令的格式如图 3-64 所示。

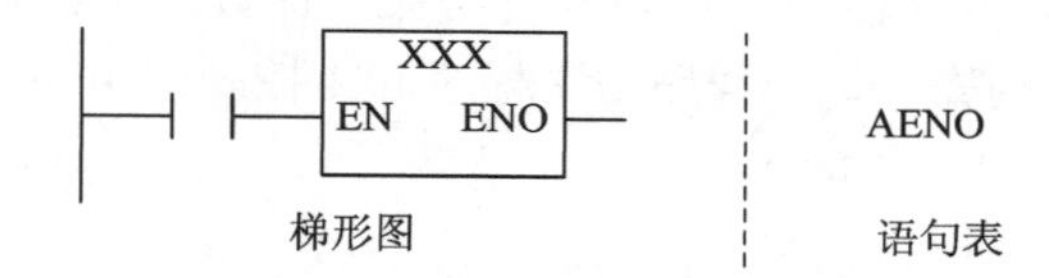

图 3-64 AENO 指令的格式

AENO 指令仅在 STL 中使用，它将栈顶值(必须为 1)和 ENO 位进行逻辑运算，运算结果保存到栈顶。

AENO 指令示例如图 3-65 所示，其功能是在执行整数加法指令 ADD_I 没有发生错误时，ENO 置 1，作为中断连接指令 ATCH(第 5 章介绍)的使能控制位信号，调用中断子程序 INT_0。

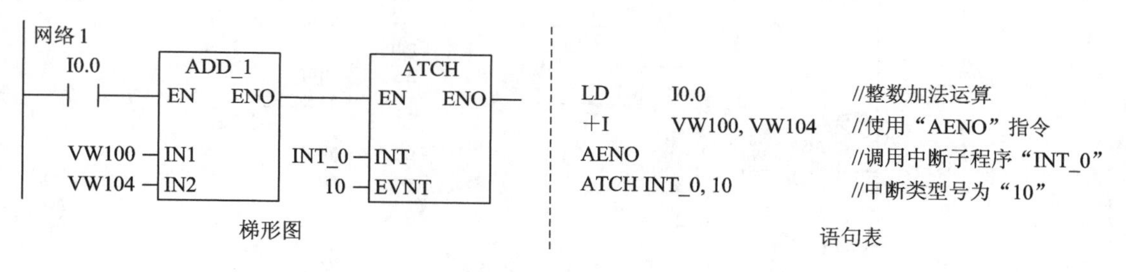

图 3-65 AENO 指令应用示例

3.7 位逻辑指令应用实例

下面介绍几个比较简单的位逻辑指令的应用实例。

3.7.1　简易 3 人抢答器控制程序

图 3-66 为三人简易抢答器控制程序，其中，三抢答人分别控制与 PLC 端口 I0.0、I0.1、I0.2 相连接的常开按钮；主持人按下常开按钮控制 I0.3，Q0.3 为 ON，开始抢答；主持人按下常开按钮控制 I0.4，Q0.3 为 OF，停止抢答。程序具有自锁及互锁功能。

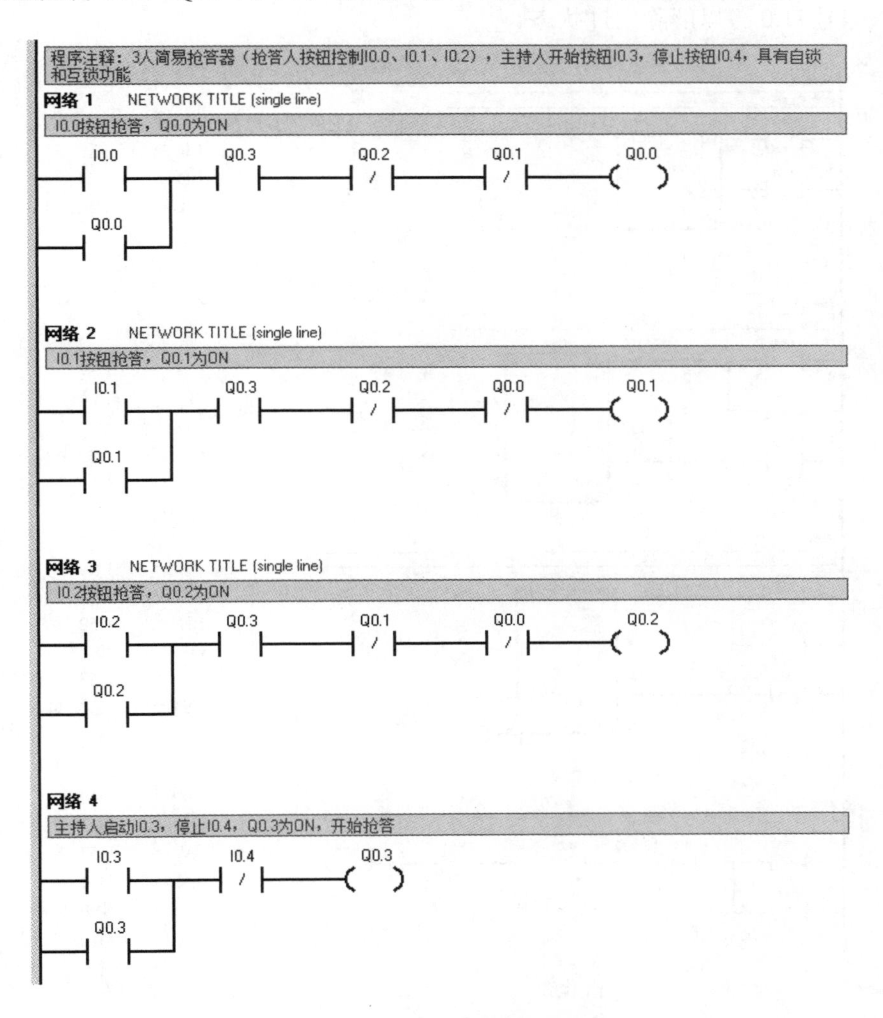

图 3-66　三人抢答器梯形图控制程序

3.7.2　时钟控制程序

利用计数器组合实现时钟控制程序如图 3-67 所示。秒脉冲特殊存储器 SM0.5 作为秒发生器，用于计数器 C51 的计数脉冲信号。

当计数器 C51 的计数器累计直到设定值 60 次(即 1 min)时计数器位置为 1，即 C51 的常开触点闭合，该信号将作为计数器 C52 的计数脉冲信号；计数器 C51 的另一个常开触点使计数器 C51 复位(称为自复位式)后，使计数器 C51 从 0 开始重新开始计数。类似地，计数器 C52 计数到 60 次(即 1h)时，其两个常开触点闭合，一个作为计数器 C53 的计数脉冲信号，另一个使计数器 C52 自复位，又重新开始计数；计数器 C53 计数到 24 次(即 1d)时，其常开触点闭合，使计数器 C53 自复位，又重新计数，从而实现时钟功能。

输入信号 I0.0 和 I0.1 用于建立期望的时钟设置，即调整设置时间分针和时针。

本时钟设置闹钟时间为 12:30，通过比较指令实现定时时间等于设定值时，置 Q1.0 为 ON。输入信号 I1.0 可以解除闹钟状态。

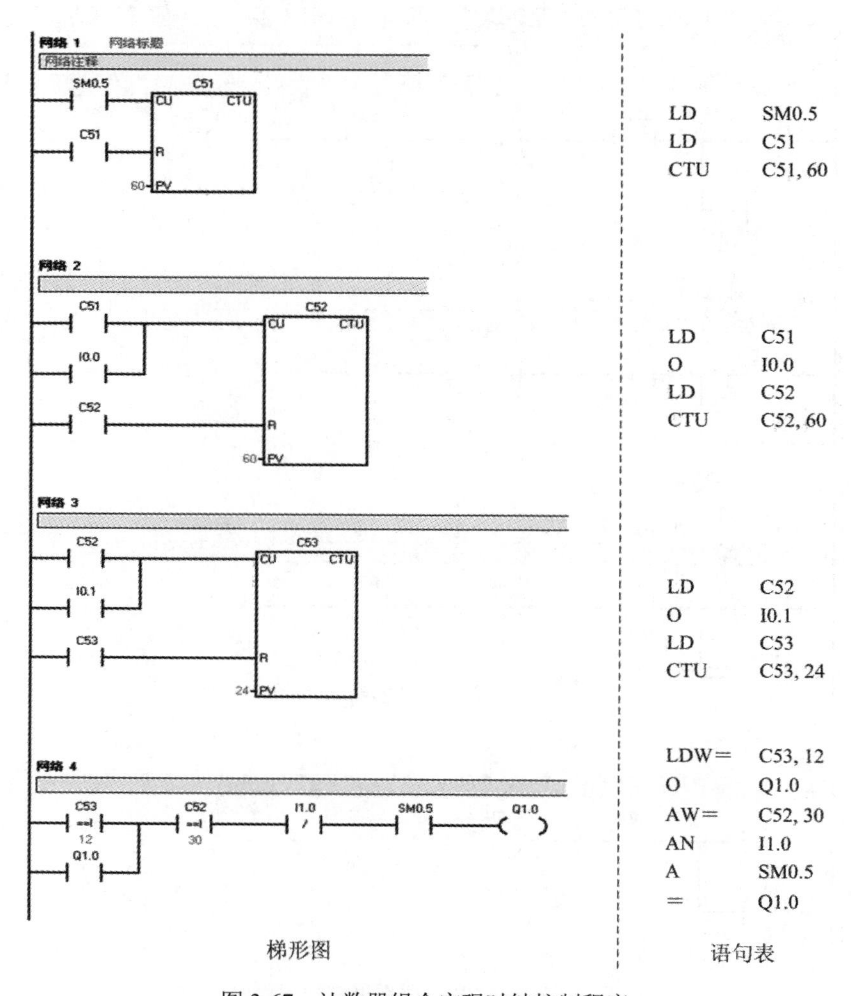

图 3-67　计数器组合实现时钟控制程序

3.7.3　密码锁控制程序

基于比较指令的密码锁控制程序采用 I1.1 作为控制信号，采集由 IB0 输入的数值，I1.1 第一次为 ON 时采集第一位密码，I1.1 第二次为 ON 时采集第二位密码，以此类推，本程序共采集 4 位数字密码。采集完所有密码(4 8 7 0)，若密码正确，Q0.0 为 ON 开锁。I1.2 控制复位计数器，以便实现多次输入密码开锁。

基于比较指令的密码锁控制程序如图 3-68 所示。

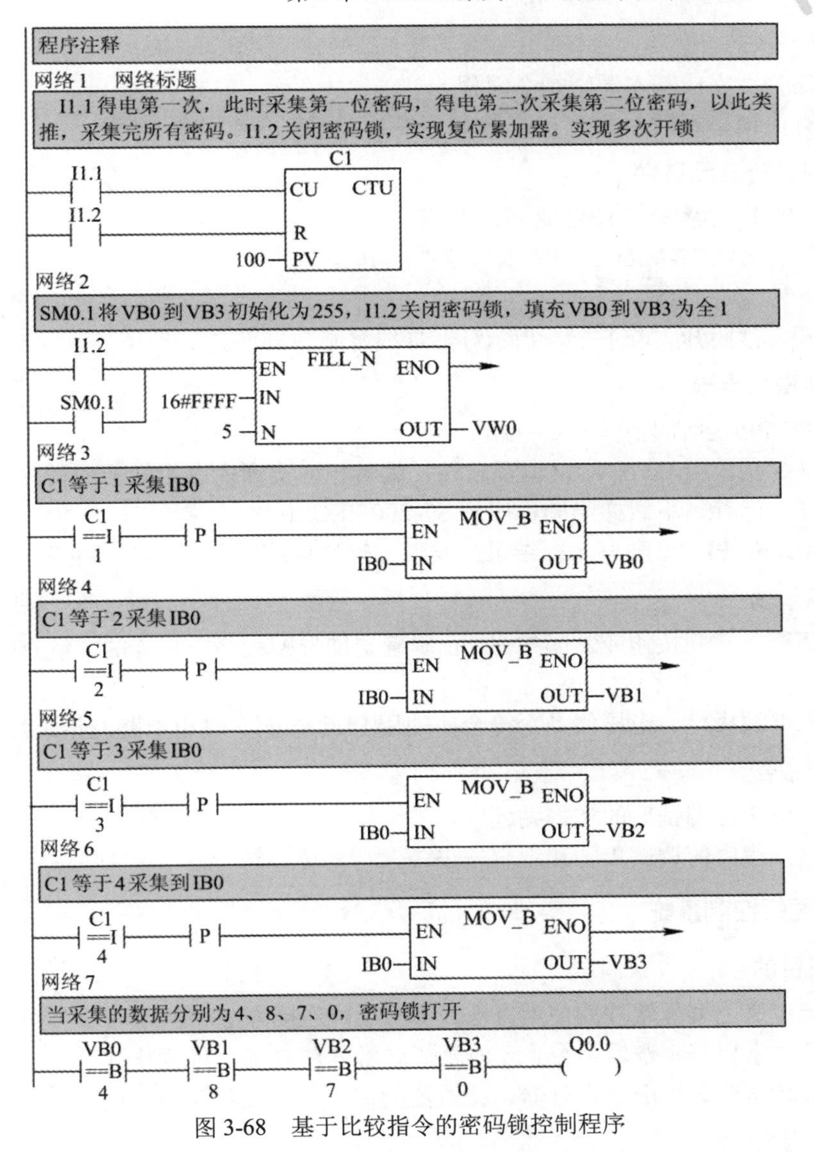

图 3-68　基于比较指令的密码锁控制程序

实训 3　常用基本逻辑指令编程

一、基本逻辑指令编程练习

1. 实训目的

(1) 进一步熟悉编程软件的使用方法及 I/O 端口连接方法。

(2) 验证并掌握基本逻辑指令、定时器、计数器的功能、编程格式。

(3) 掌握基本逻辑指令、定时器、计数器的使用方法及其简单应用。

2. 实训内容

(1) 按序分别完成基本逻辑指令编程。

(2) 具有自锁、互锁功能的 PLC 控制程序，参考例 3-4 和例 3-5。

3. 实训设备及元器件

(1) S7-200 PLC 实验工作台或 PLC 装置。

(2) 安装有 STEP7-Micro/WIN 编程软件的 PC。

(3) PC/PPI 通信电缆。

(4) 常开、常闭开关若干个，指示灯，导线等必备器件。

4. 实训操作步骤

(1) 将 PC/PPI 通信电缆与 PC 连接。

(2) 启动 STEP 7-Micro/WIN 编程软件，编辑相应实训内容的梯形图程序。

(3) 编译、保存、下载梯形图程序到 S7-200 PLC 中。

(4) 启动运行 PLC，观察运行结果，发现运行错误或需要修改程序重复上述步骤。

5. 注意事项

(1) 选择输入常开按钮或常闭按钮，正确确定梯形图程序中相应的软触点(常开或常闭)的状态。

(2) 注意电源极性、电压值是否符合所使用 PLC 输入、输出电路及指示灯的要求。

6. 实训报告

(1) 整理出运行调试后的梯形图程序。

(2) 写出该程序的调试步骤和观察结果。

二、交通灯控制系统

1. 实训目的

(1) 进一步熟悉编程软件的使用方法及 I/O 端口连接方法。

(2) 验证并掌握基本逻辑指令、定时器、计数器的功能、编程格式。

(3) 掌握基本逻辑指令、定时器、计数器的使用方法及其简单应用。

2. 实训内容

控制系统要求如下：

1) 正常通行

启动运行 PLC，调用子程序 SBR_2，计时开始。先允许东西通行 30 s，同时南北禁行 30 s，即东西绿灯亮 22 s，闪 3 s，接着黄灯闪烁 5 s 为提醒信号，与此同时南北红灯亮 30 s。接着允许南北通行 30 s，同时东西禁行 30 s，即南北绿灯亮 22 s，闪 3 s，接着黄灯闪烁 5 s 为提醒信号，与此同时东西红灯亮 30 s。

2) 遇突发情况

(1) 只允许东西通行。调用子程序 SBR_0，东西绿灯亮，同时南北红灯亮。

(2) 只允许南北通行。调用子程序 SBR_1，南北绿灯亮，与此同时东西红灯亮。调用子程序 SBR_3，禁止通行。

实现了突发情况或在重要节日可以选择禁止通行或单方向通行的功能。

3. 实训设备及元器件

(1) S7-200 PLC 实验工作台或 PLC 装置、可扩展模块若干个。

(2) 安装有 STEP 7-Micro/WIN 编程软件的 PC。

(3) PC/PPI 通信电缆。

(4) 常开、常闭开关若干个，红、绿、黄指示灯各 2 个，导线等必备器件。

4. 实训操作步骤

本实训需先进行控制系统设计，设计步骤如下。

(1) PLC 控制系统 I/O 资源分配。根据交通灯功能要求，PLC 控制系统 I/O 资源分配见表 3-3。

表 3-3　系统 I/O 资源分配表

名　称	代码	地址	名　称	代码	地址
启动按钮	SB1	I0.0	南北红灯	KM1	Q0.0
停止按钮	SB2	I0.1	南北绿灯	KM2	Q0.1
全部禁行止按钮	SB3	I0.2	南北黄灯	KM3	Q0.2
东西通行按钮	SB4	I0.4	东西红灯	KM4	Q0.3
南北通行按钮	SB5	I0.5	东西绿灯	KM5	Q0.4
			东西黄灯	KM6	Q0.5

(2) 选定 PLC 型号。根据 I/O 资源的配置可知，系统共有 5 个开关量输入点，6 个开关量输出点。考虑到 I/O 点的利用率、PLC 的价格，可选用西门子公司的 S7-200 PLC CPU224CN。

(3) 控制系统接线图。按表 3-3 分配系统 I/O 资源，PLC 交通灯外围接线图如图 3-69 所示。PLC 的输入开关量 I0.0、I0.1、I0.2、I0.4、I0.5 分别用来检测来自按钮 SB1、SB2、SB3、SB4 及 SB5 的输入信号，PLC 的输出开关量 Q0.0～Q0.5 的输出值，用于驱动外部控制继电器，以实现相应的控制动作。

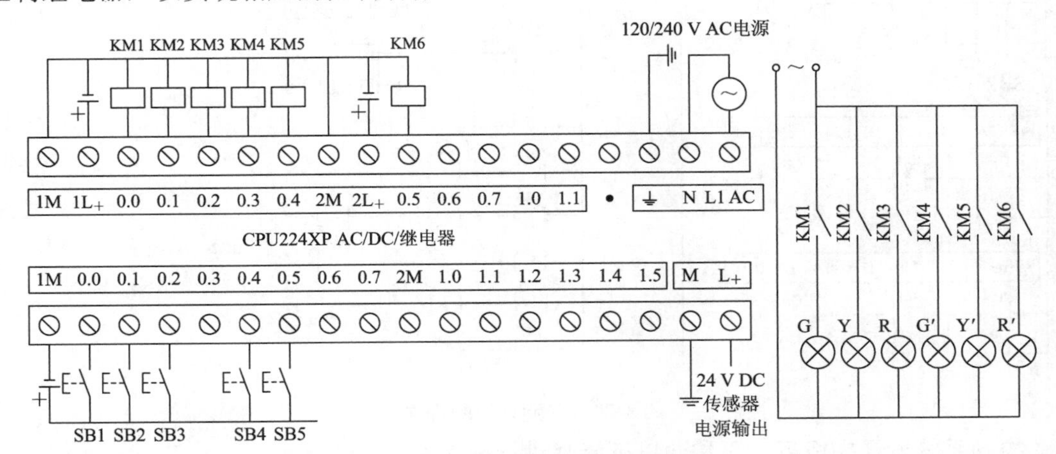

图 3-69　PLC 交通灯外围接线图

(4) 控制系统软件设计。PLC 交通灯梯形图程序如图 3-70 所示。

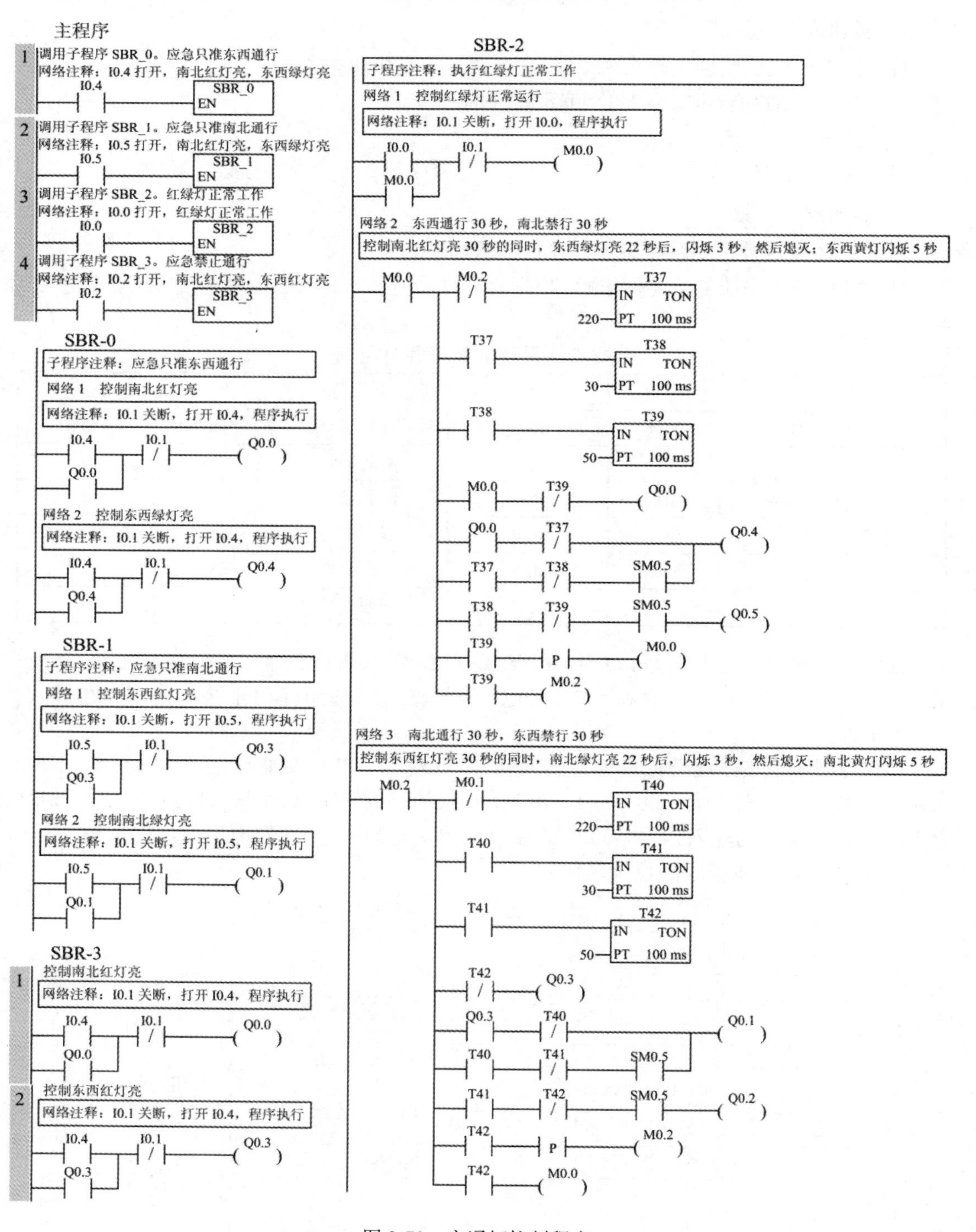

图 3-70 交通灯控制程序

控制系统设计完成后，再按照以下步骤进行操作。

(1) 将 PC/PPI 通信电缆与 PC 连接。

(2) 按图 3-69 连接 PLC 外部控制开关和东西南北信号灯 I/O 设备接线。

(3) 启动编程软件，编辑输入图 3-70 所示交通灯控制程序。

(4) 编译、保存、下载梯形图程序到 S7-200 PLC 中。

(5) 启动运行 PLC，观察运行结果，发现运行错误或需要修改程序重复上面过程。

5. 注意事项

(1) 正确选用定时器的分辨率和设定值。

(2) 注意电源极性、电压值是否符合所使用 PLC 输入、输出电路及指示灯的要求。

6. 实训报告

(1) 整理出运行调试后的梯形图程序。

(2) 写出该程序的调试步骤和观察结果。

思考与练习 3

3.1　S7-200 语句表指令和梯形图指令的基本格式有哪些？

3.2　操作数 I0.1、IB0、Q0.1、QB0、VB100、VD100、VW100、SM0.1 分别表示什么含义？

3.3　解释以下指令符号或名词的含义。

LD　LDN　LDI　LDNI　EU　ED　逻辑块　置位　复位　堆栈　子程序

3.4　图 3-71 所示为 PLC 开关控制电路，SB1 为常开按钮、SB2 为常闭按钮、KM1 为中间继电器。

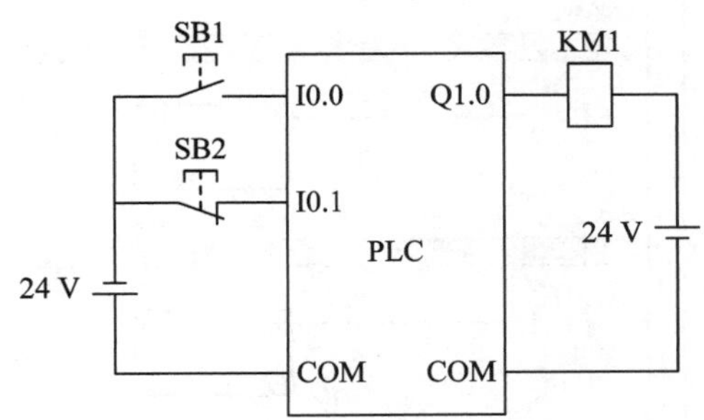

图 3-71　PLC 开关控制电路

(1) 指出电路中哪些是输入/输出点，哪些是输入/输出映像寄存器？它们之间是什么关系？

(2) 编程实现按下 SB1，KM1 得电。

(3) 编程实现按下 SB2，KM1 得电。

(4) 编程实现未按下 SB2，KM1 得电，按下 SB2，KM1 失电。

(5) 编程实现某电机控制电路，要求按下 SB1，Q1.0 为 ON，KM1 通电且自锁；按下 SB2，Q1.0 为 OFF，KM1 失电。

(6) 若将 SB2 改为常开按钮，其他不变，要求按下 SB1，Q1.0 为 ON，KM1 通电且自锁；按下 SB2 仍使 KM1 失电，梯形图程序是否改变？如何改变？为什么？

3.5　常用的逻辑指令有哪几类？都包含哪些指令？

3.6　常用的程序控制指令有哪几类，简述它们的作用。

3.7　解释定时器的位状态、当前值、分辨率的含义。

3.8　S7-200 PLC 定时器中共有几种分辨率？它们的刷新方式有何不同？对它们执行复位操作后，它们的当前值和位的状态是什么？

3.9　定时器标识符“T37”在程序中因位置不同有几种含义？

3.10　利用定时器编写实现通电延时 30 s 的梯形图程序(使用 I0.1 为输入控制、Q0.1 为延时输出)。

3.11　设计一个 8 小时长延时定时器。

3.12　利用定时器编写实现断电延时 30 s 的梯形图程序(使用 I0.1 为输入控制、Q0.1 为延时输出)。

3.13　设计一个周期为 1 s，占空比为 40%的方波(Q0.1 输出)程序。

3.14　计数器有什么作用？在 S7-200 PLC 中有哪几类计数器？

3.15　利用递增计数器编写对 I0.2 计数脉冲计数，当计数器当前值等于 20 时，驱动定时器延时 1 s 后置 Q0.2 为 ON。

3.16　设计一个密码锁控制程序，密码为 1234。

3.17　使用一个按钮，设计一个电子分段开关，第 1 次按下按钮驱动 Q0.0 为 ON，第 2 次按下按钮驱动 Q0.1 为 ON，第 3 次按下按钮驱动 Q0.2 为 ON，第 4 次按下按钮 Q0.0～Q0.1 全部复位。

3.18　根据图 3-72 中的梯形图程序，写出其对应的语句表程序，并判断其功能。

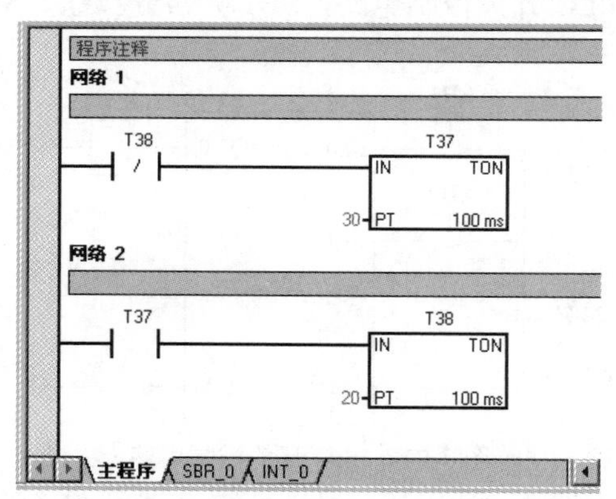

图 3-72　PLC 梯形图程序

3.19　根据以下语句表程序，写出其对应的梯形图程序，并判断其功能。

```
Network 1
LD      I0.0
LD      I0.1
LD      I0.2
CTUD    C1, 6
Network 2
```

```
LD      C1
=       Q0.0
```

3.20　设计一子程序，实现将输入继电器 IB0 的状态通过输出继电器 QB0 显示的功能。主程序在 I1.0 的控制下，调用该子程序。

3.21　设计一个 4 人抢答器，要求如下：

(1) 主持人按下按钮 I0.0 开始本题抢答，10 s 后无人抢答则复位，进入下一抢答题。

(2) 抢答后，封锁其他选手按钮，超过 30 s 后计为超时，必须停止答题。

(3) 回答问题正确，主持人控制本人成绩计数器加 1；否则，本人成绩计数器减 1。

3.22　在使用本章指令编写 PLC 程序时，你总结的编程方法是什么？

第 4 章　PLC 开关量及顺序控制梯形图程序设计方法

本章首先依据 S7-200 系列 PLC 基本指令的编程方法和经验，介绍 PLC 开关量梯形图程序设计的一般方法，然后介绍 PLC 功能图的基本概念和结构，最后介绍顺序控制梯形图程序设计、顺序控制指令及应用。

4.1　PLC 开关量梯形图程序设计方法

PLC 开关量梯形图程序设计方法包括继电器电路结构设计法、经验设计法及逻辑代数设计法。在实际设计梯形图程序的过程中，这些方法并非固定不变，而是可以相互借鉴和融合的。

4.1.1　继电器电路结构设计法

将传统的继电器(梯形结构)电路图转换为类似的 PLC 梯形图(可根据逻辑关系酌情修改)，是设计 PLC 梯形图程序的一种直观且有效的方法。

继电器电路是通过电气元器件组成的硬件电路实现其相应的控制功能的。在用 PLC 替代继电器电路时，首先要进行 PLC 外部电路接口(硬件)设计，然后根据接口电路设计梯形图程序(软件)，这种软硬件设计必须与相应的继电器电路等效。

PLC 的 I/O 端口应该直接连接原继电器电路的终端设备(如输入开关和输出继电器负载)，而梯形图程序则描述了 PLC 内部逻辑关系与外部设备连接的软继电器。

1. 设计步骤及方法

将继电器电路图转换成功能相同的 PLC 的外部接线图和梯形图的步骤和方法如下。

(1) 熟悉继电器电路。

了解和熟悉被控设备的工作原理、工艺过程和机械的动作情况，根据继电器电路图分析和掌握控制系统的工作原理。

(2) 确定 PLC 的输入信号和输出控制(负载)。

① 按钮、操作开关、行程开关、接近开关及传感器开关信号等用来给 PLC 提供控制命令和反馈信号，它们的触点直接连接在 PLC 的输入端口。

② 继电器电路图中的交流接触器和电磁阀等执行机构的线圈(负载)由 PLC 的输出位控

制，在负载电流较小时，可以由 PLC 的输出端口直接控制；否则，由中间继电器间接控制。

(3) 完成非输入/输出继电器的转变。

继电器电路图中的非输入/输出继电器(如时间继电器、中间继电器和保护功能的继电器)可用 PLC 内部的定时器及辅助继电器等元件完成，并确定相应的元件号(地址)。

(4) 画出 PLC 的外部接线图。

确定 PLC 各开关量输入信号与输出负载对应的输入位和输出位的地址(即 I/O 分配)，画出 PLC 的外部接线图，为梯形图的设计打下基础。

(5) 根据上述的对应关系画出梯形图。

根据继电器电路结构，画出 PLC 的梯形图，并根据电路情况对梯形图进行修改，直至满足控制要求为止。

在将继电器电路图直接转换为 PLC 的梯形图时，应特别注意启动和停止控制开关在梯形图中的作用，具体有以下几个方面。

① PLC 是通过输入继电器来识别外部开关是闭合的还是断开的。但 PLC 不能识别外部开关是常开(动合)开关还是常闭(动断)开关。

② 如果 PLC 外部端口对应的启动控制开关为常开开关，则梯形图中相应的触点是常开触点(如 I0.0、I0.1)；如果 PLC 外部端口对应的启动控制开关为常闭开关，则梯形图中相应的触点必须为常闭触点。

③ 如果 PLC 外部停止控制开关为常开开关，则梯形图中相应的触点为常闭触点；如果 PLC 外部停止开关为常闭开关，则梯形图中相应的触点为常开触点。

【例 4-1】 图 4-1 所示为继电器自锁电路转换为 PLC 的外部接线图及梯形图的示例。其中，图 4-1(a)为继电器电路；图 4-1(b)为转换后的 PLC 梯形图；图 4-1(c)为转换后的 PLC 的外部接线图，这里 SB1(控制 I0.0)、SB2 的控制功能和其在继电器电路的功能完全一样。

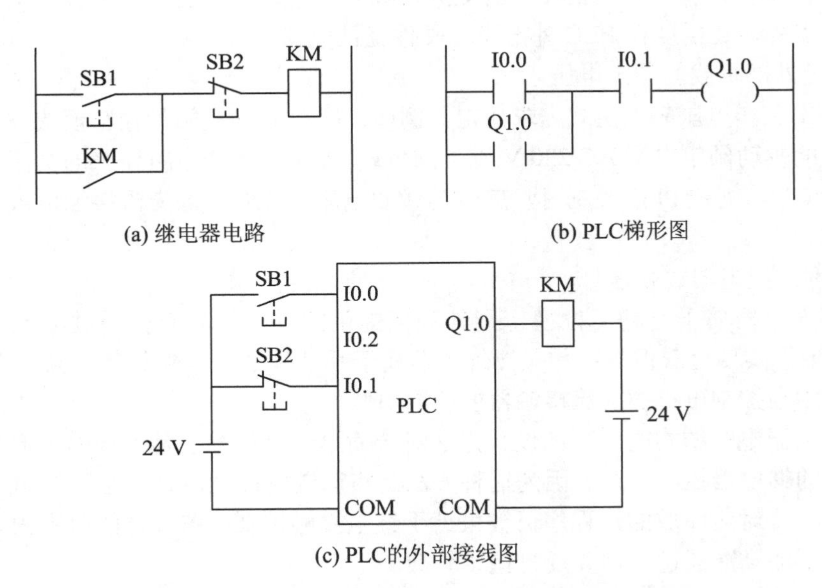

(a) 继电器电路　　(b) PLC梯形图

(c) PLC的外部接线图

图 4-1　继电器自锁电路转换为 PLC 的外部接线图示例

可以看出，梯形图和继电器电路的结构基本相同，只不过继电器电路中的停止(常闭)按钮在梯形图中必须对应为常开触点，否则电路不能正常工作。

2. 注意事项

根据继电器电路结构设计 PLC 的外部接线图和梯形图时应注意以下问题。

(1) 遵守梯形图语言中的语法规定。

由于工作原理不同，梯形图不能照搬继电器电路中的某些处理方法。例如在继电器电路中，触点可以放在线圈的两侧，但是在梯形图中，线圈必须放在电路的最右边。

(2) 适当地分离继电器电路。

① 设计继电器电路的一个基本原则是尽量减少电路中使用的触点的个数，以降低成本，但是这往往会使某些线圈的控制电路交织在一起。在设计梯形图时，首先要考虑梯形图的易读性和可理解性，而无需介意是否使用了过多的触点，因为梯形图中的触点主要是软触点。

② 设计梯形图时以线圈为单位，分别考虑继电器电路图中每个线圈受到哪些触点和电路的控制，然后以此设计相应的等效梯形图。

(3) 尽量减少 PLC 的 I/O 点数。

PLC 的价格与 I/O 点数有关，因此减少输入、输出信号的点数是降低硬件费用的主要措施。

(4) 设置中间单元。

在梯形图设计中，当出现多个线圈同时受某一触点串并联电路的控制时，为了简化程序，可以在梯形图中设置中间单元，即用该电路来控制某存储位，在各线圈的控制电路中使用其常开触点。这种中间单元类似继电器电路中的中间继电器。

(5) 设置外部互锁电路。

为了防止控制异步电动机正反转的交流接触器因同时动作而出现事故，除在梯形图中设置互锁触点外，还需要在 PLC 外部设置硬件互锁电路。

(6) 确定外部负载的额定电压。

PLC 外部工作电压应以负载需求而定。例如，PLC 双向晶闸管输出模块与继电器输出模块一般只能驱动额定电压 AC 220 V 以下的负载，如果继电器电路原来的交流接触器的线圈电压为 380 V，则在 PLC 控制时，应改为线圈电压为 220 V 的交流接触器或中间继电器进行转换控制。

(7) 处理热继电器过载信号。

如果热继电器属于自动复位型，则其触点提供的过载信号必须通过输入电路提供给 PLC，用梯形图实现过载保护；如果热继电器属于手动复位型，则其常闭触点可以在 PLC 的输出电路中与控制电机的交流接触器的线圈串联。

基于继电器电路结构的梯形图设计方法对于简单的控制系统是可行的，但是它并不适用于较复杂的继电器控制电路。因为这种方法是将原继电接触控制电路器件的触点与 PLC 的编程符号一一对应而成的，程序仍被束缚于继电接触控制电路设计的范围内，而且编制的程序往往不能一次通过，需要反复调试修改。

4.1.2　经验设计法

所谓经验设计法，是指利用已有的设计经验(一些典型的控制程序、控制方法等)，对梯形图进行重新组合或改造，再经过多次反复修改，最终得出符合要求的梯形图控制程序。

实际上，经验设计法只不过是在典型电路的基础上，根据被控对象对控制系统的具体要求，不断地修改和完善梯形图，有时需要多次反复地调试和修改梯形图，不断地增加中间编程元件和辅助触点，最后才能得到一个较为满意的结果。因此，经验设计法没有普遍的规律可以遵循，具有很大的试探性和随意性，最后的结果也不是唯一的，设计所用的时间、设计质量与设计者的经验有很大的关系。

1. 设计步骤

经验设计法适用于比较简单的梯形图程序设计。经验设计法编程的四个步骤如下：

(1) 根据工艺分析得出控制模块。

在准确了解控制要求后，对控制系统中的事件进行模块划分，得出控制要求需要几个模块组成、每个模块要实现什么功能、模块与模块之间的联系及联络方法等内容，将要编制的梯形图程序分解成功能独立的子梯形图程序。

(2) 定义功能及端口。

对控制系统中的输入命令元件和输出执行元件进行功能、编码与 I/O 口地址的分配，设计 I/O 接线图。为方便后期的程序设计，对于一些要用到的内部软元件，也要进行地址分配。

(3) 设计控制模块的梯形图程序。

根据已划分的控制模块，分别进行梯形图程序设计。可以根据实现控制模块的电路原理、电路实践经验及典型的控制程序，逐步由左到右、由上到下编写梯形图程序。然后对控制程序进行比较、修改、补充，选择最佳方案。

(4) 组合为系统梯形图程序。

对各个控制模块的程序进行组合，得出系统梯形图程序。然后，对程序进行补充、修改和完善，得出一个功能完整的系统控制程序。

2. 注意事项

使用经验设计法设计梯形图时应注意以下几点：

(1) 利用输入信号逻辑组合直接控制输出信号。在设计梯形图时应考虑输出线圈得电条件、失电条件及自锁条件等，注意程序的启动、停止、连续运行，这样才能利用输入信号逻辑组合控制输出信号。

(2) 当不便对输入信号进行逻辑组合时，可以利用辅助元件和辅助触点建立输出线圈得电和失电条件。

(3) 当输出线圈得电和失电条件中需要定时、计数或应用指令的执行结果时，可通过对它们的触点进行逻辑组合来实现。

(4) 在梯形图主要功能部分能够满足要求后，再增加其他的功能，例如，可以串入各个输出线圈间的互锁条件等。

(5) 要注意和利用系统出现异常时的动作条件，将这些动作条件直接作为输出线圈逻辑(与)组合使能控制的条件之一。

4.1.3 逻辑代数设计法

当 PLC 主要用于控制开关量时，可使用逻辑代数设计法来设计控制程序，逻辑代数设计法所编写的程序易于优化，是一种较为实用可靠的程序设计方法。

由于电气控制线路与逻辑代数有一一对应的关系，因此对开关量的控制过程可用逻辑代数式表示、分析和设计。

逻辑代数设计法的基本步骤如下：

(1) 用不同的逻辑变量表示各输入、输出信号，根据控制要求列出逻辑代数表达式。

(2) 对逻辑代数表达式进行化简。

(3) 根据化简后的逻辑代数表达式设计梯形图。

下面通过一个简单例子来具体说明。

【例 4-2】 根据图 4-2 所示的功能流程图(在 4.2 节中介绍)，写出对应的基于位存储器 M 的逻辑关系表达式，并设计梯形图程序。

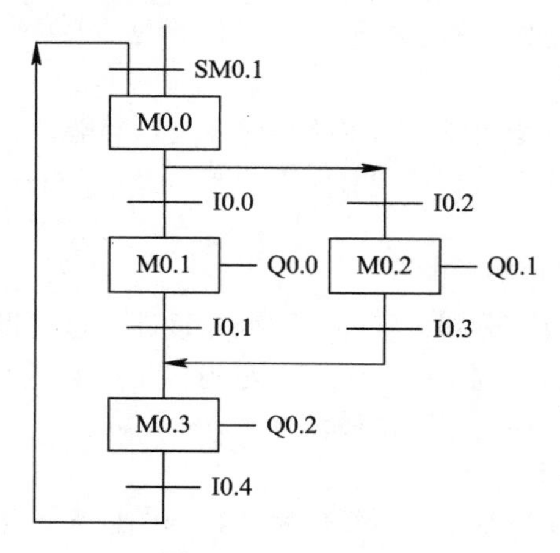

图 4-2 功能流程图

由图 4-2 生成的各状态对应的逻辑关系表达式如下：

$$M0.0 = (SM0.1 + M0.3 \cdot I0.4 + M0.0) \cdot \overline{M0.1} \cdot \overline{M0.2}$$

$$M0.1 = (M0.0 \cdot I0.0 + M0.1) \cdot \overline{M0.3}$$

$$M0.2 = (M0.0 \cdot I0.2 + M0.2) \cdot \overline{M0.3}$$

$$M0.3 = (M0.1 \cdot I0.1 + M0.2 \cdot I0.3) \cdot \overline{M0.0}$$

$$Q0.0 = M0.1$$

$$Q0.1 = M0.2$$

$$Q0.2 = M0.3$$

根据以上 7 个逻辑关系表达式，得出对应网络 1～网络 7 的梯形图程序如图 4-3 所示。

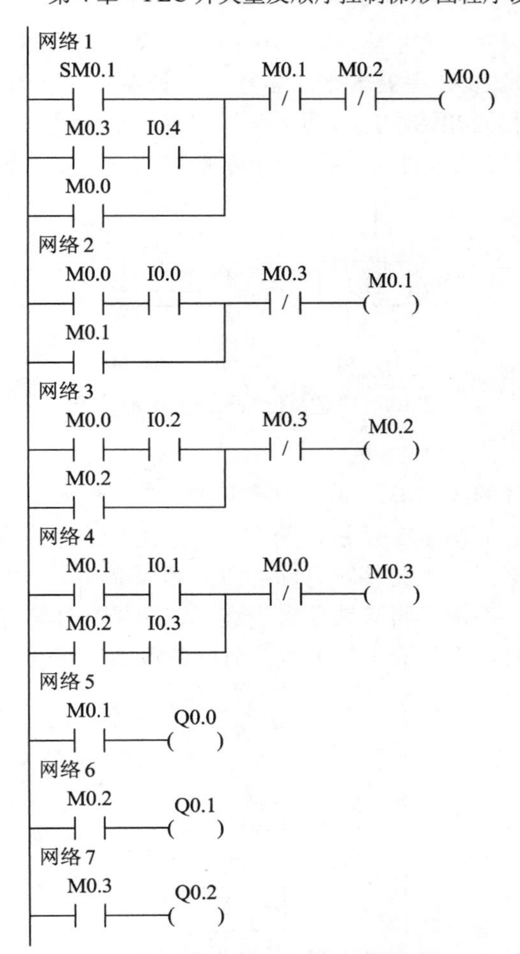

图 4-3 用逻辑代数设计法设计的梯形图程序

4.2 PLC 功能图

功能图也称功能流程图，它是专用于工业顺序控制程序设计的一种方法。

4.2.1 PLC 功能图的基本概念

功能图是一种功能描述语言。利用功能图可以向设计者提供控制问题描述方法的规律，能完整地描述控制系统的工作过程、功能和特性。

功能图的基本元素有状态、转移、有向线段和动作说明。

1. 状态

顺序控制编程方法的基本思想是将控制系统的工作周期划分为若干个顺序执行的工作阶段。这些阶段称为状态，也称流程步或工作步，它表示控制系统中的一个稳定状态。

在功能图中，状态以矩形方框表示，框中用数字表示该状态的编号，编号可以是实际的控制步序号，也可以是 PLC 中的工作位编号，如图 4-4(a)所示。对于系统的初始状态，即系统运行的起点，也称为初始步，其图形符号用双线矩形框表示，如图 4-4(b)所示。在实际使用时，为简单起见，初始状态也可用单矩形框或一条横线表示。每个系统至少需要一个初始步。

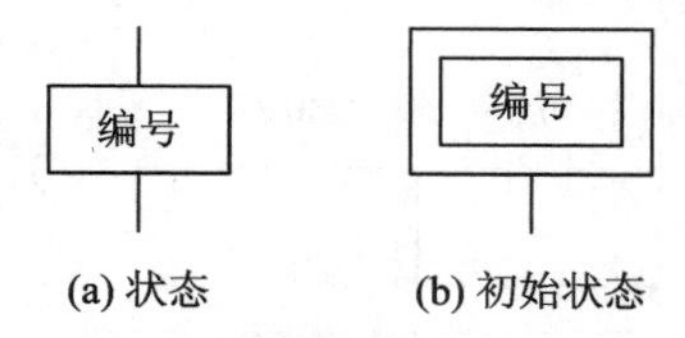

图 4-4 状态及初始状态的图形符号

2. 转移与有向线段

转移就是在切换条件的控制下，从一个稳定状态变化为另一个稳定状态。

转移与有向线段示意如图 4-5 所示，两个状态之间用一个有向线段表示，向下转移时有向线段的箭头可以省略，向上转移时有向线段必须以箭头表示方向；在有向线段上加一横线，在横线旁加上文字、图形符号或逻辑表达式，用于标注描述转移的条件。当相邻状态之间的转移条件满足时，就从一个状态按照有向线段的方向向另一个状态转换。

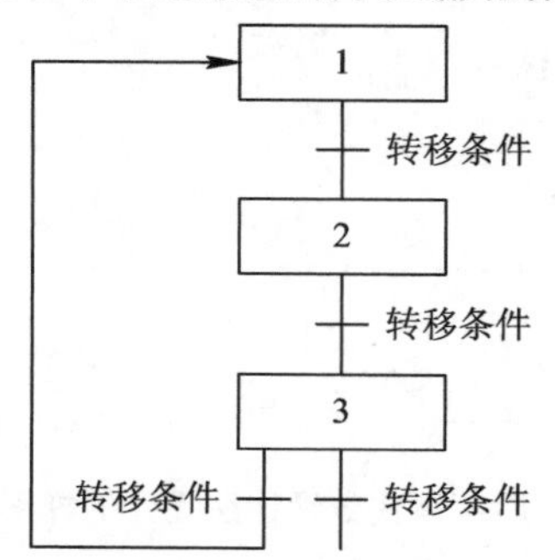

图 4-5 转移与有向线段示意图

3. 动作说明

动作是状态的属性，是描述每一个状态需要执行的功能操作。动作说明是在步的右侧加一矩形框，并在框中加文字对动作进行说明，如图 4-6 所示。

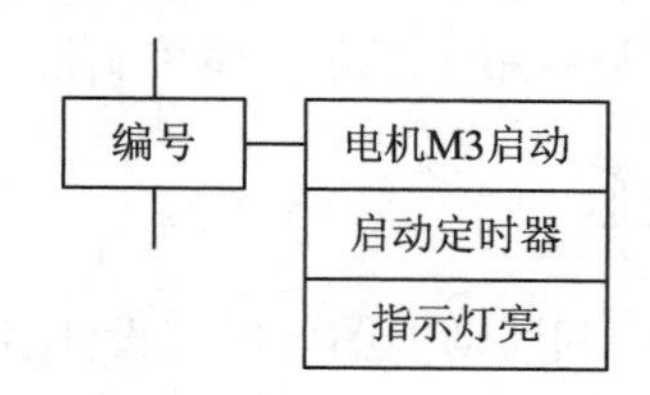

图 4-6 动作说明示意图

4.2.2 PLC 功能图的结构

PLC 功能图的结构主要有顺序结构、选择性分支结构、并发性分支结构、循环结构及复合结构。

1. 顺序结构

顺序结构也称为单流程结构，它是最简单的一种结构，其状态是按序变化的，每个状态与转移仅连接一个有向线段。顺序结构的功能图如图 4-7 所示。

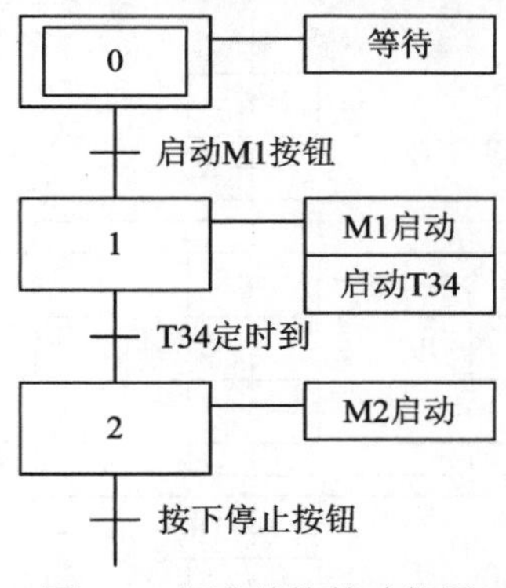

图 4-7　顺序结构的功能图

2. 选择性分支结构

选择性分支结构是指下一个状态是多分支状态，但只能转入其中的某一个控制流状态，具体进入哪个状态取决于控制流前面转移条件为真的分支。选择性分支结构的功能图如图 4-8 所示。在图 4-8 中，状态 1 下面有三个分支，根据分支转移条件 A、C、F 来决定选择哪一个分支。如果某一个分支转移条件得到满足，则转入这一分支状态。一旦进入这一分支状态后，就不再执行其他分支。

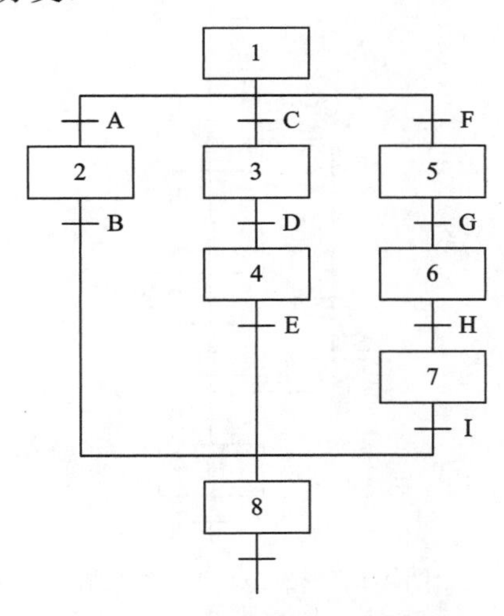

图 4-8　选择性分支结构的功能图

3. 并发性分支结构

如果某一个状态的下面需要同时启动若干个状态流，则这种结构称为并发性分支结构。并发性分支结构的功能图如图 4-9 所示。此功能图的工作过程如下：

(1) 分支开始时，用双水平线将各个分支相连，双水平线上方只需要一个转移条件 A，称为公共转移条件。如果公共转移条件满足，则由状态 1 并行转移到状态 2、状态 4 和状态 6。

(2) 公共转移条件满足时，同时执行多个分支状态，但由于各个分支状态完成的时间不同，因此每个分支状态的最后一步通常设置一个等待步，以求同步结束。

(3) 分支结束时，用双水平线将各个分支汇合，水平线上方一般没有转移，下方有一个公共转移，转移条件为 D。

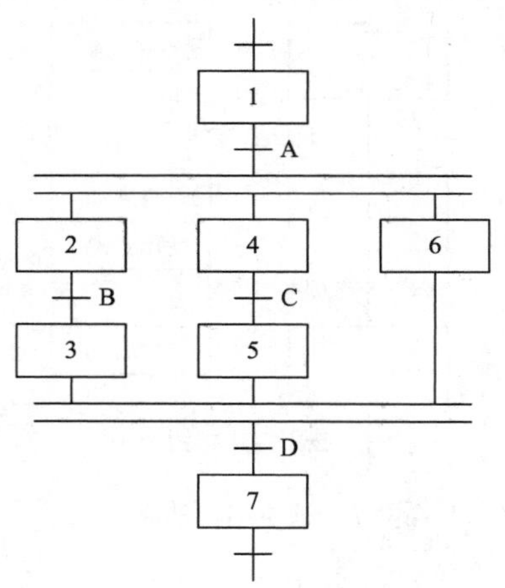

图 4-9　并发性分支结构的功能图

4. 循环结构

循环结构用于一个顺序过程的多次重复执行。循环结构的功能图如图 4-10 所示。在图 4-10 中，在满足转移循环条件 E 时，由状态 4 转移到状态 2 循环执行。

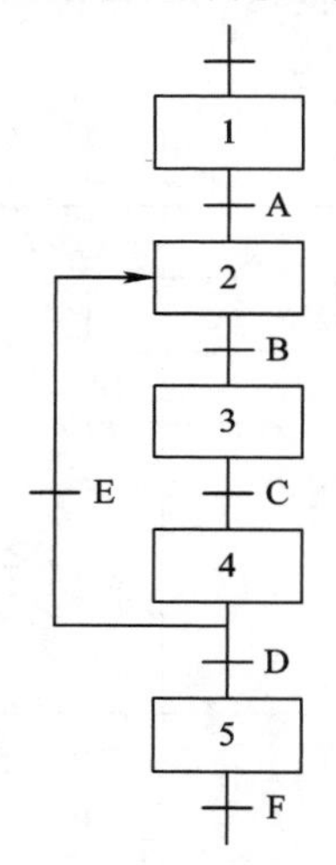

图 4-10　循环结构的功能图

5. 复合结构

复合结构可以是一个集顺序结构、选择性分支结构、并发性分支结构和循环结构中的部分或全部于一体的结构，其功能图可以嵌套使用。使用复合结构的功能图，基本上可以描述以位控为主要目的的任何复杂的控制结构，这里不再详述。

用户可以十分方便地将功能图转换成梯形图程序。

一般情况下，使用功能图设计 PLC 程序时，首先根据控制要求设计出功能图，然后利用 PLC 适宜的编程方法或顺序控制指令将其转换为梯形图程序。

4.3　顺序控制梯形图程序设计

所谓顺序控制，也就是按照生产过程规定的操作顺序，把生产过程分成各个操作段，在输入信号的控制下，根据过程内部运行的规律、要求和输出对设备的控制，按顺序一步一步地进行操作。

利用顺序控制设计方法可以较容易地编写出复杂的顺序控制程序，可以增强程序的可靠性，提高编程工作效率。

顺序控制的设计步骤如下：

(1) 将被控对象的工作过程按输出状态的变化分为若干状态(步)，并指出状态之间的转换条件和每个状态的控制对象，以此确定 PLC 输入、输出端口分配。

(2) 以状态为核心，画出顺序功能图。

(3) 选择合适的顺序控制设计方法，将功能图转换为梯形图程序。

顺序控制设计方法一般可以采用启、保、停电路设计方法，逻辑表达式方法，置位、复位指令设计方法等，也可以使用功能强大的 PLC 专用顺序控制指令(见 4.4 节)设计方法。

4.3.1　基于启、保、停电路的顺序控制梯形图程序设计

启、保、停电路设计方法即确定状态(步)的启动条件、停止条件和工作状态转换条件。状态转换条件必须满足：前一状态为活动状态，同时转换条件成立。启、保、停电路仅仅使用触点及线圈编程即可实现状态激活和转换。

在启、保、停电路的梯形图中，为了实现状态的转换，总是将代表前级状态的继电器的常开触点与转换条件对应的触点串联，作为代表后续状态的继电器得电的条件。当后续状态被激活时，应将前级状态关断。所以，代表后续状态的继电器常闭触点应串联在前级状态的电路中。考虑到启、保、停电路在自启动条件时，往往采用 SM0.1 的常开触点，其接通的时间只有开机后的一个扫描周期，因此，必须设计有记忆功能的控制电路程序。

设顺序结构(单流程结构)功能图如图 4-11 所示。

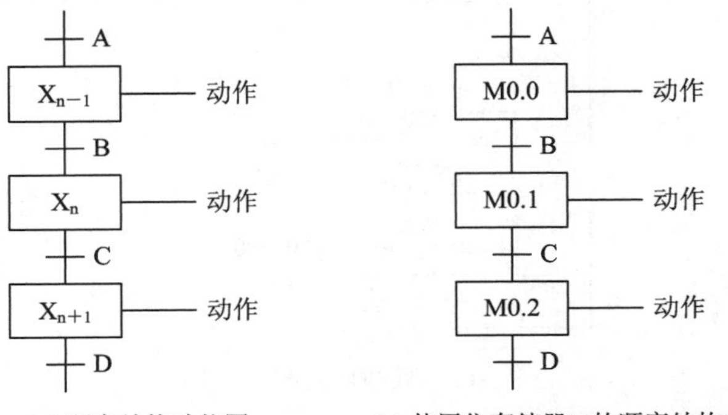

(a) 顺序结构功能图　(b) 使用位存储器M的顺序结构功能图

图 4-11　单流程顺序结构功能图

顺序结构功能图的特点是每一工作状态后面只有一个转换条件，每个转换条件后面只有一个状态，各个工作状态按顺序执行。如果上一工作状态执行结束，则在转换条件成立时，立即开通下一工作状态，同时关断上一工作状态。

在图 4-11(a)中，当 n－1 为活动步(状态)时，转换条件 B 成立，则转换实现，n 步变为活动步，同时 n－1 步关断。由此可见，第 n 步成为活动步的条件是 $X_{n-1}=1$，$B=1$；第 n 步关断的条件只有一个，即 $X_{n+1}=1$。用逻辑表达式表示功能图的第 n 步开通和关断条件如下：

$$X_n=(X_{n-1}\cdot b+X_n)\cdot\overline{X_{n+1}}$$

等号左边 X_n 表示第 n 工作步的状态；等号右边 X_n 表示自保持信号，B 表示转换条件，$\overline{X_{n+1}}$ 表示关断第 n＋1 步的条件。

可以利用前面已介绍的 PLC 一般逻辑指令通过位存储器 M 实现顺序控制设计。其基本设计思想是：使用位存储器 M 表示工作步，当某一工作步为活动步时，相应的存储器位 M 为“1”状态，其余步均为“0”状态。从起始步开始一步一步地按序设计，直至将功能图全部转换为梯形图程序。

这里，使用存储器位 M0.0、M0.1、M0.2 分别表示第 n－1、n、n＋1 工作步状态，如图 4-11(b)所示。

设转换条件 B 为 I0.0 为 ON，第 n 工作步动作为驱动 Q0.1，则第 n 工作步状态的梯形图如图 4-12 所示。

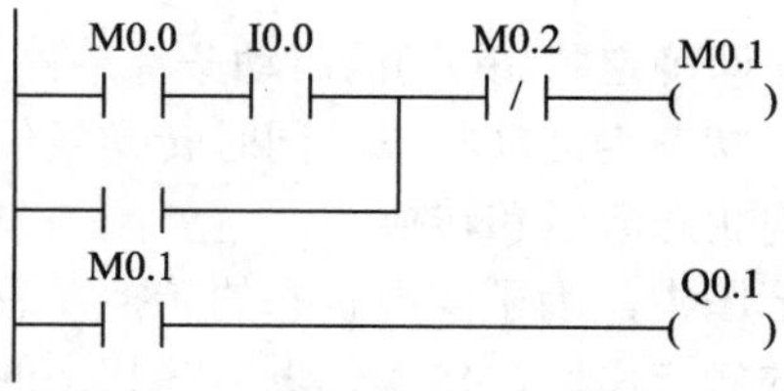

M0.0 I0.0 M0.2 M0.1
M0.1 Q0.1

图 4-12　第 n 工作步状态的梯形图

【例 4-3】 根据图 4-13 所示的顺序功能图设计梯形图程序。

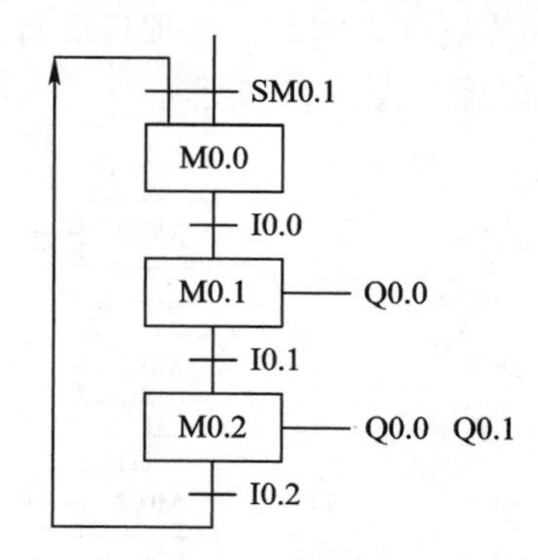

图 4-13　顺序功能图

依据启、保、停电路设计方法，图 4-13 中代表工作步的各存储器位对应的状态逻辑关系如下：

$$M0.0=(SM0.1+M0.2\cdot I0.2+M0.0)\cdot\overline{M0.1}$$

$$M0.1=(M0.0\cdot I0.0+M0.1)\cdot\overline{M0.2}$$

$$M0.2=(M0.1\cdot I0.1+M0.2)\cdot\overline{M0.0}$$

$$Q0.0=M0.1+M0.2$$

$$Q0.1=M0.2$$

这里，Q0.0 输出继电器在 M0.1、M0.2 步中都被接通，所以，将 M0.1 和 M0.2 的常开触点并联驱动 Q0.0；Q0.1 输出继电器只在 M0.2 步为活动步时才接通，所以，用 M0.2 的常开触点驱动 Q0.1。梯形图程序如图 4-14 所示。

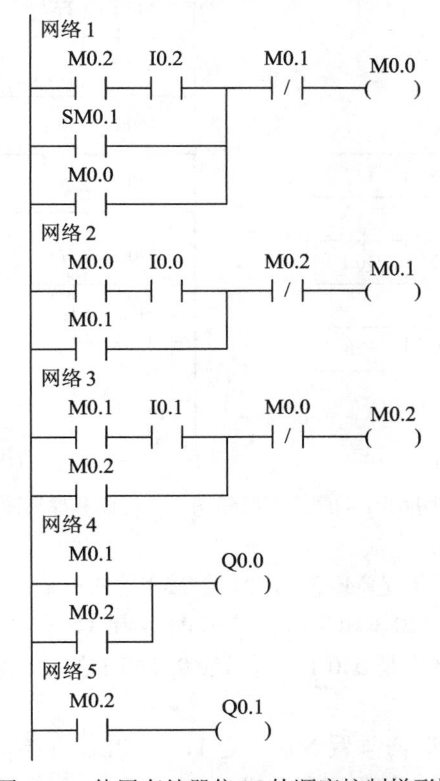

图 4-14　使用存储器位 M 的顺序控制梯形图

在顺序功能图中，只有当某一步的前级步是活动步时，该步才有可能变成活动步。为了防止 PLC 进入 RUN 工作方式时，各工作步均处于 OFF 状态，应该使用初始化脉冲 SM0.1 的常开触点作为转换条件，将初始步激活。

【例 4-4】 某工业过程控制要求为：在输入端口 I0.0 上升沿时，驱动 Q0.0 为 ON(电动机 1 启动)，延时 5 s 后驱动 Q0.1 为 ON(电动机 2 启动)；在输入端口 I0.1 上升沿时，Q0.1 为 OFF(电动机 2 停止运行)，延时 5 s 后，Q0.0 也为 OFF(电动机 1 停止运行)。把此要求转换为功能图，并根据功能图设计 PLC 梯形图程序。

根据题目要求，首先画出时序图(见图 4-15(a))，然后将时序图转换为功能图(见图 4-15(b))，最后根据位存储器 M 实现顺序控制设计的设计思想，按照启、保、停实现控制设计方法直接画出梯形图程序(见图 4-15(c))。

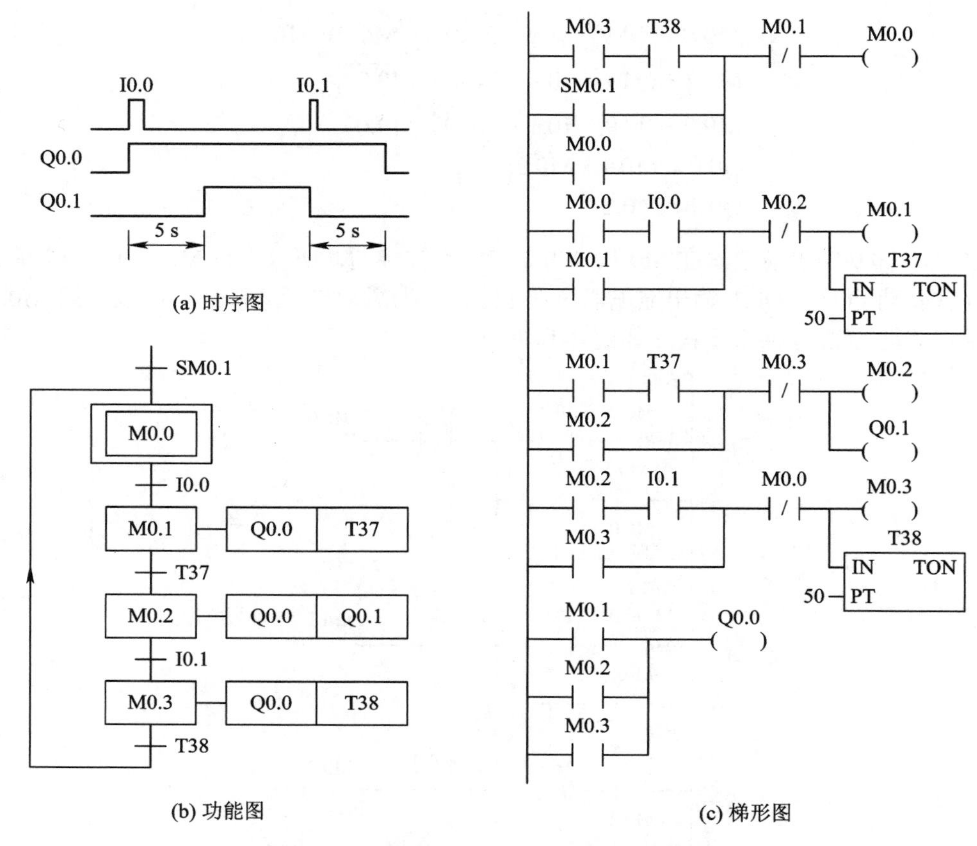

图 4-15　顺序控制时序图、功能图和梯形图

由顺序控制功能图可知：

(1) 初始步 M0.0 的前级步是 M0.3，定时器 T38 的常开触点为 ON 时为 M0.3 到 M0.0 之间的转换条件，所以应将 M0.3 和 T38 的常开触点串联，作为 M0.0 的得电条件。

(2) 初始步 M0.0 的后级步是 M0.1，所以应将 M0.1 的常闭触点串联在 M0.0 的得电条件中。

(3) 由于 PLC 开始运行时必须置 M0.0 为 1，在 PLC 开始运行的第一扫描周期 SM0.1 为 ON，故其常开触点与 M0.0 的得电条件并联。

(4) 并联 M0.0 常开触点实现其自锁功能。

(5) 后续步 M0.1 的常闭触点与 M0.0 的得电条件串联，M0.1 激活后，使 M0.0 的线圈“断电”，初始步变为不活动步。

4.3.2 基于置位、复位指令的顺序控制梯形图程序设计

使用 S7-200 系列 PLC 的置位和复位指令可以实现同一个线圈的置位和复位。所以，置位和复位指令可以实现以转换条件为中心的顺序编程。

在当前步为活动步且转换条件成立时，使用置位 S 指令将代表后续步的继电器置位(激活)，同时使用复位 R 指令将该步复位(关断)。

仍以图 4-13 所示的顺序功能图为例，应将 M0.0 的常开触点和转换条件 I0.0 的常开触点串联作为 M0.1 置位的条件，同时也作为 M0.0 复位的条件。置位、复位指令的顺序控制设计方法有规律可循，即每一步的转换都对应一个置位/复位操作。实现图 4-13 功能图的置位、复位指令顺序控制梯形图如图 4-16 所示。

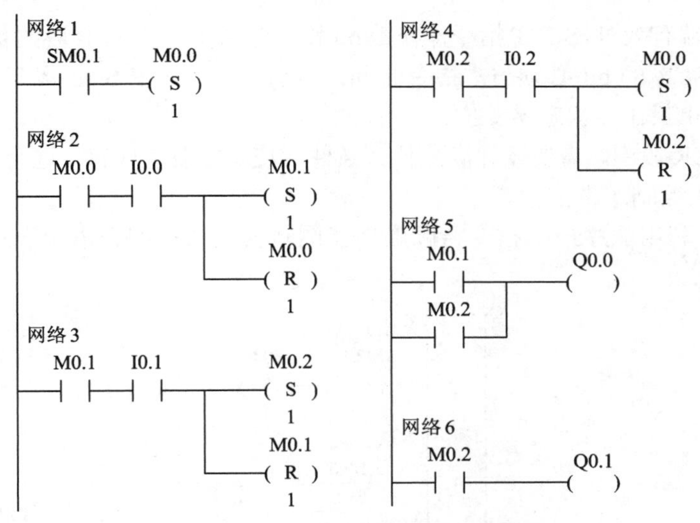

图 4-16　置位、复位指令顺序控制梯形图

4.4　顺序控制指令及应用

为了便于实现功能图描述的控制要求，特别是较复杂的顺序控制程序的设计，S7-200 系列 PLC 提供了专用的顺序控制指令。

4.4.1　顺序控制指令

S7-200 系列 PLC 提供了三条顺序控制指令，其格式、功能及操作对象见表 4-1。

表 4-1　顺序控制指令的格式、功能及操作对象

STL 指令	LAD 指令	功　能	操作对象(bit)
LSCR　bit	bit SCR	顺序状态开始	顺序控制继电器 S 中的某个位 (S0.0～S31.7)
SCRT　bit	bit (SCRT)	顺序状态转移	顺序控制继电器 S 中的某个位 (S0.0～S31.7)
SCRE	(SCRE)	顺序状态结束	无

1. 顺序状态开始/结束(LSCR/SCRE)指令

LSCR 指令(在前)为功能图中一个状态的开始，SCRE 指令(在后)为这个状态的结束，

其中间部分为顺序段(SCR 段)程序，该段程序对应功能图中状态的动作指令。LSCR 指令的操作对象(bit)为顺序控制继电器 S 中的某个位(范围为 S0.0～S31.7)，当某个位有效时，激活所在的 SCR 段程序。S 中各位的状态用来表示功能图中的一种状态。

2. 顺序状态转移(SCRT)指令

在输入控制端有效时，SCRT 指令操作数 bit 置位激活下一个 SCR 段的状态(下一个 SCR 段的开始指令 LSCR 的 bit 必须与本指令的 bit 相同)，使下一个 SCR 段开始工作，同时使该指令所在段停止工作，状态器复位。

在每一个 SCR 段中，需要设计满足什么条件后使状态发生转移，这个条件就作为执行 SCRT 指令的输入控制逻辑信号。

【例 4-5】 利用顺序控制指令将顺序功能图转换为梯形图、语句表程序，如图 4-17 所示。

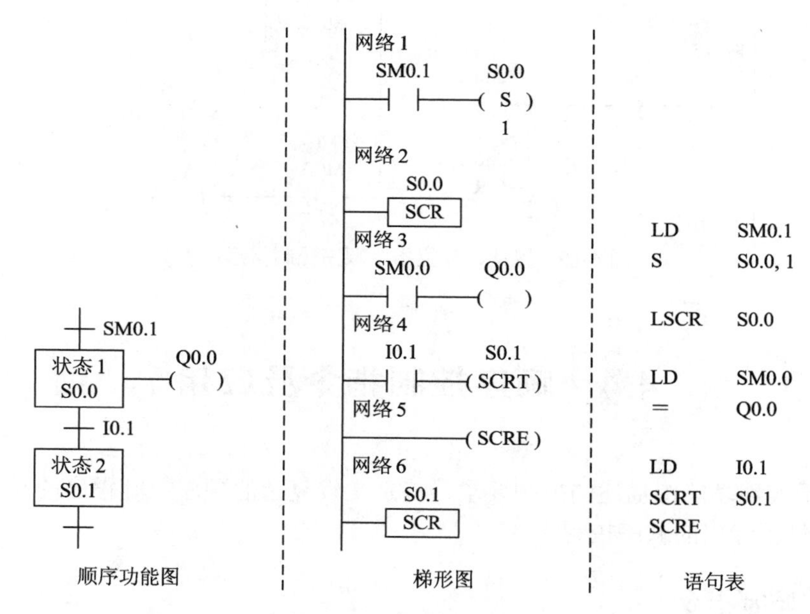

图 4-17 顺序控制指令应用示例

程序中顺序控制指令的结构和功能如下：

(1) LSCR(SCR)表示状态 1 的开始，SCRE 表示状态 1 的结束。

(2) 状态 1 的激活条件是 SM0.1 有效，驱动置位指令置 S0.0=1。

(3) 在状态 1 中实现驱动 Q0.0。

(4) 状态 1 转移到状态 2(S0.1)的条件是 I0.1 有效，执行 SCRT 指令，同时状态 1 复位。

4.4.2 顺序控制指令的应用

1. 单流程

单流程功能图的每个状态仅连接一个转移，每个转移仅连接一个状态。

【例 4-6】 某控制系统的功能图，使用顺序控制指令将功能图转换成的梯形图及相应的 STL 指令如图 4-18 所示。

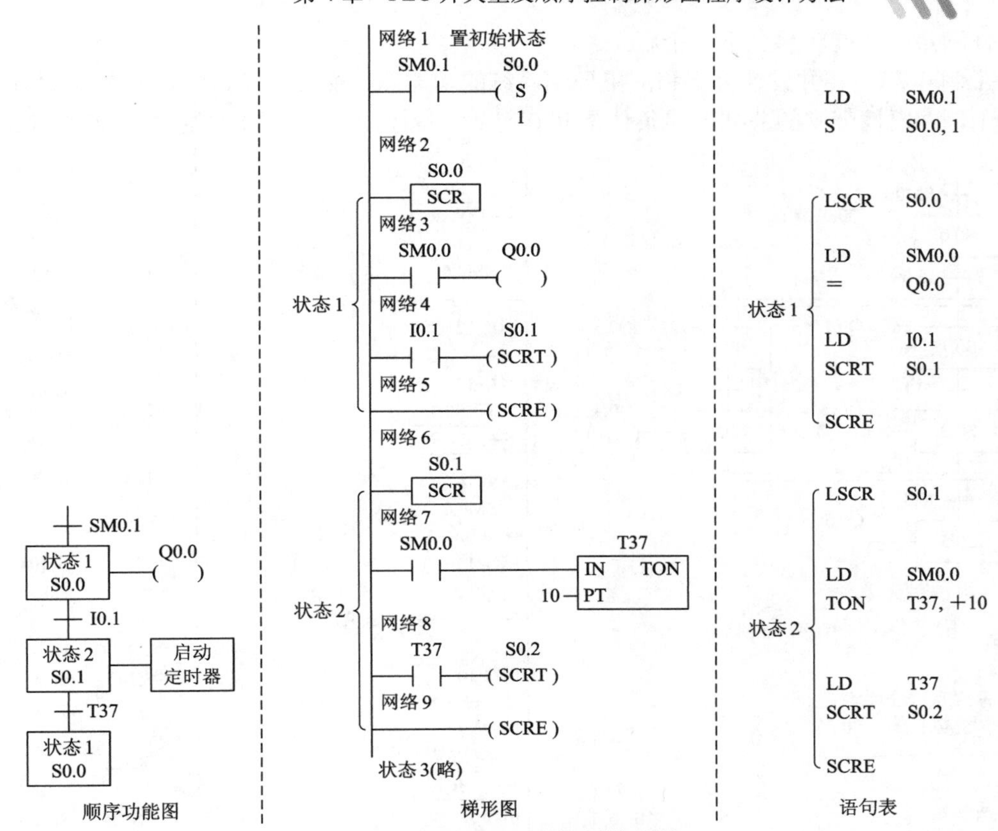

图 4-18　单流程顺序控制梯形图

本例中功能图与梯形图的转换及工作过程如下：

(1) 由功能图看出，初始化脉冲 SM0.1 用来置位 S0.0，状态 1 激活；该功能在梯形图中转换为由 SM0.1 控制置位指令 S，实现 S0.0=1。

(2) 在状态 1 的 SCR 段要做的工作(动作)是置 Q0.0 为 ON，梯形图中使用 SM0.0 控制 Q0.0。这是因为线圈不能直接和母线相连，所以常用特殊中间继电器 SM0.0 位来完成动作任务。

(3) 由功能图看出，状态 1 向状态 2 的转移条件是 I0.1 有效，在梯形图中转换为由输入触点 I0.1 控制状态转移指令 SCRT，其操作数 bit 为 S0.1，它是状态 2 的激活控制位。一旦状态 2 被激活，则本状态 1 的 SCR 段停止工作，状态 1 自动复位。

(4) 状态 2 的动作是启动定时器，梯形图中使用 SM0.0 控制定时器 T37，定时器的分辨率为 100 ms，设定值为 10，定时时间为 1 s。

(5) 由功能图看出，状态 2 向状态 3 的转移条件是定时器 T37(定时时间为 1 s)。梯形图中，通过 T37 的常开触点闭合控制状态 2 的 SCRT 指令，其操作数 bit 为状态 3 的激活位。一旦状态 3 被激活，则状态 2 的 SCR 段停止工作，状态 2 自动复位。

2. 并发性分支和汇集

在控制系统中，常常需要一个顺序控制状态流并发产生两个或两个以上不同分支控制状态流，在这种情况下，所有并发产生的分支控制状态流必须同时激活；多个分支控制流完成其动作任务后，也可以把这些控制流合并成一个控制流，即并发性分支的汇集，在转移条件满足时才能转移到下一个状态。

【例 4-7】 某并发性分支和汇集控制系统的功能图、梯形图及语句表如图 4-19 所示。程序中，并发性分支的公共转移条件是 I0.0 有效，程序由状态 S0.0 并发进入 S0.1 和 S0.3。

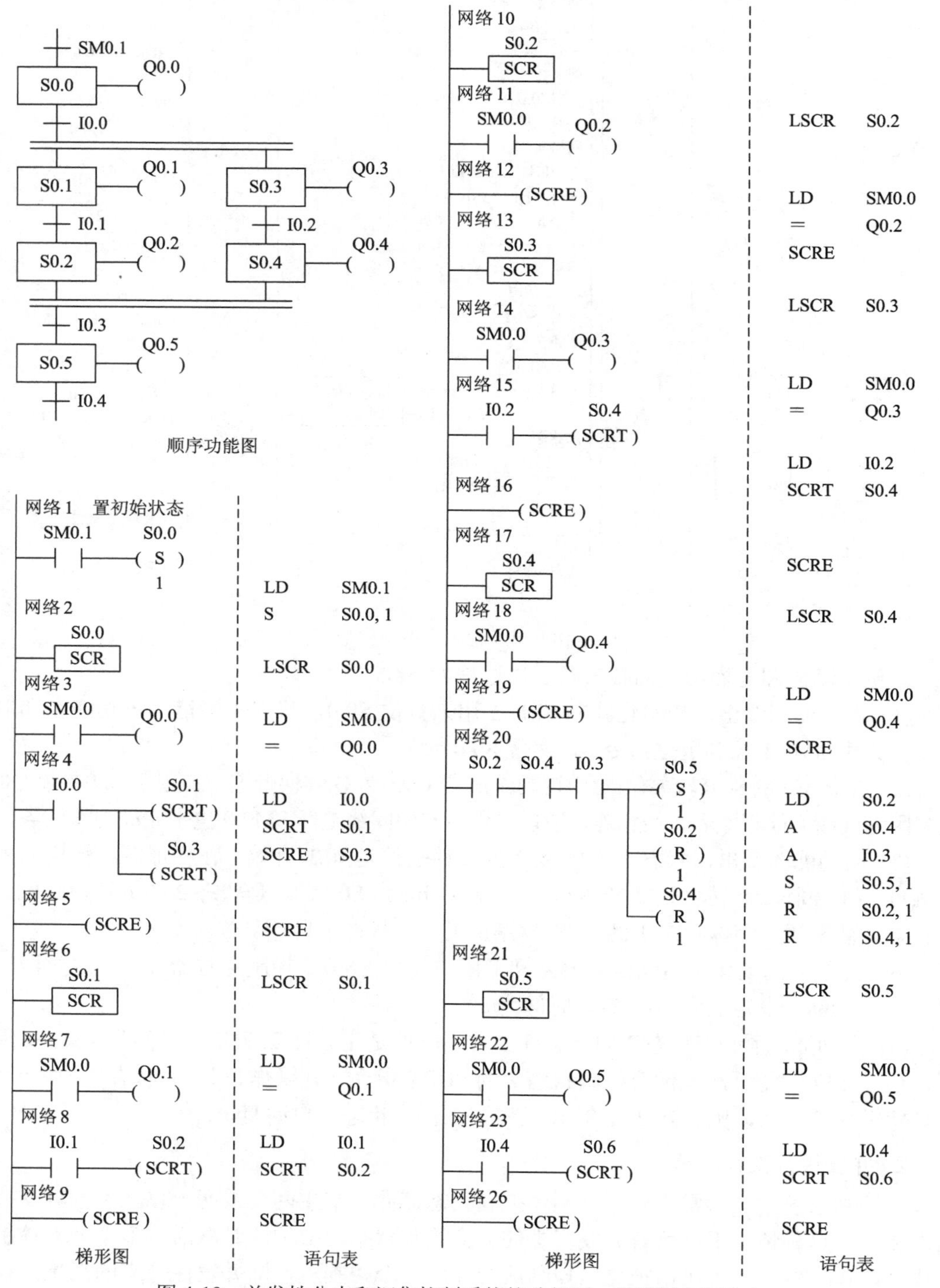

图 4-19 并发性分支和汇集控制系统的功能图、梯形图和语句表

需要特别说明的是：并发性分支在汇集时要同时使各分支状态转移到新的状态，完成新状态的启动。另外，在状态 S0.2 和 S0.4 的 SCR 程序段中，由于没有使用 SCRT 指令，因此 S0.2 和 S0.4 的复位不能自动进行，最后要用复位指令对其进行复位。这种处理方法在并发性分支的汇集合并时会经常用到，而且在并发性分支汇集合并前的最后一个状态往往是“等待”过渡状态。它们要等待所有并发性分支都为“真”后一起转移到新的状态。这时的转移条件永远为“真”，而这些“等待”状态不能自动复位，它们的复位需要使用复位指令来完成。

4.4.3　顺序控制指令的使用说明

顺序控制指令由于自身的特殊性及其操作数据的范围有限，在使用时应注意以下几个方面：

(1) 顺序控制指令仅对顺序控制继电器元件 S 的位有效。由于 S 具有一般继电器的功能，因此，也可以使用其他逻辑指令对 S 进行操作。

(2) SCR 段程序能否执行取决于该状态器(S 位)是否被置位，SCRE 与下一个 LSCR 之间可以安排其他指令，但它们不影响下一个 SCR 段程序的执行。

(3) 同一个 S 位不能用于不同程序中。

(4) 不允许跳入或跳出 SCR 段，在 SCR 段也不能使用 JMP 和 LBL 指令(不允许内部跳转，但可以在 SCR 段附近使用跳转和标号指令)。

(5) 在 SCR 段中不允许使用 FOR、NEXT 和 END 指令。

(6) 在状态发生转移后，所有 SCR 段的元器件一般也要复位，如果希望继续输出，可使用置位/复位指令。

(7) 在使用功能图时，状态器的编号可以不按顺序编排。

实训 4　电动机顺序延时启动控制系统

1. 实训目的

(1) 掌握利用顺序控制指令实现顺序控制功能的编程方法。

(2) 巩固所学基本逻辑指令的应用及进一步熟悉编程软件的使用方法。

2. 实训内容

本实训为设计一个电动机顺序延时启动控制系统，控制系统要求如下：

某动力系统由三台电动机 M1、M2 和 M3 拖动。要求能够实现本地、远程控制启停。其中，M1 和 M3 启动方式为直接启动，M2 为“星-三角”启动，切换间隔为 3 s；按下启动按钮三台电动机顺序启动：M1 启动 10 s 后 M2 启动，M2 启动 20 s 后 M3 启动；按下停止按钮，M3 先停，10 s 后 M2 停，15 s 后 M1 停。使用顺序控制指令编程实现顺序控制。

3. 实训设备及元器件

(1) S7-200 PLC 实验工作台或 PLC 装置、可扩展模块(若干)。

(2) 安装有 STEP 7-Micro/WIN 编程软件的 PC。

(3) PC/PPI 通信电缆。

(4) 常开、常闭开关(若干)，继电器(若干)，导线等必备器件。

4. 实训步骤

本实训需先进行控制系统设计，控制系统设计步骤如下：

(1) PLC 控制系统 I/O 资源分配。

电动机 PLC 顺序控制系统 I/O 资源分配见表 4-2。

表 4-2 控制系统 I/O 资源分配

名 称	代码	地址	名 称	代码	地址
启动按钮	SB1	I0.0	电动机 M1	KM0	Q0.0
异地启动按钮	SB2	I0.2	电动机 M2 主接触器	KM1	Q0.1
停止按钮	SB3	I0.1	电动机 M2 星形连接接触器	KM3	Q0.3
异地停止按钮	SB4	I0.3	电动机 M2 三角形连接接触器	KM4	Q0.4
			电动机 M3	KM2	Q0.2

(2) 选定 PLC 型号。

根据 I/O 资源的配置可知，系统共有 4 个开关量输入点，5 个开关量输出点。考虑到 I/O 点的利用率、PLC 的价格，选用西门子公司的 S7-200 PLC CPU224CN。

(3) 控制系统接线。

由表 4-2 可知，PLC 的输入开关量 I0.0、I0.1、I0.2、I0.3 检测来自按钮 SB1、SB3、SB2、SB3 的输入信号，PLC 的输出开关量 Q0.0、Q0.1、Q0.2、Q0.3、Q0.4 分别驱动外部控制继电器 KM0、KM1、KM2、KM3、KM4，以实现相应电动机的控制动作。

(4) 控制系统软件设计。

电动机顺序延时控制梯形图程序如图 4-20 所示。

控制系统设计完成后，再按照以下步骤进行操作。

① 将 PC/PPI 通信电缆与 PC 连接。

② 按控制接线要求连接 PLC 外部控制开关和继电器设备接线。

③ 启动编程软件，编辑输入图 4-20 所示的电动机顺序控制梯形图参考程序。

④ 编译、保存、下载梯形图程序到 S7-200 PLC 中。

⑤ 启动并运行 PLC。观察运行结果，若发现运行错误或需要修改程序，则重复上述过程。

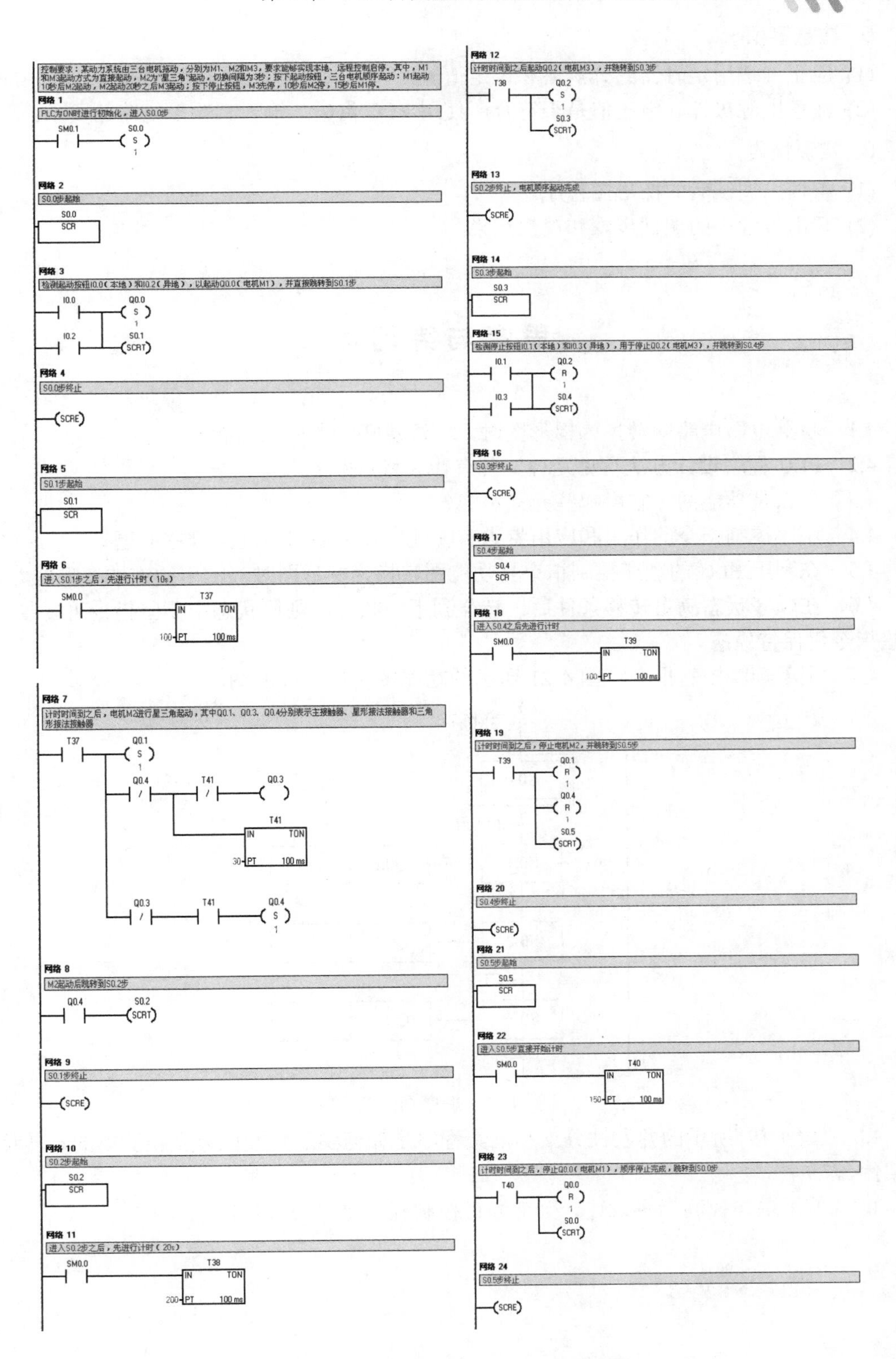

图 4-20　电动机顺序延时控制梯形图程序

5. 注意事项

(1) 应正确选用定时器的分辨率和设定值。

(2) 注意电源极性、电压值是否符合所使用 PLC 供电、输入、输出电路的要求。

6. 实训报告

(1) 整理出调试后的梯形图程序。

(2) 写出该程序的调试步骤和观察结果。

思考与练习 4

4.1 将继电器电路图转换为梯形图时，应注意哪些方面的问题？

4.2 PLC 程序设计方法有哪几种？各有什么特点？

4.3 什么是功能图？它由哪些元素组成？

4.4 顺序控制指令的作用和应用特点有哪些？在使用时应注意哪些问题？

4.5 在利用 PLC 的顺序控制指令将功能图转换为梯形图时，常用的方法有哪些？

4.6 在顺序状态满足转移条件后，转移到下一状态，则原状态中哪些指令可以复位，哪些指令仍保持原态？

4.7 利用顺序控制指令将图 4-21 所示的功能图转换为梯形图。

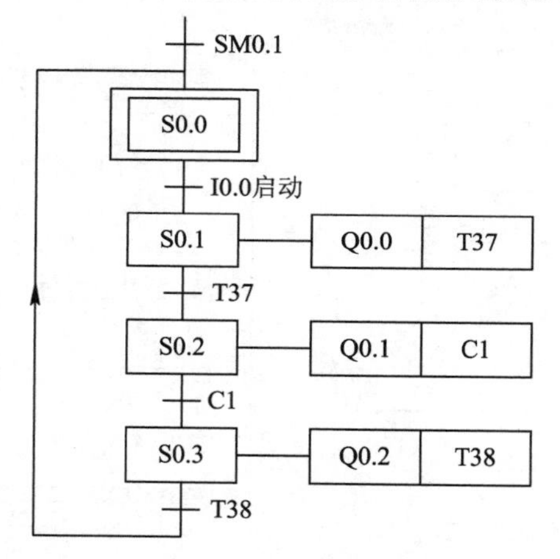

图 4-21 顺序功能图

4.8 图 4-19 所示的并发性分支和汇集程序是如何实现并发性分支和汇集的？转移条件是什么？

4.9 使用顺序控制指令设计一个交通灯控制程序(参考 3.8.2 节)。

第5章 S7-200系列PLC的功能指令及应用

本章主要介绍 S7-200 系列 PLC 的功能指令及数据类型、数据传送指令、运算指令、中断指令、表功能、数据转换指令及高速处理等指令，并通过实例介绍功能指令在各类控制中的编程和应用。

5.1 功能指令及数据类型

PLC 作为一个专用的计算机控制装置，不但可以用基本指令来实现对开关量的控制，而且也能够用于多位数据、模拟量的处理及各类控制系统等特殊领域，用于这种特殊控制要求的指令，称为功能指令或应用指令。

5.1.1 功能指令格式

PLC 功能指令在梯形图中采用指令盒形式表示，也称为“功能块”，其指令的格式如图 5-1 所示。

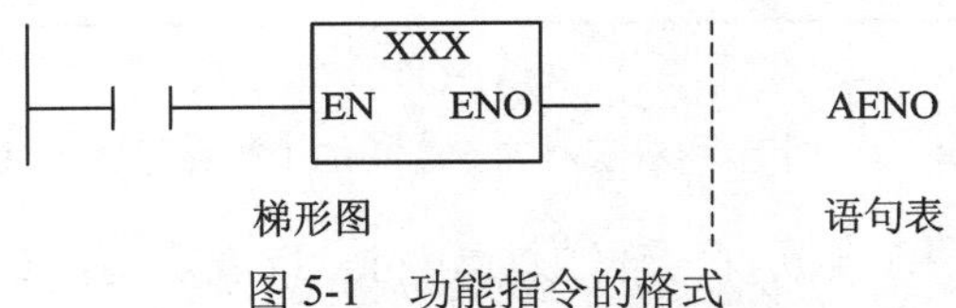

图 5-1 功能指令的格式

1. 功能块

功能块必须由指令盒左边的使能输入控制信号“EN”驱动指令的执行，ENO 是 LAD 中指令盒的布尔能流位输出端。在指令盒的能流输入 EN 有效且执行指令盒操作没有出现错误时，ENO 置位(输出)，表示指令成功执行。

2. AENO 指令

在应用程序中，可以将 ENO 作为允许位，作为后续使能控制的位信号，使能流按逻辑与关系向下传递执行，AENO 指令应用示例如图 5-2 所示。由于语句表没有相应的 EN 输入指令，可用“与”ENO(AENO)指令来产生和指令盒中的 ENO 位相同的功能。

AENO 指令仅在 STL 中使用，它将栈顶值(必须为 1)和 ENO 位进行逻辑运算，运算结果保存到栈顶。

图 5-2 中，在执行整数加法指令 ADD_I(本章后续介绍)没有发生错误时，ENO(输出)

置 1，作为中断连接指令 ATCH(本章后续介绍)的使能控制 EN 的(输入)信号，调用中断子程序 INT_0。

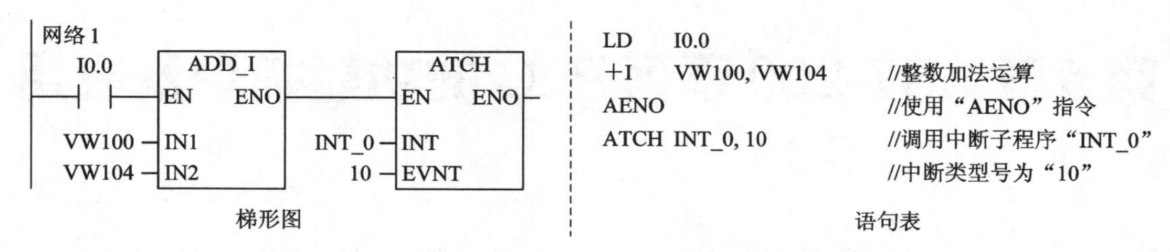

图 5-2 AENO 指令应用示例

5.1.2 功能指令数据及寻址

功能指令主要用于对字节、字、双字操作数的数据处理，可分为输入(IN)操作数和输出(OUT)操作数，其数据类型及寻址范围必须符合指令的要求。

1. 字、字节、双字操作数直接寻址

功能指令可以对字、字节、双字操作数进行直接寻址，如图 5-3 所示。

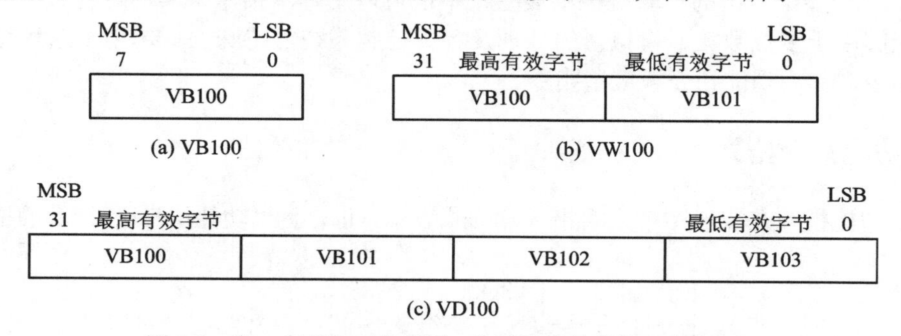

图 5-3 字、字节和双字对同一起始地址的存储器直接寻址

图 5-3 中，VB100 中 V 表示存储区域标识符，B 表示访问一个字节，100 表示字节地址；VW100，表示由 VB100 和 VB101 组成的 1 个字(16 位)，W 表示访问一个字(Word)，100 为起始字节的地址(即字数据的高位字节)；VD100，表示由 VB100～VB103 组成的双字(32 位)，D 表示访问一个双字(Double Word)，100 为起始字节的地址(即双字数据的高位字节)。

2. 寻址范围

S7-200 系列 PLC 中绝大多数功能指令的操作数类型及寻址范围如下：

(1) 字节型数据 B(8 位)，可寻址范围：VB、IB、QB、MB、SB、SMB、LB、AC、*VD、*LD、*AC 和常数。

(2) 整数数据 I(16 位)，可寻址范围：VW、IW、QW、MW、SW、SMW、LW、AC、T、C、*VD、*LD、*AC 和常数。

(3) 双整数数据 DI(32 位)，可寻址范围：VD、ID、QD、MD、SD、SMD、LD、AC、*VD、*LD、*AC 和常数。

(4) 实数数据 R(32 位)，可寻址范围：VD、ID、QD、MD、SD、SMD、LD、AC、*VD、*LD、*AC 和常数。

在功能指令的操作数不能满足数据类型的要求时，可以使用转换指令对操作数的不同类型进行转换。

本章对于以上数据类型和寻址方式不再重复介绍，对于个别稍有变化的指令，仅作补充和说明，读者也可参阅 S7-200 编程手册。

5.2　数据传送指令

数据传送指令主要用于各个编程元件之间进行数据传送，主要包括单个数据传送、数据块传送、交换、循环填充指令。

5.2.1　单个数据传送指令

单个数据传送指令每次传送一个数据，传送数据的类型分为：字节(B)传送、字(W)传送、双字(D)传送和实数(R)传送，不同的数据类型采用不同的传送指令，以下进行详细介绍。

1. 字节传送指令

字节传送指令以字节作为数据传送单元，包括字节传送指令 MOVB 和立即读/写字节传送指令。

1) 字节传送指令 MOVB

字节传送指令的格式如图 5-4 所示。

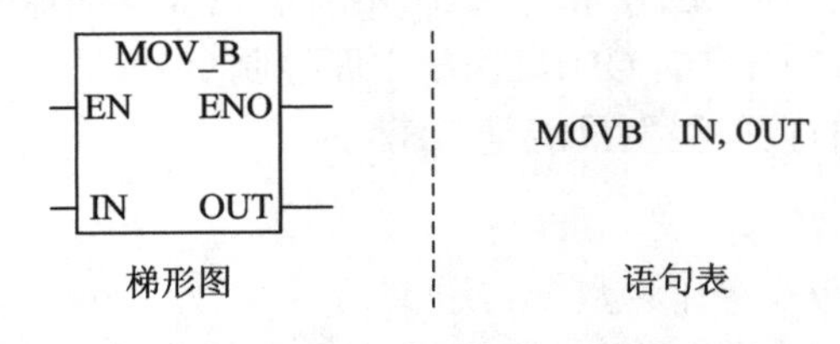

图 5-4　字节传送指令的格式

指令中各标识符含义如下：

MOV_B 为字节传送梯形图指令盒标识符(也称为功能符号，B 表示字节数据类型，下同)；MOVB 为语句表指令操作码助记符；EN 为使能控制输入端(可以是软继电器 I、Q、M、T、C、SM、V、S、L 中的某个位)；IN 为传送数据输入端；OUT 为数据输出端；ENO 为指令和能流输出端(即传送状态位)。

本章后续指令的 EN、IN、OUT、ENO 功能同上，只是 IN 和 OUT 的数据类型不同，不再赘述。

当使能输入端 EN 有效时，将由 IN 指定的一个 8 位字节数据传送到由 OUT 指定的字节单元中。

2) 立即读字节传送指令 BIR

立即读字节传送指令的格式如图 5-5 所示。

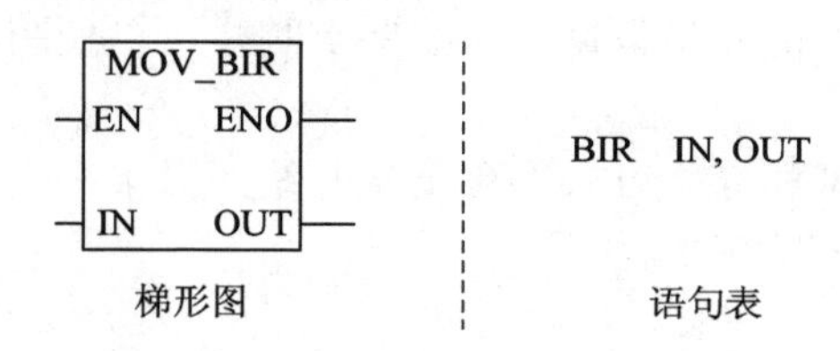

图 5-5 立即读字节传送指令的格式

图 5-5 中，MOV_BIR 为立即读字节传送梯形图指令盒标识符；BIR 为语句表指令操作码助记符。

当使能输入端 EN 有效时，BIR 指令立即(不考虑扫描周期)读取当前输入继电器中由 IN 指定的字节(IB)，并送入 OUT 字节单元(并未立即输出到负载)。

注意：输入端 IN 的数据类型只能为 IB。

3) 立即写字节传送指令 BIW

立即写字节传送指令的格式如图 5-6 所示。

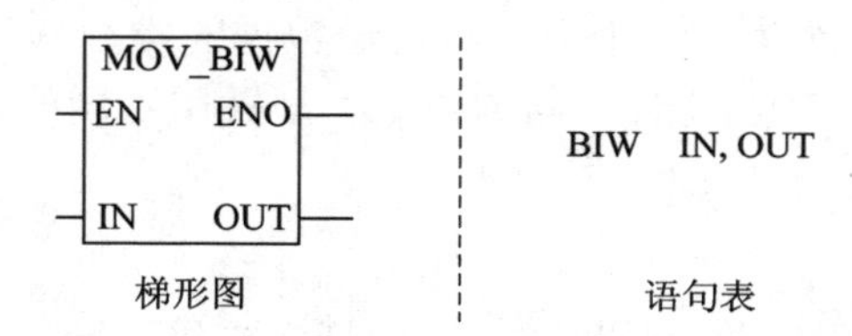

图 5-6 立即写字节传送指令的格式

图 5-6 中，MOV_BIW 为立即写字节传送梯形图指令盒标识符；BIW 为语句表指令操作码助记符。

当使能输入端 EN 有效时，BIW 指令立即(不考虑扫描周期)将由 IN 指定的字节数据写入到输出继电器中(由 OUT 指定的 QB)，输出立即控制负载。

注意：输出端 OUT 的数据类型只能是 QB。

2. 字/双字传送指令

字/双字传送指令以字/双字作为数据传送单元。

字/双字指令格式类似字节传送指令，只是指令中的功能符号(标识符或助计符，下同)中的数据类型符号不同而已。

【例 5-1】 在 I0.1 控制开关导通时，将 VW100 中的字数据传送到 VW200 中，程序如图 5-7 所示。

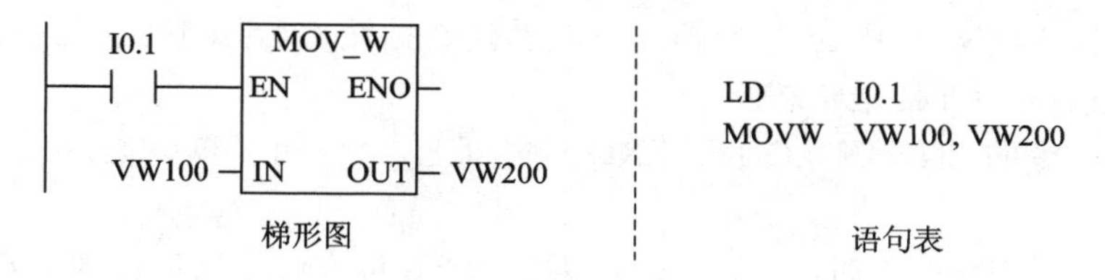

图 5-7 字数据传送指令应用示例

【例 5-2】 在 I0.1 控制开关导通时，将 VD100 中的双字数据传送到 VD200 中，程序如图 5-8 所示。

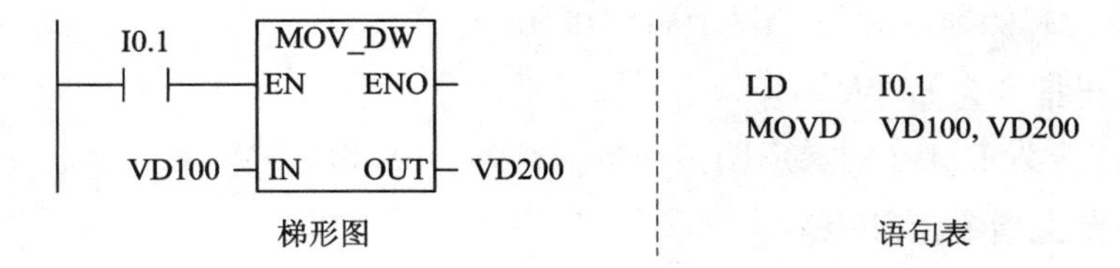

图 5-8　双字数据传送指令应用示例

其中，MOV_W/MOV_DW 为字/双字梯形图指令盒标识符；MOVW/MOVD 为字/双字语句表指令操作码助记符。

3. 实数传送指令 MOVR

实数传送指令以 32 位实数双字作为数据传送单元。其指令功能符号 MOV_R 为实数传送梯形图指令盒标识符；MOVR 为实数传送语句表指令操作码助记符。

当使能输入端 EN 有效时，把一个 32 位的实数由 IN 传送到 OUT 所指的双字存储单元。

【例 5-3】 在 I0.1 控制开关导通时，将常数 3.14 传送到双字单元 VD200 中，程序如图 5-9 所示。

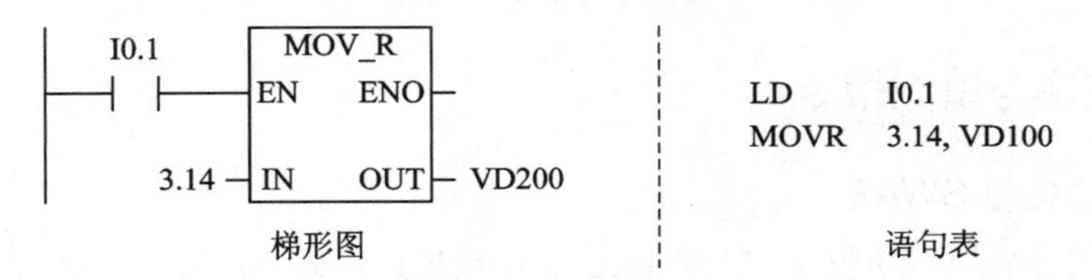

图 5-9　实数数据传送指令应用示例

单个数据传送指令操作数的数据寻址范围广，使用方便，同时也要求操作数的数据类型必须与相应的指令匹配。

5.2.2　块传送指令

块传送指令可用来一次传送多个同一类型的数据，最多可将 255 个数据组成一个数据块，数据块的类型可以是字节块、字块和双字块。

1. 字节块传送指令 BMB

字节块传送指令的格式如图 5-10 所示。

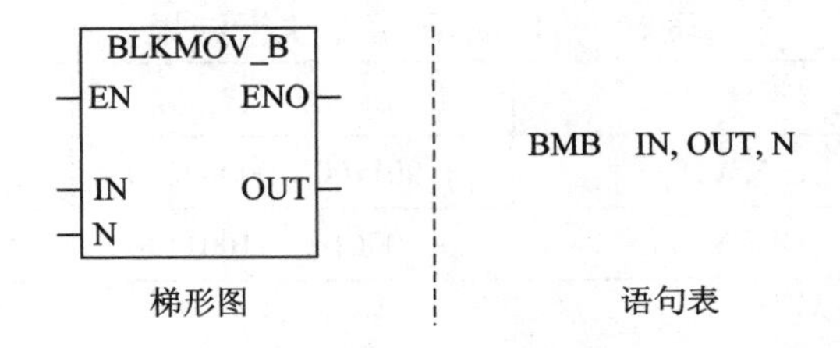

图 5-10　字节块传送指令的格式

图 5-10 中，BLKMOV_B 为字节块传送梯形图指令标识符；BMB 为语句表指令操作码

助记符；N 为字节型数据，表示块的长度(下同)。

BMB 指令功能是当使能输入端 EN 有效时，以 IN 为字节起始地址的 N 个字节型数据传送到以 OUT 为起始地址的 N 个字节存储单元。

2. 字块传送指令为 BMW

字块传送指令为 BMW 的梯形图指令标识符为 BLKMOV_W。

3. 双字块传送指令为 BMD

双字块传送指令为 BMD 的梯形图指令标识符为 BLKMOV_D。

【例 5-4】 在 I0.1 控制开关导通时，将 VB10 开始的 10 个字节单元数据传送到 VB100 开始的数据块中，程序如图 5-11 所示。

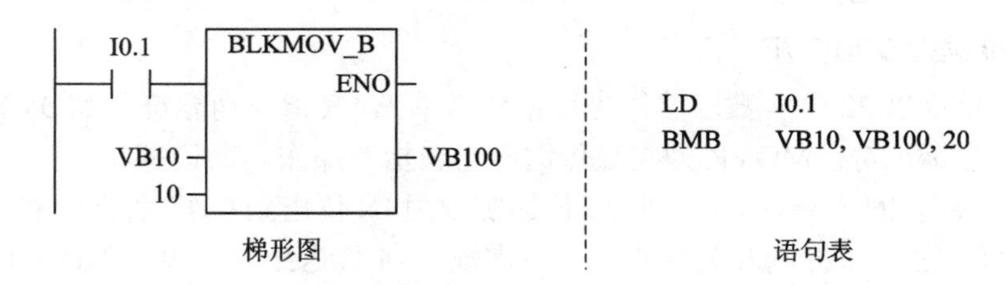

图 5-11　字节块数据传送指令应用示例

5.2.3　字节交换与填充指令

1. 字节交换指令 SWAP

字节交换指令 SWAP 专用于对 1 个字长的字型数据进行处理，其指令的格式如图 5-12 所示。

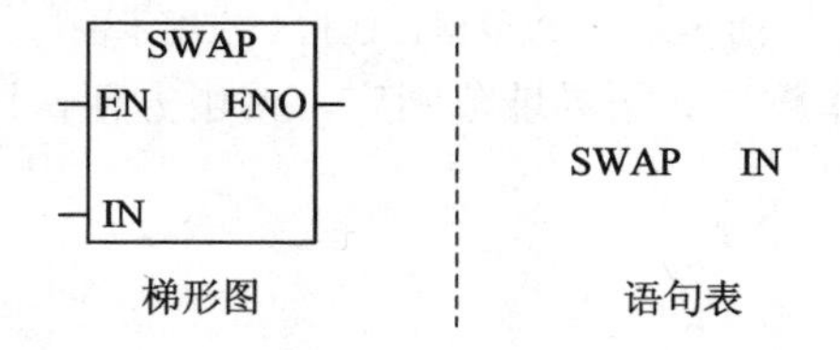

图 5-12　字节交换指令的格式

图 5-12 中，SWAP 为字节交换梯形图指令标识符、语句表助计符。

该指令功能是当 EN 有效时，将 IN 中的字型数据的高位字节和低位字节进行交换。本指令只对字型数据进行处理，指令的执行结果不影响特殊存储器位。例如，指令 SWAP VW10 的指令执行情况见表 5-1。

表 5-1　SWAP 指令执行结果

时间	存储单元	数据	说明
执行前	VW10	11001100　00000010	交换指令前
执行后	VW10	00000010　11001100	将高、低字节内容交换

2. 填充指令 FILL

填充指令 FILL 用于处理字型数据，其指令的格式如图 5-13 所示。

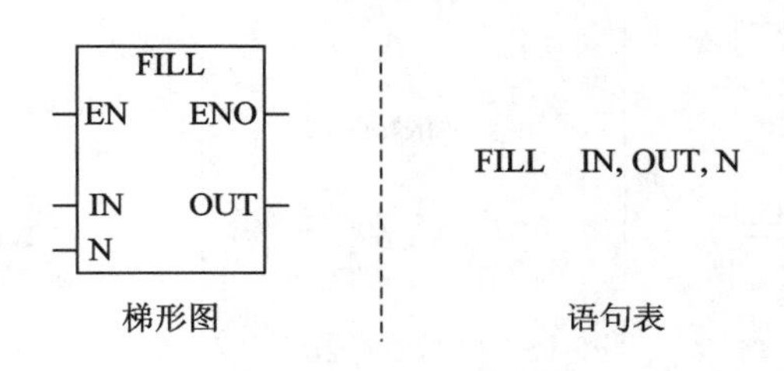

图 5-13　填充指令的格式

图 5-13 中，FILL 为填充梯形图指令标识符、语句表指令操作码助记符；N 为填充字单元的个数、字节型数据。

当 EN 有效时，FILL 指令将字型输入数据 IN 填充到从 OUT 开始的 N 个字存储单元。填充指令只对字型数据进行处理，指令的执行不影响特殊存储器位。例如，指令：

FILL 10，VW100，12

执行结果是将数据 10 填充到 VW100 到 VW122 共 12 个字存储单元中。

【例 5-5】 在 I0.0 控制开关导通时，将 VW100 开始的 256 个字节全部清 0。程序如图 5-14 所示。

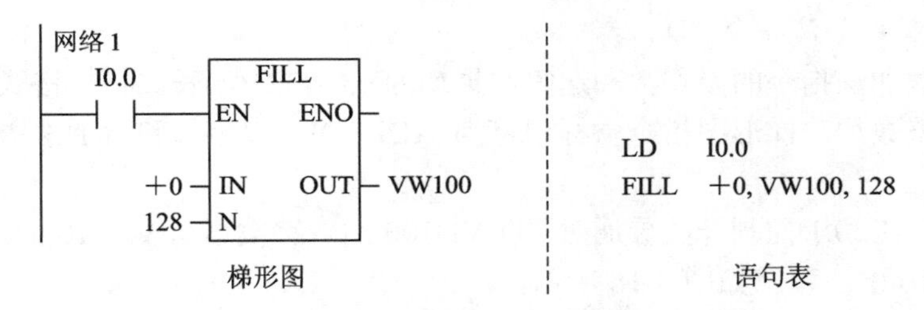

图 5-14　填充指令应用示例

注意：在使用本指令时，OUT 输出端必须为字单元寻址。

5.3　运 算 指 令

运算指令主要指包括算术运算、增减指令、数学函数逻辑运算及移位指令。

5.3.1　算术运算指令

算术运算指令包括加法、减法、乘法及除法。

1. 加法指令

加法操作是对两个有符号数进行相加操作，包括整数加法指令 +I、双整数加法指令 +D 和实数加法指令 +R。

1) 整数加法指令 +I

整数加法指令的格式如图 5-15 所示。

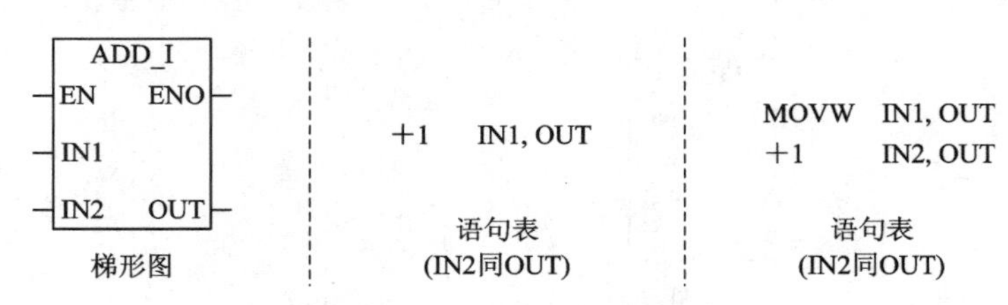

图 5-15 整数加法指令的格式

图 5-15 中，ADD_I 为整数加法梯形图指令标识符；+I 为整数加法语句表指令操作码助记符；IN1 为输入操作数 1(下同)；IN2 为输入操作数 2(下同)；OUT 为存放输出运算结果(下同)。操作数和运算结果均为单字长。

当 EN 有效时，该指令将两个 16 位的有符号整数 IN1 与 IN2(或 OUT)相加，产生一个 16 位的整数，结果送到单字存储单元 OUT 中。

整数加法梯形图指令实现功能为 IN1+IN2→OUT，在转换为语句表时要注意以下情况：

(1) 若 IN2 和 OUT 为同一存储单元，在转为语句表时实现的功能为 OUT+IN1→OUT；

(2) 若 IN2 和 OUT 不为同一存储单元，在转为语句表时，先把 IN1 传送给 OUT，然后实现 IN2+OUT→OUT。

2) *双字长整数加法指令 +D*

双字长整数加法指令的操作数和运算结果均为双字(32 位)长。指令格式类同整数加法指令。双字长整数加法梯形图指令盒标识符为 ADD_DI；双字长整数加法语句表指令助记符为 +D。

【例 5-6】 在 I0.1 控制开关导通时，将 VD100 的双字数据与 VD110 的双字数据相加，结果送入 VD110 中。程序如图 5-16 所示。

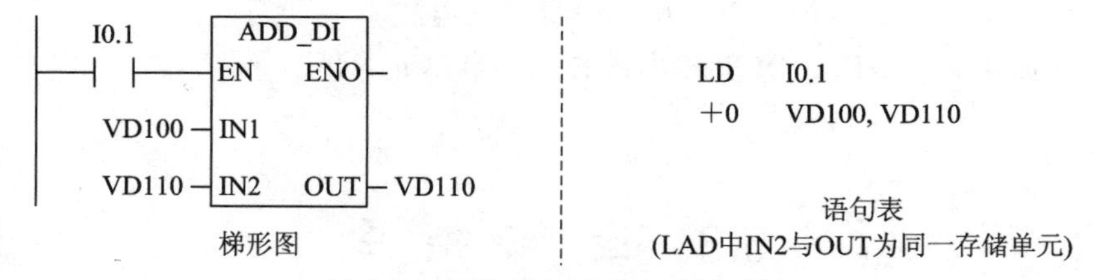

图 5-16 双字长加法指令应用示例

3) *实数加法指令 +R*

实数加法指令实现两个双字长的实数相加，产生一个 32 位的实数。指令格式类同整数加法指令。

实数加法梯形图指令盒标识符为 ADD_R；实数加法语句表指令操作码助记符为+R。

上述加法指令运算结果为零时特殊继电器 SM1.0 置 1、溢出时 SM1.1 置 1、为负时 SM1.2 置 1。

2. 减法指令

减法指令是对两个有符号数进行减操作。与加法指令类似，减法指令可分为整数减法指令(-I)、双字长整数减法指令(-D)和实数减法指令(-R)。其指令格式类同加法指令。

梯形图减法指令实现的功能为 IN1-IN2→OUT；STL 减法指令实现的功能为

OUT-IN1→OUT

【例 5-7】 在 I0.1 控制开关导通时，将 VW100(IN1)整数(16 位)与 VW110(IN2)整数(16 位)相减，其差送入 VW110(OUT)中。程序如图 5-17 所示。

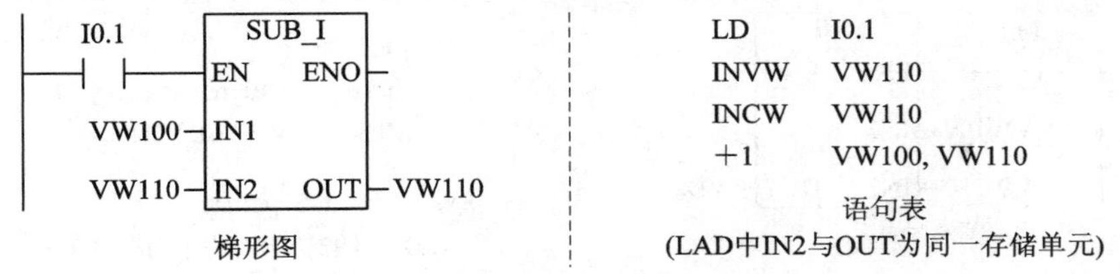

图 5-17　整数减法指令应用示例

在使用减法指令时应注意以下情况。

(1) 梯形图指令中若 IN2 和 OUT 为同一存储单元，在转为语句表时为

```
INVW     OUT            //求反
INCW     OUT            //加 1，转换为补码
+I       IN1, OUT       //为补码加法
```

(2) 梯形图指令中若 IN2 和 OUT 不为同一存储单元，在转为语句表时为

```
MOVW     IN1, OUT       //先把 IN1 传送给 OUT，
-I       IN2, OUT       //然后实现 OUT←OUT- IN2
```

减法指令对特殊继电器位的影响同加法指令。

3. 乘法指令

乘法指令是对两个有符号数进行乘法操作。乘法指令可分为整数乘法指令(*I)、完全整数乘法指令(MUL)、双整数乘法指令(*D)和实数乘法指令(*R)。其指令格式类同加减法指令。

对于乘法指令而言，梯形图指令实现的功能为 OUT←IN1*IN2；语句表实现的功能为 OUT←IN1*OUT。

在梯形图指令中，IN2 和 OUT 可以为同一存储单元。

1) 整数乘法指令*I

整数乘法指令的格式如图 5-18 所示。

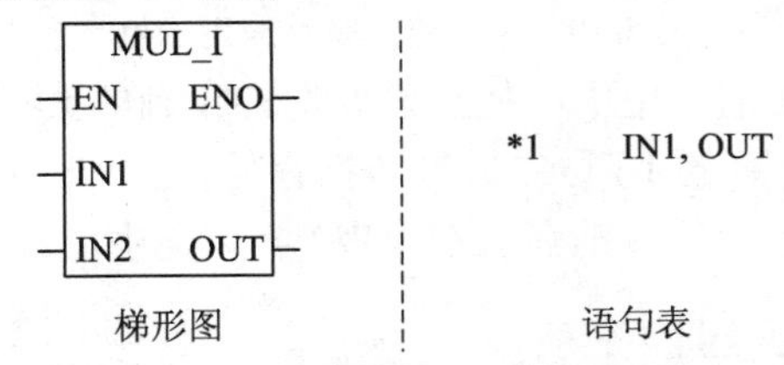

图 5-18　整数乘法指令的格式

当 EN 有效时，整数乘法指令将两个 16 位单字长有符号整数 IN1 与 IN2 相乘，运算结果仍为单字长整数送入 OUT 指定的存储单元中。如果运算结果超出 16 位二进制数所表示的有符号数的范围，则产生溢出。

2) 完全整数乘法指令 MUL

完全整数乘法指令将两个 16 位单字长的有符号整数 IN1 和 IN2 相乘，运算结果为 32 位的整数送入 OUT 指定的存储单元中。

梯形图及语句表指令中功能符号均为 MUL。

【例 5-8】 在 I0.1 控制开关导通时，将 VW100(IN1)整数(16 位)与 VW110(IN2)整数(16 位)相乘，结果为 32 位数据送入 VD200(OUT)中。程序如图 5-19 所示。

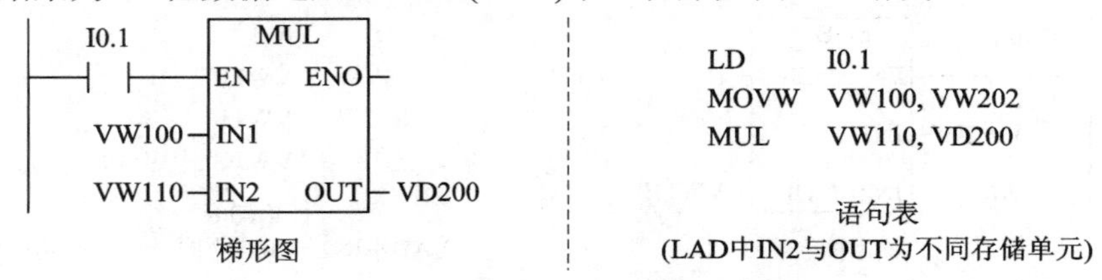

图 5-19　完全整数乘法指令应用示例

4. 除法指令

除法指令是对两个有符号数进行除法操作，其指令格式与乘法指令格式类似。

(1) 整数除法指令用于两个 16 位整数相除，结果只保留 16 位商，不保留余数。其梯形图指令盒标识符为 DIV_I，语句表指令助计符为/I 。

(2) 完全整数除法指令用于两个 16 位整数相除，产生一个 32 位的结果，其中低 16 位存商，高 16 位存余数。其梯形图指令盒标识符与语句表指令助计符均为 DIV。

(3) 双整数除法指令用于两个 32 位整数相除，结果只保留 32 位整数商，不保留余数。其梯形图指令盒标识符为 DIV_DI，语句表指令助计符为/D 。

(4) 实数除法指令用于两个实数相除，产生一个实数商。其梯形图指令盒标识符为 DIV_R，语句表指令助计符为/R。

【例 5-9】 在 I0.1 控制开关导通时，将 VW100(IN1)整数除以 10(IN2)，结果为 16 位数据，将其送入 VW200(OUT)中。程序如图 5-20 所示。

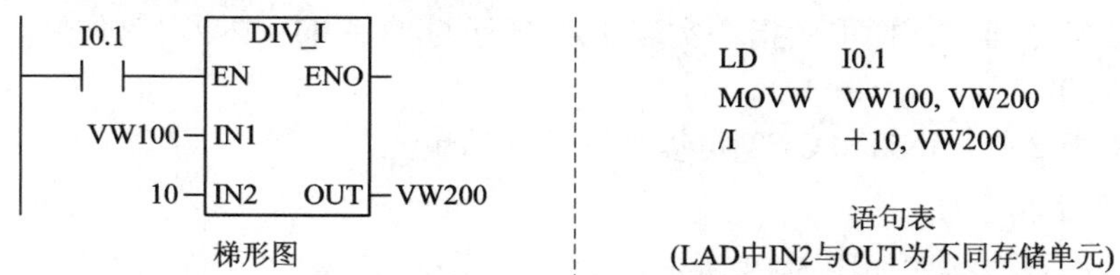

图 5-20　整数除法指令应用示例

【例 5-10】 在 PLC 通信应用中，往往需要把接收到的数据分离以便使用，可以用完全整数除法实现。设需要分离的 16 位二进制数据存储在 VW0 中，将分离后的高 4 位数据存放在 VW4 字单元中，低 12 位数据存放在 VW2 字单元中，程序如图 5-21 所示。

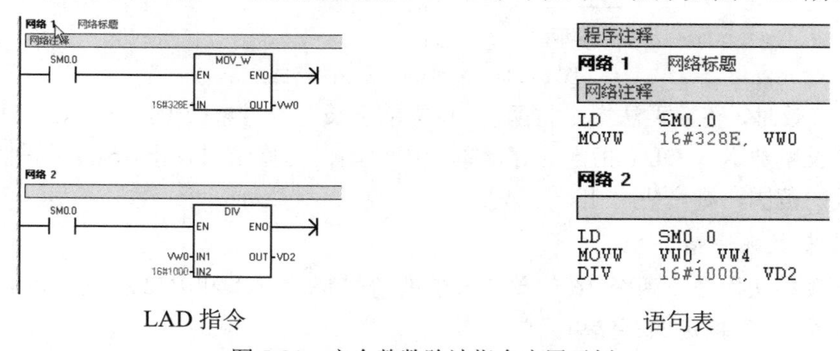

图 5-21　完全整数除法指令应用示例

5.3.2　增减指令

增减指令又称为自动加 1 和自动减 1 指令。

增减指令可分为字节增/减指令(INCB/DECB)、字增/减指令(INCW/DECW)和双字增减指令(INCD/DECD)。下面仅介绍常用的字节增/减指令。

1. 字节加 1 指令

字节加 1 指令的格式如图 5-22 所示。

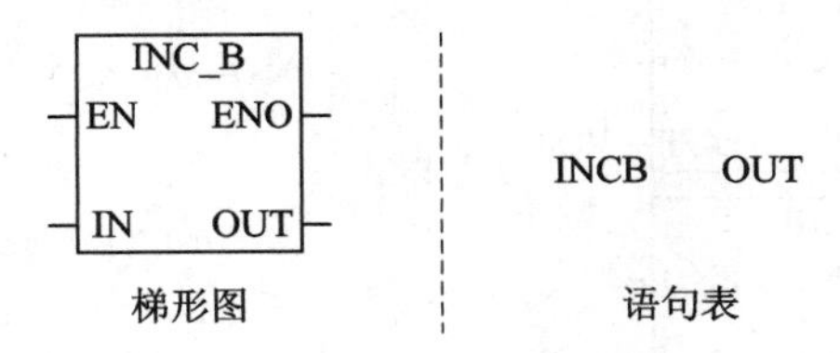

图 5-22　字节加 1 指令的格式

2. 字节减 1 指令

字节减 1 指令的格式如图 5-23 所示。

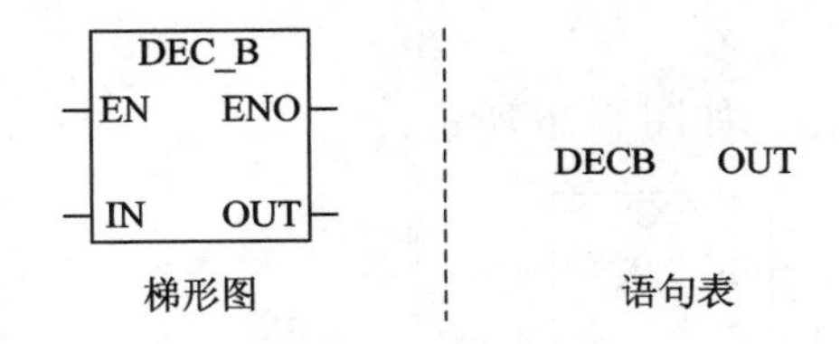

图 5-23　字节减 1 指令的格式

字节增/减指令的指令功能：当 EN 有效时，将一个 1 字节长的无符号数 IN 自动加(减)1，得到的 8 位结果保存在 OUT 中。在梯形图中，若 IN 和 OUT 为同一存储单元，则执行该指令后，IN 单元字节数据自动加(减)1。

5.3.3　数学函数指令

S7-200 PLC 中的数学函数指令包括指数运算、对数运算、求三角函数的正弦、余弦及正切值，其操作数均为双字长的 32 位实数。下面是几个常用的 PLC 数学函数指令。

1. 自然对数函数指令

自然对数函数 LN 的格式如图 5-24 所示。

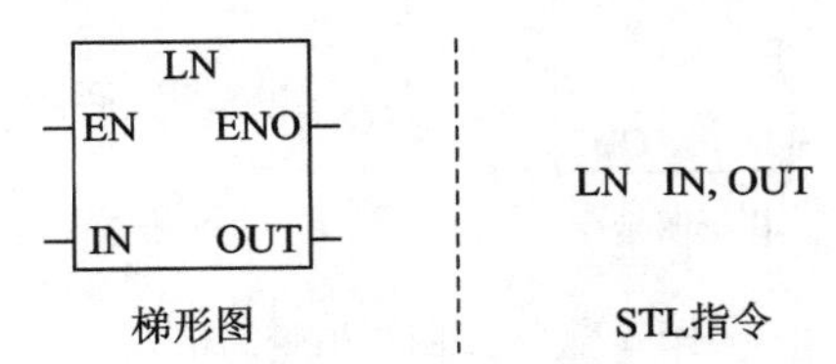

图 5-24　自然对数函数指令的格式

当 EN 有效时，将由 IN 输入的一个双字长的实数取自然对数，运算结果为 32 位的实数送到 OUT 中。

当求解以 10 为底 x 的常用对数时，可以分别求出 LN_x 和 LN10(LN10＝2.302585)，然后用实数除法指令/R 实现相除即可。

【例 5-11】 求 lg100，其程序如图 5-25 所示。

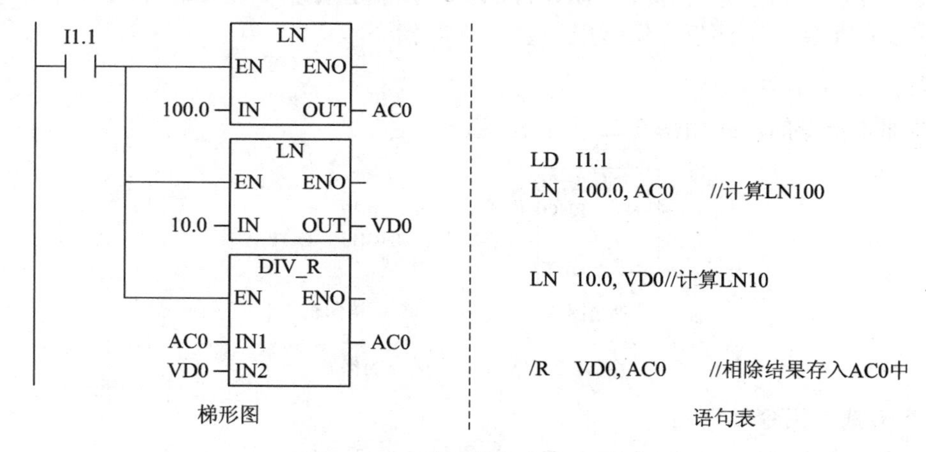

图 5-25 自然对数指令应用示例

2. 指数函数指令

指数函数 EXP 指令的格式如图 5-26 所示。

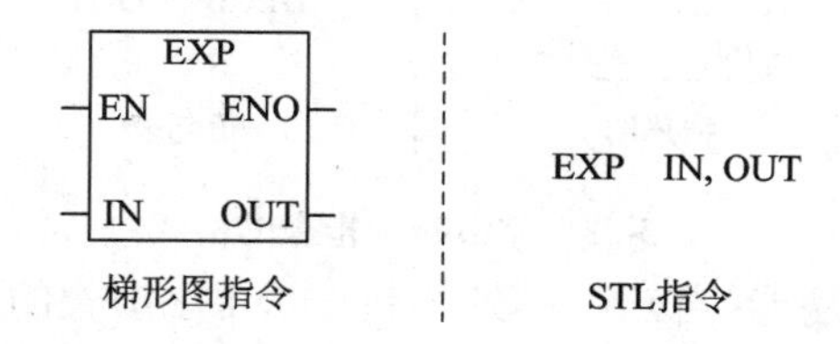

图 5-26 指数函数指令的格式

当 EN 有效时，将由 IN 输入的一个双字长的实数取以 e 为底的指数运算，其结果为 32 位的实数送 OUT 中。

由于数学恒等式 $y^x = e^{x\ln y}$，故该指令可与自然对数指令相配合，完成以 y(任意数)为底，x(任意数)为指数的计算。

3. 正弦函数指令

正弦函数 SIN 指令的格式如图 5-27 所示。

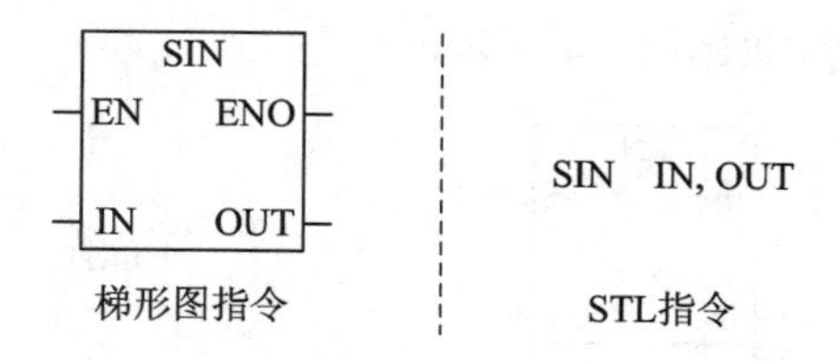

图 5-27 正弦函数指令的格式

当 EN 有效时，将由 IN 输入的一个字节长的实数弧度值求正弦，运算结果为 32 位的实数送 OUT 中。

注意：输入字节所表示必须是弧度值(若是角度值应首先转换为弧度值)。

【例 5-12】 计算 130 度的正弦值。

首先将 130 度转换为弧度值，然后输入给函数，程序如图 5-28 所示。

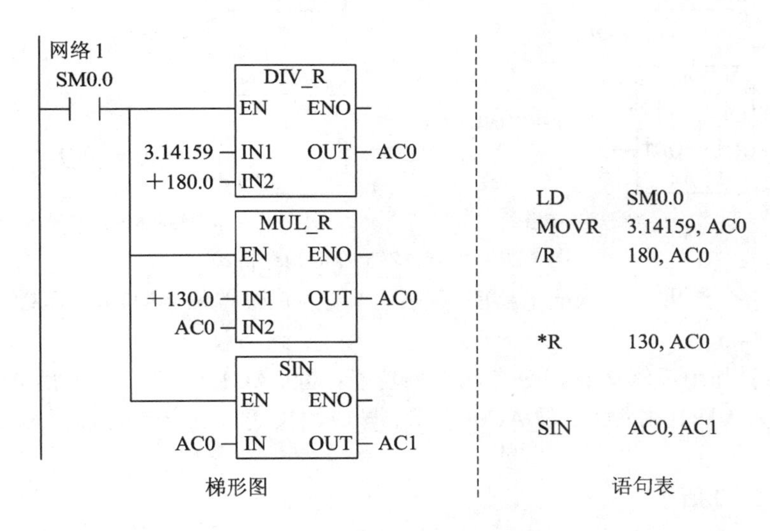

图 5-28　正弦指令应用示例

上述数学函数指令运算结果置位特殊继电器 SM1.0(结果为零)、SM1.1(结果溢出)、SM1.2(结果为负)、SM4.3(运行时刻出现不正常状态)。

当 SM1.1＝1(溢出)时，ENO 输出出错标志 0。

5.3.4　逻辑运算指令

逻辑运算指令是对要操作的数据按二进制位进行逻辑运算，主要包括逻辑与、逻辑或、逻辑非、逻辑异或等操作。逻辑运算指令可实现字节、字、双字运算。其指令格式类同，这里仅介绍一般字节逻辑运算指令。

字节逻辑指令包括下面 4 条：

(1) ANDB：字节逻辑与指令。

(2) ORB：字节逻辑或指令。

(3) XORB：字节逻辑异或指令。

(4) INVB：字节逻辑非指令。

其指令格式如图 5-29 所示。

当 EN 有效时，逻辑与、逻辑或、逻辑异或指令中的 8 位字节数 IN1 和 8 位字节数 IN2 按对应位相与(或、异或)，结果为 1 个字节无符号数送 OUT 中；在语句表指令中，IN1 和 OUT 按位与，其结果送入 OUT 中。

对于逻辑非指令，把 1 字节长的无符号数 IN 按位取反后送 OUT 中。

对于字逻辑、双字逻辑指令的格式，只是把字节逻辑指令中表示数据类型的“B”改为“W”或“DW”即可。

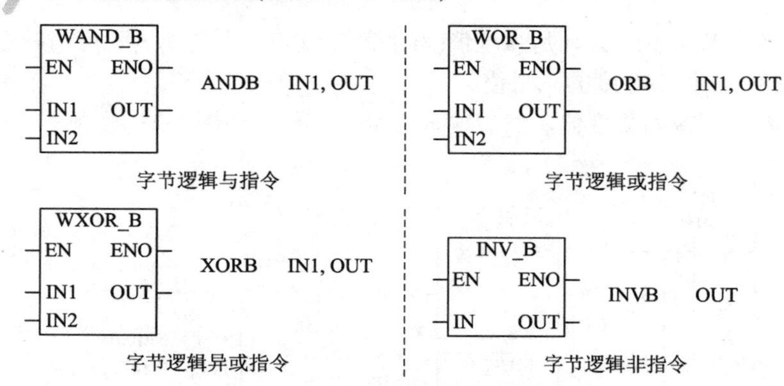

图 5-29 字节逻辑指令的指令格式

逻辑运算指令结果对特殊继电器的影响：结果为零时置位 SM1.0、运行时刻出现不正常状态置位 SM4.3。

【例 5-13】利用逻辑运算指令实现下列功能：屏蔽 AC1 的高 8 位；然后 AC1 与 VW100 或运算结果送入 VW100；AC1 与 AC0 进行字异或结果送入 AC0；最后，AC0 字节取反后输出给 QB0。

程序如图 5-30 所示。

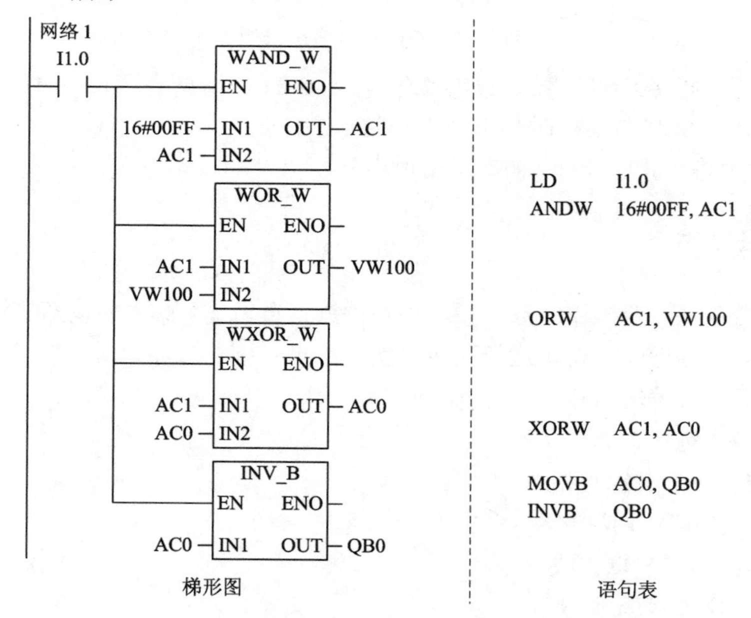

图 5-30 逻辑运算指令应用示例

5.3.5 移位指令

移位指令的作用是对操作数按二进制位进行移位操作，移位指令包括左移、右移、循环左移、循环右移以及移位寄存器指令。

1. 左移和右移指令

左移和右移指令的功能是将输入数据 IN 左移或右移 N 位，其结果送到 OUT 中。

移位指令使用时应注意：

(1) 被移位的数据：字节操作是无符号的；对于字和双字操作，当使用有符号数据类型时，符号位也将被移动。

(2) 在移位时，存放被移位数据的编程元件的移出端与特殊继电器 SM1.1 相连，移出位送 SM1.1，另一端补 0。

(3) 移位次数 N 为字节型数据，它与移位数据的长度有关，如 N 小于实际的数据长度，则执行 N 次移位；如 N 大于数据长度，则执行移位的次数等于实际数据长度的位数。

(4) 左、右移位指令对特殊继电器的影响：结果为零置位 SM1.0，结果溢出置位 SM1.1。

(5) 运行时刻出现不正常状态置位 SM4.3，ENO=0。

移位指令分字节、字、双字移位指令，其指令格式类同。这里仅介绍一般字节移位指令。

字节移位指令包括字节左移指令 SLB 和字节右移指令 SRB，其指令的格式如图 5-31 和图 5-32 所示。

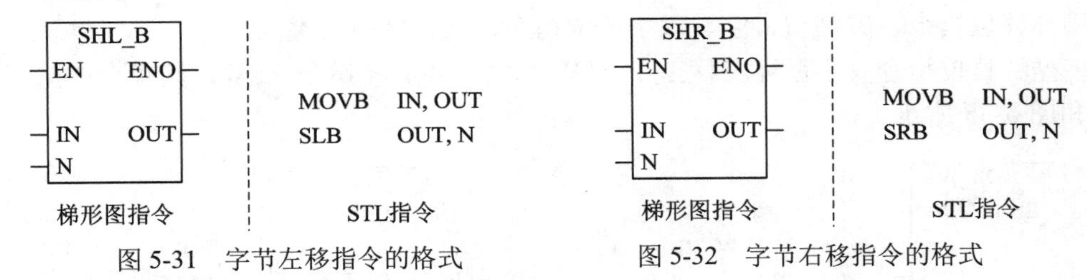

图 5-31　字节左移指令的格式　　图 5-32　字节右移指令的格式

其中数据 N 为指令要移动的位数(N≤8)。

当 EN 有效时，将字节型数据 IN 左移或右移 N 位后，送到 OUT 中。在语句表中，OUT 和 IN 为同一存储单元。

对于字移位指令、双字移位指令，只是把字节移位指令中表示数据类型的“B”改为“W”或“DW(D)”，N 值取相应数据类型的长度即可。

【例 5-14】 利用移位指令实现将 AC0 字数据的高 8 位右移到低 8 位，输出给 QB0。程序如图 5-33 所示。

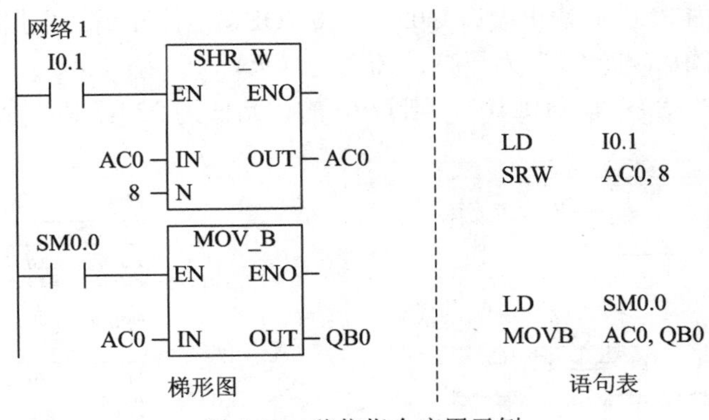

图 5-33　移位指令应用示例

2. 循环左移和循环右移指令

循环左移和循环右移是指将输入数据 IN 进行循环左移或循环右移 N 位后，把结果送到 OUT 中。

循环左移和循环右移指令在使用时应注意以下几点：

(1) 被移位的数据：字节操作是无符号的，对于字和双字操作，当使用有符号数据类型时，符号位也将被移动。

(2) 在移位时，存放被移位数据的编程元件的最高位与最低位相连，又与特殊继电SM1.1 相连。循环左移时，低位依次移至高位，最高位移至最低位，同时进入 SM1.1；循环右移时，高位依次移至低位，最低位移至最高位，同时进入 SM1.1。

(3) 移位次数 N 为字节型数据，它与移位数据的长度有关，如 N 小于实际的数据长度，则执行 N 次移位；如 N 大于数据长度， 将 N 除以实际数据长度取其余数，得到一个有效的移位次数。取模的结果对于字节操作是 0～7，对于字操作是 0～15，对于双字操作是 0～31。如果取模操作的结果为 0，不进行循环位操作。

(4) 循环移位指令对特殊继电器影响是：结果为零置位 SM1.0，结果溢出置位 SM1.1。

(5) 运行时刻出现不正常状态置位 SM4.3、ENO=0。

循环移位指令也分字节、字、双字移位指令，其指令格式类同。

字循环移位指令有字循环左移指令 RLW 和字循环右移指令 RRW，其指令的格式如图 5-34 和图 5-35 所示。

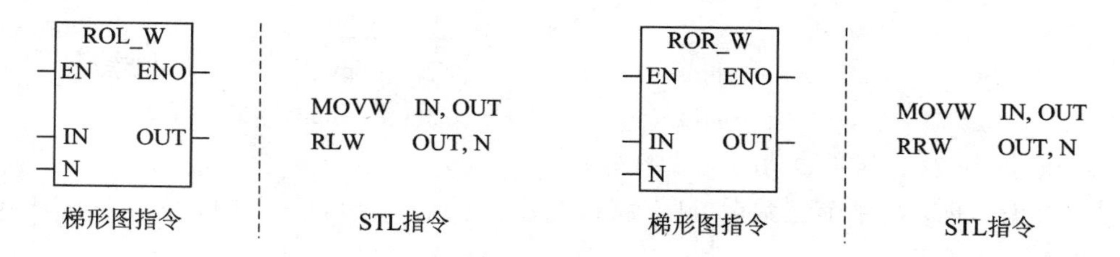

图 5-34　字循环左移指令的格式　　　　图 5-35　字循环右移指令的格式

当 EN 有效时，字循环移位指令把字型数据 IN 循环左移/右移 N 位后，送到 OUT 指定的字单元中。

【例 5-15】 用字节循环移位指令实现彩灯的循环移动。

设 8 盏灯分别由 PLC 的输出端口 Q0.0～Q.07(QB0)连接控制。根据所需显示的图案，确定 QB0 各位的初始状态(“1”为灯亮，“0”为灯灭)。

假设 8 个灯初始状态为 11100101，则 QB0 的初始值为 229。其程序如图 5-36 所示。

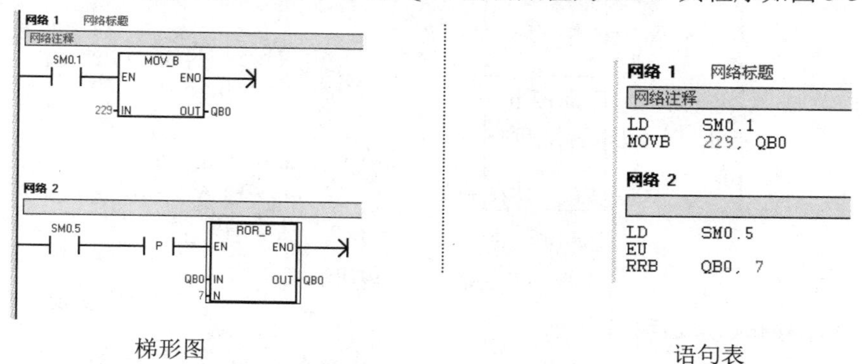

图 5-36　字节循环移位指令应用示例

3. 移位寄存器指令

移位寄存器指令又称自定义位移位指令，可以由用户在指令数据部分设置移位寄存器的起始位和最高位，其指令的格式如图 5-37 所示。

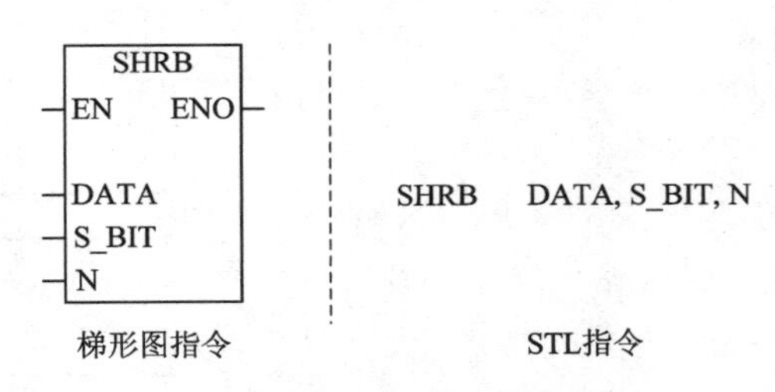

图 5-37　移位寄存器指令的格式

其中，DATA 为移位寄存器数据输入端，即要移入的位(位数据类型)；S_BIT 为移位寄存器的起始位(位数据类型)；N 的绝对值为移位寄存器的长度，N 的正、负号表示移位方向。

使用移位寄存器指令时应注意以下问题：

(1) 移位寄存器的操作数据范围由移位寄存器的长度 N(N 的绝对值≤64)任意指定。

(2) 移位寄存器最低位的地址为 S_BIT，最高位的字节地址为 MSB +S_BIT 的字节号(地址)，最高位的位序号为 MSB_M，计算方法如下：

MSB =(｜N｜－1+(S_BIT 的(位序)号))/8(商)

MSB_M =(｜N｜－1+(S_BIT 的(位序)号))MOD 8(余数)

例如：设 S_BIT＝V20.5(字节地址为 20，位序号为 5)，N＝16，则 MSB＝(16－1＋5)/8 的商 MSB＝2，余数 MSB_M＝4。

移位寄存器的最高位的字节地址为 MSB＋S_BIT 的字节号(地址)＝2＋20＝22，位序号为 MSB_M＝4，最高位为 22.4，自定义移位寄存器为 20.5～22.4，共 16 位，如图 5-38 所示。

字节地址 \ 位号	D7	D6	D5	D4	D3	D2	D1	D0
20			S_BIT 20.5					
21								
22				最高位 22.4				

图 5-38　自定义位移位寄存器示意图

(3) N＞0 时，为正向移位，即从最低位依次向最高位移位，最高位移出。

(4) N＜0 时，为反向移位，即从最高位依次向最低位移位，最低位移出。

(5) 移位寄存器的移出端与 SM1.1 连接。

移位寄存器指令功能是，当 EN 有效时，如果 N＞0，则在每个 EN 的上升沿将数据输入 DATA 的状态移入移位寄存器的最低位 S_BIT；如果 N＜0，则在每个 EN 的上升沿将数据输入 DATA 的状态移入移位寄存器的最高位。移位寄存器的其他位按照 N 指定的方向，依次串行移位。

【例 5-16】 在输入触点 I0.1 的上升沿，从 VB100 的低 4 位(自定义移位寄存器)由低向高移位，I0.2 移入最低位，其梯形图、时序图如图 5-39 所示。

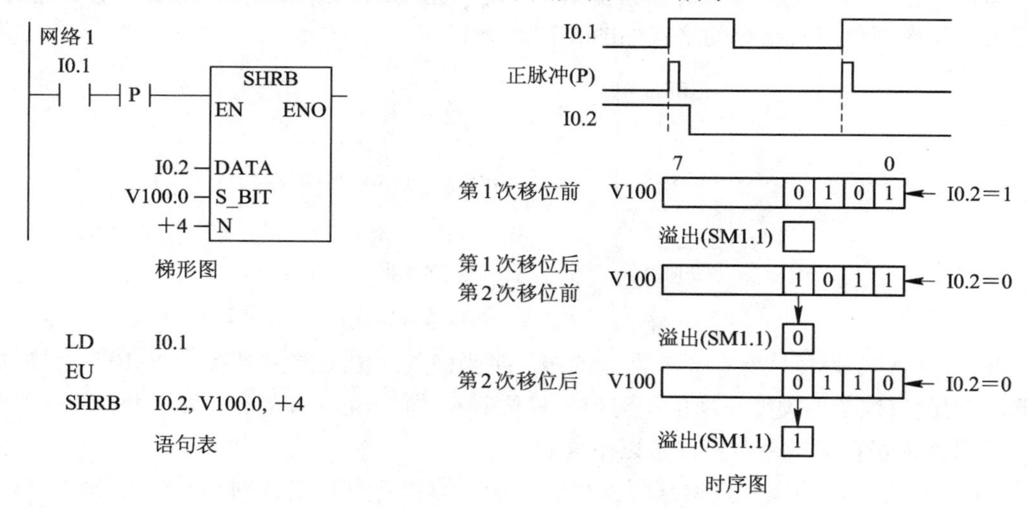

图 5-39 移位寄存器应用示例

本例工作过程如下：

(1) 建立移位寄存器的位范围为 V100.0～V100.3，长度 N=+4。

(2) 在 I0.1 的上升沿，移位寄存器由低位向高位移位，最高位移至 SM1.1，最低位由 I0.2 移入。

移位寄存器指令对特殊继电器影响为：结果为零置位 SM1.0，溢出置位 SM1.1；运行时刻出现不正常状态置位 SM4.3，ENO=0。

5.4 中断指令

当PLC在执行正常程序时，由于系统中出现了某些急需处理的特殊情况或请求，使PLC暂时停止现行程序的执行，转去对这种特殊情况或请求进行处理(即执行中断服务程序)，当处理完毕后，自动返回原来被中断的程序处继续执行，这一过程称为中断。采用中断技术，可以提高程序的执行效率。

S7-200 系列 PLC 的中断系统包括：中断源、中断事件号、中断优先级及中断控制指令。

1. 中断源、中断事件号及中断优先级

S7-200 系列 PLC 对申请中断的事件、请求及其中断优先级在硬件上都作了明确的规定和分配，通过软中断指令可以方便地对中断进行控制和调用。

1) 中断源及中断事件号

中断源是请求中断的来源。在 S7-200 系列 PLC 中，中断源分为通信中断、输入输出(I/O)中断和定时中断 3 大类，共 34 个中断源。每个中断源都分配一个编号，称为中断事件号，中断指令是通过中断事件号来识别中断源的，见表 5-2。

表 5-2　优先级顺序及中断事件号

优先级	中断源描述	中断事件号	组内优先级
通信中断 (最高)	端口 0：接收字符	8	0
	端口 0：发送完成	9	0
	端口 0：接收信息完成	23	0
	端口 1：接收信息完成	24	1
	端口 1：接收字符	25	1
	端口 1：发送完成	26	1
I/O 中断 (中等)	PTO 0 完成中断	19	0
	PTO 1 完成中断	20	1
	上升沿　I0.0	0	2
	上升沿　I0.1	2	3
	上升沿　I0.2	4	4
	上升沿　I0.3	6	5
	下降沿　I0.0	1	6
	下降沿　I0.1	3	7
	下降沿　I0.2	5	8
	下降沿　I0.3	7	9
	HSC0　CV=PV(当前值=预置值)	12	10
	HSC0　输入方向改变	27	11
	HSC0　外部复位	28	12
	HSC1　CV=PV(当前值=预置值)	13	13
	HSC1　输入方向改变	14	14
	HSC1　外部复位	15	15
	HSC2　CV=PV(当前值=预置值)	16	16
	HSC2　输入方向改变	17	17
	HSC2　外部复位	18	18
	HSC3　CV=PV(当前值=预置值)	32	19
	HSC4　CV=PV(当前值=预置值)	29	20
	HSC4　输入方向改变	30	21
	HSC4　外部复位	31	22
	HSC5　CV=PV(当前值=预置值)	33	23
定时中断 (最低)	定时中断 0　SMB34	10	0
	定时中断 1　SMB35	11	1
	定时器 T32　CT=PT　中断	21	2
	定时器 T96　CT=PT　中断	22	3

(1) 通信中断：用于 PLC 与外部设备或上位机进行信息交换，它包括 6 个中断源，其中，通信口 0 接收字符对应的中断事件号为 8；通信口 0 发送字符完成对应的中断事件号为 9；通信口 0 接收信息完成对应的中断事件号为 23。

通信中断源在 PLC 的自由通信模式下，通信口的状态可由程序来控制。用户可以通过编程来设置协议、波特率和奇偶校验等参数。

(2) I/O 中断：是由外部输入信号控制引起的中断，中断源有以下 3 种：

① 外部输入中断。利用 I0.0～I0.3 的上升沿可以产生 4 个外部中断请求；利用 I0.0～I0.3 的下降沿可以产生 4 个外部中断请求。

② 脉冲输入中断。利用高速脉冲输出 PTO0、PTO1 的串输出完成(见 5.6.2 节)可以产生 2 个中断请求。

③ 高速计数器中断：利用高速计数器 HSCn 的计数当前值等于设定值、输入计数方向的改变、计数器外部复位等事件，可以产生 14 个中断请求(见中断指令)。

在使用 I/O 中断编程时，必须注意以下几点：

① 由于 PLC 采用了循环扫描工作方式，因此申请 I/O 中断外部开关脉冲的有效宽度必须大于一个循环扫描工作周期，才能中断有效。

② 在整个程序运行过程中，中断处理程序执行的次数取决于 I/O 有效脉冲产生的次数。

③ 在中断处理程序一次执行过程中，如果存在定时器、计数器等类指令，由于受扫描工作方式限制，它们的功能是无法体现的。因此，对于 PLC 的 I/O 中断处理程序，要求尽可能简单。

(3) 时基中断：通过定时和定时器的时间到达设定值引起的中断。

① 定时中断：设定定时时间以 ms 为单位(范围为 1～255 ms)，当时间到达设定值时，对应的定时器溢出产生中断，在执行中断处理程序的同时，继续下一个定时操作，周而复始地执行中断处理程序。因此，该定时时间也称为周期时间。定时中断有定时中断 0 和定时中断 1 两个中断源。设置定时中断 0 需要把周期时间值写入 SMB34；设置定时中断 1 需要把周期时间写入 SMB35。与 I/O 中断不同的是，时基中断是定时时间周而复始地执行中断处理程序，因此，中断处理程序可以不受扫描工作周期的影响。时基中断常应用在实时控制系统中输入数据采集、PID 控制等系统。

② 定时器中断：利用定时器定时时间到达设定值时产生中断，定时器只能使用分辨率为 1 ms 的 TON/TOF 定时器 T32 和 T96。当定时器的当前值等于设定值时，在主机正常的定时刷新中，执行中断程序。

2) 中断优先级

在 PLC 应用系统中通常需要多个中断源，给各个中断源指定处理的优先次序称为中断优先级。这样，当多个中断源同时向 CPU 申请中断时，CPU 将优先响应处理优先级高的中断源的中断请求。SIEMENS 公司 CPU 规定的中断优先级由高到低依次是通信中断、输入/输出中断、定时中断，而每类中断的中断源又有不同的优先权。

经过中断判优后，将优先级最高的中断请求送给 CPU，CPU 响应中断后首先自动保护现场数据(如逻辑堆栈、累加器和某些特殊标志寄存器位)，然后暂停正在执行的程序(断点)，转去执行中断处理程序。中断处理完成后，又自动恢复现场数据，最后返回断点继续执行原来的程序。在相同的优先级内，CPU 是按先来先服务的原则以串行方式处理中断，因此，任何时间内，只能执行一个中断程序。对于 S7-200 系统，一旦中断程序开始执行，它不会被其他中断程序及更高优先级的中断程序所打断，而是一直执行到中断程序的结束。当另一个中断正在处理中，新出现的中断需要排队，等待处理。

2. 中断控制指令

中断功能及操作通过中断指令来实现，S7-200 提供的中断指令有 5 条：中断允许指令、中断禁止指令、中断连接指令、中断分离指令及中断返回指令，指令格式及功能见表 5-3。

表 5-3　中断类指令的指令格式及功能

LAD	STL	功 能 描 述
—(ENI)	ENI	中断允许指令：开中断指令，输入控制有效时，全局地允许所有中断事件中断
—(DISI)	DISI	中断禁止指令：关中断指令，输入控制有效时，全局地关闭所有被连接的中断事件
ATCH EN　ENO INT EVNT	ATCH　INT，EVENT	中断连接指令：又称中断调用指令，使能输入有效时，把一个中断源的中断事件号 EVENT 和相应的中断处理程序 INT 联系起来，并允许这一中断事件
DTCH EN　ENO EVNT	DTCH　EVENT	中断分离指令：使能输入有效时，切断一个中断事件号 EVENT 和所有中断程序的联系，并禁止该中断事件
—(RETI)	CRETI	有条件中断返回指令：输入控制信号(条件)有效时，中断程序返回

中断指令使用说明如下：

(1) 操作数 INT：输入中断服务程序号 INT n(n＝0～127)，该程序为中断要实现的功能操作，其建立过程与子程序相同。

(2) 操作数 EVENT：输入中断源对应的中断事件号(字节型常数 0～33)。

(3) 当 PLC 进入正常运行 RUN 模式时，系统初始状态为禁止所有中断，在执行中断允许指令 ENI 后，允许所有中断，即开中断。

(4) 中断分离指令 DTCH 禁止该中断事件 EVENT 和中断程序之间的联系，即用于关闭该事件中断；全局中断禁止指令 DISI，禁止所有中断。

(5) RETI 为有条件中断返回指令，需要用户编程实现；STEP 7-Micro/WIN 自动为每个中断处理程序的结尾设置无条件返回指令，不需要用户书写。

(6) 多个中断事件可以调用同一个中断程序，但一个中断事件不能同时连续调用多个中断程序。

3. 中断设计步骤

为实现中断功能操作，执行相应的中断程序(也称中断服务程序或中断处理程序)，在

S7-200 系列 PLC 中，中断设计步骤如下：

(1) 确定中断源(中断事件号)申请中断所需要执行的中断处理程序，并建立中断处理程序 INT n，其建立方法类同子程序，唯一不同的是在子程序建立窗口中的 Program Block 中选择 INT n 即可。

(2) 在上面所建立的编辑环境中编辑中断处理程序。中断服务程序由中断程序号 INT n 开始，以无条件返回指令结束。在中断程序中，用户亦可根据前面逻辑条件使用条件返回指令，返回主程序。注意：PLC 系统中的中断指令与一般微机中的中断有所不同，它不允许嵌套。

中断服务程序中禁止使用以下指令：DISI、ENI、CALL、HDEF、FOR/NEXT、LSCR、SCRE、SCRT、END。

(3) 在主程序或控制程序中，编写中断连接(调用)指令(ATCH)，操作数 INT 和 EVENT 由步骤(1)确定。

(4) 设中断允许指令(开中断 ENI)。

(5) 在需要的情况下，可以设置中断分离指令(DTCH)。

【例 5-17】 用 I0.0 上升沿中断使 Q0.0 置位，下降沿使 Q0.0 复位。中断控制程序如图 5-40 所示。

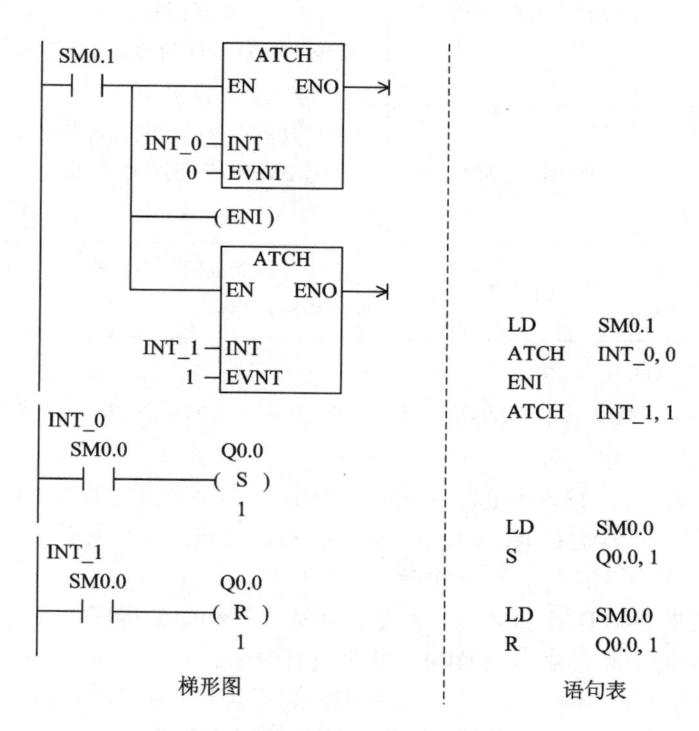

图 5-40 中断控制程序示例

【例 5-18】 编写实现中断事件 0 的控制程序。

中断事件 0 是中断源 I0.0 上升沿产生的中断事件。当 I0.0 有效且开中断时，系统可以对中断 0 进行响应，执行中断服务程序 INT0，中断服务程序的功能是在 I1.0 接通时，Q1.0 为 ON。若 I0.0 发生错误(自动 SM5.0 接通有效)，则立即禁止其中断。主程序及中断处理程序如图 5-41 所示。

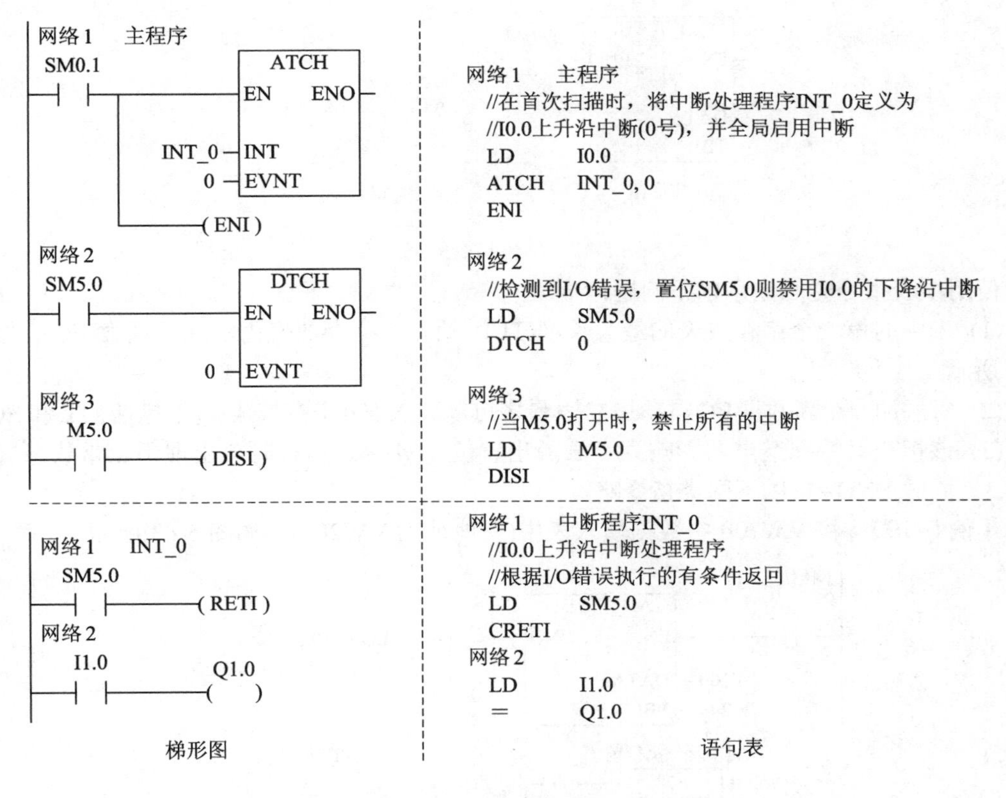

图 5-41　中断程序示例

5.5　表功能、数据转换及时钟指令

本节主要介绍 S-200 系列 PLC 常用的表功能、数据转换及时钟指令。

5.5.1　表功能指令

程序中使用的表是指定义一块连续存放数据的存储区。通过专设的表功能指令可以方便地实现对表中数据的各种操作，S7-200 系列 PLC 表功能指令包括填表指令、查表指令及表中取数指令。

1. 填表指令

填表指令 ATT(Add To Table)用于向表中增加一个数据。

填表指令的格式如图 5-42 所示。

图 5-42 中，DATA 为字型数据输入端，TBL 为字型表格首地址。

当 EN 有效时，将输入的字型数据填写到指定的表格中。在填表时，新数据填写到表格中最后一个数据的后面。

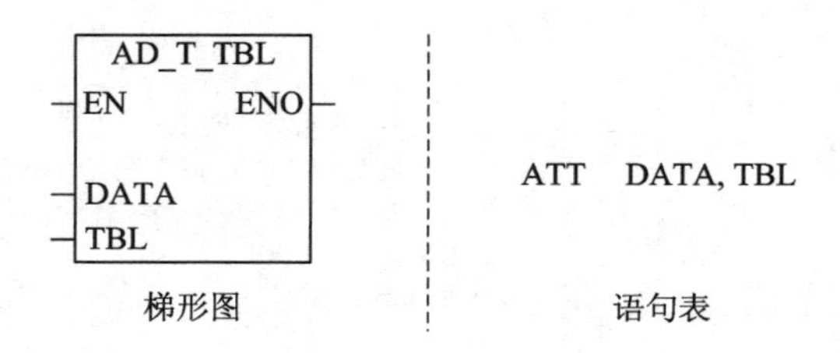

图 5-42 填表指令的格式

使用填表指令时应注意以下问题：

(1) 表中的第一个字存放表的最大长度(TL)，第二个字存放表内实际的项数(EC)，如图 5-43 所示。

(2) 每添加一个新数据 EC 自动加 1，表最多可以装入 100 个有效数据(不包括 LTL 和 EC)。

(3) 该指令对特殊继电器影响为：表溢出置位 SM1.4、运行时刻出现不正常状态置位 SM4.3，同时 ENO＝0(以下同类指令略)。

【例 5-19】 将 VW100 中数据填入表中(首地址为 VW200)，如图 5-43 所示。

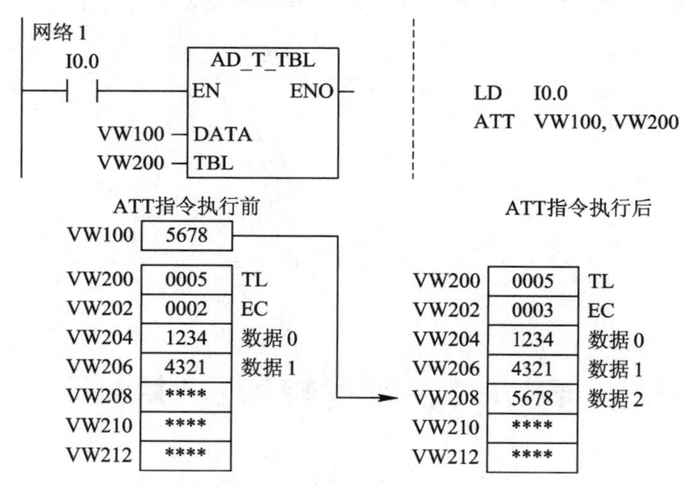

图 5-43 填表指令应用示例

本例工作过程如下：

(1) 设首地址为 VW200 的表存储区，表中数据在执行本指令前已经建立，表中第一字单元存放表的长度为 5，第二字单元存放实际数据项 2 个，表中两个数据项为 1234 和 4321。

(2) 将 VW100 单元的字数据 5678 追加到表的下一个单元(VW208))中，且 EC 自动加 1。

2. 查表指令

查表指令 FND(Table Find)用于查找表中符合条件的字型数据所在的位置编号。

查表指令的格式如图 5-44 所示。

图 5-44 中，TBL 为表的首地址；PTN 为需要查找的数据；INDX 为用于存放表中符合查表条件的数据的地址；CMD 为比较运算符代码“1”“2”“3”“4”，分别代表查找条件“＝”“<>”“<”和“>”。

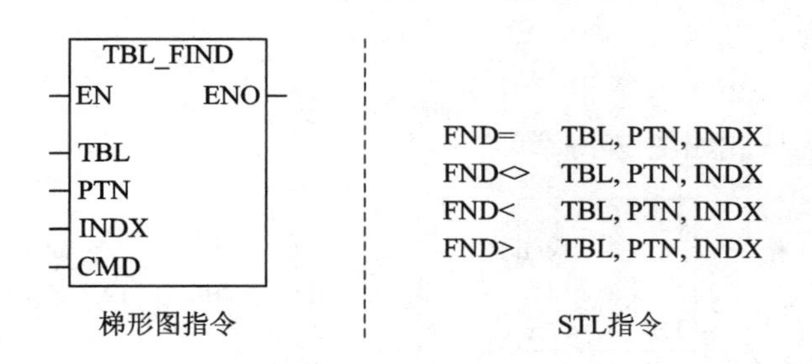

图 5-44　查表指令的格式

在执行查表指令前，首先对 INDX 清 0，当 EN 有效时，从 INDX 开始搜索 TBL，查找符合 PTN 且 CMD 所决定的数据，每搜索一个数据项，INDX 自动加 1；如果发现了一个符合条件的数据，那么 INDX 指向表中该数的位置。为了查找下一个符合条件的数据，在激活查表指令前，必须先对 INDX 加 1。如果没有发现符合条件的数据，那么 INDX 等于 EC。

注意：查表指令不需要 ATT 指令中的最大填表数 TL。因此，查表指令的 TBL 操作数比 ATT 指令的 TBL 操作数高两个字节。例如，ATT 指令创建的表的 TBL=VW200，对该表进行查找指令时的 TBL 应为 VW202。

【例 5-20】 查表找出 3130 数据的位置存入 AC1 中(设表中数据均为十进制数表示)，程序如图 5-45 所示。

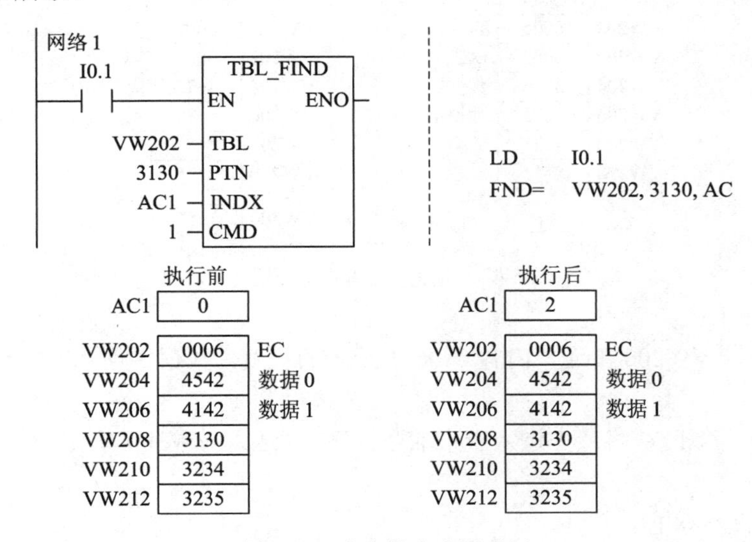

图 5-45　查表指令应用示例

执行过程如下：

(1) 表首地址 VW202 单元，内容 0006 表示表的长度，表中数据从 VW204 单元开始。

(2) 若 AC1=0，在 I0.1 有效时，从 VW204 单元开始查找。

(3) 在搜索到 PTN 数据 3130 时，AC1=2，其存储单元为 VW208。

3. 表中取数指令

在 S7-200 中，可以将表中的字型数据按照“先进先出”或“后进先出”的方式取出，送到指定的存储单元。每取一个数，EC 自动减 1。

1) 先进先出指令 FIFO

先进先出指令的格式如图 5-46 所示。

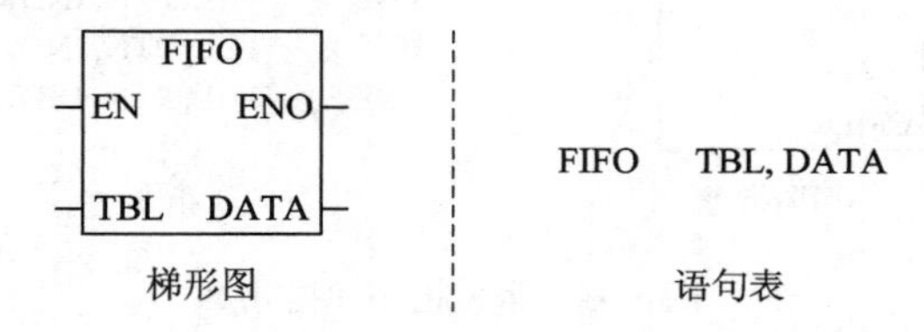

图 5-46 先进先出指令的格式

当 EN 有效时，从 TBL 指定的表中，取出最先进入表中的第一个数据，送到 DATA 指定的字型存储单元，剩余数据依次上移。

FIFO 指令对特殊继电器影响为：表空时置位 SM1.5。

【例 5-21】 先进先出指令应用示例如图 5-47 所示。

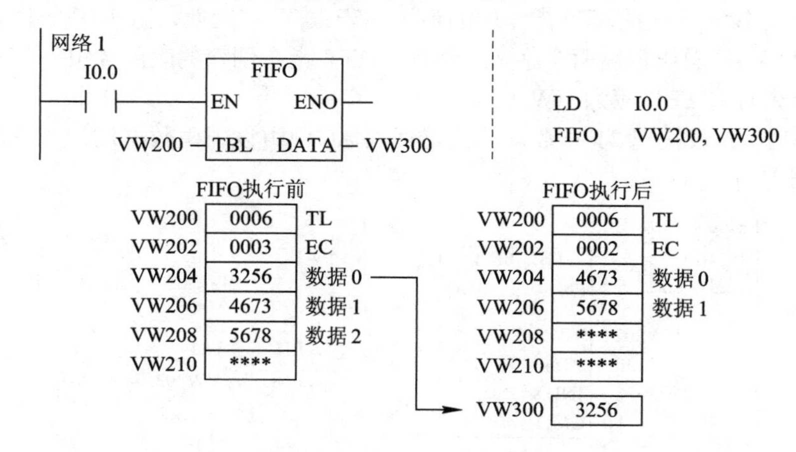

图 5-47 先进先出指令应用示例

执行过程如下：

(1) 表首地址 VW200 单元，内容 0006 表示表的长度，数据 3 项，表中数据从 VW204 单元开始。

(2) 在 I0.0 有效时，将最先进入表中的数据 3256 送入 VW300 单元，下面数据依次上移，EC 减 1。

2) 后进先出指令 LIFO

后进先出指令的格式如图 5-48 所示。

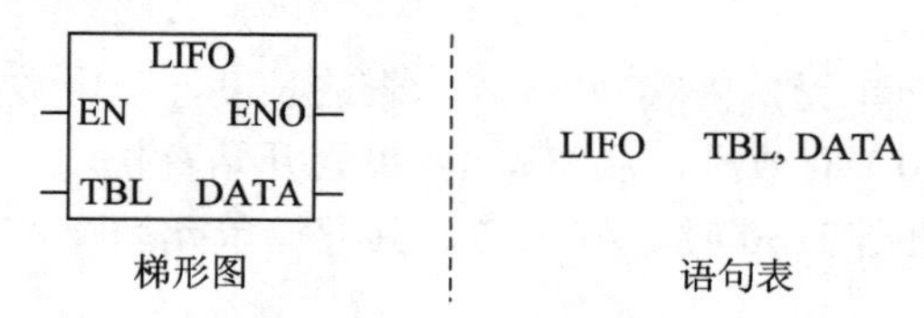

图 5-48 后进先出指令的格式

当 EN 有效时，从 TBL 指定的表中，取出最后进入表中的数据，送到 DATA 指定的字型存储单元，其余数据位置不变。

LIFO 指令对特殊继电器影响为：表空时置位 SM1.5。

【例 5-22】 后进先出指令 LIFO 应用示例如图 5-49 所示。

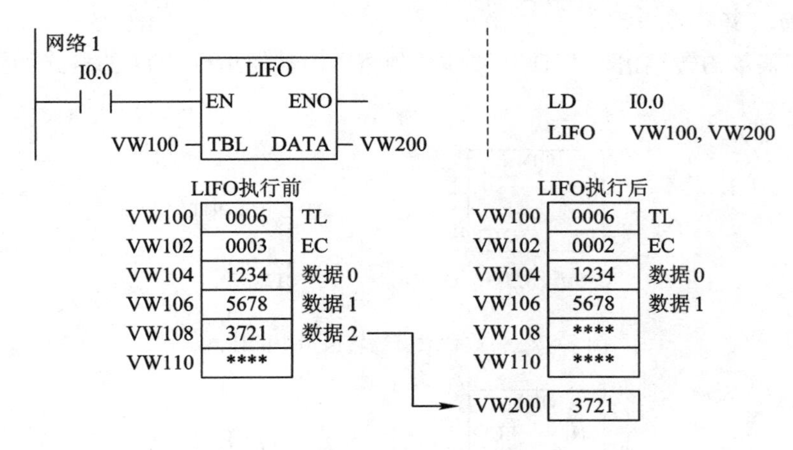

图 5-49　后进先出指令应用示例

执行过程如下：

(1) 表首地址 VW100 单元，内容 0006 表示表的长度，数据 3 项，表中数据从 VW104 单元开始。

(2) 在 I0.0 有效时，将最后进入表中的数据 3721 送入 VW200 单元，EC 减 1。

5.5.2 数据转换指令

在 S7-200 系列 PLC 中，数据转换指令是指对操作数的不同类型及编码进行相互转换，以便于操作数类型满足指令的要求、操作数据编码满足程序设计的需要。

1. 数据类型转换指令

在 PLC 控制程序中，使用的数据类型主要包括字节数据、整数、双整数和实数，对数据的编码主要有 ASCII 码、BCD 码。数据类型转换指令是在数据之间、码制之间或数据与码制之间进行转换，以满足程序设计的需要。

1) 字节与整数转换指令

字节到整数的转换指令 BIT 和整数到字节的转换指令 ITB 的格式如图 5-50 和图 5-51 所示。

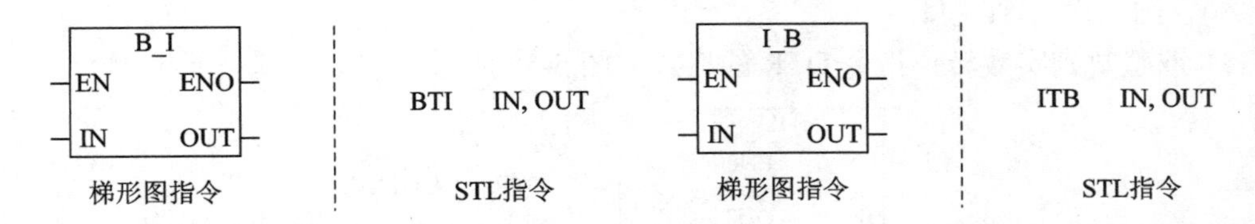

图 5-50　字节到整数转换指令的格式　　图 5-51　整数到字节转换指令的格式

(1) 字节到整数的转换指令功能：当 EN 有效时，将字节型 IN 转换成整数型数据，结果送 OUT 中。

(2) 整数到字节的转换指令功能：当 EN 有效时，将整数型 IN 转换成字节型数据，结果送 OUT 中。

2) 整数与双整数转换指令

整数到双整数的转换指令 ITD 和双整数到整数的转换指令 DTI 的格式如图 5-52 和图 5-53 所示。

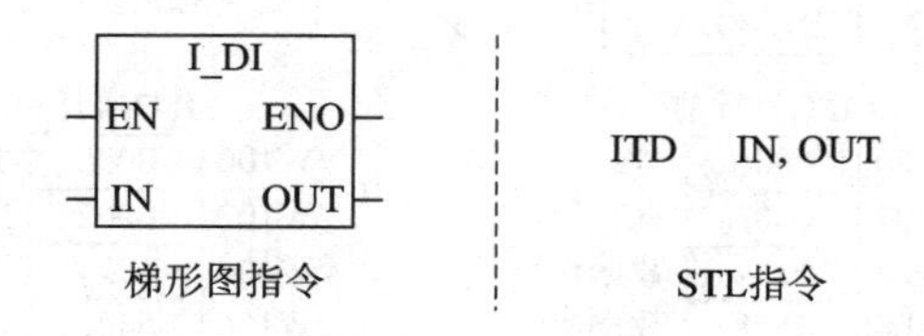

图 5-52 整数到双整数转换指令的格式

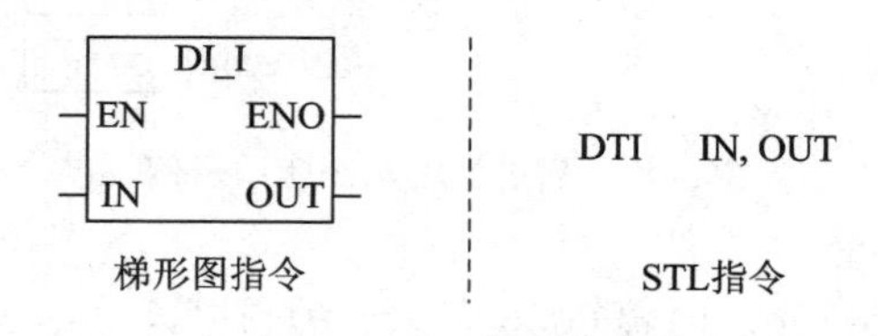

图 5-53 双整数到整数转换指令的格式

(1) 整数到双整数的转换指令功能：当 EN 有效时，将整数型输入数据 IN，转换成双整数型数据，并且将符号进行扩展，结果送 OUT 中。

(2) 双整数到整数的转换指令功能：当 EN 有效时，将双整数型输入数据 IN，转换成整数型数据，结果送 OUT 中。

3) 双整数与实数转换指令

(1) 实数到双整数转换转换指令 ROUND 的格式如图 5-54 所示。

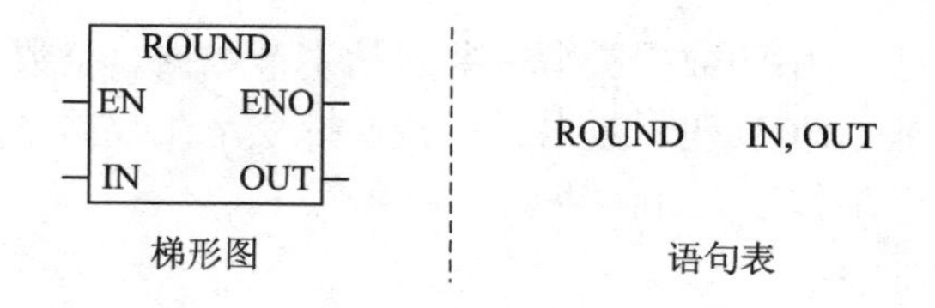

图 5-54 指令 ROUND 的格式

当 EN 有效时，将实数型输入 IN，转换成 32 位有符号双整数型数据(对 IN 中的小数四舍五入)，结果送 OUT 中。

(2) 双整数到实数转换指令 DTR 的格式如图 5-55 所示。

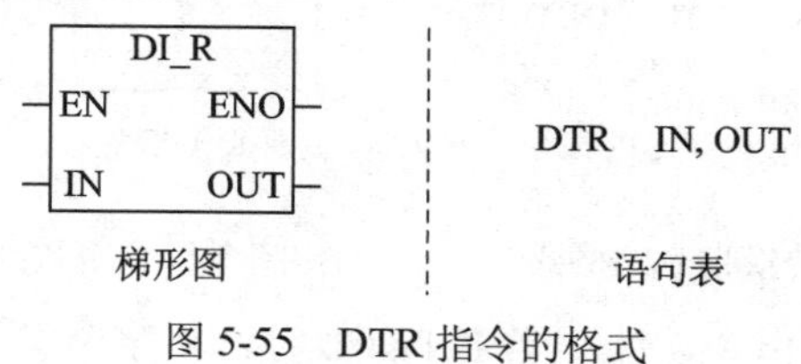

图 5-55 DTR 指令的格式

当 EN 有效时，将双整数型输入数据 IN 转换成实数型，结果送 OUT 中。

【例 5-23】 将计数器 C10 数值(101 英寸)转换为以厘米为单位的数据，转换系数 2.54 存于 VD8 中，转换结果存入 VD12 中，程序如图 5-56 所示。

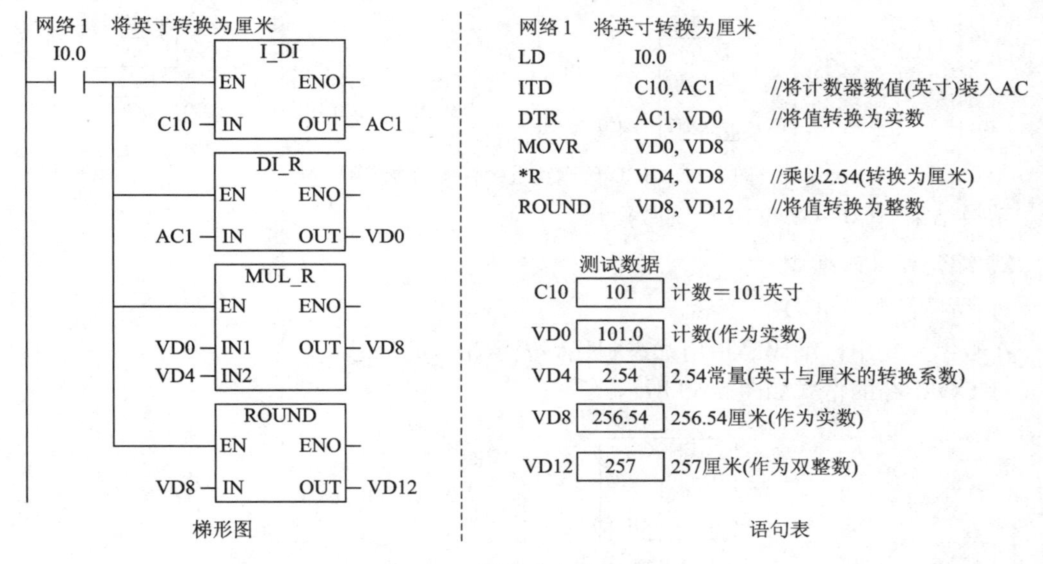

图 5-56　转换指令应用示例

4) 整数与 BCD 码转换指令

(1) 整数到 BCD 码的转换指令 IBCD 的格式如图 5-57 所示。

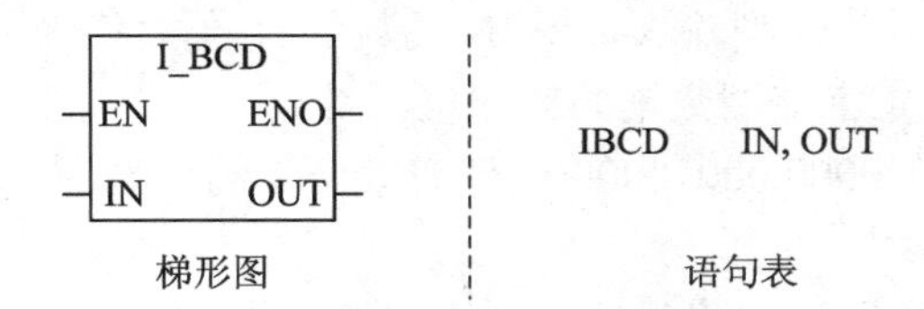

图 5-57　IBCD 指令的格式

当 EN 有效时，将整数型输入数据 IN(0～9999)转换成 BCD 码数据，结果送到 OUT 中。在语句表中，IN 和 OUT 可以为同一存储单元。上述指令对特殊继电器的影响为：BCD 码错误时，置位 SM1.6。

(2) BCD 码到整数的转换指令 BCDI 的格式如图 5-58 所示。

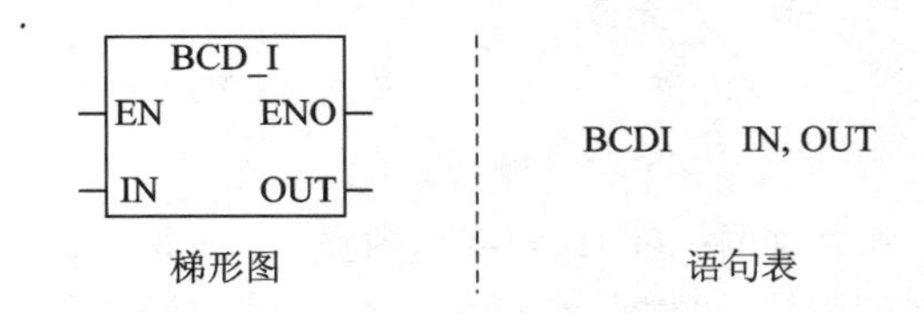

图 5-58　BCDI 指令的格式

当 EN 有效时，将 BCD 码输入数据 IN(0～9999)转换成整数型数据，结果送到 OUT 中。在语句表中，IN 和 OUT 可以为同一存储单元。上述指令对特殊继电器的影响为：BCD 码错误时，置位 SM1.6。

【例 5-24】 将存放在 AC0 中的 BCD 码数 0001 0110 1000 1000(图中使用 16 进制数表示为 1688)转换为整数，指令如图 5-59 所示。

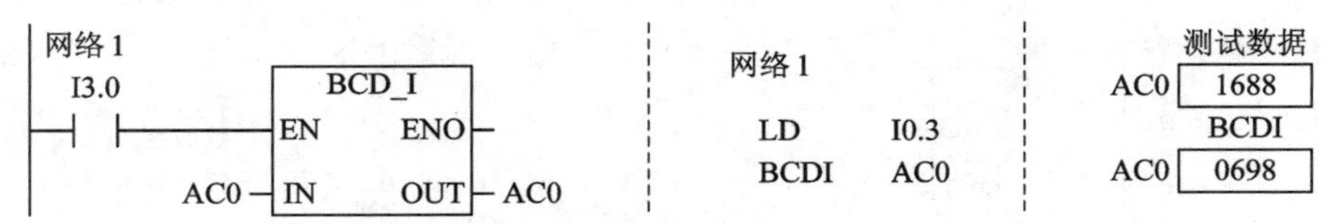

图 5-59 BCD 码到整数的转换指令应用示例

转换结果 AC0＝0698(16 进制数)。

2. 编码和译码指令

1) 编码指令 ENCO

在数字系统中，编码是指用二进制代码表示相应的信息位。

ENCO 指令的格式如图 5-60 所示。

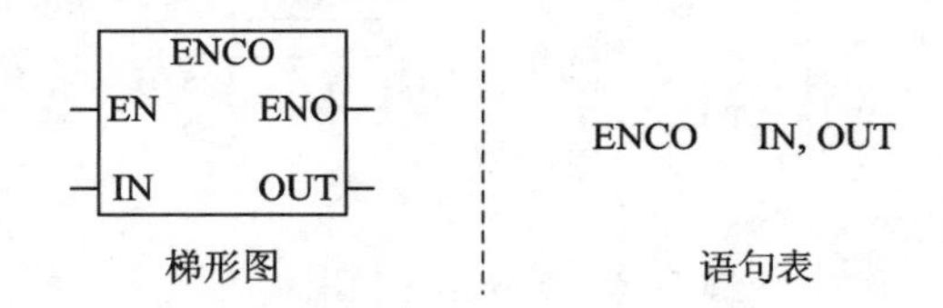

图 5-60 编码指令的格式

图 5-60 中，IN 为字型数据，OUT 为字节型数据低 4 位。

当 EN 有效时，将 16 位字型输入数据 IN 的最低有效位(值为 1 的位)的位号进行编码，编码结果送到由 OUT 指定字节型数据的低 4 位。

例如：设 VW20＝0000000 00010000(最低有效位 1 的位号为 4)，执行指令：

ENCO VW20, VB1

结果：VW20 的数据不变，VB1＝xxxx0100(VB1 高 4 位不变)。

2) 译码指令 DECO

译码是指将二进制代码用相应的信息位表示。

DECO 指令的格式如图 5-61 所示。

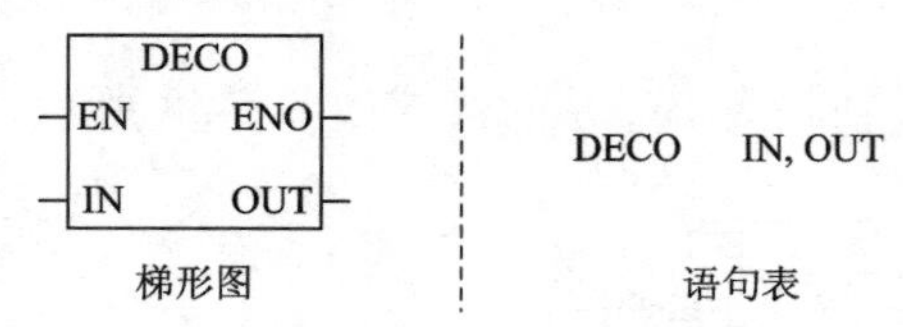

图 5-61 译码指令的格式

图 5-61 中，IN 为字节型数据；OUT 为字型数据。

当 EN 有效时，将字节型输入数据 IN 的低 4 位的内容译成位号(00～15)，由该位号指定 OUT 字型数据中对应位置 1，其余位置 0。

例如：设 VB1＝00000100＝4，执行指令：

DECO VB1, AC0

结果：VB1 的数据不变，AC0＝00000000 00010000(第 4 位置 1)。

3. 七段显示码指令

1) 七段 LED 显示数码管

在一般控制系统中，使用 LED 作数据或状态显示器具有电路简单、功耗低、寿命长、响应速度快等特点。LED 显示器是由若干个发光二极管组成显示字段的显示器件，应用系统中通常使用七段(a、b、c、d、e、f、g)LED 显示器，dp 为小数点显示位，如图 5-62 所示。

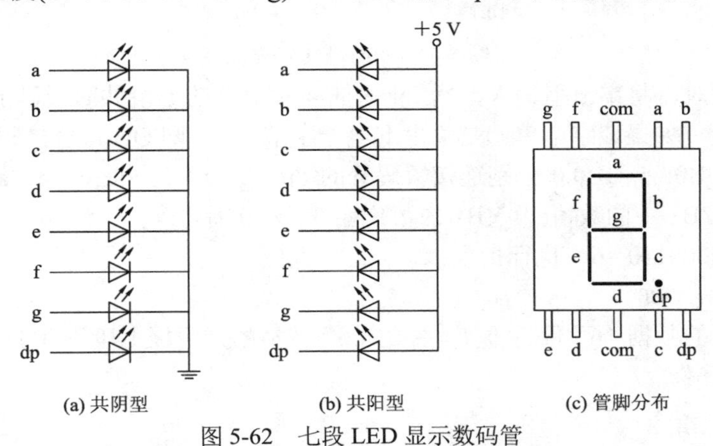

图 5-62　七段 LED 显示数码管

控制显示各数码加在数码管上的二进制数据称为段码，加上小数点位，因此，可以用一个字节数据进行编码。

(1) 在 LED 共阴极连接时，各 LED 阴极共接电源负极(地)，如果向控制端 abcdefg dp 对应送入 11111100 信号，则该显示器显示“0”字型。

(2) 在 LED 共阳极连接时，各 LED 阳极共接电源正极，如果向控制端 abcdefg dp 对应送入 00000011 信号，则该显示器显示“0”字型。

显示各数码共阴和共阳连接时 LED 数码管所对应的段码见表 5-4。

表 5-4　七段 LED 数码管的段码

显示数码	共阴型段码	共阳型段码	显示数码	共阴型段码	共阳型段码
0	00111111	11000000	A	01110111	10001000
1	00000110	11111001	b	01111100	10000011
2	01011011	10100100	c	00111001	11000110
3	01001111	10110000	d	01011110	10100001
4	01100110	10011001	E	01111001	10000110
5	01101101	10010010	F	01110001	10001110
6	01111101	10000010			
7	00000111	11111000			
8	01111111	10000000			
9	01101111	10010000			

注：表中段码顺序为“dp gfedcba”。

2) 七段显示码指令 SEG

七段显示码指令 SEG 专用于 PLC 输出端外接七段数码管(共阴极)的显示控制。

SEG 指令的格式如图 5-63 所示。

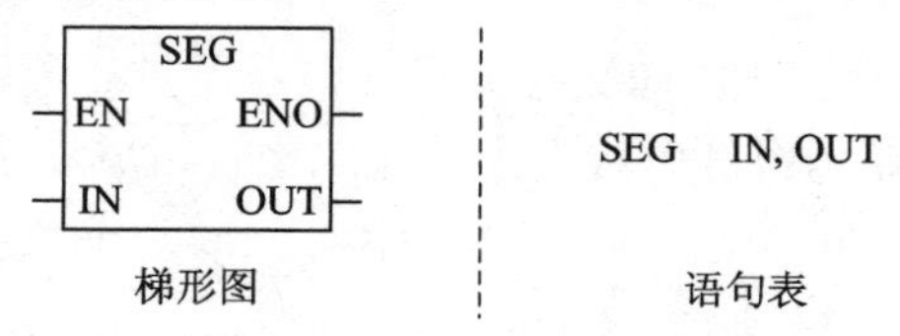

图 5-63 SEG 指令的格式

当 EN 有效时，将字节型输入数据 IN 的低 4 位对应的七段共阴极显示码输出到 OUT 指定的字节单元。如果该字节单元是输出继电器字节 QB，则 QB 可直接驱动数码管。

例如：设 QB0.7～QB0.0 分别连接数码管的 dp、g、f、e、d、c、b、a 极(数码管共阴极连接)，显示 VB1 中的数值(设 VB1 的数值在 0～F 范围内)。

若 VB1＝00000110＝6；执行指令：

SEG VB1, QB0

结果：VB1 的数据“6”保持不变，并将“6”转换的共阴极七段码 01111101 送入 QB0，使数码管显示“6”。

4. 其他转换指令

转换指令还包括 ASCII 码与十六进制数的转换、整数转换为 ASCII 码及实数转换为 ASCII 码等指令，这里不再详述，读者可参考 S7-200 PLC 编程手册。

5.5.3 时钟指令

利用时钟指令可以方便地设置、读取时钟时间，以实现对控制系统的实时监视等操作。

1. 读实时时钟指令 TODR

TODR 指令的格式如图 5-64 所示。

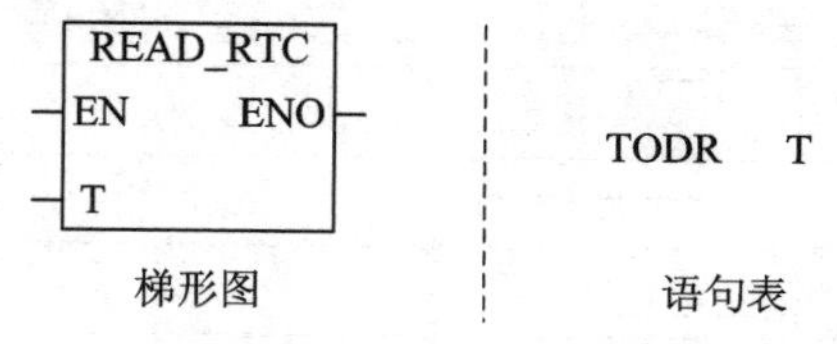

图 5-64 读实时时钟指令的格式

图 5-64 中，操作数 T 用于指定 8 个字节缓冲区的首地址，T 存放“年”、T+1 存放“月”、T+2 存放“日”、T+3 存放“小时”、T+4“分钟”、T+5 存放“秒”、T+6 单元保留(存放 0)，T+7 存放“星期”。

在 EN 有效时，该指令读取当前时间和日期存放在以 T 开始的 8 个字节的缓冲区。

在使用该指令时应注意以下方面：

(1) S7-200 CPU 不检查和核实日期与星期是否合理，例如，无效日期 February 30(2 月 30 日)可能被接受，因此必须确保输入的数据是正确的。

(2) 不要同时在主程序和中断程序中使用时钟指令，否则，中断程序中的时钟指令不会被执行。

(3) S7-200 PLC 只使用年信息的后两位。

(4) 日期和时间数据表示均为 BCD 码，例如：用 16#09 可以表示 2009 年。

2. 写实时时钟指令 TODW

TODW 指令的格式如图 5-65 所示。

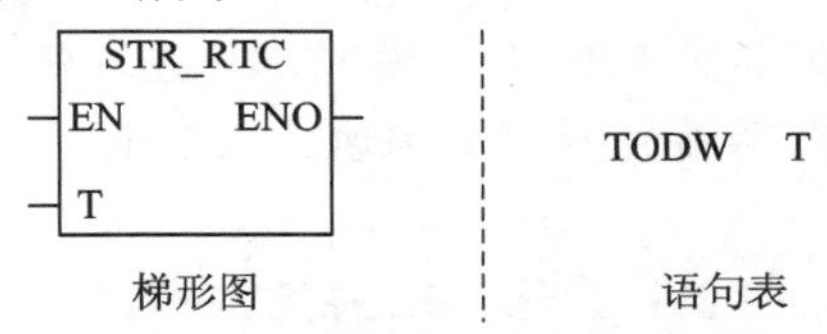

图 5-65　TODW 指令的格式

图 5-65 中，操作数 T 含义与 TODR 指令中的操作数相同。

在 EN 有效时，该指令将以地址 T 开始的 8 个字节的缓冲区中设定的当前时间和日期写入硬件时钟。

注意事项同 TODR。

5.6　高速处理指令

前面所介绍的 PLC 指令中的大部分受到 PLC 扫描工作周期的限制，工作频率较低，一般在 100 Hz 以下。S7-200 系列 PLC 配置了专用于对较高脉冲事件进行处理的高速处理指令。

高速处理指令有高速计数指令和高速脉冲输出指令两类。

5.6.1　高速计数指令

高速计数器 HSC(High Speed Counter)用来累计比 PLC 扫描频率高得多的脉冲输入(30kHz)，适用于自动控制系统的精确定位等领域。高速计数器是通过在一定的条件下产生的中断事件完成预定的操作。

1. S7-200 PLC 高速计数器

不同型号的 PLC 主机其高速计数器的数量不同，使用时每个高速计数器都有地址编号 HCn，其中 HC(或 HSC)表示该编程元件是高速计数器，n 为地址编号。S7-200 系列中 CPU221 和 CPU222 支持 4 个高速计数器，它们是 HC0、HC3、HC4 和 HC5；CPU224 和 CPU226 支持 6 个高速计数器，它们是 HC0～HC5。每个高速计数器包括两方面的信息：计数器位和计数器当前值，高速计数器的当前值为双字长的有符号整数，且为只读值。

2. 中断事件类型

高速计数器的计数和动作可采用中断方式进行控制。不同型号的 PLC 采用高速计数器的中断事件有 14 个，大致可分为 3 种类型。

(1) 计数器当前值等于预设值中断。

(2) 计数输入方向改变中断。

(3) 外部复位中断。

所有高速计数器都支持当前值等于预设值中断，但并不是所有的高速计数器都支持三种类型，高速计数器产生的中断源、中断事件号及中断源优先级见表 5-2。

3. 工作模式和输入点的连接

1) 工作模式

每种高速计数器有多种功能不同的工作模式，高速计数器的工作模式与中断事件密切相关。使用任一个高速计数器首先要定义高速计数器的工作模式(可用 HDEF 指令来进行设置)。

在指令中，高速计数器使用 0～11 表示 12 种工作模式。

不同的高速计数器有不同的模式，见表 5-5、表 5-6。

表 5-5 计数器 HSC0、HSC3、HSC4、HSC5 工作模式

计数器工作模式	计数器名称							
	HSC0			HSC3	HSC4			HSC5
	I0.0	I0.1	I0.2	I0.1	I0.3	I0.4	I0.5	I0.4
0：带内部方向控制的单相计数器	计数			计数	计数			计数
1：带内部方向控制的单向计数器	计数		复位		计数		复位	
2：带内部方向控制的单向计数器								
3：带外部方向控制的单向计数器	计数	方向			计数	方向		
4：带外部方向控制的单向计数器	计数	方向	复位		计数	方向	复位	
5：带外部方向控制的单向计数器								
6：增、减计数输入的双向计数器	增计数	减计数			增计数	减计数		
7：增、减计数输入的双向计数器	增计数	减计数	复位		增计数	减计数	复位	
8：增、减计数输入的双向计数器								
9：A/B 相正交计数器(双计数输入)	A 相	B 相			A 相	B 相		
10 ：A/B 相正交计数器(双计数输入)	A 相	B 相	复位		A 相	B 相	复位	
11：A/B 相正交计数器(双计数输入)								

例如，模式 0(单相计数器)：一个计数输入端，计数器 HSC0、HSC1、HSC2、HSC3、HSC4、HSC5 可以工作在该模式。HSC0～HSC5 计数输入端分别对应为 I0.0、I0.6、I1.2、I0.1、I0.3、I0.4。

表 5-6　计数器 HSC1、HSC2 工作模式

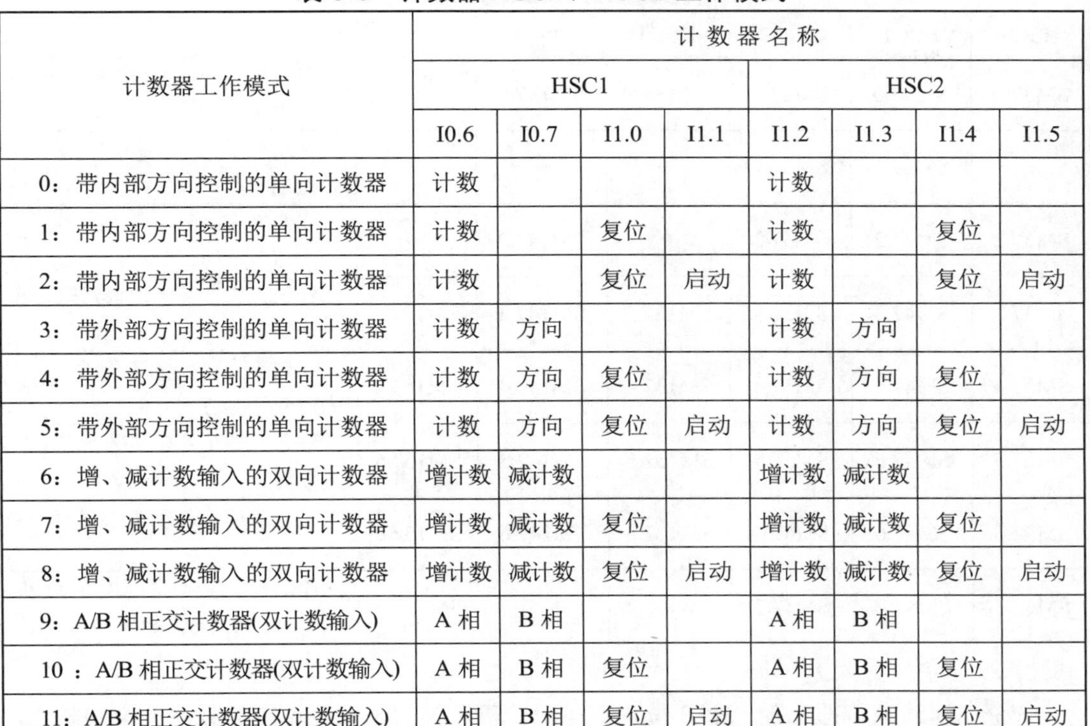

计数器工作模式	计 数 器 名 称							
	HSC1				HSC2			
	I0.6	I0.7	I1.0	I1.1	I1.2	I1.3	I1.4	I1.5
0：带内部方向控制的单向计数器	计数				计数			
1：带内部方向控制的单向计数器	计数		复位		计数		复位	
2：带内部方向控制的单向计数器	计数		复位	启动	计数		复位	启动
3：带外部方向控制的单向计数器	计数	方向			计数	方向		
4：带外部方向控制的单向计数器	计数	方向	复位		计数	方向	复位	
5：带外部方向控制的单向计数器	计数	方向	复位	启动	计数	方向	复位	启动
6：增、减计数输入的双向计数器	增计数	减计数			增计数	减计数		
7：增、减计数输入的双向计数器	增计数	减计数	复位		增计数	减计数	复位	
8：增、减计数输入的双向计数器	增计数	减计数	复位	启动	增计数	减计数	复位	启动
9：A/B 相正交计数器(双计数输入)	A 相	B 相			A 相	B 相		
10 ：A/B 相正交计数器(双计数输入)	A 相	B 相	复位		A 相	B 相	复位	
11：A/B 相正交计数器(双计数输入)	A 相	B 相	复位	启动	A 相	B 相	复位	启动

例如，模式 11(正交计数器)：两个计数输入端，只有计数器 HSC1、HSC2 可以工作在该模式，HSC1 计数输入端为 I0.6(A 相)和 I0.7(B 相)，所谓正交指当 A 相计数脉冲超前 B 相计数脉冲时，计数器执行增计数；当 A 相计数脉冲滞后 B 相计数脉冲时，计数器执行减计数。

2) 输入点的连接

在使用一个高速计数器时，除要定义它的工作模式外，还必须注意系统定义的固定输入点的连接。如 HSC0 的输入连接点有 I0.0(计数)、I0.1(方向)、I0.2(复位)；HSC1 的输入连接点有 I0.6(计数)、I0.7(方向)、I1.0(复位)、I1.1(启动)。

使用时必须注意，高速计数器输入点、输入输出中断的输入点都在一般逻辑量输入点的编号范围内。一个输入点只能作为一种功能使用，即一个输入点可以作为逻辑量输入或高速计数输入或外部中断输入，但不能重叠使用。

4. 高速计数器控制字、状态字、当前值及设定值

1) 控制字

在设置高速计数器的工作模式后，可通过编程控制计数器的操作要求，如启动和复位计数器、计数器计数方向等参数。

S7-200 为每一个计数器提供一个控制字节存储单元，并对单元的相应位进行参数控制定义，这一定义称其为控制字。编程时，只需要将控制字写入相应计数器的存储单元即可。控制字定义格式及各计数器使用的控制字存储单元见表 5-7。

例如，选用计数器 HSC0 工作在模式 3，要求复位和启动信号为高电平有效、1 倍计数速率、减方向不变、允许写入新值、允许 HSC 指令，则其控制字节为 SM37=2#11100100。

表 5-7 高速计数器控制字及存储单元

HSC0	HSC1	HSC2	HSC3	HSC4	HSC5	控制字各位功能
SM37.0	SM47.0	SM57.0	—	SM147.0	—	复位控制：0 为高电平有效；1 为低电平有效
—	SM47.1	SM57.1	—	—	—	启动控制：0 为高电平启动：1 为低电平启动
SM37.2	SM47.2	SM57.2	—	SM147.2	—	正交速率：0 为 4 倍速率；1 为 1 倍速率
SM37.3	SM47.3	SM57.3	SM137.3	SM147.3	SM157.3	计数方向控制：0 为减计数；1 为增计数
SM37.4	SM47.4	SM57.4	SM137.4	SM147.4	SM157.4	计数方向：0 为不能改变；1 为改变计数方向
SM37.5	SM47.5	SM57.5	SM137.5	SM147.5	SM157.5	写入预置值：0 为不允许；1 为允许
SM37.6	SM47.6	SM57.6	SM137.6	SM147.6	SM157.6	写入当前值：0 为不允许；1 为允许
SM37.7	SM47.7	SM57.7	SM137.7	SM147.7	SM157.7	HSC 指令允许：0 为禁止 HSC；1 为允许 HSC

2) 状态字

每个高速计数器都配置一个 8 位字节单元，每一位用来表示这个计数器的某种状态，在程序运行时自动使某些位置位或清 0，这个 8 位字节称其为状态字。HSC0～HSC5 配备相应的状态字节单元为特殊存储器 SM36、SM46、SM56、SM136、SM146、SM156。

各字节的 0～4 位未使用；第 5 位表示当前计数方向(1 为增计数)；第 6 位表示当前值是否等于预设值(0 为不等于，1 为等于)；第 7 位表示当前值是否大于预设值(0 为小于等于，1 为大于)，在设计条件判断程序结构时，可以读取状态字判断相关位的状态，来决定程序应该执行的操作(参看 S7-200 用户手册-特殊存储器)。

3) 当前值

各高速计数器均设 32 位特殊存储器字单元为计数器当前值(有符号数)，计数器 HSC0～HSC5 当前值对应的存储器为 SMD38、SMD48、SMD58、SMD138、SMD148、SMD158。

4) 预设值

各高速计数器均设 32 位特殊存储器字单元为计数器预设值(有符号数)，计数器 HSC0～HSC5 预设值对应的存储器为 SMD42、SMD52、SMD62、SMD142、SMD152、SMD162。

5. 高速计数指令

高速计数指令有两条：HDEF 和 HSC，其指令格式和功能见表 5-8。

在使用该类指令时注意以下方面：

(1) 每个高速计数器都有固定的特殊功能存储器与之配合，完成高速计数功能。这些特殊功能寄存器包括 8 位状态字节、8 位控制字节、32 位当前值和 32 位预设值。

(2) 对于不同的计数器，其工作模式是不同的。

(3) HSC 的 EN 是使能控制，不是计数脉冲，外部计数输入端见表 5-5、表 5-6。

表 5-8　高速计数指令的格式、功能

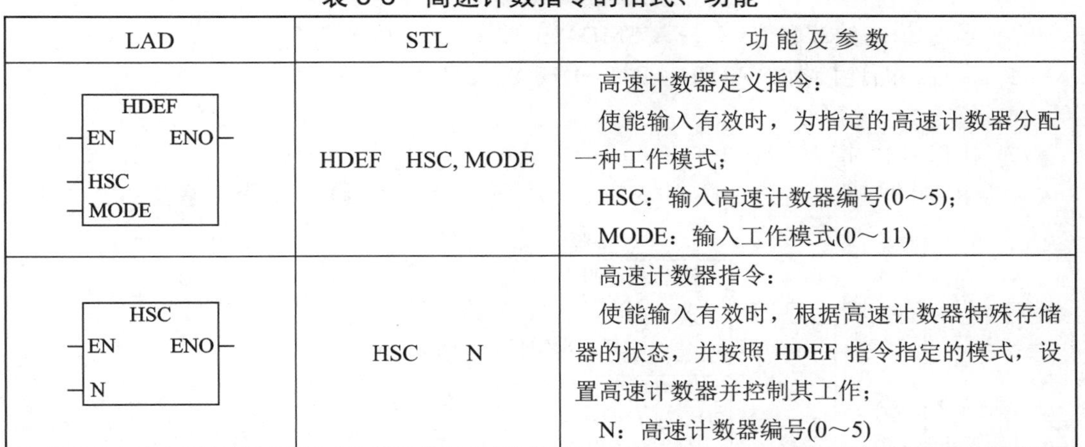

LAD	STL	功能及参数
HDEF EN　ENO HSC MODE	HDEF　HSC, MODE	高速计数器定义指令： 使能输入有效时，为指定的高速计数器分配一种工作模式； HSC：输入高速计数器编号(0～5)； MODE：输入工作模式(0～11)
HSC EN　ENO N	HSC　　N	高速计数器指令： 使能输入有效时，根据高速计数器特殊存储器的状态，并按照 HDEF 指令指定的模式，设置高速计数器并控制其工作； N：高速计数器编号(0～5)

6. 高速计数器初始化程序

使用高速计数器必须编写初始化程序，其编写步骤如下：

(1) 人工选择高速计数器、确定工作模式：根据计数的功能要求，选择 PLC 主机型号，如 S7-200 中，CPU222 有 4 个高速计数器(HC0、HC3、HC4 和 HC5)；CPU224 有 6 个高速计数器(HC0～HC5)，由于不同的计数器其工作模式是不同的，故主机型号和工作模式应统筹考虑。

(2) 编程写入设置的控制字：根据控制字(8 位)的格式，设置控制计数器操作的要求，并根据选用的计数器号将其通过编程指令写入相应的 SMBxx 中(见表 5-7)。

(3) 执行高速计数器定义指令 HDEF：在该指令中，输入参数为所选计数器的号值(0～5)及工作模式(0～11)。

(4) 编程写入计数器当前值和预设值：将 32 位的计数器当前值和 32 位的计数器的预设值写入与计数器相应的 SMDxx 中，初始化设置当前值是指计数器开始计数的初值。

(5) 执行中断连接指令 ATCH：在该指令中，输入参数为中断事件号 EVENT 和中断处理程序 INTn，建立 EVENT 与 INTn 的联系(一般情况下，可根据计数器的当前值与预设值的比较条件是否满足产生中断)。

(6) 执行全局开中断指令 ENI。

(7) 执行 HSC 指令。

在该指令中，输入计数器编号，在 EN 信号的控制下，开始对计数器对应的计数输入端脉冲计数。

【例 5-25】 设置外部方向控制的单向计数器，要求增计数、外部低电平复位、外部低电平启动、允许更新当前值、允许更新预设值、初始计数值=0、预设值=50、1 倍计数速率、当计数器当前值(CV)等于预设值(PV)时，响应中断事件(中断事件号为 13)，连接(执行)中断处理程序 INT_0。

编程步骤如下：

(1) 根据题中要求，选用高速计数器 HSC1；定义为工作模式 5。

(2) 控制字(节)为 16#FC，写入 SMB47。

(3) HDEF 指令定义计数器，HSC=1，MODE=5。

(4) 当前值(初始计数值=0)写入 SMD48；预设值 50 写入 SMD52。

(5) 执行中断连接指令 ATCH：INT=INT_0，EVENT=13。

(6) 执行 ENI 指令。

(7) 执行 HSC 指令，N=1。

中断控制的初始化程序如图 5-66 所示。中断处理程序 INT_0 的设计略。

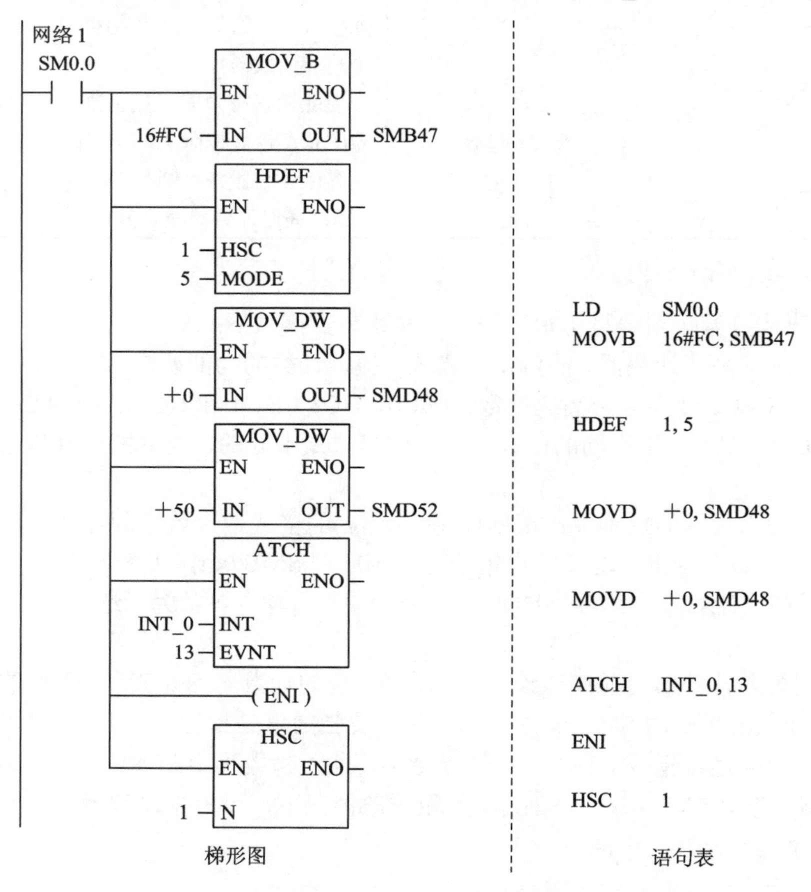

图 5-66 高速计数器初始化程序

5.6.2 高速脉冲输出

高速脉冲输出功能是在 PLC 的某些输出端产生高速脉冲，用来驱动负载实现高速输出和精确控制。

1. 高速脉冲的输出方式和输出端子的连接

1) 高速脉冲的输出方式

高速脉冲输出可分为高速脉冲串输出 PTO 和宽度可调脉冲输出 PWM 两种方式。

(1) 高速脉冲串输出 PTO 主要是用来输出指定数量的方波，用户可以控制方波的周期和脉冲数，其参数为占空比等于 50%。周期变化以 μs 或ms 为单位，范围：50～65535μs

或 2～65535ms(16 位无符号数据)，编程时周期值一般设置为偶数。脉冲串的个数范围：1～4294967295 之间(双字长无符号数)。

(2) 宽度可调脉冲输出 PWM 主要用来输出占空比可调的高速脉冲串，用户可以控制脉冲的周期和脉冲宽度，PWM 的周期或脉冲宽度以 μs 或 ms 为单位，周期变化范围同高速脉冲串 PTO。

2) 输出端子的连接

每个 CPU 有两个 PTO/PWM 发生器产生高速脉冲串或脉冲宽度可调的波形，系统为其分配 2 个位输出端 Q0.0 和 Q0.1。PTO/PWM 发生器和输出映像寄存器共同使用 Q0.0 和 Q0.1，但一个位输出端在某一时刻只能使用一种功能，如果在执行高速输出指令中使用了 Q0.0 和 Q0.1，则这两个位输出端就不能作为通用输出使用，或者说任何其他操作及指令对其操作无效。如果 Q0.0 或 Q0.1 设定为 PTO 或 PWM 功能输出但未执行其输出指令时，仍然可以将 Q0.0 和 Q0.1 作为通用输出使用，但一般是通过操作指令将其设置为 PTO 或 PWM 输出时的起始电位为 0。

2. 相关的特殊功能寄存器

(1) 每个 PTO/PWM 发生器都有 1 个控制字节来定义其输出位的操作。Q0.0 的控制字节位为 SMB67，Q0.1 的控制字节位为 SMB77。

(2) 每个 PTO/PWM 发生器都有 1 个单元(或字或双字或字节)定义其输出周期时间、脉冲宽度、脉冲计数值等，例如，Q0.0 周期时间数值为 SMW68，Q0.1 周期时间数值为 SMW78。其他相关的特殊功能寄存器及参数定义可参考 PLC 相关手册，其理解及使用方式类同高速计数器。一旦这些特殊功能寄存器的值被设成所需操作，可通过执行脉冲指令 PLS 来执行这些功能。

3. 脉冲输出指令

脉冲输出指令可以输出两种类型的方波信号，在精确位置控制中有很重要的应用，其指令格式见表 5-9。

表 5-9　脉冲输出指令的格式

LAD	STL	功　能
PLS EN　ENO Q0.X	PLS　Q	脉冲输出指令，当使能端输入有效时，检测用程序设置的特殊功能寄存器位，激活由控制位定义的脉冲操作。从 Q0.0 或 Q0.1 输出高速脉冲

在使用脉冲指令时应注意以下方面：

(1) 脉冲串输出 PTO 和宽度可调脉冲输出都由 PLC 指令来激活输出。

(2) 输入数据 Q 必须为字型常数 0 或 1。

(3) 脉冲串输出 PTO 可采用中断方式进行控制，而宽度可调脉冲输出 PWM 只能由指令 PLS 来激活。

【例 5-26】编写实现脉冲宽度调制 PWM 的程序。根据要求控制字节(SMB77)=16#DB 设定周期为 10000ms，通过 Q0.1 输出。

PWM 控制程序如图 5-67 所示。

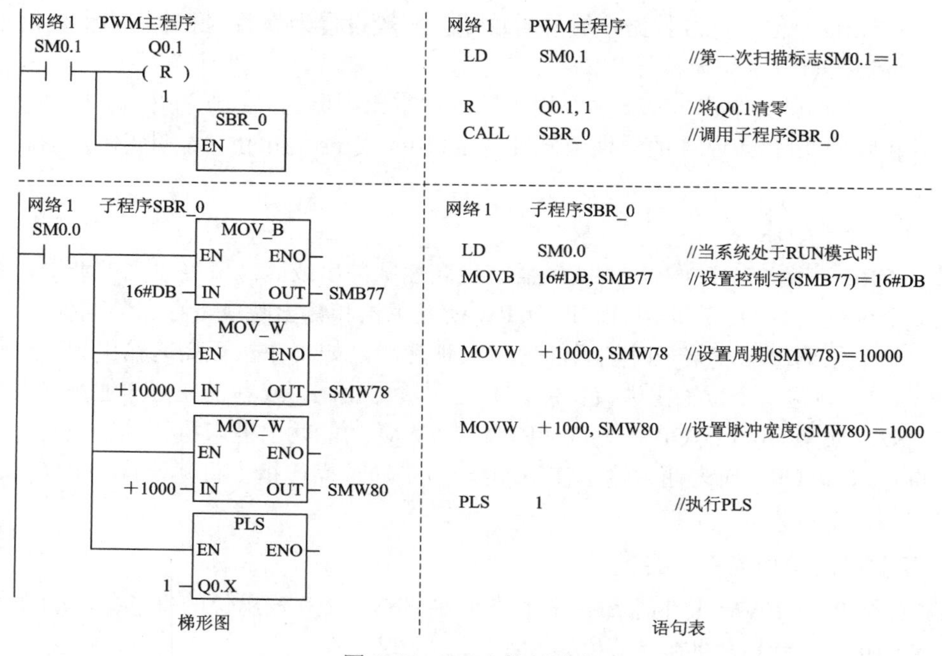

图 5-67 PWM 控制程序

【例 5-27】 高速脉冲输出指令的应用示例如图 5-68 所示。

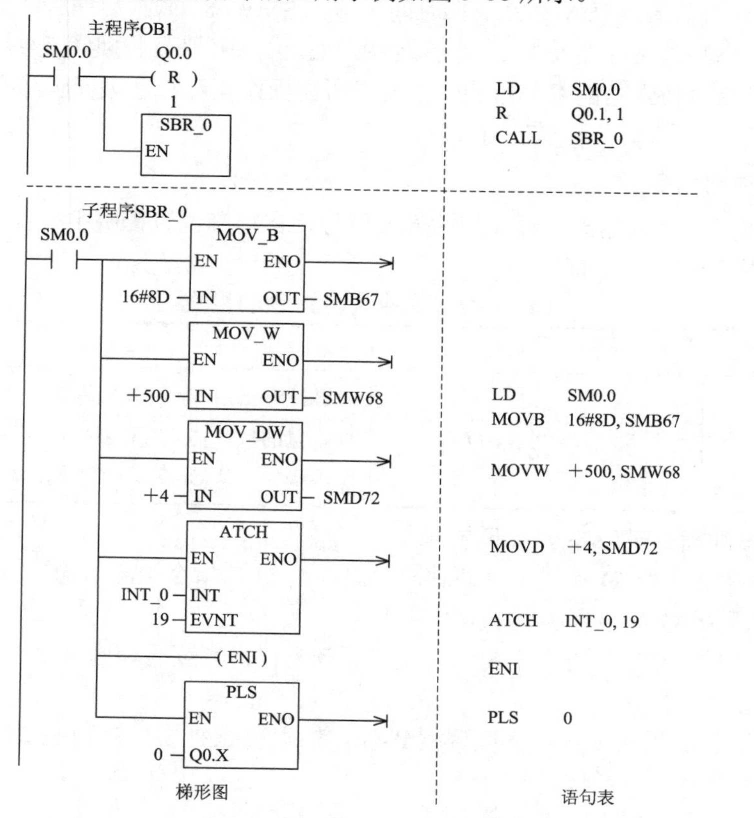

图 5-68 高速脉冲输出指令应用示例

分析：该程序是单段管线高速脉冲串输出 PTO。首次扫描时，将 Q0.0 复位为 0，并调用子程序 SBR_0。在子程序中设置控制字节 SMBB67=16#8D(不更新周期值；不更新脉冲宽度；允许更新输出脉冲数；周期单位是 ms；选择单端管线 PTO 模式；允许 PTO 脉冲输出)，PTO 脉冲周期是ms，脉冲数目是 4 个，使用脉冲串输出完成中断事件(事件号 19)来连接一个中断子程序 INT_0，允许全局中断，执行 PTO 脉冲输出。

实训 5　PLC 延时继电器

1. 实训目的

(1) 了解步进电机的工作原理，学习功能指令的应用。

(2) 进一步掌握 S7-200 PLC 的编程方法。

(3) 掌握 PLC 控制系统的应设计方法。

2. 实训内容

(1) 熟悉 PLC 延时继电器功能要求：

① 可以由人工设定延时时间。

② 由输入开关对计数器进行加 1、减 1 进行延时时间的设定，并显示设定时间。

③ 启动运行启动继电器为 ON，同时进行倒计时延时时间显示，延时时间到，启动继电器为 OF，延时继电器为 ON，同时计数器复位。

(2) 连接 PLC 延时继电器硬件接线。

(3) 利用 STEP7-Micro/WIN V4.0 或 STEP7-Micro/WIN SMART 编写控制程序。

(4) 调试。

3. 实训设备及元器件

(1) S7-200 PLC 实验工作台或 PLC 装置。

(2) 安装有编程软件的 PC。

(3) PC/PPI 通信电缆。

(4) 按钮式开关、导线、7 段显示器等必备器件。

4. 实验操作步骤

(1) I/O 资源分配。PLC 控制系统 I/O 资源分配见表 5-10。

表 5-10　系统 I/O 资源分配表

名　称	代码	地址	名　称	代码	地址
时间设定加 1 按钮	SB1	I0.0	7 段显示器	LED	QB0
时间设定减 1 按钮	SB2	I0.1	启动继电器	KM1	Q1.0
启动及延时按钮	SB3	I1.0	延时继电器	KM2	Q1.1
复位及停止按钮	SB4	I1.2			

(2) 选定 PLC 型号。根据 I/O 资源的配置可知，系统共有 4 个开关量输入点，2 个开关

量输出点。可选用西门子公司的 S7-200 PLC CPU224CN。

(3) 控制系统接线图。按表 5-10 系统 I/O 资源分配外围接线图如图 5-69 所示。PLC 的输入继电器 I0.0.、I0.1、I1.0、11.2 检测来自按钮 SB1、SB2、SB3 和 SB4 输入信号，PLC 的输出继电器 Q1.0、Q1.1，用于驱动外部控制继电器 KM1、KM2，QB0 用于启动 7 段 LED 数码管显示。

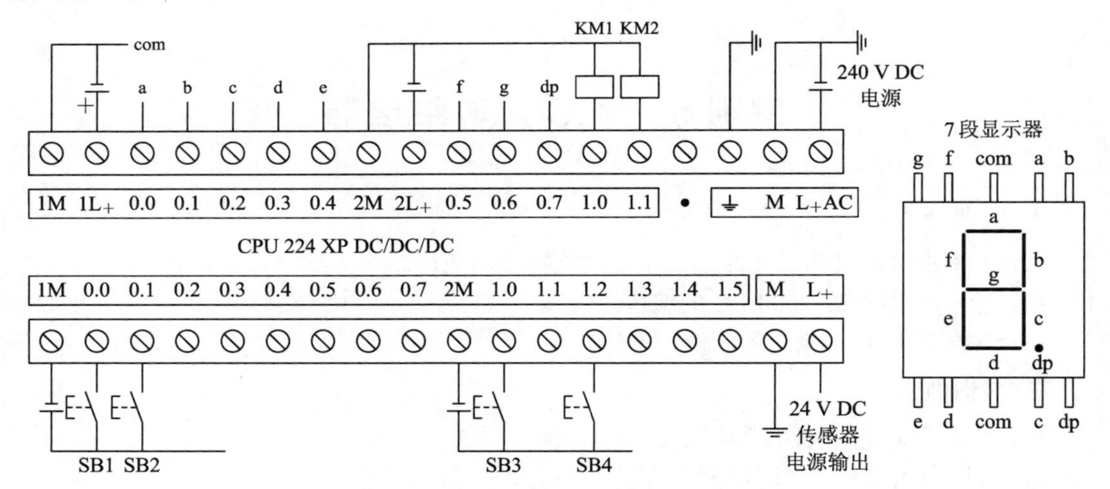

图 5-69 PLC 延时继电器控制接线图

(4) 控制系统软件设计。控制系统梯形图程序如图 5-70 所示。

(5) 编译、保存、下载程序。编译、保存、下载梯形图程序到 S7-200 PLC 中，运行调试程序。

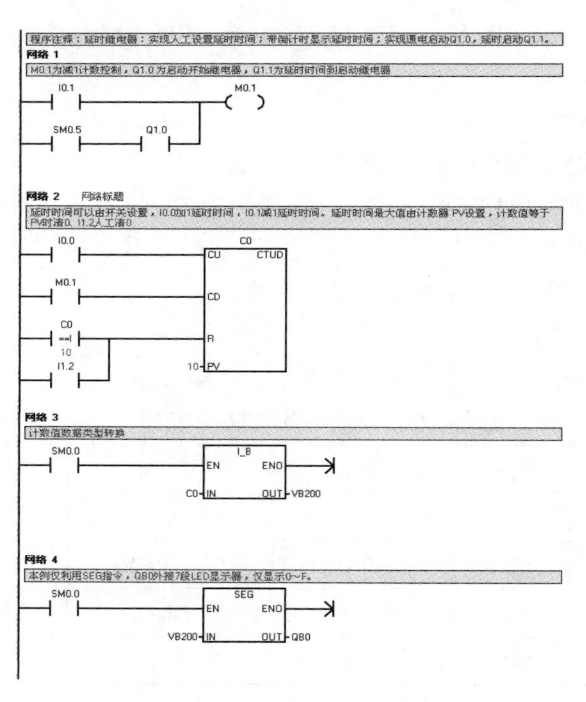

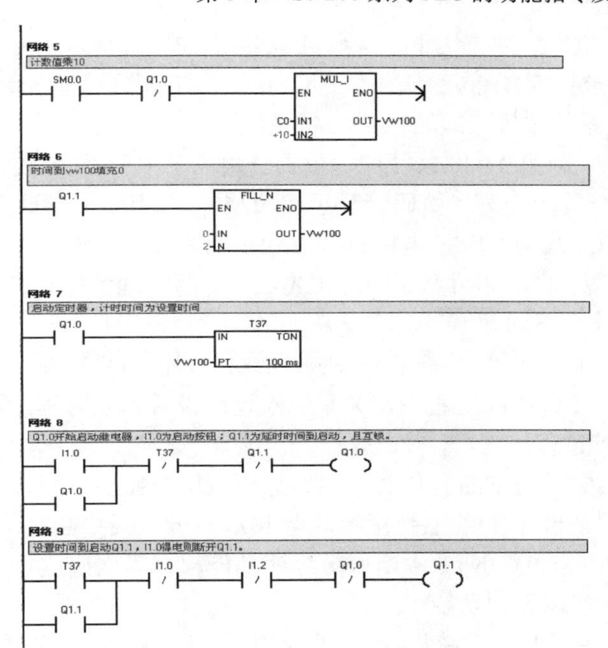

图 5-70　多功能延时继电器

5. 注意事项

(1) 正确选用 7 段 LED 数码管，确定共阴极。

(2) 注意电源极性、电压值是否符合所使用 PLC 供电、输入、输出电路的要求。

6. 实验操作报告

(1) 整理出运行调试后的梯形图程序。

(2) 写出该程序的调试步骤和观察结果。

思考与练习 5

5.1　什么是 PLC 功能指令，常见的功能指令有哪些？

5.2　字节传送、字传送、双字传送、实数传送指令的功能和指令格式有什么异同？

5.3　简述左、右移位指令和循环左、右移位指令的异同。

5.4　编程分别实现以下功能。

(1) 从 VW200 开始的 256 个字节全部清 0。

(2) 将 VB20 开始的 100 个字节数据传送到 VB200 开始的存储区。

(3) 当 I0.1 接通时，记录当前的时间，时间秒值送入 QB0。

5.5　使用 ATT 指令创建表，表格首地址为 VW100，使用表指令找出 2000 数据的位置，存入 AC1 中。

5.6　当 I1.1＝1 时，将 VB10 的数值(0～7)转换为(译码)7 段显示器码送入 QB0 中。

5.7 在输入触点 I0.0 脉冲作用下，读取 4 次 I0.1 的串行输入信号(最先输入的是二进制数的高位)，移位存放在 VB100 的低 4 位；QB0 外接 7 段数码管用于显示串行输入的数据，当 VB100 >=9 时系统报警，编写梯形图程序。

5.8 设 4 个行程开关(I0.0、I0.1、I0.2、I0.3)分别位于 1～4 层位置，开始 Q1.1 控制电机启动，当某一行程开关闭合时，数码管显示相应层号，到达 4 层时，电机停，Q1.0 为 ON，延时 5 秒钟后，Q1.0 为 OFF，电机再次启动，编写梯形图程序。

5.9 什么是中断源、中断事件号、中断优先级、中断处理程序？S7-200 PLC 中断与其他计算机中断系统有什么不同？

5.10 为什么 PLC 中断程序不能完全按照计算机(单片机)中断程序的处理方式设计？

5.11 在 PLC 一次 I/O 中断过程中，如果中断程序设置了延时程序，请根据 PLC 扫描工作原理分析程序执行过程。

5.12 定时中断和定时器中断有什么不同？主要应用在哪些方面？

5.13 编写实现中断事件 1 的控制程序，当 I0.1 有效且开中断时，系统可以对中断 1 进行响应，执行中断服务程序 INT1(中断服务程序功能根据需要确定)。

5.14 利用中断 0 实现下列功能。

当 I0.1 有效且开中断时，系统将 IB0 输入的二进制数据每秒采样 10 次周期性送给 VB100，当 IB0 >= 100 时，点亮 Q0.0 报警，5 s 后自动解除报警。

5.15 说明中断程序的设计步骤。

5.16 高速脉冲的输出方式有哪几种，其作用是什么？

第 6 章　PLC 模拟量采集及 PID 控制回路

在计算机控制系统中，检测到的模拟量必须首先转换为数字量(称为模/数转换或 A/D 转换)，然后输入计算机进行处理。而计算机输出的数字量(控制信号)，需要转换为模拟量(称为数/模转换或 D/A 转换)，以实现对外部执行部件的控制。

在控制系统中，常用的控制规律是 PID 算法，PLC 是通过 PID 控制回路实现 PID 闭环控制的。

6.1　模拟量及闭环控制系统

典型的闭环控制系统是对模拟量进行定值控制的系统，当检测到模拟量在偏离设定值后，系统通过控制器的调节，按一定的规律将其恢复到设定值。

6.1.1　模拟信号获取及变换

在 PLC 作为主控设备的系统中，模拟量信息必须首先经过传感器将其物理量转换为相应的电量(如电流、电压、电阻)，然后进行信号处理、变换成相应的标准量。该标准量通过模/数转换(A/D)单元，将其转换为相应的二进制码表示的数字量后，PLC 才能识别并进行处理。模拟信号的获取过程如图 6-1 所示。

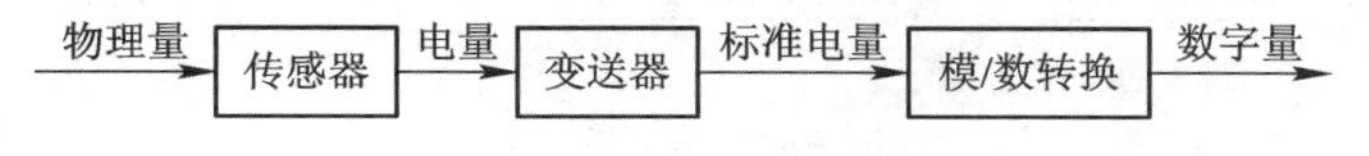

图 6-1　模拟信号获取过程

1. 传感器

能够感受规定的被测量并按照一定的规律转换成相应的输出信号的器件或装置称为传感器。传感器通常由敏感元件、转换元件和转换电路组成。顾名思义，传感器的功能是一感二传，即感受被测信息并传送出去。

在工业生产过程中常用传感器有电阻应变式传感器、热电阻传感器、热电偶传感器、霍尔传感器、光电传感器、压力传感器、涡轮流量传感器等。

2. 变送器

变送器的功能是将物理量或传感器输出的信息量转换为便于传送、显示和设备接收的直流电信号。

变送器输出的单极性直流电信号有 0～5 V、0～10 V、1～5 V、0～20 mA、4～20 mA 等。目前，工业上最广泛采用的是用 4～20 mA 标准直流电流来传输模拟量。S7-200 系列 PLC 模拟量输入/输出扩展模块支持多种不同的单极性(如 0～20 mA 电流)信号和双极性(如 ±5 V 电压)信号。

变送器将物理量转换成 4～20 mA 电流输出，必然要有外电源为其供电，其接线方式一般有二线制、三线制和四线制，如图 6-2 所示。所谓四线制，是指变送器需要两根电源线，加上两根电流输出线；所谓二线制是指变送器需要的电源线和电流输出线共用二根线。目前，二线制传感器在工业控制系统中得到广泛应用。

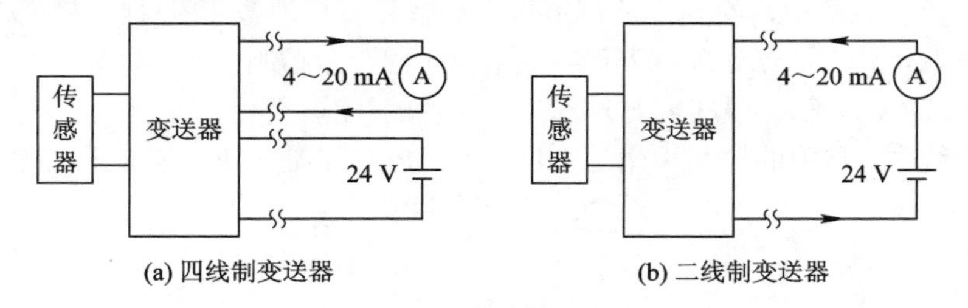

图 6-2　变送器接线方式

由图 6-2 可以看出，两线制变送器，其供电电源、输出电流信号与负载(这里是电流表)串联在一个回路中，图 6-3 为基于热电偶传感器的二线制变送器接线图。

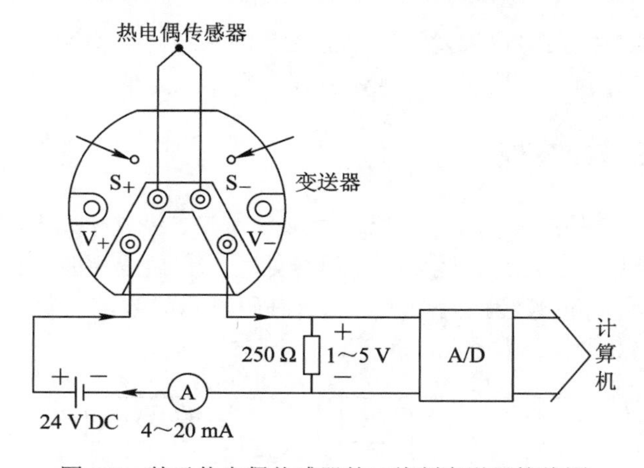

图 6-3　基于热电偶传感器的二线制变送器接线图

在图 6-3 中，被测温度通过热电偶传感器转换为相应的热电势(mV)输入给热电偶变送器，变送器采用二线制供电兼输出接线方式，24 V DC 电源的正极与变送器的 V_+ 连接、负极通过负载(一般为 250 Ω 电阻)与变送器的 V_- 连接，变送器电流输出为与被测温度成线性关系的 4～20 mA 标准信号电流。该电流通过 250 Ω 电阻将其转换为 1～5 V 电压，作为 A/D 转换器的模拟量输入信号，A/D 转换器输出的数字量信号可以直接输入给计算机进行处理。

6.1.2　计算机闭环控制系统

所谓闭环控制是根据控制对象输出参数的负反馈来进行校正的一种控制方式。工业中常用的计算机闭环 PID 控制(回路)系统框图如图 6-4 所示。

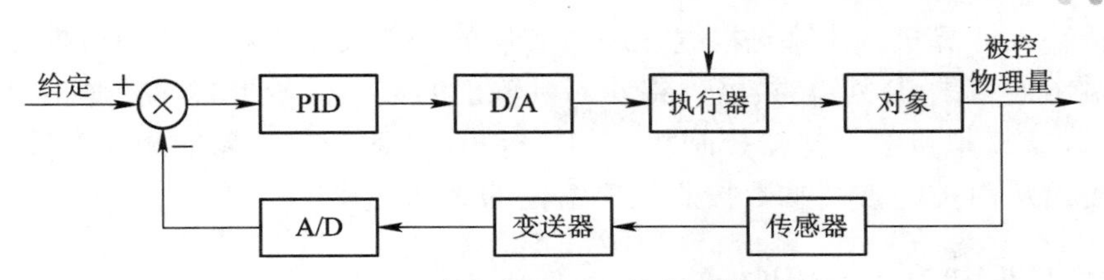

图 6-4　计算机闭环 PID 控制系统框图

一个闭环控制系统一般由以下基本单元组成：

(1) 测量装置。测量装置由传感器、变送器完成对系统输出参数(被控物理量)的测量。

(2) 控制器。控制器由控制设备(如 PLC)实现对输出量与输入量(给定值)比较后的控制算法运算(如 PID 运算)。

(3) 执行器。执行器对控制器输出的控制信号进行放大，驱动执行机构(如调节阀或电动机、或加热器等)实现对被控参数(输出量)的控制。

(4) 对象。对象是需要控制的设备或生产过程。

被控设备(对象)输出的物理量(即被控参数或系统输出参数)，经传感器、变送器、A/D 转换后反馈到输入端，与期望值(即给定值或称系统输入参数)进行相减比较，当二者产生偏差时，对该偏差进行决策或 PID 运算处理，其处理后的信号经 D/A 转换器转换为模拟量输出，控制执行器进行调节，从而使输出参数按输入给定的条件或规律变化。由于系统是闭合的，被控物理量(输出量)的变化经变送器反馈到输入端，与输入量相位相反并进行比较，因此也称闭环控制负反馈系统。

图 6-5 为典型(多参数)计算机闭环控制应用系统结构图，其工作过程简述如下。

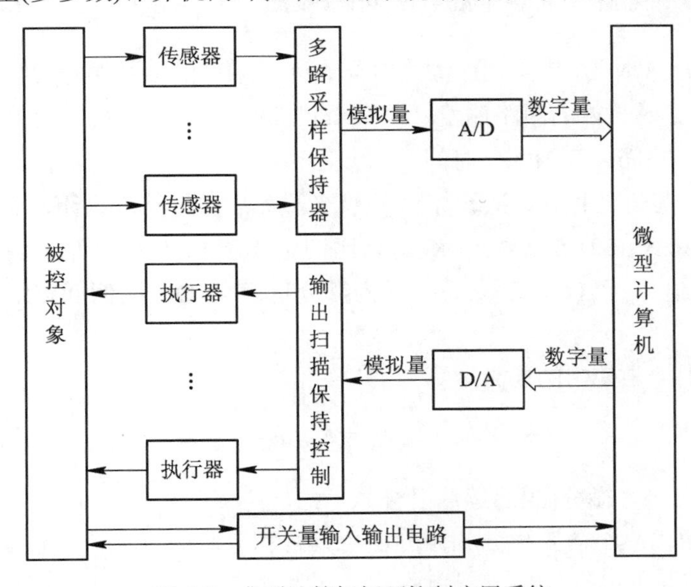

图 6-5　典型计算机闭环控制应用系统

在测控系统中，被控对象中的各种非电量的模拟量(如温度、压力、流量等)，必须经传感器转换成规定的电压或电流信号，如把 0～500℃温度转换成 4～20 mA 标准直流电流输出等。在应用程序的控制下，多路采样开关分时地对多个模拟量进行采样、保持并送入 A/D 转换器进行模/数转换。A/D 转换器将某时刻的模拟量转换成相应的数字量，然后该数字量输入计算机。计算机根据程序所实现的功能要求，对输入的数据进行运算处理后，由输出通道的 D/A 转换器，将计算机输出的数字信号形式的控制信息转换为相应的模拟量，该模拟量经保持器控制相应的执行机构，对被控对象的相关参数进行调节，如此周而复始从而控制被调参数按照程序给定的规律变化。

6.1.3 PID 控制算法及应用特点

在模拟量作为被控参数的控制系统中，为了使被控参数按照一定的规律变化，需要在控制回路中设置比例(P)、积分(I)、微分(D)运算及其运算组合作为控制器的输出信号。S7-200 设置了专用于 PID 运算的回路表参数和 PID 回路指令，可以方便地实现 PID 运算操作。

1. PID 算法

在一般情况下，控制系统主要针对被控参数 PV(又称过程变量)与期望值 SP(又称给定值)之间产生的偏差 e 进行 PID 运算。其数学函数表达式为

$$M(t)=K_{\mathrm{p}}e+K_{\mathrm{i}}\int e\mathrm{d}t+\frac{K_{\mathrm{d}}\mathrm{d}e}{\mathrm{d}t} \tag{6-1}$$

式中，$M(t)$为 PID 运算的输出，M 是时间 t 的函数；e 为控制回路偏差，PID 运算的输入参数；K_{p}为比例运算系数(增益)；K_{i}为积分运算系数(增益)；K_{d}为微分运算系数(增益)。

使用计算机处理式(6-1)，必须将其由模拟量控制的函数通过周期性地采样偏差 e，使其函数中的各参数离散化，为了方便算法实现，离散化后的 PID 表达式可整理为

$$M_n=K_{\mathrm{c}}e_n+K_{\mathrm{c}}\frac{T_{\mathrm{s}}}{T_{\mathrm{i}}}e_n+MX+K_{\mathrm{c}}\frac{T_{\mathrm{d}}}{T_{\mathrm{s}}}(e_n-e_{n-1}) \tag{6-2}$$

式中，M_n为时间 $t=n$ 时的回路输出；e_n为时间 $t=n$ 时采样的回路偏差，即 SP_n与 PV_n之差；e_{n-1}为时间 $t=n-1$ 时采样的回路偏差，即 SP_{n-1}与 PV_{n-1}之差；K_{c}为回路总增益，比例运算参数；T_{s}为采样时间；T_{i}为积分时间，积分运算参数；T_{d}为微分时间，微分运算参数；MX 是所有积分项前值之和，每次计算出 $K_{\mathrm{c}}(T_{\mathrm{s}}/T_{\mathrm{i}})e_n$后，将其值累计入 MX 中。

比较式(6-1)和式(6-2)可以看出：$K_{\mathrm{c}}e_n$为比例运算项 P；$K_{\mathrm{c}}(T_{\mathrm{s}}/T_{\mathrm{i}})e_n$为积分运算项 I(不含 n 时刻前积分值)；$K_{\mathrm{c}}(T_{\mathrm{d}}/T_{\mathrm{s}})(e_n-e_{n-1})$为微分运算项 D；比例回路增益 K_{p}将影响 K_{i}和 K_{d}。

在控制系统中，常使用的控制运算为

$$K_{\mathrm{c}}=K_{\mathrm{p}},\ K_{\mathrm{c}}\frac{T_{\mathrm{s}}}{T_{\mathrm{i}}}=K_{\mathrm{i}},\ K_{\mathrm{c}}\frac{T_{\mathrm{d}}}{T_{\mathrm{s}}}=K_{\mathrm{d}}$$

比例(P)、积分(I)、微分(D)的运算组合如下：

(1) 比例控制(P)：不需要积分和微分，可设置积分时间 $T_{\mathrm{i}}=\infty$，使 $K_{\mathrm{i}}=0$；微分时间 $T_{\mathrm{d}}=0$，使 $K_{\mathrm{d}}=0$，其输出为

$$M_n=K_{\mathrm{c}}e_n$$

(2) 比例、积分控制(PI)：不需要微分，可设置微分时间 $T_{\mathrm{d}}=0$，$K_{\mathrm{d}}=0$。其输出为

$$M_n=K_{\mathrm{c}}e_n+K_{\mathrm{c}}\frac{T_{\mathrm{s}}}{T_{\mathrm{i}}}e_n$$

(3) 比例、积分、微分控制(PID)：可设置比例系数 K_p、积分时间 T_i、微分时间 T_d，其输出为

$$M_n = K_c e_n + K_c \frac{T_s}{T_i} e_n + K_c \frac{T_d}{T_s}(e_n - e_{n-1})$$

2. PID 控制参数的物理意义

1) 比例控制(P)

比例控制是控制系统最基本的控制方式，其控制器的输出量与控制器输入量(偏差)成比例关系，输出量由比例系数 K_p 控制，比例系数越大，比例调节作用越强，系统的稳态误差就会减少。但是比例系数过大，调节作用强，会降低系统的稳定性。比例控制特点是算法简单、控制及时，但系统会存在稳态偏差。

2) 积分控制(I)

积分控制是指控制器的输出量与控制器输入量(偏差)的成积分关系，只要偏差不为零，积分输出就会逐渐变化，一直要到偏差消失。当偏差为 0，系统处于稳定状态时，积分部分不再变化而处于保持状态。因此，积分控制可以消除偏差，提高控制精度。积分控制输出量由积分时间常数 T_i 控制，T_i 越小，积分控制作用就越强，消除偏差的速度就越快，但增加了系统的不稳定性。积分控制一般不单独使用，通常和比例控制组成比例积分(PI)控制器，以实现消除系统稳态偏差。

3) 微分控制(D)

微分控制是指控制器的输出量与控制器输入量(偏差)的成微分关系，或者说，只要系统有偏差的变化率，控制器输出量就按其变化率的大小变化，即使在偏差很小时，其偏差的变化率仍存在，控制器输出仍然会产生较大的变化。微分控制反映了系统变化的趋势，因此，微分控制具有超前控制作用，即把可能即将要产生的较大的偏差提前预测到而实现超前控制。微分控制输出量由微分时间 T_d 控制，微分时间常数越大，微分控制作用就越强，系统动态性能就越能得到改善。但如果微分时间常数过大，系统输出量会出现小幅度振荡，系统的不稳定性增加。微分控制一般和比例、积分控制组成比例积分微分(PID)控制器。

3. 数字化 PID 算法的改善

计算机(PLC)在实现数字化的 PID 算法时，必须考虑数字化的特征，改进和完善 PID 控制算法，以求数字化 PID 控制算法具有有效的控制效果。为此，在数字化 PID 算法中，通常采用了如下措施。

1) 一阶惯性数字滤波

在系统对模拟量信号 PV 信息采集后，采用一阶惯性数字滤波算法滤除 PV 中可能存在的干扰和噪声，然后 PV 再与 SV(设定值)进行比较。

可以编程实现数字滤波常数 $\alpha = T_f/(T_f + T_s)$的设置，α 在 0～1 之间。其中，T_f 为滤波器的时间常数，T_s 为采样周期，时间常数 T_f 越大，则滤波效果越好，但系统的动态性能会变差。

2) 不完全微分 PID

数字化 PID 算法在进行微分运算时，对于阶跃信号等高频(噪声)信号输入时，很容易

引起调节过程产生振荡。同时，由于采样频率必须数倍于(一般选 3～7 倍)输入信号的频率，导致数字 PID 的微分作用只在第一个采样周期内有输出。在第 2 个采样周期，由于输入信号基本不变，因此微分不起作用，这样，使 PID 的微分项输出不能按照偏差的变化趋势产生微分控制作用。

为此，可以在数字 PID 算法中加入低通滤波器，即一阶惯性环节，其传递函数为 $G_f(s)$，组成了不完全微分 PID 控制算法，如图 6-6 所示。

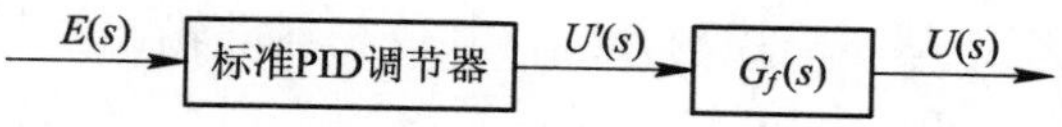

$E(s)$ → 标准PID调节器 → $U'(s)$ → $G_f(s)$ → $U(s)$

图 6-6 不完全微分控制算法

图中，

$$G_f(s)=\frac{U(s)}{U'(s)}=\frac{1}{T_f s+1} \tag{6-3}$$

经整理推导，不完全微分 PID 的增量算式为

$$\Delta u(k)=\alpha\Delta u(k-1)+(1-\alpha)\Delta u'(k)$$

式中

$$\alpha=\frac{T_{\mathrm{f}}}{T_{\mathrm{s}}+T_{\mathrm{f}}}$$

不完全微分的第 k 次采样的 PID 输出为 $\Delta u(k)$，$\Delta u'(k)$为 PID 增量算式的输出。引入不完全微分后，微分输出在第一个采样周期内的脉冲高度下降，PID 控制器的微分作用在其后的采样周期内输出逐渐减弱，这样既起到微分作用，又不易引起振荡，极大地改善了控制效果，标准微分和不完全微分输出响应如图 6-7 所示。

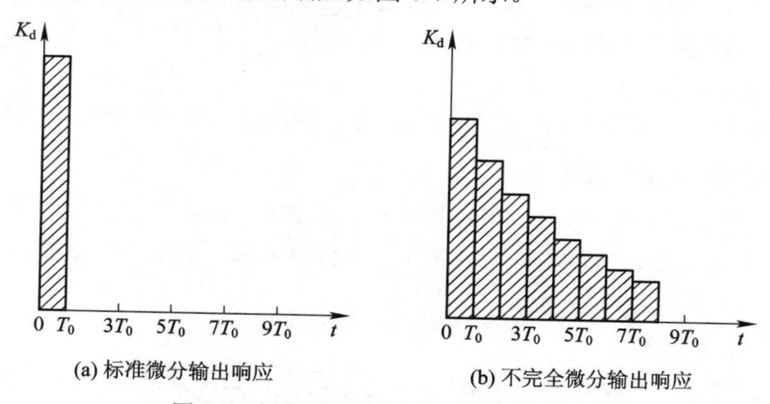

(a) 标准微分输出响应　　(b) 不完全微分输出响应

图 6-7 标准微分和不完全微分输出响应

3) 反馈量微分措施

微分输出与系统偏差的变化率成正比关系，在计算机控制系统中，有时需要改变系统的设定值，这样必然使得偏差(设定值 − 反馈量)产生阶跃变化，使微分输出突变，不利于系统的稳定运行。为了消除设定值变化对系统的影响，使 PID 算法的微分作用只响应反馈量的变化，而对设定值的变化无效，这种算法称为反馈量微分 PID 算法。

4. PID 控制算法(规律)的选择

对于不同的控制对象和要求，可以选择不同的 PID 组合控制(规律)算法。

1) P 控制

P 控制是最基本的控制，一般应用在允许(或需要)偏差存在的控制系统，如某液位控制系统。

2) PI 控制

PI 控制一般应用在系统稳态下不允许偏差存在控制系统，如流量控制系统。

3) PD 控制

PD 控制一般应用在允许偏差存在，但动态偏差不允许有较大脉动的控制系统。

4) PID 控制

PID 控制应用在稳态下不允许存在偏差，且系统有较大滞后作用或要求动态偏差较小的控制系统，如某电加热炉的温度控制系统。

6.2　S7-200 系列 PLC 对模拟信号的处理

模拟信号必须通过 PLC 的模拟量输入通道(模块)进行 A/D 转换后输入 PLC 处理。

6.2.1　模拟量输入/输出模块

在 S7-200 PLC CPU 系列中，能够实现模拟信号处理的仅有 CPU224XP，其内置了 2 输入/1 输出模拟量端口。S7-200 还配备了 3 种模拟量扩展模块，分别为 EM231、EW232、EW235，以满足系统需要。考虑到当前工业生产过程中广泛使用热电偶、热电阻传感器实现对温度的测量，S7-200 配备了 EM231 热电偶输入扩展模块，该模块直接以热电偶输出的电势作为输入信号；配备了 EM231 热电阻输入扩展模块，该模块提供了与多种热电阻作为输入信号的连接接口。

S7-200 提供的以上模拟量处理模块的技术指标在第 2 章中已作详细介绍。

1. 模拟量模块使用注意事项

模拟量控制模块在使用时需要注意的一些问题如下。

1) 12 位数字信号

S7-200 模拟量输入输出模块中使用的(A/D 或 D/A)转换器的数字量位数为 12 位，因此，CPU 对模拟量数据设定为一个字长(2 个字节单元 16 位，其最大数字量范围 65536)，但能够反映模拟量变化的最小单位(分辨率)是满量程的 $1/2^{12}$。

2) 单极性和双极性模拟输入信号

对于模拟量输入模块，单极性模拟信号全量程输入所对应的数字量输出设定为 0～32 000，则对应的二进制数为 00000000 00000000～01111101 10000000。

双极性模拟信号全量程输入所对应的数字量输出范围设定为 −32 000～+32 000。模拟输入信号若为电压，则扩展模块的输入阻抗为 10 MΩ；模拟输入信号若为电流，则扩展模块的输入电阻为 250 Ω，A/D 转换时间小于 250 μs，模拟量阶跃输入的响应时间为 1.5 ms。

3) 模拟量输出信号

S7-200 对模拟量输出模块中使用的 D/A 转换器，其输出模拟量为电流 0～20 mA 或电压±5 V 等，其对应的数字量分别为 0～32 000 或−32 000～+32 000，其输出稳定时间分别为 2 ms 或 100 μs。在电流输出时，其输出回路负载电阻应小于 500 Ω，电压输出时其负载电阻应大于 5 kΩ。

4) 模拟量端口的编址

S7-200 模拟量端口的地址必须从偶数字节开始。

对于模拟量输入模块，CPU 按模块的先后顺序进行地址分配，每个模块占有固定的地址空间。输入通道地址为 AIW0、AIW2、AIW4…；输出通道地址为 AQW0，AQW2、AQW4…。CPU 分配地址时，每个模拟量扩展模块至少占用两个通道地址，因此，在使用多个扩展模块时需要注意。

例如，对于第一个模块(EM235)只有一个输出通道，但占用地址为 AQW0 和 AQW2，因此，对应第二个模块的模拟量输出地址应从 AQW4 开始寻址。

5) 模拟量滤波

一般情况下可以在系统块中设置 S7-200 的模拟量滤波功能，包括采样数、死区电压及需要滤波的模拟量输入通道(如 AIW0)。

如果对某个通道选用了模拟量滤波，CPU 将在每一程序扫描周期前自动读取模拟量输入值，这个值是所设置的采样数的平均值，用户不必再另行编制滤波程序。如果实际模拟量采样值超出平均值一个死区电压以上，则平均值被实际值取代。

死区电压设为 0，表示禁止死区功能，即无论该值有多大的变化，所有的值都进行平均值计算。对于快速响应要求，不要把死区值设为 0，可以将其设为可预期的最大扰动值(满量程 32 000 的 1%＝320)。

模拟量的参数设置(采样数及死区值)对所有模拟量信号输入通道有效。

如果对某个通道不设置滤波功能，则 CPU 不会在程序扫描周期开始时读取平均滤波值，而只在用户程序访问此模拟量通道时，直接读取当时实际值。

6) 模拟输入模块接线

为了保证模拟量输入数据的准确可靠，需要注意以下几点。

(1) 应确保设备接线安装正确、24 V DC 传感器电源无噪声、环境无磁场干扰。

(2) 传感器需使用屏蔽的双绞线并且线路尽可能短。

(3) 未用输入通道端口应短接。

(4) 为确保输入信号范围在所规定的共模电压之内，电源端子 M 应与所有输入通道 A_、B_等相连接。

2. EM235 模拟量扩展模块应用技术规范

在 S7-200 模拟量扩展模块中，EM235 是最常用的模拟量扩展模块，它实现了 4 路模拟量输入和 1 路模拟量输出功能。其常用技术参数见表 6-1。

表 6-1　EM235 的常用技术参数

技术参数	模拟量输入特性	模拟量输出特性
输入点数	4	—
输出点数	—	1
输入范围	电压(单极性)：0～10 V，0～5 V，0～1 V，0～500 mV，0～100 mV，0～50 mV 电压(双极性)：±10 V，±5 V，±2.5 V，±1 V，±500 mV，±250 mV，±100 mV，±50 mV，±25 mV 电流：0～20 mA	—
输出范围	—	电压：±10 V 电流：0～20 mA
数据字格式	双极性：全量程范围为 −32 000～+32 000 V 单极性：全量程范围为 0～32 000	电压：−32 000～+32 000 V 电流：0～32 000
分辨率	12 位 A/D 转换器	电压 12 位，电流 11 位

EM235 模拟量输入输出扩展模块接线如 TX 2.3.2 节的图 2-20 所示。

从图 2-20 中可以看出，扩展模块供电电源电压为 24 V DC(端口 L+ 为电源正极、M 为电源负极)，各通道接线如下：

(1) 输入通道 A：输入通道 A 为电压输入信号，按正、负极直接接入端口 A_+ 和 A_-。

(2) 输入通道 B：输入通道 B 未连接输入信号，则通道要将 B_+ 和 B_- 短接。

(3) 输入通道 C：输入通道 C 为 0～20 mA 电流输入信号，按其电流方向由端口 C_+ 流入、C_- 流出接线，将端口 RC 和 C_+ 短接后接入电流输入信号的“+”端。

(4) 输入通道 D：输入通道 D 为 4～20 mA 电流输入信号，按其电流方向由 D_+ 流入、D_- 流出接线，将 RD 和 D_+ 短接后接入电流输入信号的“+”端，这里提供通道 D 电流输入的显然是二线制变送器的输出电流。

(5) 输出通道：输出通道电流输出范围为 0～20 mA，其负载电阻连接输出端口 IO 和 M0；电压输出范围为 ±10 V，其负载电阻连接端口 VO 和 M0。

对于某一模块，只能将输入端同时设置为一种量程和格式，即相同的输入量程和分辨率。

6.2.2　模拟量/数字量与物理量的标度变换

在模拟通道中，模拟量、数字量、物理量之间存在着不同的对应关系。

S7-200 CPU 内部用数字量表示外部的模拟量信号，两者之间有一定的数学关系。因此，计算机必须对模拟量/数字量之间进行换算或标度变换。

例如，模拟量信号输入信号为 0～20 mA，则在 S7-200 CPU 内部，0～20 mA 对应数字量的范围 0～32 000(十进制表示，下同)；对于 4～20 mA 的信号，由于线性关系，则对应的内部数字量应为 6400～32 000。

又如，有两个压力传感器(含变送器)，其输入压力量程都是 0～10 MPa，其中一个输出信号是 0～20 mA，另一个输出信号是 4～20 mA，在相同的输入压力下，其模拟量输出电流大小不同，显然，在 S7-200 内部的数值表示也不同，两者之间必然存在换算关系。

模拟量输出也存在类似情况。

模拟量转换的目的不仅仅是在 S7-200 CPU 中得到一个 -32 000～0 之类的数值，对于编程和操作人员来说，得到具体的物理量数值(如压力值、流量值)，或者对应物理量占量程的百分比数值，这是换算的最终目标。

注意，如果使用编程软件 Micro/WIN32 中的 PID Wizard(PID 向导)生成 PID 功能子程序(见 6.4 节)，就不必进行 0～20 mA 与 4～20 mA 信号之间的换算，只需进行简单的设置。

设模拟量的标准电信号 A 是 4～20 mA(A_0～A_m)，A/D 转换后数字量 D 为 6400～32 000(D_0～D_m)，设模拟量的输入电流信号是 X(mA)，A/D 转换后的相应数字量为 D，则函数关系 $A=f(D)$可以表示为

$$X=(D-D_0)\times\frac{A_m-A_0}{D_m-D_0}+A_0$$

根据该方程式，可以方便地得出函数关系 $D=f(A)$可以表示为

$$D=(A-A_0)\times\frac{D_m-D_0}{A_m-A_0}+D_0$$

【例 6-1】 压力传感器(含变送器)量程为 $P=P_{max}-P_{min}=16-0=16$ MPa，输出信号是 4～20 mA，模拟量输入模块设置为单极性输入信号 0～20 mA，转换为 0～32 000 数字量。

由线性关系得：0～16 MPa(输出信号是 4～20 mA)对应的数字量为 6400～32 000。

(1) 假设数字量为 D=12 800，则对应的压力值为多少？

传感器输出电流：

$$X=(12\,800-6400)\times\frac{20-4}{32\,000-6400}+4=8\text{ mA}$$

传感器输入压力：

$$P=(X-4)\times\frac{16-0}{20-4}=4\text{ MPa}$$

将 X 代入 P：

$$P=(D-D_0)(A_m-A_0)(D_m-D_0)\times\frac{P_{max}-P_{min}}{A_m-A_0}$$

假设该模拟量输入模块与 AIW0 对应，则当 AIW0 的值为 12 800 时，相应的模拟电信号 8 mA，相应的压力值为 4 MPa，则用户可以编程实现对压力 P 直接显示。

(2) 假设输入压力为 8 MPa，则对应的数字量是多少？

传感器输出电流：

$$X=\frac{8}{(16-0)/(20-4)}+4=12\text{ mA}$$

数字量：

$$D=(12-4)\times\frac{32\,000-6400}{20-4}+6400=19\,200$$

【例 6-2】 模拟量编程示例。采用 CPU 222PLC，仅带一个模拟量扩展模块 EM235，

该模块的第一个通道地址为 AIW0，输入端连接一块温度变送器，该变送器输入量程 $T_{max}-T_{min}=100℃$，输出电流为 4～20 mA。则温度 T 与 AIW0 单元数字量 D 转换关系为

$$T=\frac{(D-D_0)(A_m-A_0)}{D_m-D_0}\times\frac{T_{max}-T_{min}}{A_m-A_0}=\frac{(\mathrm{AIW0}-6400)(20-4)}{32\,000-6400}\times\frac{100-0}{20-4}=\frac{\mathrm{AIW0}-6400}{256}$$

数字量转换为温度值梯形图程序如图 6-8 所示。

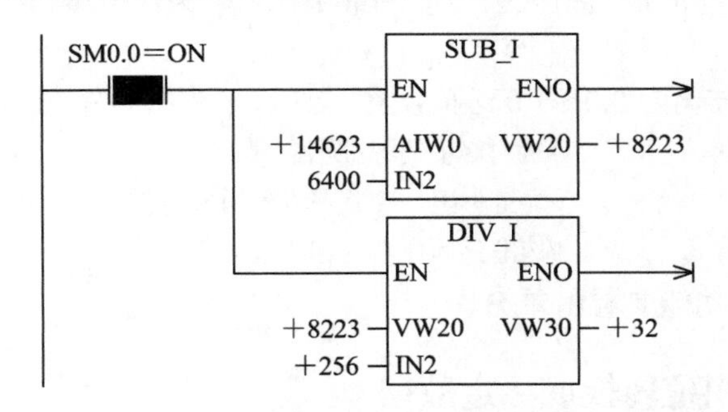

图 6-8　数字量转换为温度值梯形图程序

编译并运行程序，观察程序状态，VW30 即为实际温度值。

6.3　PID 控制指令及应用

S7-200 系列 PLC 设置了专用于 PID 运算的回路表参数和 PID 回路指令，可以较为方便地实现闭环 PID 控制系统。

6.3.1　PID 回路输入转换及标准化数据

1. PID 回路

S7-200 为用户提供了 8 条 PID 控制回路，回路号为 0～7，即可以使用 8 条 PID 指令实现 8 个回路的 PID 运算。

2. 回路输入转换及标准化数据

每个 PID 回路有两个输入量，给定值 SP 和过程变量(测量值)PV。一般控制系统中，给定值通常是一个固定的值。由于给定值和过程变量都是现实世界的某一物理量值，其大小、范围和工程单位都可能有差别，因此，在 PID 指令对这些物理量进行运算之前，必须对它们及其他输入量进行标准化处理，即通过程序将它们转换成标准的浮点型(0.0～1.0)表达形式，以便于 PID 指令进行运算，其过程如下。

(1) 将 PLC 读取的输入参数(16 位整数值)转成浮点型实数值，其实现方法可通过下列指令序列实现。

```
ITD AIW0，AC0          //将输入值转换为双整数
DTR AC0，AC0           //将 32 位双整数转换为实数
```

(2) 将实数值表达形式转换成 0.0～1.0 之间的标准化值，可采用下列公式实现。

$$R_{norm}=\frac{R_{raw}}{S_{pan}}+\text{Offset} \tag{6-5}$$

式中，R_{norm} 为经标准化处理后对应的实数值；R_{raw} 为没有标准化的实数值或原值；R_{norm} 变化范围在 0.0～1.0 时，Offset 为 0.0(单极性)；R_{norm} 在 0.5 上下变化时 Offset 为 0.5(双极性)；S_{pan} 为值域大小，即可能的最大值减去可能的最小值；单极性典型值为 32 000，双极性典型值为 64 000。

把双极性实数标准化为 0.0～1.0 之间实数可通过下列指令序列实现：

```
/R 64000.0, AC0          //累加器中的标准化值
+R 0.5, AC0              //加上偏置，使其在 0.0～1.0 之间
MOVR AC0, VD100          //标准化的值存入回路表
```

上述指令/R、+R 功能参看附录 B。

6.3.2 PID 回路输出值转换成标定数据

PID 回路输出值一般用来控制系统的外部执行部件(如电炉丝加热、电动机转速等)，由于执行部件 PID 回路输出的是 0.0～1.0 之间标准化的实数值，对于模拟量控制的执行部件，回路输出在驱动模拟执行部件之前，必须将标准化的实数值转换成一个 16 位的标定整数值，这一转换，是上述标准化处理的逆过程。转换过程如下：

(1) 将回路输出转换成一个标定的实数值，转换公式为

$$R_{scal}=(M_n-\text{Offset})*S_{pan} \tag{6-5}$$

式中，R_{scal} 为回路输出按工程标定的实数值；M_n 为回路输出的标准化实数值；Offset 为 0.0(单极性)或 0.5(双极性)；S_{pan} 为值域大小，单极性典型值为 32 000，双极性典型值为 64 000。

实现这一过程的指令序列如下。

```
MOVR VD108, AC0          //把回路输出值移入累加器(PID 回路表首地址为 VB100)
—R   0.5,   AC0          //仅双极性有此句
*R   64000.0, AC0        //在累加器中得到标定值
```

上述指令/R、*R 功能参看附录Ⅱ。

(2) 然后把回路输出标定实数值转换成 16 位整数，可通过下面的指令序列来完成。

```
ROUND AC0，AC0           //把 AC0 中的实数转换为 32 位整数
DTI   AC0, LW0           //把 32 位整数转换为 16 位整数
MOVW   LW0，AQW0         //把 16 位整数写入模拟输出寄存器
```

6.3.3 正作用和反作用回路

由于系统的各个环节(执行器、对象)输入输出之间的正反作用是由生产工艺需求决定的，因此，必须确定包括 PID 回路在内的闭环控制系统为负反馈，才能保证控制质量指标。如果系统为正反馈，则系统输出得不到控制，引起系统发散甚至崩溃。

为了保证系统实现负反馈，在控制对象、执行机构的正反作用确定后，必须正确选择

PID 控制器(回路)输入与输出之间的正、反作用。在程序设计时，如果选择为正作用，PID 输出表达式(回路增益)为正号；如果选择为反作用，PID 输出表达式(回路增益)为负号。对于增益值为 0.0 的 I 或 D 控制，如果设定积分时间、微分时间为正，就是正作用回路；如果设定其为负值，就是反作用回路。

1. 确定各环节正反作用

例如，某制冷系统的执行机构是控制电动机的转速，确定各环节的正反作用如下：

(1) 电动机转速↑，对象的温度↓，对象环节为反作用。

(2) 执行机构电动机的(输入)控制信号(即 PID 控制器输出信号)↑，电动机转速↑，执行机构为正作用。

(3) 温度传感器一般为正作用。

2. 确定控制器的正反作用

如何确定确定控制器的正反作用呢？根据偏差的产生(或计算公式)有以下两种情况。

(1) 设偏差 e = SV(给定值) − PV(测量值)，工作过程如下：

① 当系统输出温度的测量值↑，偏差 e↓(反方向变化)。

② 如果选择 PID 控制器为正作用，则控制器输出信号也↓。

③ 执行机构输入信号也↓，电动机转速下降↓，对象的温度↑，显然系统为正反馈。因此，在这种情况下，该系统的 PID 控制必须取反作用才能保证控制系统为负反馈。

(2) 设偏差 e = PV(测量值) − SV(给定值)，工作过程如下：

① 当系统输出温度的测量值↑，偏差 e↑。

② 如果选择 PID 控制器为正作用，则控制器输出信号↑。

③ 执行机构输入信号也↑，电动机转速上升↑，对象的温度↓，显然系统为负反馈。因此，在这种情况下，该系统的 PID 必须取正作用才能保证控制系统为负反馈。

3. 确定 PLC 中 PID 指令的正反动作

在 PLC 的 PID 控制指令中对 PID 正反动作的一般规定如下：

(1) 反动作(作用)是指当前值(测量值 PV)大于设定值 SV 时，PID 控制器输出量增加。例如，对空调(执行机构)的控制，空调未启动时室温上升，超过设定值，则启动空调。

(2) 正动作(作用)是指当前值(测量值 PV)小于设定值 SV 时，PID 控制器输出量增加。例如，加热炉，当炉温低于设定值时控制器输出信号增加，控制加热装置以升高炉温。

显然，S7-200 PLC 的 PID 指令中的偏差是按 e=SV(给定值) − PV(测量值)来计算的。

6.3.4　回路输出变量范围、控制方式及特殊操作

1. 过程变量及范围

过程变量和给定值是 PID 运算的输入值，因此回路表中的这些变量只能被 PID 指令读而不能被改写，而输出变量是由 PID 运算产生的，所以在每一次 PID 运算完成之后，需更新回路表中的输出值，输出值被限定在 0.0～1.0 之间。当输出由手动转变为自动控制时，回路表中的输出值可以用来初始化输出值。

如果使用积分控制，积分项前值要根据 PID 运算结果更新。该更新后的值用作下一次

PID 运算的输入，当计算输出值超过范围(大于 1.0 或小于 0.0)时，积分项前值必须根据下列公式进行调整：

当输出 $M_n > 1.0$ 时，有

$$MX = 1.0 - (MP_n + MD_n)$$

当输出 $M_n < 0.0$ 时，有

$$MX = -(MP_n + MD_n)$$

式中，MX 为积分前项值；MP_n 为第 n 采样时刻的比例项值；MD_n 为第 n 个采样时刻的微分项值；M_n 为第 n 采样时刻的输出值。

这样调整积分前项值，一旦输出回到范围后，可以提高系统的响应性能。而且积分前项值限制在 0.0～0.1 之间，在每次 PID 运算结束时，把积分前项值写入回路表，以备在下次 PID 运算中使用。

在实际运用中，用户可以在执行 PID 指令以前修改回路表中积分项前值，以求对控制系统的扰动影响最小。手工调整积分项前值时，应保证写入的值在 0.0～1.0 之间。

回路表中的给定值与过程变量的差值(e)主要用于 PID 运算中的差分运算，用户最好不要修改此值。

2. 控制方式

S7-200 的 PID 回路没有设置控制方式，只有当 PID 盒接通时，才执行 PID 运算。在这种意义上说，PID 运算存在一种“自动”运行方式。当 PID 运算不被执行时，称之为“手动”模式。

同计数器指令相似，PID 指令有一个使能位，当该使能位检测到一个信号的正跳变(从 0 到 1)时，PID 指令执行一系列的动作，使 PID 指令从手动方式无扰动地切换到自动方式。为了达到无扰动切换，在转变到自动控制前，必须把手动方式下的输出值填入回路表中的输出栏中。PID 指令对回路表中的值进行下列动作，以保证当使能位正跳变出现时，从手动方式无扰动切换到自动方式：

$$置给定值(SP_n)=过程变量(PV_n)$$

$$置积分项前值(MX)=输出值(M_n)$$

3. 特殊操作

特殊操作是指故障报警、回路变量的特殊计算、跟踪检测等操作。虽然 PID 运算指令简单、方便且功能强大，但对于一些特殊操作，则必须使用 S7-200 支持的基本指令来实现。

6.3.5 PID 回路表

回路表用来存放控制和监视 PID 运算的参数，每个 PID 控制回路都有一个确定起始地址(TBL)的回路表。每个回路表长度为 80 字节，0～35 字节(36～79 字节保留给自整定变量)用于填写 PID 运算公式的 9 个参数，这些参数分别是过程变量当前采样值(PV_n)，过程变量前一采样值(PV_{n-1})，给定值(SP_n)、输出值(M_n)、增益(K_c)、采样时间(T_s)、积分时间(T_i)、微

分时间(T_d)和积分项前值(MX)，其回路表格式见表 6-2。

表 6-2　PID 回路表

地　址	参数(域)	数据格式	类型	数据说明
表起始地址 + 0	过程变量(PV_n)	实数	IN	范围在 0.0～1.0 之间
表起始地址 + 4	设定值(SP_n)	实数	IN	范围在 0.0～1.0 之间
表起始地址 + 8	输出(M_n)	实数	IN/OUT	范围在 0.0～1.0 之间
表起始地址 + 12	增益(K_c)	实数	IN	比例常数可大于 0 或小于 0
表起始地址 + 16	采样时间(T_s)	实数	IN	单位：s(正数)
表起始地址 + 20	积分时间(T_i)	实数	IN	单位：min(正数)
表起始地址 + 24	微分时间(T_d)	实数	IN	单位：min(正数)
表起始地址 + 28	积分前项(MX)	实数	IN/OUT	在 0.0～1.0 之间
表起始地址 + 32	过程变量前值(PV_{n-1})	实数	IN/OUT	上一次执行 PID 指令时的过程变量

注：表中偏移地址是指相对于回路表的起始地址的偏移量。

其中，采样时间(周期 T_s)是指在一次采样周期内进行一次数字化的 PID 运算，周而复始地连续执行 PID 控制程序。

采样周期越小，采样值越能反映模拟量的真实变化情况，但采样频率过高，在采样值发生突变但其相邻两次的采样值几乎不变时，其数字化的微分控制将失去作用。采样周期的选择应保证在被控量最大变化时，有足够多的采样点数再现模拟量中比较完整的信息。一般采样频率应在被采样模拟信号频率的 7 倍以上。

根据过程控制应用实例中的经验数据，常用过程控制测量参数的采样周期数据约为：温度 8 s；流量 1 s；压力 4 s；液位 6 s；成分分析 8 s。

注意：PID 的 8 个回路都应有对应的回路表，可以通过数据传送指令完成对回路表的操作。

6.3.6　PID 回路指令

PID 运算通过 PID 回路指令来实现，其指令格式如图 6-9 所示。图中，EN 为启动 PID 指令输入信号；TBL 为 PID 回路表的起始地址(由变量存储器 VB 指定字节性数据)；LOOP 为 PID 控制回路号(0～7)。

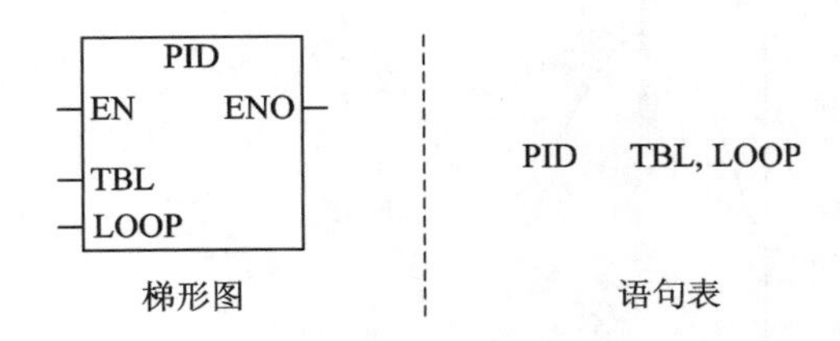

图 6-9　PID 回路指令的指令格式

在输入有效时，根据回路表(TBL)中的输入配置信息，对相应的 LOOP 回路执行 PID 回路计算，其结果经回路表指定的输出域输出。

在使用 PID 回路指令时，应注意以下几个方面：

(1) 在使用该指令前，必须建立回路表，因为该指令是以回路表 TBL 提供的过程变量、设定值、增益、积分时间、微分时间、输出等进行运算的。

(2) PID 指令不检查回路表中的一些输入值，必须保证过程变量和设定值在 0.0～1.0 之间。

(3) 该指令必须使用在以定时产生的中断程序中。

(4) 如果指令指定的回路表起始地址或 PID 回路号操作数超出范围，则在编译期间，CPU 将产生编译错误(范围错误)，从而编译失败；如果 PID 算术运算发生错误，则特殊存储器标志位 SM1.1 置 1，并且中止 PID 指令的执行。在下一次执行 PID 运算之前，应改变引起算术运算错误的输入值。

6.3.7 PID 参数工程整定

在稳定系统中，如果系统受到干扰偏离平衡状态，但经过控制器的调整仍然能够恢复到一个新的稳态(静态)，这个所谓的调整就是对 PID 参数进行设置。

如何确定 PID 算法中的比例增益 K_p、积分时间 T_i、微分时间 T_d (PID 参数设置)，是决定系统动态过程及静态指标的重要因素。

PID 参数设置又称为 PID 参数工程整定，常用的整定方法有临界比例(度)法、衰减曲线法、反应曲线法及经验法。

1. 临界比例(度)法整定方法

临界比例(度)法整定步骤如下：

(1) 在系统闭环的情况下，将控制器的积分时间 $T_i = \infty$，微分时间 $T_d = 0$，比例放大倍数 K_c 取 1。

(2) 使 K_c 由小向大逐步改变。每改变一次 K_c 值，给定系统施加一个阶跃干扰，同时观察被控变量的变化情况。若测量值(被控变量)的过渡过程呈衰减振荡，则继续增大 K_c 值；若被控变量的过渡过程呈发散振荡，则应减小 K_c 值，直至过渡过程出现等幅振荡，如图 6-10 所示。

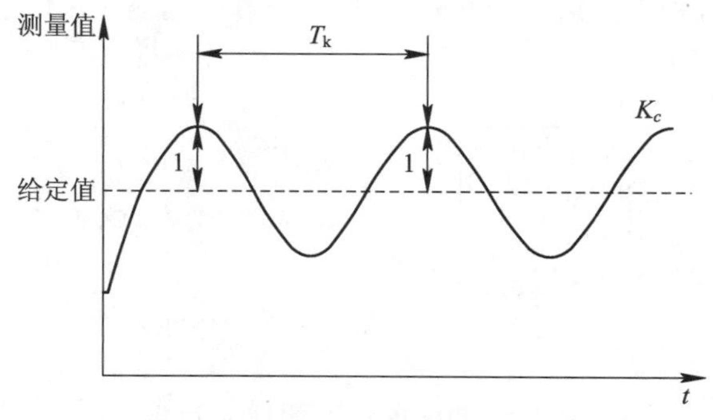

图 6-10　测量值的临界等幅振荡

(3) 图 6-10 所示的过渡过程称为临界振荡过程。这时的 K_c 为临界放大倍数，振荡周期 T_k 则称临界周期。可以根据 K_c 和 T_k 试验数据，按表 6-3 给出的经验公式，计算出当采用不同类型的控制器时，使系统的过渡过程峰值呈 4∶1 衰减振荡状态(希望的动态过程)的控制器参数值。

临界比例(度)整定 PID 控制器参数经验公式见表 6-3。

表 6-3　临界比例(度)整定 PID 参数整定经验公式

控制算法	控制算法参数		
	P	I	D
P	$0.5K_c$	∞	0
PI	$0.4K_c$	$0.8T_k$	0
PID	$0.6K_c$	$0.5T_k$	$0.12T_k$

表 6-3 中的 PID 参数可以看出，纯比例控制的比例系数是临界比例系数 K_c 的 0.5 倍。这表明在系统等幅振荡的情况下，要想获得系统衰减振荡状态的过渡过程，应该降低 K_c，使控制作用适当减弱。

2. 经验整定方法

工程中广泛使用的是 PID 参数的经验整定方法。所谓经验整定方法是长期 PID 整定经验的总结和体现，要遵循控制系统的基本规律。

设第 n 次采样时的标准 PID 输出为

$$M_n = K_c e_n + K_c \frac{T_s}{T_i} e_n + K_c \frac{T_d}{T_s}(e_n - e_{n-1})$$

其中，比例增益、积分时间和微分时间分别为 K_c、T_i 和 T_d。可以看出，K_c 越大、T_i 越小，T_d 越大，则 PID 输出 M_n 就越大，反之越小。M_n 越大，代表 PID 控制作用越强。PID 控制作用越强，消除偏差的能力越强，但系统输出的工作频率增加(即不稳定性增加)。反之，M_n 越小，代表 PID 控制作用越弱，系统消除偏差的能力越弱，系统输出的工作频率减小。

根据以上思想，经验整定方法，可以依据系统参数曲线进行 PID 参数整定，以使系统达到最佳状态，可以根据以下方面进行。

(1) 为了保证系统的安全，在调试开始时应设置比例增益系数不要太大，积分时间不要太小，微分时间不要太大，即设置 PID 输出量小一些，控制作用弱一些，以避免出现异常情况。

(2) 在干扰作用下，当系统测定值产生较大偏差时，说明控制作用太弱，可以适当选择增加比例增益或减小积分时间或增加微分时间及其组合。

(3) 当系统测定值产生振荡时，说明控制作用太强，可以适当选择减小比例增益或增大积分时间或减小微分时间及其组合。

(4) 微分作用强，可以减小系统的最大偏差，但系统容易产生振荡且频率较高。

(5) 如果系统消除偏差的时间长，需要增强积分作用，即适当减小积分时间；如果积分作用太强，系统消除偏差的能力强，但系统的振荡频率提高，即不稳定性增加，这时可适当减小比例增益。

(6) 如果是纯比例控制，比例作用太强，则系统偏差减小，但系统稳态时不能消除偏差。

PID 参数的整定是一个综合的、各参数互相影响的过程，实际调试过程中需要多次尝试对其反复调整，才能得到比较好的效果。

6.3.8 PID 编程步骤及应用

综合前面几节所述，下面结合某一水箱的水位控制来说明 PID 控制程序编写步骤。

水箱控制要求如下：

(1) 被控参数(过程变量)：水箱水位，通过液位变送器产生与水位下限～上限线性对应的单极性模拟量。

(2) 设定值：满水箱水位液位的 60%=0.6。

(3) 调节参数：通过控制水箱进水调节阀门的开度调节水位，回路输出单极性模拟量控制调节阀开度(0%～100%)。

(4) 要求水位维持在设定值，在水位发生变化时，快速消除余差。

根据以上要求，控制系统宜采用 PI 或 PID 控制回路，设正回路可构成控制系统为闭合负反馈系统，依据工程设备特点及经验参数，初步设置 PID 回路参数为

增益：$K_c=0.5$

积分时间：$T_i=35$ min

微分时间：$T_d=20$ min

采样时间：$T_s=0.2$ s(采用定时中断周期为 200 ms 实现)

PID 回路参数主要是设置增益 K_c、积分时间 T_i、微分时间 T_d，这些参数直接影响控制系统的调节性能，由前已述及的 PID 调节输出数学表达式可知，增益 K_c 增大、积分时间 T_i 减小、微分时间 T_d 增加，其输出量增加，调节作用增强，对被调参数变化的影响就大，但系统的不稳定性就会增加。因此，要根据被控对象的动态特性及系统运行时被调参数变化情况对 PID 回路参数进行反复调整，直至系统达到所期望的工作状态。对 PID 参数进行调整的这一过程通常称为 PID 参数工程整定。

在实际工程中，系统的输入信号(如量程、零点迁移、A/D 转换等)、输出信号(如 D/A 转换、负载所需物理量等)及 PID 参数整定等工程问题都要综合考虑及处理。

下面仅给出 PID 控制回路的编程步骤及程序。

(1) 首先指定内存变量区回路表的首地址(设为 VB200)。

(2) 根据表 6-2 格式及地址，设定值 SP_n 写入 VD204(双字，下同)、增益 K_c 写入 VD212、采样时间 T_s 写入 VD216、积分时间 T_i 写入 VD220、微分时间 T_d 写入 VD224、PID 输出值由 VD208 输出。

(3) 设置定时中断初始化程序，PID 指令必须使用在定时中断程序中(中断事件号为 10 或 11)。

(4) 读取过程变量模拟量 AIW2，并进行回路输入转换及标准化处理后写入回路表首 VD200。

(5) 执行 PID 回路运算指令。

(6) 对 PID 回路运算的输出结果 VD208 进行数据转换后送入模拟量输出 AQW0，作为控制调节阀的信号。

在实际工程中，还要设置参数报警、手动←→自动无扰动切换等操作。

PID 回路表和定时 0 中断初始化子程序如图 6-11 所示，PID 运算中断处理程序图 6-12 所示。

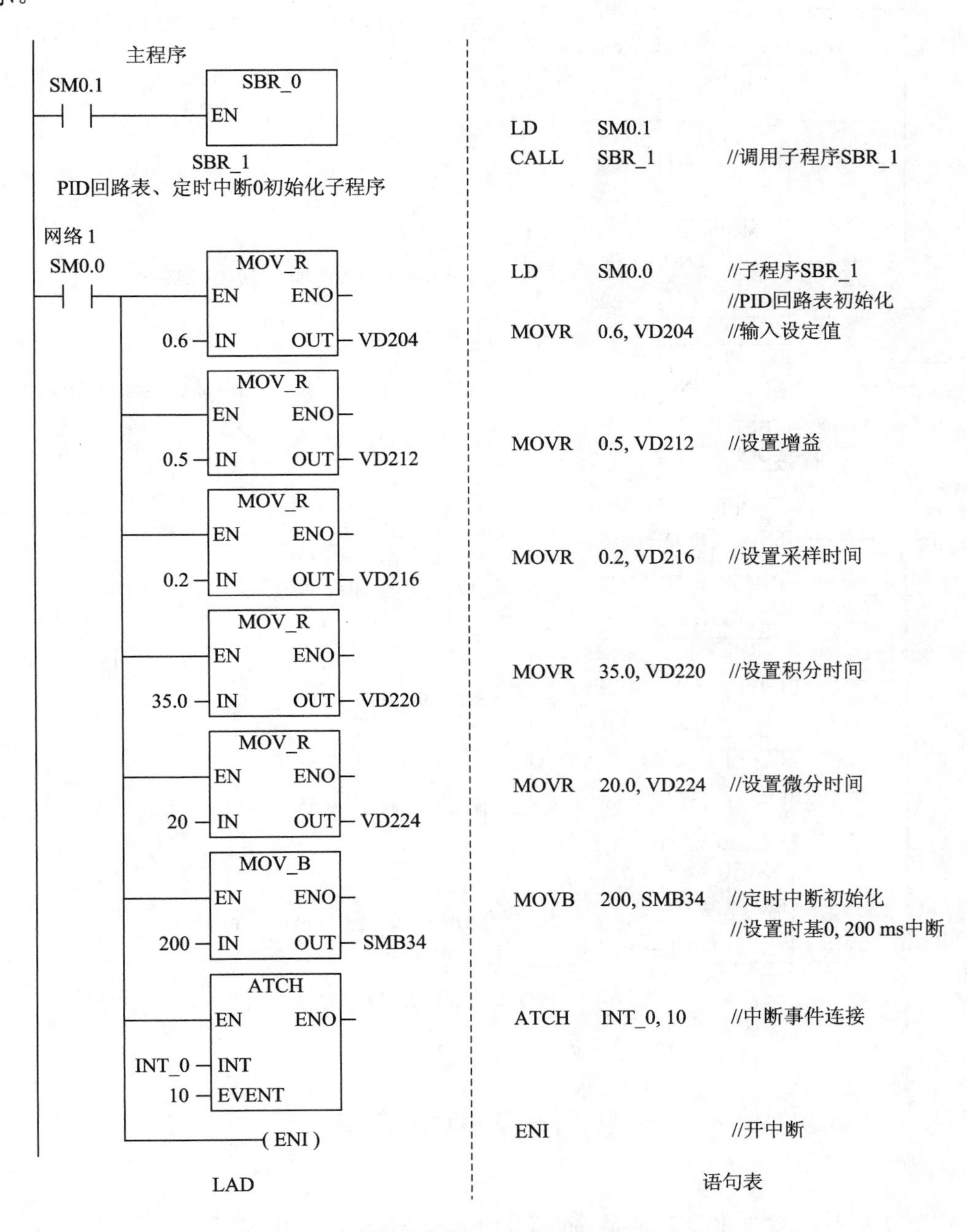

图 6-11　PID 回路表和定时 0 中断初始化子程序

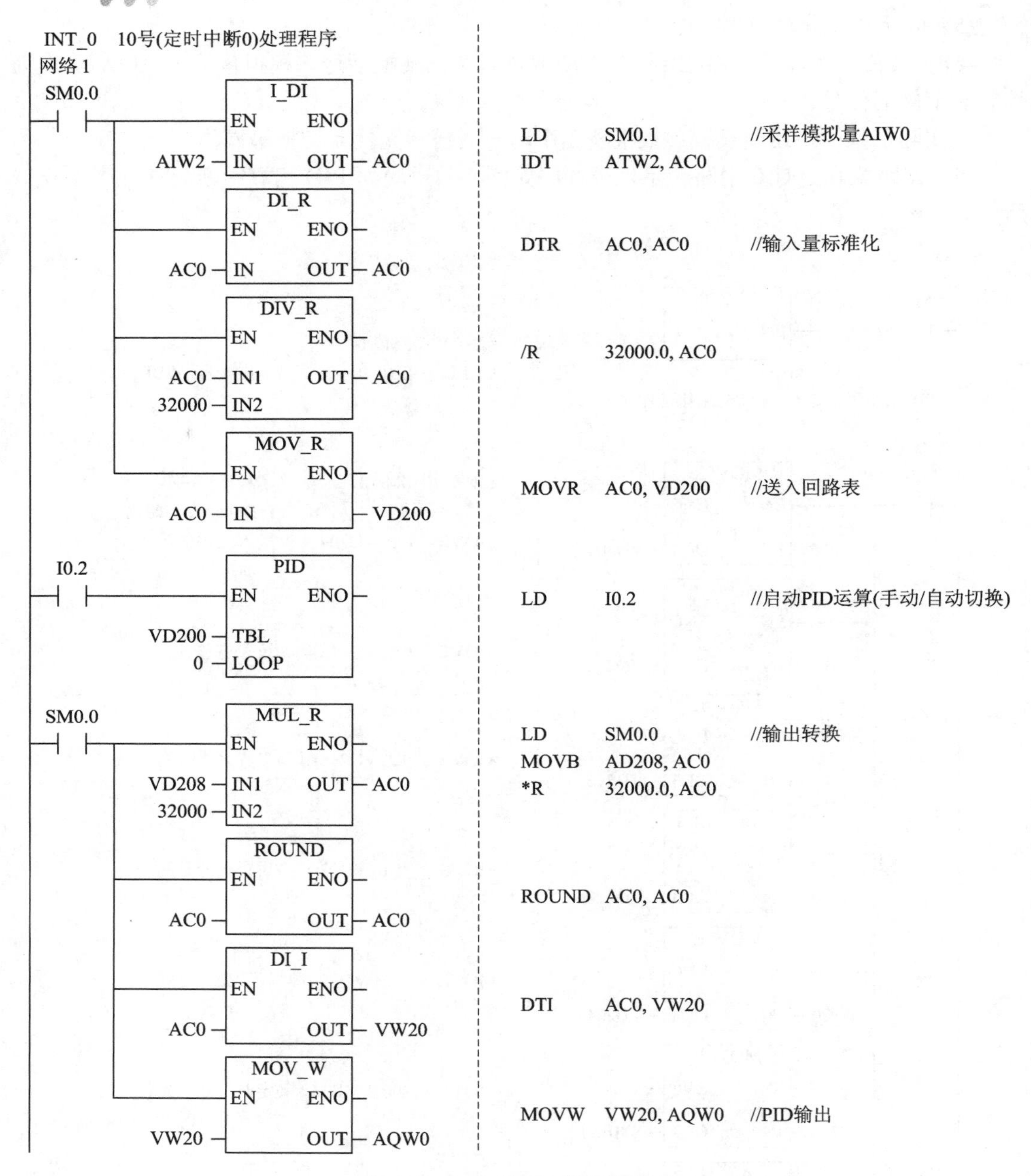

图 6-12 PID 运算中断处理程序

6.4 PID 指令向导

S7-200 系列 PLC 的 PID 功能是通过 PID 指令来实现的。PID 指令执行前后，需要编程设置 PID 回路表、进行各种数据类型的转换等操作。为了更方便地应用 PID 指令，在 SETP

7-Micro/WIN V4.0 编程环境中，提供了通过 PID 向导生成 PID 指令和程序，而不需要进行繁琐的数据转换，用户可以通过在程序中直接调用 PID 指令。

1. 利用 PID 指令向导生成 PID 指令(子程序)

下面通过 PID 指令向导介绍 PID 指令的生成过程。

(1) 运行 SETP 7-Micro/WIN V4.0，在如图 6-13 所示的指令树中，单击“向导”→“PID”，或单击菜单工具中的“指令向导”，选择“PID”，单击“下一步”，弹出“PID 回路选择”对话框，如图 6-14 所示。

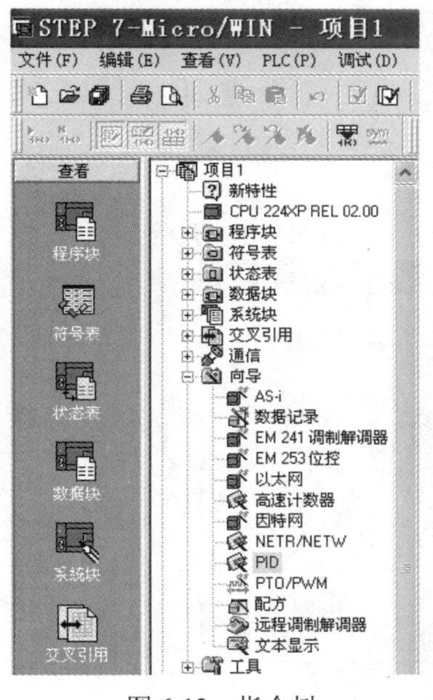

图 6-13　指令树

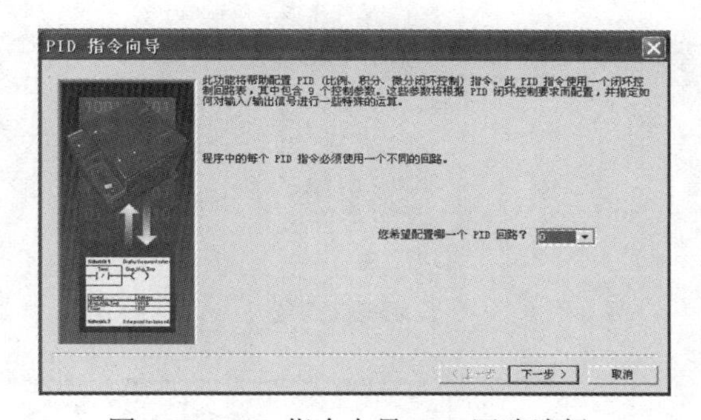

图 6-14　PID 指令向导-PID 回路选择

在对话框中，设置 PID 回路(0～8)，可以选择“0”回路。

(2) 单击“下一步”按钮，弹出“PID 参数设置”对话框，如图 6-15 所示。

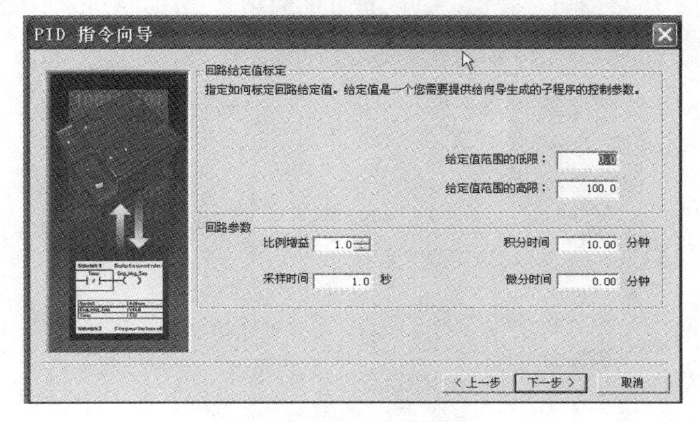

图 6-15　PID 参数设置

这里可以设置给定值的实数范围(0.0～100.0，表示占测量值的百分比)；输入回路 PID 参数及采样时间。

(3) 单击“下一步”按钮，弹出“回路输入输出参数”对话框，如图 6-16 所示。

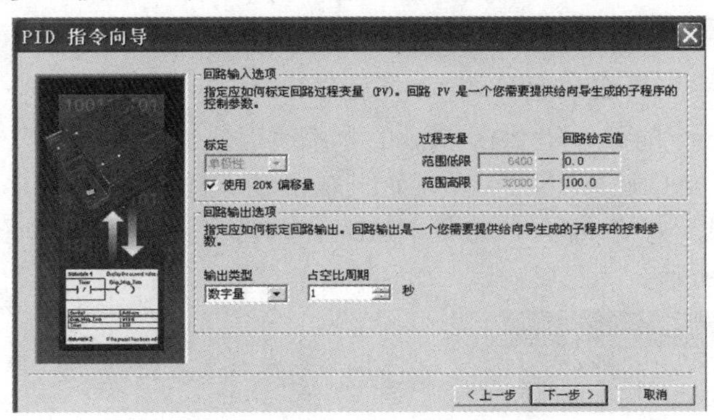

图 6-16　回路输入输出参数

这里可以根据用户需要选择输入量类型和输出量类型。

(4) 单击“下一步”按钮，弹出“回路报警”对话框，如图 6-17 所示。

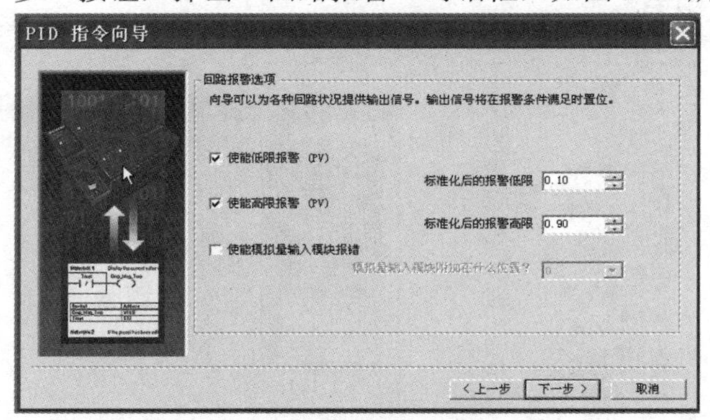

图 6-17　设置回路报警值

这里分别选择反映控制过程的低限报警、高限报警和模拟量输入模块报错(在使用 CPU 模块自带的模拟量时不需要选择该项)。

(5) 单击“下一步”按钮，弹出“为配置分配数据存储区”对话框，如图 6-18 所示。

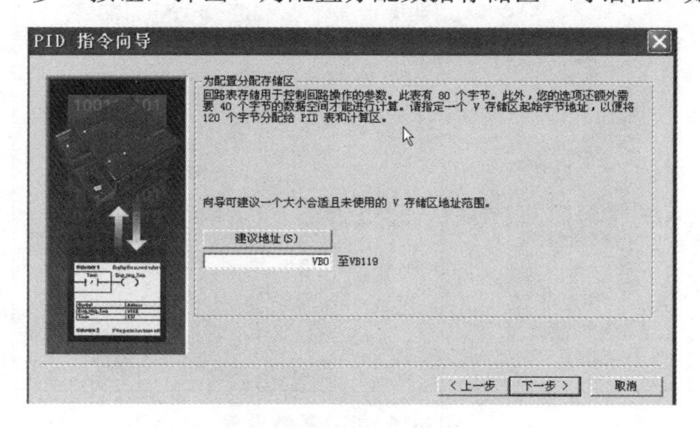

图 6-18　为配置分配存储区

这里需要为 PID 指令指定一个 120 B 的 V 数据存储区(处理 PID 运算工作)，并且定义一个起始地址(默认 VB0)。

(6) 单击“下一步”按钮，弹出对话框如图 6-19 所示。该对话框可以输入初始化子程序和中断程序的名称，也可以使用向导提供的缺省名称。可以选择是否需增加 PID 回路的手动输出(不执行 PID 运算)模式。

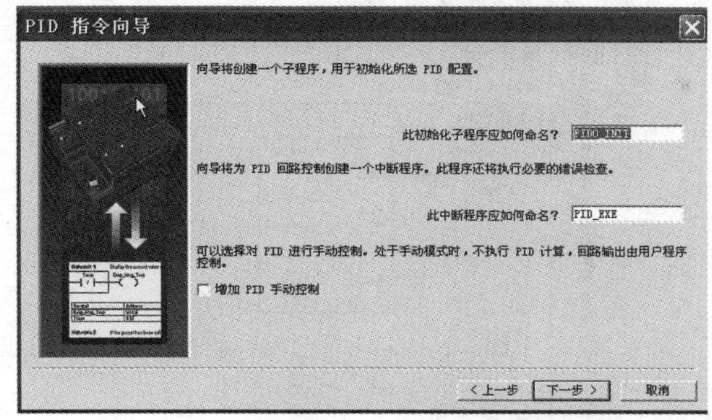

图 6-19　定义 PID 子程序、中断程序名称及手动控制

(7) 单击“下一步”按钮，在弹出的对话框中，单击“完成”按钮，将自动生成以上 PID 子程序、中断程序及符号表等项，如图 6-20 所示。

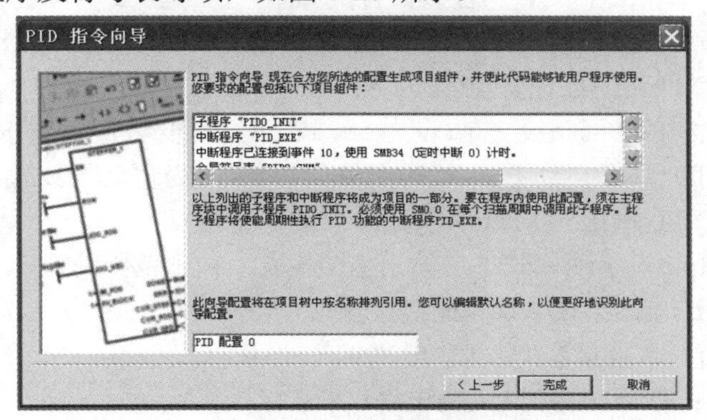

图 6-20　生成 PID 子程序及中断程序等

(8) 完成 PID 向导配置后，在 SETP 7-Micro/WIN V4.0 编程窗口的指令树中，单击“指令”→“调用子程序”，增加 PID 子程序 PID0_INIT 如图 6-21 所示。

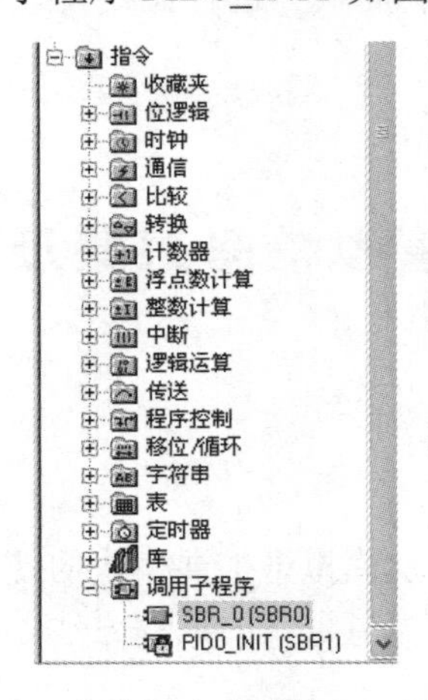

图 6-21　指令树中生成的 PID 子程序

2. PID 子程序的调用

用户在编辑 PLC 应用程序需要调用 PID 子程序时，可以直接双击指令树中的“PID_INIT”，然后输入 PID 子程序各参数值，即完成 PID 编程，如图 6-22 所示。

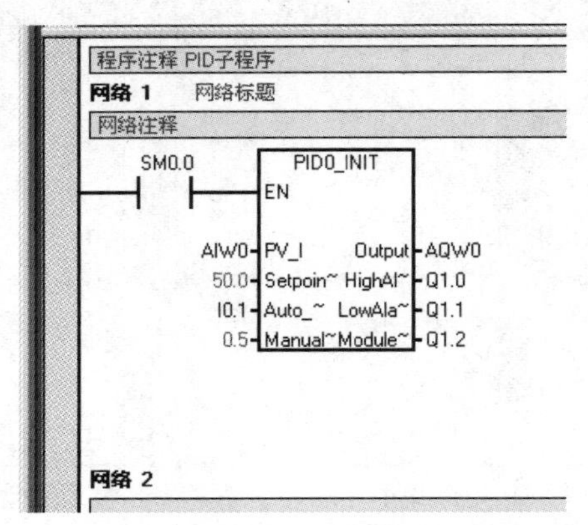

图 6-22 在程序中调用 PID 子程序

图 6-22 中的 PID 指令(子程序)各参数含义如下：

(1) EN：使能位，必须使用 SM0.0 控制。

(2) PV_I：PID 回路的过程变量(设为 AIW0 输入)。

(3) Setpoint_R：PID 回路设定值(设为 50，表示过程变量量程(测量范围)的 50%)。

(4) AUTO：PID 手动/自动方式(设为 I1.0 为“1”时为自动 PID 输出，I1.0 为“0”时，PID 停止计算，AQW0 输出为 ManualOutput 中的设定值)。

(5) ManualOutput：手动模式下的输出值(0.5 表示输出范围的 50%)。

(6) Output：PID 输出(AQW0 为模拟量输出)。

(7) HighAlarm：高限报警(Q1.0 输出“1”)。

(8) LowAlarm：低限报警(Q1.1 输出“1”)。

(9) ModuleErr：模拟量输入模块报错(Q1.2 输出“1”)。

由 PID 指令向导生成的 PID 指令中的 PID 参数整定，可以使用 SETP 7-Micro/WIN V4.0 工作菜单中的“PID 调节控制面板”进行在线设置和整定，读者可以参考 S7-200 相关资料。

实训 6 PID 模拟信号采集及闭环控制系统

一、PLC 模拟信号采样系统

1. 实训目的

(1) 熟悉模拟信号采集的方法及模拟量扩展模块的使用。

(2) 掌握利用定时中断实现模拟量采集的编程方法。

2. 实训内容

控制系统要求如下：

某压力变送器量程为 0～10 MPa，输出信号 DC 4～20 mA，S7-200 模拟量扩展模块 EM235 将 DC 0～20 mA 转换为 0～32 000 的数字量。

要求采样频率为每秒 10 次，使用一位 7 段 LED 显示器显示相应压力值，当压力 P 小于 4 MPa 时，进行下限报警；当压力 P 大于 9 MPa 时，进行上限报警。

3. 实训设备及元器件

(1) S7-200 PLC 实验工作台或 PLC 装置、EM235 扩展模块。

(2) 安装有 STEP7-Micro/WIN 编程软件的 PC。

(3) PC/PPI 通信电缆。

(4) 常开、常闭开关若干个，指示灯、导线等必备器件。

4. 实训操作步骤

本实训需先进行控制系统设计，设计步骤如下：

(1) EM235 扩展模块接线参考如图 6-8 所示，模拟输入通道 A、B、C、D 的地址分别为 AIW0、AIW2、AIW4、AIW6；LED 显示器由输出端口 QB0 驱动。

(2) 编写实现定时中断 0(中断事件号为 10)的控制程序，要求每 100 ms 周期性执行中断处理程序，采集模拟量输入信号(4～20 mA)到 PLC 模拟通道 AIW6，并送入处理单元 VW100。下限报警驱动 Q1.0，上限报警驱动 Q1.1，并有人工清除功能。模拟信号采样上下限报警梯形图程序如图 6-23 所示。

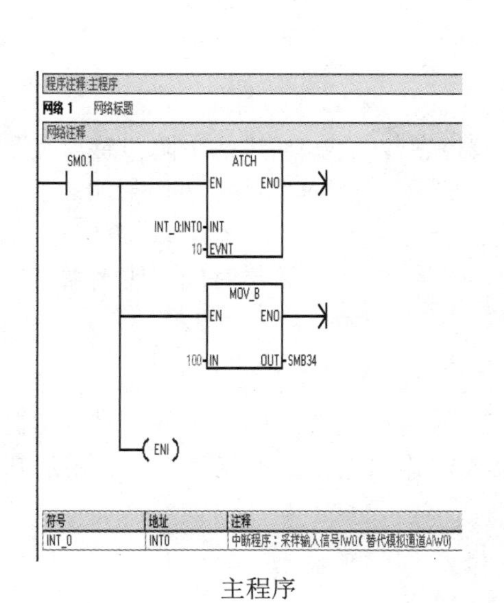

主程序

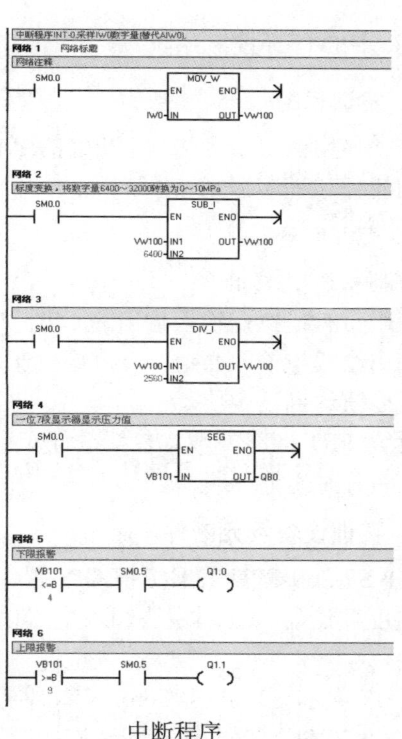

中断程序

图 6-23　模拟信号采样上下限报警梯形图程序

控制系统设计完成后，再按照以下步骤进行操作。

(1) 将 PC/PPI 通信电缆与 PC 连接。

(2) 将 EM235 扩展模块通过 PLC 扩展槽口连接在一起。

(3) 连接模拟信号及工作电源。

(4) 启动 STEP7-Micro/WIN 编程软件，编辑相应实验内容的梯形图程序。

(5) 编译、保存、下载梯形图程序到 S7-200 PLC 中。

(6) 启动运行 PLC，观察运行结果，发现运行错误或需要修改程序时重复上面过程。

5. 注意事项

(1) 主程序中的取指令使用的是 SM0.1，不能使用 SM0.0，否则，系统不能正常工作。

(2) 需要对 AIW0 进行标度变换(也可以由 IW0 开关(数字)量替代 AIW0 作为输入信号)，压力 P 与数字量 D 的转换公式如下：

$$
\begin{aligned}
P &= ((D - D0)(Am - A0)/(Dm - D0)) \times (Pmax - Pmin)/(Am - A0) \\
&= ((AIW0 - 6400)(20 - 4)/(32000 - 6400)) \times (10 - 0)/(20 - 4) \\
&= (AIW0 - 6400)/256
\end{aligned}
$$

(3) 注意电源极性、电压值是否符合所使用 PLC 输入、输出电路及指示灯的要求。

6. 实训报告

(1) 整理出运行调试后的梯形图程序。

(2) 写出该程序的调试步骤和观察结果。

二、PID 闭环控制系统

1. 实训目的

熟悉使用西门子 S7-200 PLC 的 PID 闭环控制，通过对实例的模拟，熟练地掌握 PLC 控制的流程和程序调试。

2. 实训内容

控制系统要求如下：

使用带有模拟量输入输出的 CPU 224XP，被控参数(温度)通过热电阻传感器经温度变送器输出给模拟输入通道，模拟输出通道输出 0～5 V 电压通过驱动模块控制加热器，以控制其温度值达到设定值。

设置 PID 回路参数，包括过程变量(被调参数)、设定值、采样时间、比例增益、积分时间、微分时间等参数。

3. 实训设备及元器件

(1) S7-200 CPU 224XP PLC 装置(自带模拟输入输出通道)、PT100 热电阻传感器及热电阻温度变送器、驱动模块输入电压信号 0～5 V，输出电压及电流可根据选用加热器功率确定。

(2) 安装有 STEP 7-Micro/WIN 编程软件的 PC。

(3) PC/PPI 通信电缆，线路连接导线。

4. 实训操作步骤

本实训需先进行控制系统设计，控制系统设计步骤如下：

(1) 采用 Pt100 热电阻传感器测温，经温度变送器输出给 PLC 模拟通道 A。闭环温度控制系统硬件电路如图 6-24 所示。

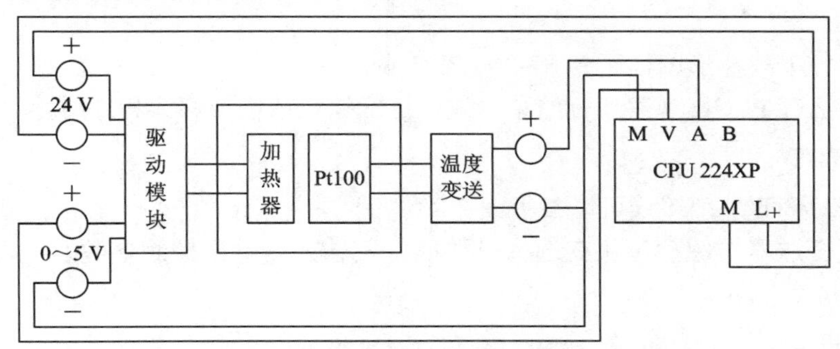

图 6-24　闭环温度控制硬件组成

(2) PID 控制程序如图 6-25 所示(供参考)。

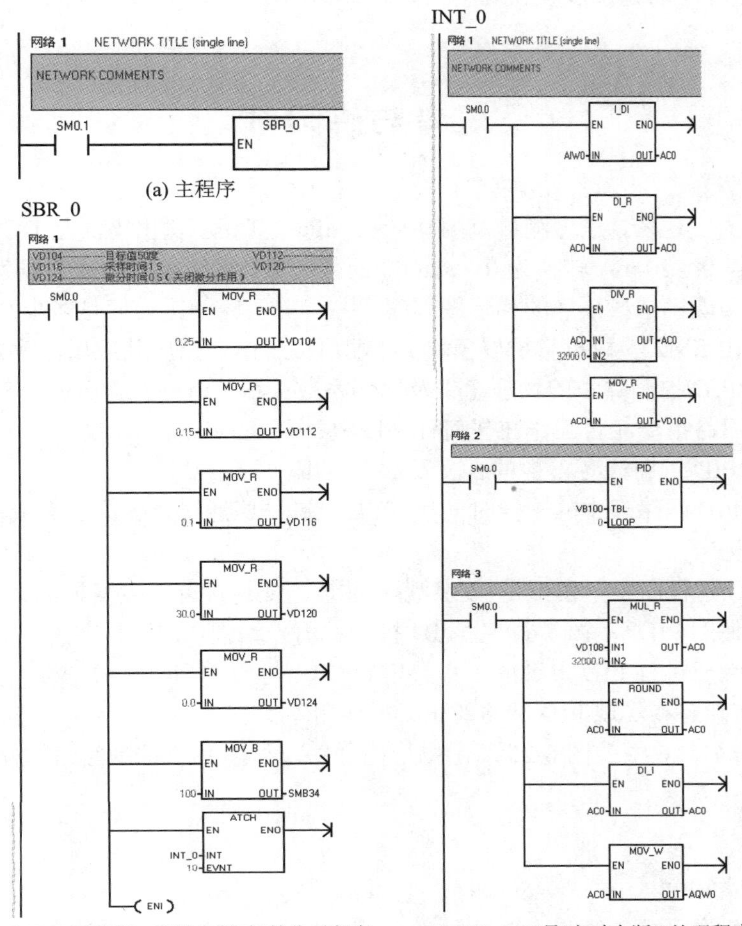

图 6-25　PID 控制程序

控制系统设计完成后再按照以下步骤进行操作。

(1) 建立闭环温度控制系统硬件电路。

(2) 将 PC/PPI 通信电缆与 PC 连接。

(3) 运行 STEP7-Micro/WIN 编程软件，编辑主程序、子程序、中断处理程序直至编译成功。

(4) 保存、下载梯形图程序到 S7-200 PLC 中。

(5) 启动运行 PLC，观察运行结果，发现运行错误或需要修改程序时重复上面过程。

5. 注意事项

(1) CPU224XP 外部接线可以参考图 2-23。

(2) 温度变送器、驱动模块在选择时要确定其输入、输出控制参数及电源是否符合系统要求。

6. 实训报告

(1) 整理出运行调试后的梯形图程序。

(2) 写出该程序的调试步骤和观察结果。

思考与练习 6

6.1 某压力变送器，压力测量范围 0.1～1 MPa，其相应输出电流是 DC 4～20 mA，模拟量输入模块将 0～20 mA 转换为 0～32 000 的数字量。设转换后的数字量为 12 800，送入 VW100，编写实现模拟量采样的梯形图程序，并计算对应的压力值是多少？

6.2 试画出 EM235 模拟量扩展模块 I/O 端口接线图，指出其应用注意要点。

6.3 指出 PID 控制算法的物理意义及比例系数、积分时间及微分时间对系统的影响。

6.4 PID 回路指令能否工作在任何程序段中？

6.5 指出 PID 回路表各参数的含义及数据范围。

6.6 设置 PID 回路表中的采样时间后，PLC 控制程序通过什么方法完成模拟量采样的，应注意哪些问题？

6.7 PID 控制程序中，模拟量-数字量-标准量是如何进行标度变换的？

6.8 举例使用 PID 指令向导产生 PID 指令并用于编程。

6.9 为什么要进行 PID 参数的工程整定？

6.10 如何确定和实现 PID 回路的正、反作用？

6.11 根据实训 6 中的图 6-25 所示梯形图程序，简述 PID 控制回路的程序结构及注意要点。

第 7 章　S7-200 PLC 网络通信及应用

本章首先介绍 PLC 常用通信接口，然后介绍 S7-200 PLC 的通信网络、通信组态、通信指令和应用等内容，并详细阐述如何利用 STEP 7-Micro/WIN 建立和配置网络。

7.1　S7-200 PLC 网络通信实现

数据通信主要有并行通信和串行通信两种方式，而 PLC 通信主要采用串行异步通信，其常用的串行通信接口标准有 RS-232C、RS-422A 和 RS-485 等。

S7-200 PLC 提供了方便、简洁、开放的通信功能，能满足用户不同的通信和组网需求。利用 S7-200 PLC 既可组成简单的网络，又可组成比较复杂的网络。

7.1.1　S7-200 PLC 网络通信概述

1. 通信接口

S7-200 PLC CPU226 有两个通信接口(地址 0、1)，而其他型号则仅有一个通信端口(地址 0)。

S7-200 PLC 支持多种类型的通信网络，能通过多主站 PPI 电缆、CP 通信卡或以太网通信卡访问这些通信网络。用户可在 STEP 7-Micro/WIN 编程软件中为 S7-200 PLC 选择通信接口，具体步骤如下。

(1) 由于 S7-200 PLC CPU 使用的是 RS-485 串行通信标准端口，而 PC 的 COM 端口采用的是 RS-232C 串行通信标准端口，两者的电气规范并不相容，需要使用中间电路进行匹配，因此首先通过 PC/PPI 通信电缆建立 S7-200 PLC 与上位机的通信线路，如图 7-1 所示。PC/PPI 通信电缆其实就是 RS-485/RS-232C 的匹配电缆。

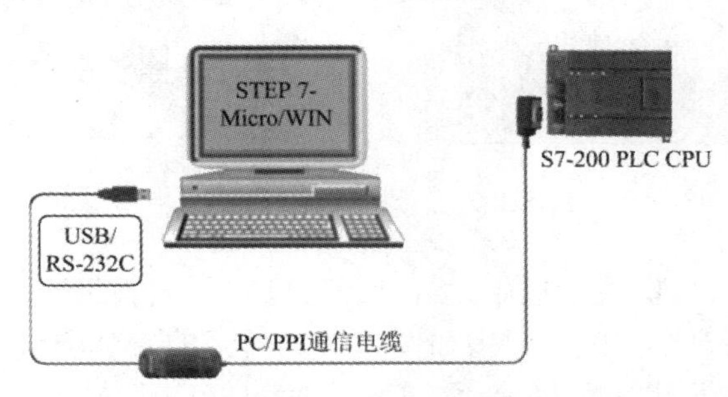

图 7-1　上位机与 S7-200 PLC 之间的连接

(2) 在上位机进入 STEP 7-Micro/WIN 环境后，在其操作栏中单击“通信”图标，然后在通信设置窗口中双击“PC/PPI cable(PPI)”图标或单击“设置 PG/PC 接口”按钮，如图 7-2 所示。

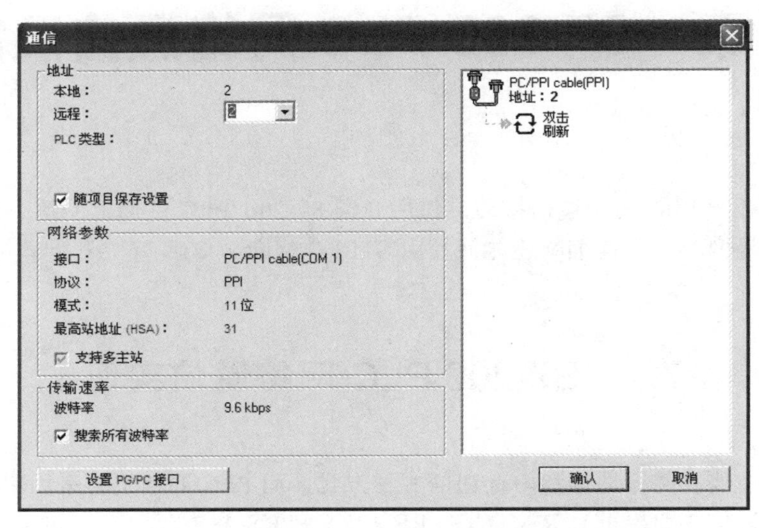

图 7-2 STEP 7-Micro/WIN 通信对话框

(3) 在弹出的设置 PG/PC 接口对话框中，可以看到 STEP 7-Micro/WIN 提供了多种通信接口供用户选择，如 PC/PPI 电缆、TCP/IP 等，如图 7-3(a)所示。其中，PC/PPI 电缆可以通过 COM 或 USB 端口与 S7-200 PLC 通信。在“Properties”对话框中单击“Local Connection”标签，即可选择 COM 或 USB 端口，如图 7-3(b)所示。

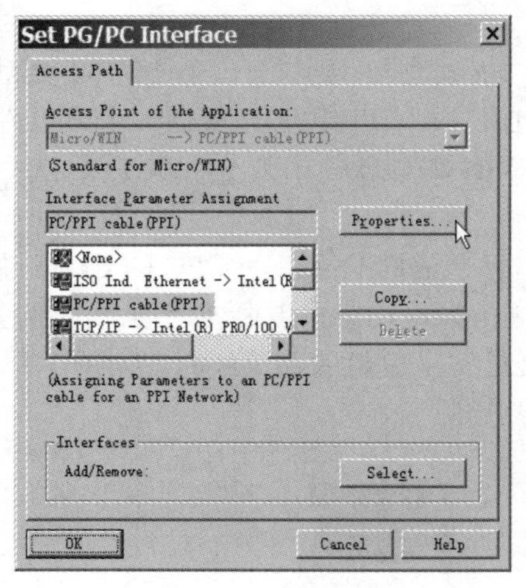

(a) 多种通信接口

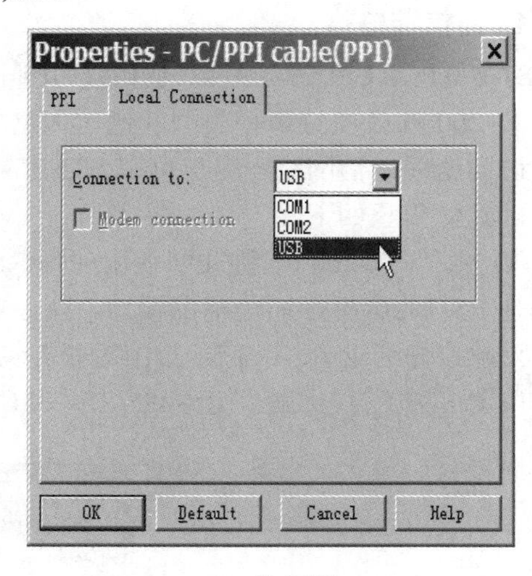

(b) 选择端口

图 7-3 多主站 PPI 电缆选择

(4) 在设置 PG/PC 接口对话框中，用户还可以安装或删除计算机上的通信接口。在图 7-4(a)中单击“Select”按钮，弹出如图 7-4(b)所示的安装/删除接口对话框。此对话框的“Selection”栏中列出了可以使用的接口，“Installed”栏中显示计算机上已经安装的接口。

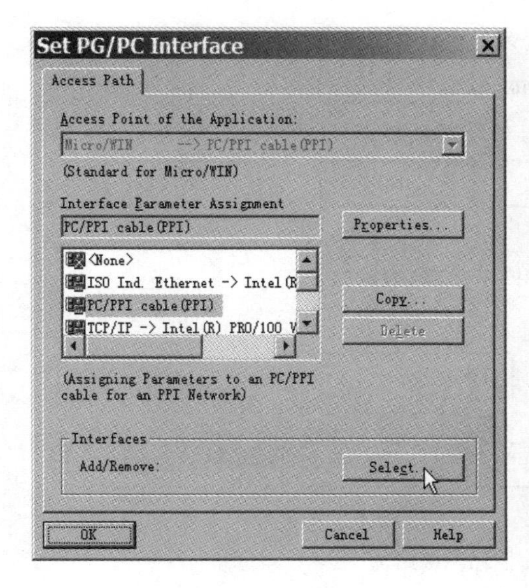

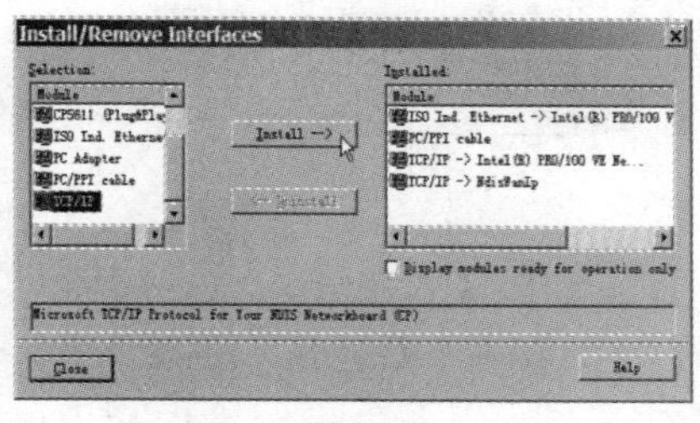

(b) 安装通信接口

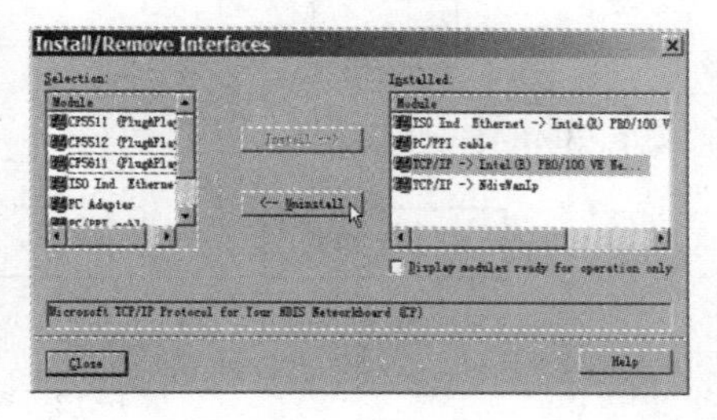

(a) 设置 PG/PC 接口对话框　　　(c) 删除通信接口

图 7-4　安装/删除通信接口对话框

如果用户需要添加一个接口，可以在“Installed”栏中选择需要删除的通信硬件，然后单击“Install-->”按钮安装，如图 7-4(b)所示。当关闭安装/删除接口对话框后，新安装的接口会在设置 PG/PC 接口对话框的“Interface Parameter Assignment Used”栏中显示。

如果用户需要删除一个接口，可以在“Selection”栏中选择合适的通信硬件，然后单击“<--Uninstall”按钮删除，如图 7-4(c)所示。当关闭安装/删除接口对话框后，设置 PG/PC 接口对话框的“Interface Parameter Assignmen”栏中会删除该接口。

2. 主站和从站及其连接方式

1) 主站

网络上的主站器件可以向网络上的其他器件发出要求，也可以对网络上的其他主站的要求作出响应。例如，S7-200 PLC 的通信网络中，PC 中的 STEP 7-Micro/WIN 是主站。

典型的主站器件除 STEP 7-Micro/WIN 外，还有 S7-300 PLC、S7-400 PLC 和 HMI 产品(TD200、TP 或 OP 等)。

2) 从站

网络上的从站器件只能对其他主站的要求作出响应，自己不能发出要求。S7-200 PLC 与 PC 的通信网络中，S7-200 PLC 是从站。

一般 S7-200 PLC 都被配置为从站，用于负责响应来自某网络主站器件(如 STEP 7-Micro/WIN 或人机操作员面板 HMI)的请求。

在 PROFIBUS 网络中，S7-200 PLC 也可以充当主站，但只能向其他 S7-200 PLC 发出请求以获得信息。

3) 主站与从站的连接方式

主站与从站的连接方式主要有单主站和多主站两种。单主站是指只有一个主站，一个或多个从站的网络结构，如图 7-5 所示。多主站是指有两个或两个以上的主站，一个或多个从站的网络结构，如图 7-6 所示。

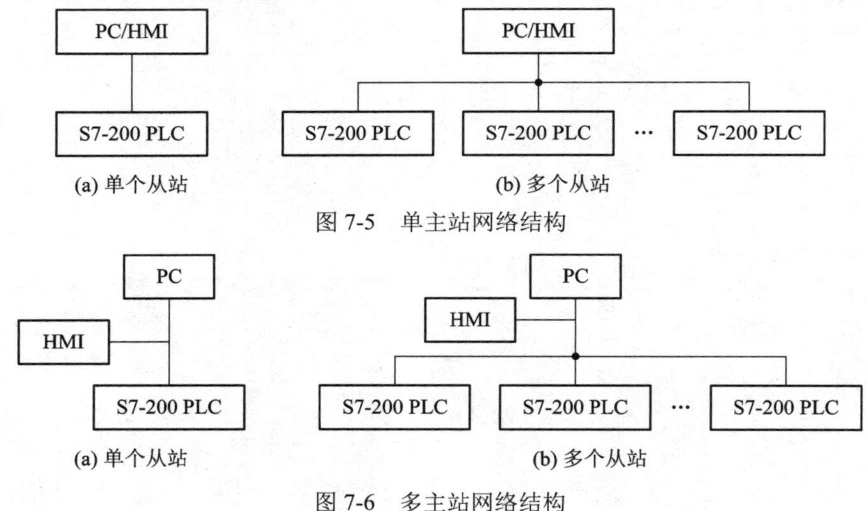

(a) 单个从站　(b) 多个从站

图 7-5　单主站网络结构

(a) 单个从站　(b) 多个从站

图 7-6　多主站网络结构

3. 波特率和站地址

1) 波特率

波特率是指数据通过网络传输的速度，常用单位为 kBaud 或 MBaud。波特率是用于度量给定时间传输数据多少的重要性能指标。如 9.6 k 的波特率表示传输速率为每秒 9600 比特，即 9600 bit/s。

在同一个网络中通信的器件必须被配置成相同的波特率，而且，网络的最高波特率取决于连接在该网络上的波特率最低的设备。S7-200 PLC 不同的网络器件支持的波特率范围不同，如标准网络可支持的波特率范围为 9.6 kbit/s～187.5 kbit/s，而使用自由口模块的网络支持的波特率范围为 1.2 kbit/s～115.2 kbit/s。

2) 站地址

在网络中每个设备都要被指定唯一的站地址，这个唯一的站地址可以确保数据发送到正确的设备或来自正确的设备。S7-200 PLC 支持的网络地址范围为 0～126，如果某个 S7-200 PLC 带多个端口，那么每个端口都会有一个唯一的网络地址。在网络中，上位机 P7-Micro/WIN 系统默认的缺省站地址为 0，HMI 系统默认的缺省站地址为 1，S7-200 PLC CPU 系统默认的缺省站地址为 2。用户在使用这些设备时，可以不必修改它们的站地址。

3) 配置波特率和站地址

在使用 S7-200 PLC 设备之前，必须正确配置设备的波特率和站地址，此处以如何设置 STEP 7-Micro/WIN 和 S7-200 PLC CPU 为例进行说明。

(1) 配置 STEP 7-Micro/WIN 通信参数。在使用 STEP 7-Micro/WIN 前，必须为其配置波特率和站地址。STEP 7-Micro/WIN 的波特率必须与网络上其他设备的波特率一致，而且其站地址必须唯一。通常情况下，用户不需要改变 STEP 7-Micro/WIN 的缺省站地址 0。如果网络上还有其他的编程工具包，则可改动 STEP 7-Micro/WIN 的站地址。

配置 STEP 7-Micro/WIN 通信参数的界面如图 7-7 所示。首先在操作栏中单击“通信”图标，打开“设置 PG/PC 接口”对话框。然后在弹出的“设置 PG/PC 接口”对话框中单击“Properties”按钮，如图 7-7(a)所示；在 PC/PPI 属性对话框中为 STEP 7-Micro/WIN 选择站地址和波特率，如图 7-7(b)所示。

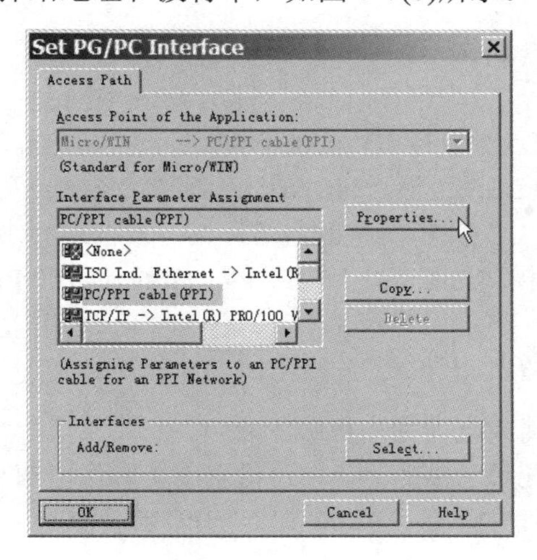

(a) 设置 PG/PC 接口对话框

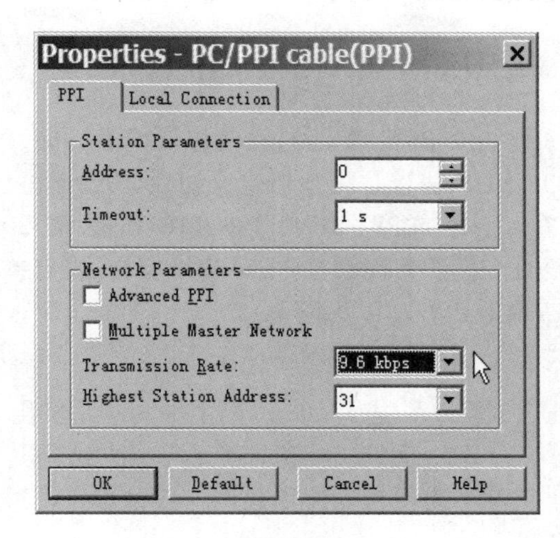

(b) PC/PPI 属性对话框

图 7-7　配置 STEP 7-Micro/WIN 通信参数

(2) 配置 S7-200 PLC CPU 通信参数。在使用 S7-200 PLC CPU 前，必须为其配置波特率和站地址。S7-200 PLC CPU 的波特率和站地址存储在系统块中，S7-200 PLC CPU 配置参数后，必须将系统块下载到 S7-200 PLC CPU 中。每个 S7-200 PLC CPU 通信端口的波特率缺省值为 9600，站地址缺省值为 2。

STEP 7-Micro/WIN 编程工具使配置网络变得简便易行，用户可以在 STEP 7-Micro/WIN 编程工具中为 S7-200 PLC CPU 设置波特率和站地址。在操作栏中单击“系统块”图标，或者选择菜单“查看”→“组件”→“系统块”命令，然后为 S7-200 PLC CPU 选择站地址和波特率，如图 7-8 所示。

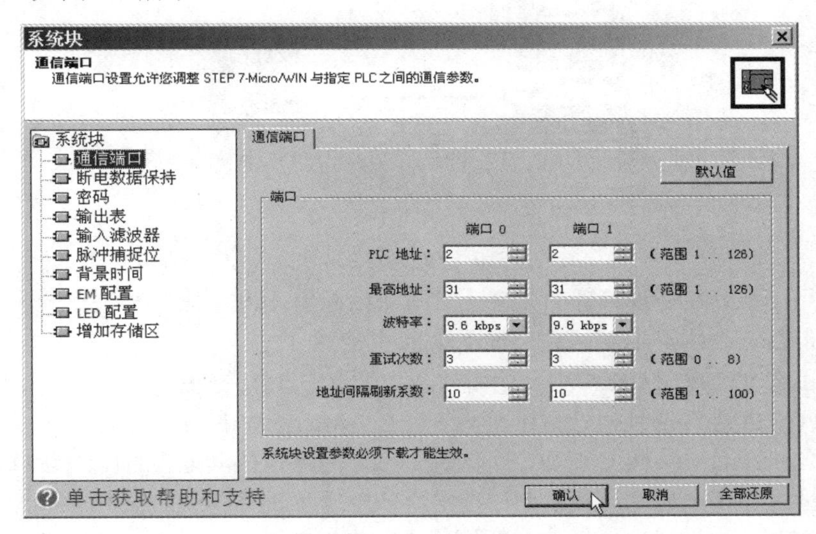

图 7-8　配置 S7-200 PLC CPU 通信参数

用户可以改变 S7-200 PLC CPU 通信端口的波特率值，但是在下载系统块时，STEP

7-Micro/WIN 会验证用户所选的波特率。如果该波特率妨碍了 STEP 7-Micro/WIN 与其他 S7-200 PLC CPU 的通信，STEP 7-Mico/WIN 将会拒绝下载。

7.1.2 S7-200 PLC 网络通信协议

S7-200 PLC 支持的通信协议很多，如 PPI(点对点接口)协议、MPI(多点接口)协议、PROFIBUS 协议、用户自定义协议、AS-I 协议、USS 协议、MODBUS 协议以及以太网协议等。其中，PPI、MPI、PROFIBUS 是 S7-200 PLC CPU 支持的通信协议，其他通信协议需要有专门的 CP 模块或 EM 模块支持。带有扩展模块 CP243-1 和 CP243-1 IT 的 S7-200 PLC CPU 也能运行在以太网上。

1. PPI 协议

PPI 是一个主从协议，当主站向从站发出申请或查询时，从站才响应。

从站不主动发出信息，而是等候主站向其发出请求或查询，并对请求或查询作出响应。

从站不需要初始化信息，一般情况下，网络上的多数 S7-200 PLC CPU 都为从站，如图 7-9 所示。

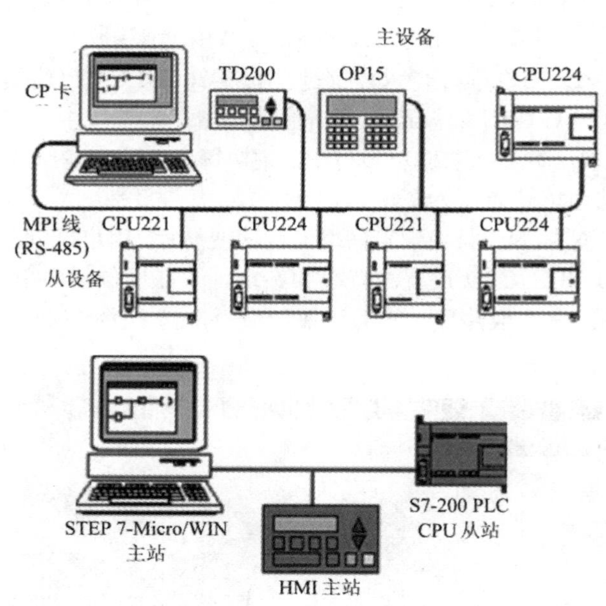

图 7-9 PPI 网络示意图

主站利用一个 PPI 协议管理的共享连接与从站通信，PPI 不限制与任何一台从站通信的主站数目，但是一个网络中主站的个数不能超过 32 个。

用户可以在 STEP 7-Micro/WIN 编辑软件中配置 PPI 的参数，配置步骤如下：

(1) 在 PC/PPI 电缆属性对话框中，为 STEP 7-Micro/WIN 配置站地址，系统默认缺省值为 0。网络上的第一台 PLC 的默认站地址是 2，网络上的其他设备(PC、PLC 等)都有一个唯一的站地址，相同的站地址不允许指定给多台设备。

(2) 在“Timeout”栏中选择一个数值，该数值代表用户希望通信驱动程序尝试建立连接花费的时间，默认缺省值为 1 s，如图 7-10 所示。

(3) 如果用户希望将 STEP 7-Micro/WIN 用在配备多台主站的网络上，则需要勾选“Multiple Master Network”复选框。在与 S7-200 PLC CPU 通信时，STEP 7-Micro/WIN 的默认值是多台主站 PPI 协议，该协议允许 STEP 7-Micro/WIN 与其他主站(文本显示和操作面板)同时在网络中存在。在使用单台主站协议时，STEP 7-Micro/WIN 假设 PPI 协议是网络上的唯一主站，不与其他主站共享网络。用调制解调器或噪声很高的网络传输时，应当使用单台主站协议，此时取消“Multiple Master Network”复选框内的选中符号即可。

(4) 设置 STEP 7-Micro/WIN 的波特率。PPI 电缆支持 9.6 kb/s、19.2 kb/s 和 187.5 kb/s。

(5) 单击“Local Connection”选项卡，选择 COM 端口的连接方式。如果用户需要使用调制解调器，还应选中“Modem connection”复选框，如图 7-11 所示。

(6) 单击“OK”按钮，退出“设置 PG/PC 接口”对话框。

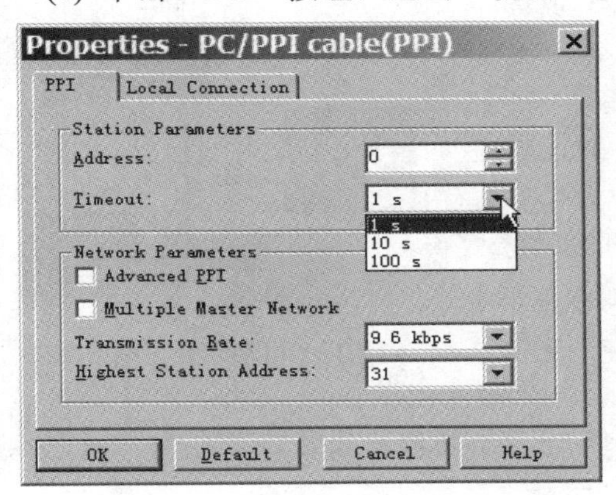

图 7-10　PPI 选项卡

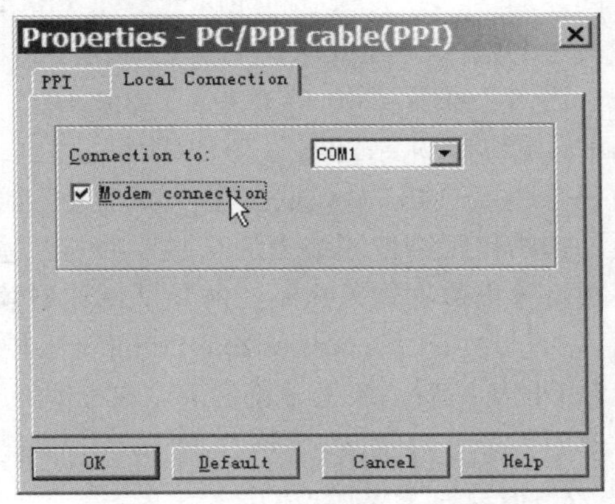

图 7-11　“Local Connection”选项卡

如果选择“PPI 高级协议”，则允许网络设备在设备之间建立逻辑连接。但使用“PPI 高级协议”，每台设备可提供的连接数目有限。表 7-1 列出了由 S7-200 PLC 提供的连接数目。

表 7-1　由 S7-200 PLC 提供的连接数目

模　块	波 特 率	连　接	协　议
S7-200 PLC CPU 0 号端口	9.6 kbit/s、19.2 kbit/s 或 187.5 kbit/s	4 个	PPI、PPI 高级协议、MPI 和 PROFIBUS
S7-200 PLC CPU 1 号端口	9.6 kbit/s、19.2 kbit/s 或 187.5 kbit/s	4 个	PPI、PPI 高级协议、MPI 和 PROFIBUS
EM 277 模块	9.6 kbit/s～12 Mbit/s	每个模块 6 个	PPI 高级协议、MPI 和 PROFIBUS
CP243-1 以太网模块	9.6 kbit/s～12 Mbit/s	每个模块 8 个	TCP/IP 以太网

S7-200 PLC 可以在用户程序中启用 PPI 主站模式，使其在运行模式下作主站。启用 PPI 主站模式后，可以使用“NETR”(网络读取)或“NETW”(网络写入)从其他 S7-200 PLC CPU 读取数据或向 S7-200 PLC CPU 写入数据。当 S7-200 PLC 作 PPI 主站时，它仍然可以作为从站应答其他主站的请求。

2. MPI 协议

MPI 协议支持主主通信和主从通信。与 S7-200 PLC CPU 通信时，STEP 7-Micro/WIN

建立主从连接，如图 7-12 所示。MPI 协议不能与作为主站的 S7-200 PLC CPU 通信。

网络设备通过任何两台设备之间的连接进行通信，设备之间通信连接个数受 S7-200 PLC CPU 所支持的连接数目的限制，可参阅表 7-1 中的 S7-200 PLC 支持的连接数目。

关于 MPI 通信参数的设置，读者可参阅 PPI 的参数设置步骤。

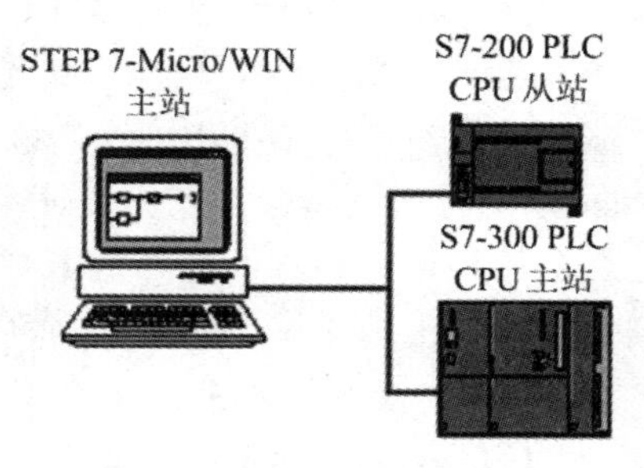

图 7-12　MPI 网络示意图

3. PROFIBUS 协议

PROFIBUS 协议用于实现与分布式 I/O(远程 I/O)设备的高速通信。各类制造商提供了多种 PROFIBUS 设备，如简单的输入/输出模块、电机控制器等。

通常，在 S7-200 PLC 中，PROFIBUS 网络有一台主站和几台 I/O 从站，如图 7-13 所示。主站器件通过配置可获得连接的 I/O 从站的类型以及连接的地址，而且主站通过初始化网络使网络上的从站器件与配置相匹配。主站不断将输出数据写入从站，并从从站设备读取输入数据。

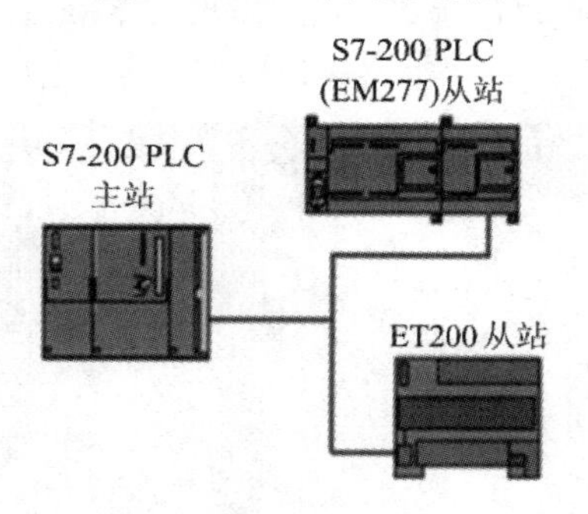

图 7-13　PROFIBUS 网络连接

当一台 DP(Decentralized Periphery)主站成功配置了一台 DP 从站后，该主站就拥有了这个从站器件。如果网络上还有第二台主站，那么它对第一台主站拥有的从站的访问将会受到限制。

4. 用户自定义协议

S7-200 PLC 还具有允许用户在自由口模式下使用自定义的通信协议的功能。用户自定义协议(又称自由口通信协议)是指用户通过应用程序来控制 S7-200 PLC CPU 的通信口，并且自己定义通信协议(如 ASCII 协议和二进制协议)。用户自定义协议只能在 S7-200 PLC 处于 RUN 模式时才能被激活。如果将 S7-200 PLC 设置为 STOP 模式，所有的自由口通信都将中断，而且通信口会按照 S7-200 PLC 系统块中的配置转换到 PPI 协议。

PPI 协议是 S7-200 PLC 专用的一种通信协议，一般不对外开放。而用户自定义协议是对用户完全开放的，在自由口模式下，通信协议是由用户自定义的。当应用用户自定义协议时，S7-200 PLC 可以与任何通信协议已知且具有串口的智能设备和控制器进行通信，当然也可以用于两个 CPU 之间简单的数据交换。

要使用自定义协议，用户需要使用特殊存储器字节 SMB30(端口 0)和 SMB130(端口 1)确定网络通信设置方式。在自定义协议通信模式下，PC 与 PLC 之间是主从关系，PC 始终处于主导地位，PC 通过串行口发送指令到 PLC 的通信端口，PLC 通过 RCV 指令接收信息，对指令译码后再调用相应的子程序，实现 PC 发出的指令要求，然后再通过 XMT 指令返回指令执行的状态信息。

7.1.3　网络通信配置实例

本小节主要以使用 PPI 协议的 S7-200 PLC 网络为例进行说明。

PPI 协议是西门子公司专为 S7-200 PLC 开发的一个通信协议，支持单主站网络，也支持多主站网络。

为了把更多的设备连接到网络中，西门子 PLC 提供了两种网络连接器，一种是标准网络连接器，另一种是带编程接口的网络连接器。这两种网络连接器都配有网络偏置和终端匹配的选择开关。在网络连接中，电缆的两个末端必须接通终端和偏置，即开关位置置 ON。典型的网络连接器连接方式如图 7-14 所示，终端和偏置如图 7-15 所示。

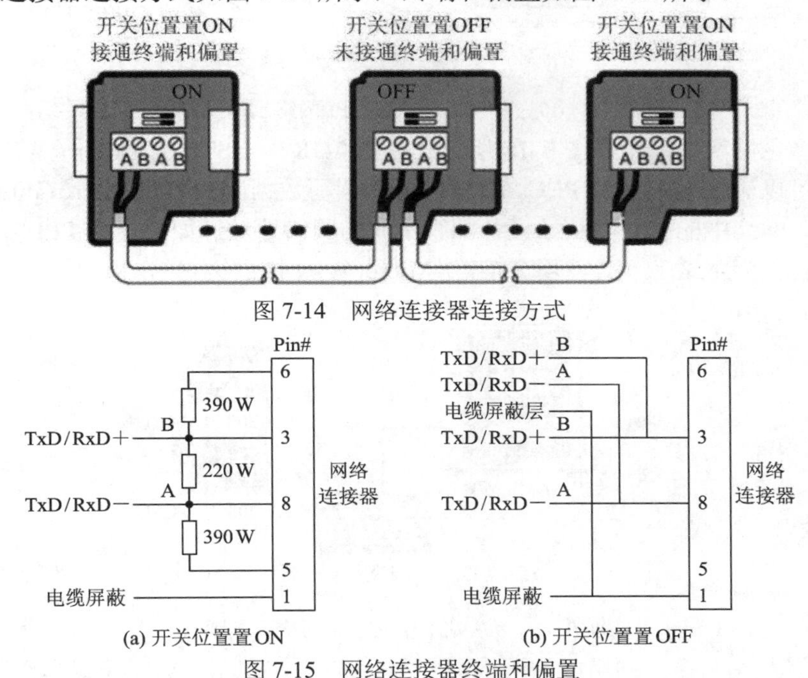

图 7-14　网络连接器连接方式

(a) 开关位置置 ON　　(b) 开关位置置 OFF

图 7-15　网络连接器终端和偏置

1. 单主站 PPI 网络

对于简单的单主站网络，STEP 7-Micro/WIN 和 S7-200 PLC CPU 通过 PC/PPI 电缆或安装在 STEP 7-Micro/WIN 中的通信处理器(CP 卡)连接。其中，STEP 7-Micro/WIN 是网络中的主站。另外，人机接口(HMI)设备(例如 TD、TP 或 OP)也可以作为网络主站。单主站 PPI 网络示意如图 7-16 所示，S7-200 PLC CPU 是从站，对来自主站的请求作出应答。

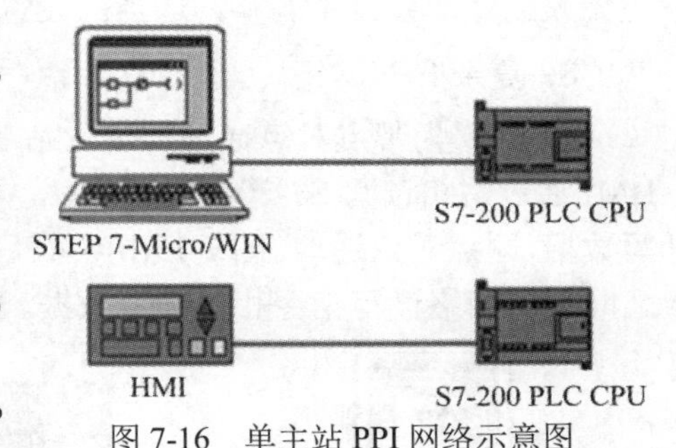

图 7-16　单主站 PPI 网络示意图

对于单主站 PPI 网络，需要将 STEP 7-Micro/WIN 配置为使用 PPI 协议，此外，尽量不要选择多主站网络协议和 PPI 高级协议。

2. 多主站 PPI 网络

多主站 PPI 网络又可细分为单从站和多从站网络两种。

单从站多主站网络示意如图 7-17 所示。在图 7-17 中，S7-200 PLC CPU 是从站，STEP 7-Micro/WIN 和 HMI 设备都是网络的主站，它们共享网络资源，但是它们必须有不同的网络地址。如果使用 PPI 多主站电缆，那么该电缆将作为主站，并使用 STEP 7-Micro/WIN

提供给它的网络地址。

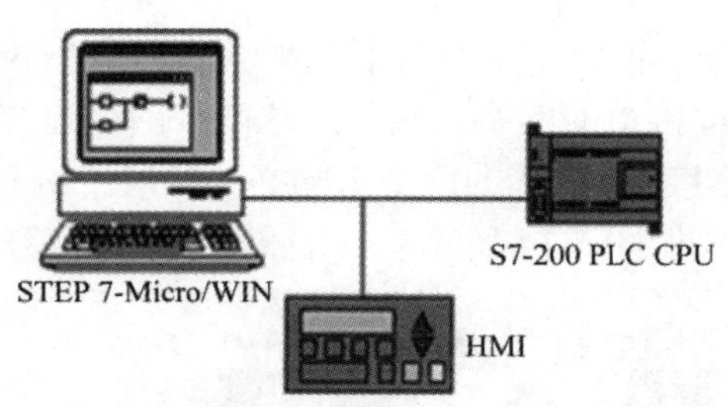

图 7-17 单从站多主站 PPI 网络示意图

多从站多主站网络示意如图 7-18 所示。在图 7-18 中，STEP 7-Micro/WIN 和 HMI 设备是主站，可以对任意 S7-200 PLC 的 CPU 从站读写数据，STEP 7-Micro/WIN 和 HMI 共享网络资源。网络中的主站和从站设备都有不同的网络地址。如果使用 PPI 多主站电缆，那么该电缆将作为主站，并且使用 STEP 7-Micro/WIN 提供给它的网络地址。

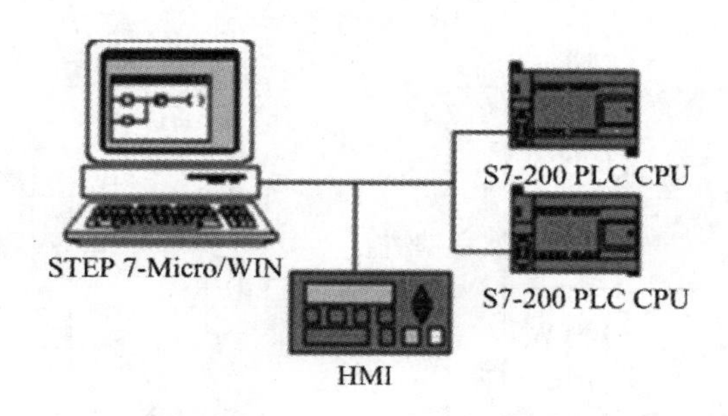

图 7-18 多从站多主站 PPI 网络示意图

对于单/多从站与多主站组成的网络，需要将 STEP 7-Micro/WIN 配置为使用 PPI 协议，而且，要尽量选择多主站网络协议和 PPI 高级协议。如果使用 PPI 多主站电缆，那么该电缆无须配置即会自动调整为适当的设置，因此多主站网络和 PPI 高级协议可以忽略。

3. 复杂 PPI 网络

图 7-19 为带点对点通信的多主站复杂 PPI 网络。图 7-19(a)中，STEP 7-Micro/WIN 和 HMI 通过网络读写 S7-200 PLC CPU，同时 S7-200 PLC CPU 之间使用网络读写指令相互读写数据，即点对点通信。图 7-19(b)中，每个 HMI 监控一个 S7-200 PLC CPU，S7-200 PLC CPU 之间使用网络读写指令相互读写数据。

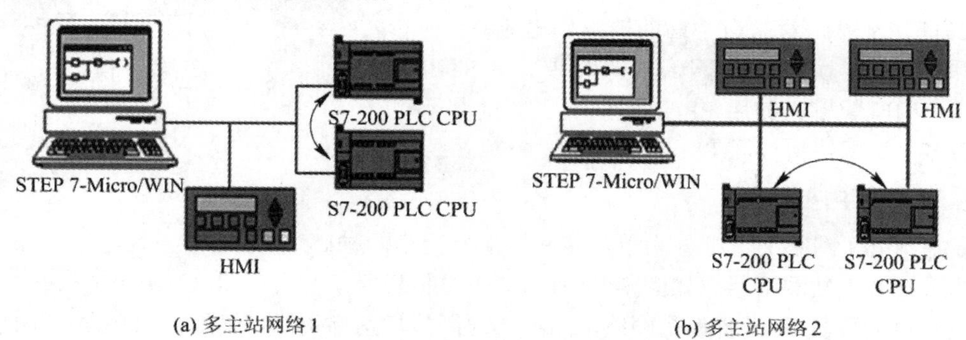

图 7-19 带点对点通信的多主站复杂 PPI 网络示意图

7.2　S7-200 PLC 通信指令和应用

在 PLC 通信网络中，PLC 通过专设的通信指令进行信息交换。S7-200 PLC 提供的通信指令有网络读指令与网络写指令(PPI 通信模式)、发送指令与接收指令(自由口通信模式)、获取指令与设置通信口地址指令。

7.2.1　网络读与写指令

1. 网络读与写指令的工作条件

在 S7-200 PLC 网络通信中，使用网络读与写指令来读写其他 S7-200 PLC CPU 的数据，就必须在用户程序中允许 PPI 主站模式。此外，还需使 S7-200 PLC CPU 作为 RUN 模式下的主站设备。

S7-200 PLC 网络通信的协议类型是由 S7-200 PLC 的特殊继电器 SMB30 和 SMB130 的低 2 位决定的。可以设置 S7-200 PLC CPU 为 4 种不同的网络通信的协议类型。在 S7-200 PLC 的特殊继电器 SM 中，SMB30 用于控制端口 0 的通信方式，如果 CPU 模块有两个端口，则 SMB130 用于控制端口 1 的通信，具体设置见图 7-20。用户可以对 SMB30 和 SMB130 进行读写操作。

数据位	D7　D6	D5	D4　D3　D2	D1　D0
标志	00：不校验 01：奇校验 10：不校验 11：偶校验	0：8位数据/字符 1：7位数据/字符	000：38 400 bit/s 001：19 200 bit/s 010：9600 bit/s 011：4800 bit/s 100：2400 bit/s 101：1200 bit/s 110：600 bit/s 111：300 bit/s	00：点到点接口协议(PPI从站模式) 01：自由口通信协议 10：PPI主站模式 11：保留自由口通信协议 (缺省值为PPI从站模式)

图 7-20　SMB30/SMB130 网络通信设置方式

从图 7-20 可知，只要将 SMB30/SMB130 的低 2 位设置为 2#10，就允许该 PLC 的 CPU 为 PPI 主站模式，可以执行网络读与写指令，实现对网络中其他 S7-200 PLC 的访问。

例如，若 SMB30 = $(00001000)_2=(8)_{10}$，则表示不校验、8 位数据、波特率为 9600 b/s、PPI 从站模式；若 SMB30 = $(00001010)_2=(10)_{10}$，则表示不校验、8 位数据、波特率为 9600 b/s、PPI 主站模式。

2. 网络读与写指令的格式

网络读与写指令(NETR 与 NETW 指令)的格式如图 7-21 所示。图中，TBL 是数据缓冲区首地址，操作数可以为 VB、MB、*VD 或*AC 等，数据类型为字节；PORT 是操作端口，0 用于 CPU 221/222/224 的 PLC，0 或 1 用于 CPU 226 / 226XM 的 PLC，数据类型为字节。

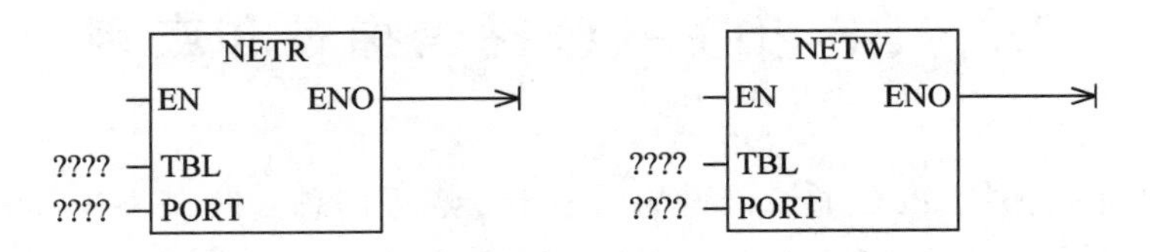

图 7-21　网络读与写指令的格式

网络读(NETR)指令在梯形图中以指令盒形式表示，当允许输入 EN 有效时，初始化通信操作，通过指令指定的端口 PORT，从远程设备上接收数据，并将接收到的数据存储在指定的数据表 TBL 中。在语句表 STL 中，NETR 指令的格式为 NETR TBL，PORT。

网络写(NETW)指令在梯形图中以功能框形式表示，当允许输入 EN 有效时，初始化通信操作，通过指令指定的端口 PORT，将数据表 TBL 中的数据发送到远程设备。在语句表 STL 中，NETW 指令的格式为 NETW TBL，PORT。

NETR 指令可从远程站最多读取 16 个字节信息，NETW 指令可向远程站最多写入 16 个字节信息。在程序中，用户可以使用任意数目的 NETR/NETW 指令，但在同一时间最多只能有 8 条 NETR/NETW 指令被激活。例如，在用户选定的 S7-200 PLC CPU 中，可以有 4 条 NETR 指令和 4 条 NETW 指令，或 2 条 NETR 指令和 6 条 NETW 指令在同一时间被激活。

3. 网络读与写指令的 TBL 参数

在执行网络读与写指令时，PPI 主站与从站间传送数据的数据表 TBL(首地址自设，如 VB100)参数见表 7-2，其中“字节 0”的各标志位及错误码(4 位)的含义见表 7-3。

表 7-2　数据表 TBL 参数

<table>
<tr><th>地 址</th><th>字节名称</th><th colspan="8">功 能 描 述</th></tr>
<tr><td rowspan="2">字节 0</td><td rowspan="2">状态字节</td><td colspan="8">反映网络通信指令的执行状态及错误码</td></tr>
<tr><td>D</td><td>A</td><td>E</td><td>0</td><td>E1</td><td>E2</td><td>E3</td><td>E4</td></tr>
<tr><td>字节 1</td><td>远程站地址</td><td colspan="8">远程站地址(被访问的 PLC 地址)</td></tr>
<tr><td>字节 2</td><td rowspan="4">远程站的数据区指针</td><td colspan="8" rowspan="4">被访问数据的间接指针，指针可以指向 I、Q、M 或 V 数据区</td></tr>
<tr><td>字节 3</td></tr>
<tr><td>字节 4</td></tr>
<tr><td>字节 5</td></tr>
<tr><td>字节 6</td><td>数据长度</td><td colspan="8">数据长度 1～16(远程站点被访问数据的字节数)</td></tr>
<tr><td>字节 7～字节 22</td><td>数据字节 0～数据字节 15</td><td colspan="8">接收或发送数据区，1～16 个字节，其长度在字节 6 中定义。执行 NETR 后，从远程读到的数据放在这个数据区；执行 NETW 后，要发送到远程站的数据放在这个数据区</td></tr>
</table>

表 7-3　TBL“字节 0”的各标志位及错误码的含义

标志位/错误码		定义	说　明
标志位	D	操作已完成标志位	0=未完成，1=功能完成
	A	操作已排队标志位	0=无效，1=有效
	E	错误标志位	0=无错误，1=有错误
错误码(4 位)E1E2E3E4	0	无错误	—
	1	时间溢出错误	远程站点无响应
	2	接收错误	奇偶校验出错，响应时帧或校验和出错
	3	离线错误	相同的站地址或无效的硬件引发冲突
	4	队列溢出错误	激活超过了 8 个 NETR/NETW 指令
	5	违反通信协议	没有在 SMB30 或 SMB130 中允许 PPI，就试图执行 NETR/NETW 指令
	6	非法参数	NETR/NETW 表中包含非法或无效的参数值
	7	没有资源	远程站点正在忙中，如在上载或下载程序处理中
	8	第 7 层错误	违反应用协议
	9	信息错误	错误的数据地址或不正确的数据长度
	A～F	未用	为将来的使用保留

【例 7-1】 在 PPI 主站模式下，其数据表 TBL 字节 0 地址单元为 VB400，设计主站 TBL 表。已知从站 PLC 地址为 2，编写将从站 VB200 单元开始的 4 个字节数据读入主站地址为 VB407～VB410 单元中的程序段。

由表 7-3 可知，主站 TBL 表分配如下：

401 字节单元存放从站地址 2；402～405 字节单元存放从站数据指针 VB200 地址；406 字节单元存放数据长度 4；407～410 字节单元为读入的数据。

其梯形图程序及主站、从站数据单元如图 7-22 所示。

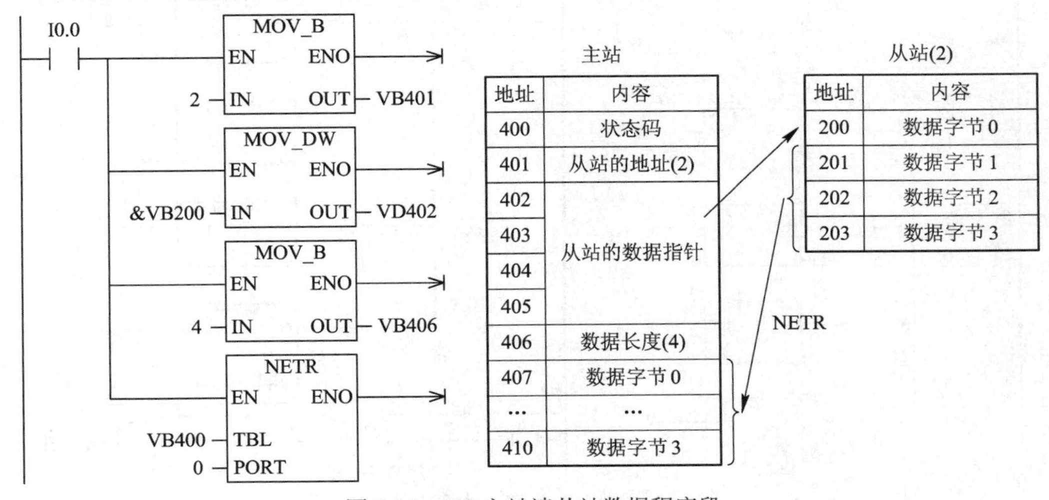

图 7-22　PPI 主站读从站数据程序段

【例 7-2】 在 PPI 主站模式下，其数据表 TBL 字节 0 地址单元为 VB400，设计主站 TBL 表。已知从站 PLC 地址为 2，编写将主站 4 个字节单元数据写入从站 VB200 单元中的程序段。

由表 7-3 可知，主站 TBL 表分配如下：

401 字节单元存放从站地址 2；402～405 字节单元存放从站数据指针 VB200 地址；406 字节单元存放数据长度 4；407～410 字节单元为写入从站的数据。

其梯形图程序及主站、从站数据单元如图 7-23 所示。

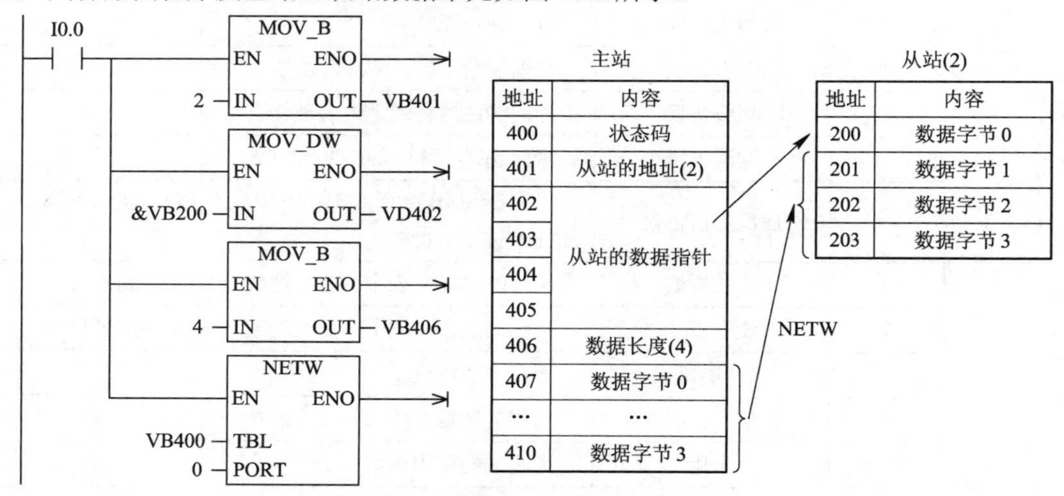

图 7-23　PPI 主站写入从站数据程序段

【例 7-3】 在 PPI 单主站模式下，主站地址为 6，从站 PLC 地址为 7。要求实现：从站 IW0 输入单元状态控制主站 QW0 输出单元；主站 IW0 输入单元状态控制从站 QW0 输出单元。

PPI 主站 PLC 梯形图程序如图 7-24 所示。

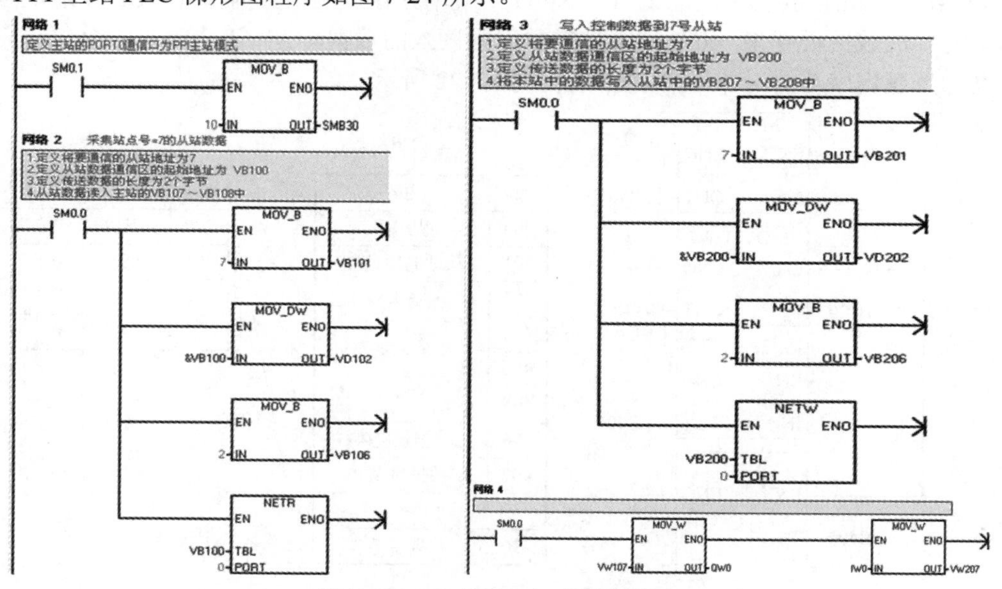

图 7-24　PPI 主站 PLC 梯形图程序

PPI 从站 PLC 梯形图程序如图 7-25 所示。

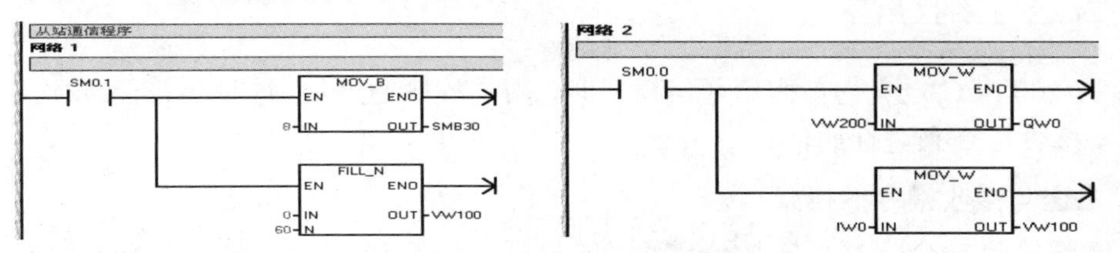

图 7-25　PPI 从站 PLC 梯形图程序

【例 7-4】 设主站 PLC 地址为 6，从站 PLC 地址为 7。在 PPI 模式下实现远程控制三相鼠笼式异步电机自锁控制。

远程(主站)　IB0 ＝ I0.0　　I0.1　　I0.2　　…　　I0.7

↓　　↓　　↓　　…　　↓

近程(从站)　VB0 = V0.0　　V0.1　　V0.2　　…　　V0.7

要求实现：从站 IW0 输入单元状态控制主站 QW0 输出单元；主站 IW0 输入单元状态控制从站 QW0 输出单元。

PPI 从站 PLC 梯形图程序如图 7-26 所示。

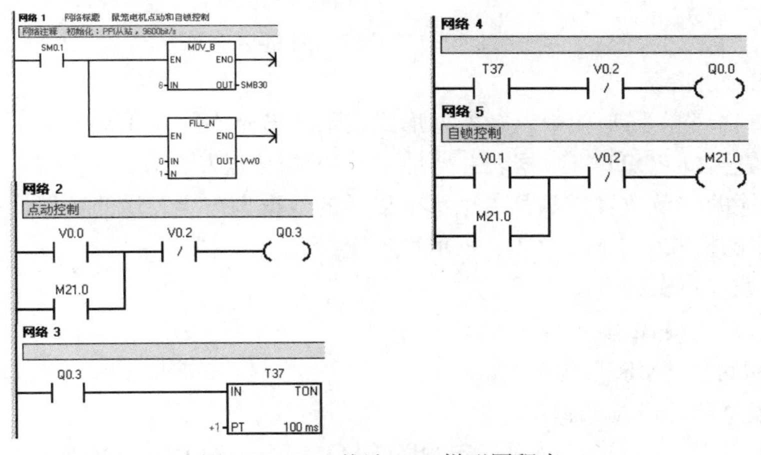

图 7-26　PPI 从站 PLC 梯形图程序

PPI 主站 PLC 梯形图程序如图 7-27 所示。

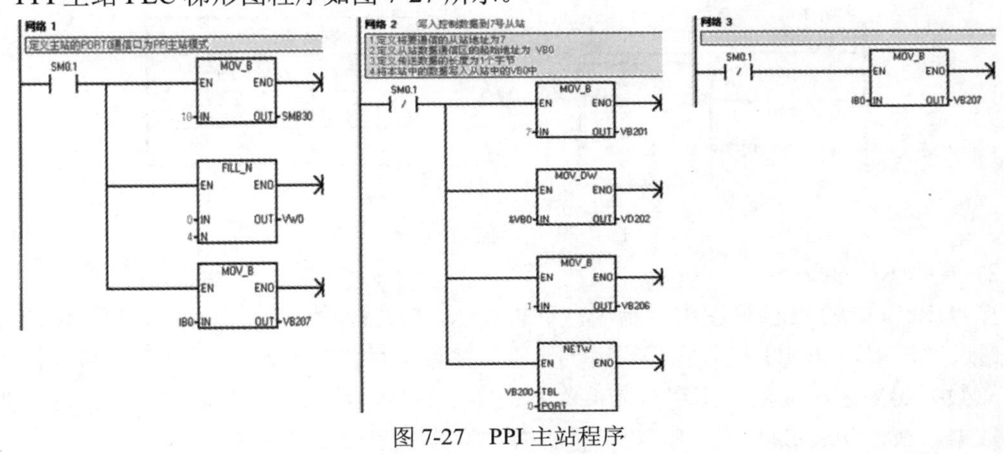

图 7-27　PPI 主站程序

7.2.2 发送与接收指令

在 S7-200 PLC 定义为自由口通信模式时，用户程序通过使用接收中断及发送中断、发送指令及接收指令来进行通信。

1. 发送与接收指令的格式

发送与接收指令(XMT 与 RCV 指令)的格式如图 7-28 所示。图中，TBL 是数据缓冲区首地址，操作数可以为 VB、MB、SMB、*VD、*LD 或*AC 等，数据类型为字节；PORT 是操作端口，0 用于 CPU 221/222/224，0“或”1 用于 CPU 226 / 226XM，数据类型为字节。发送与接收指令只有在 S7-200 PLC 被定义为自由口通信模式时，才能发送与接收数据。

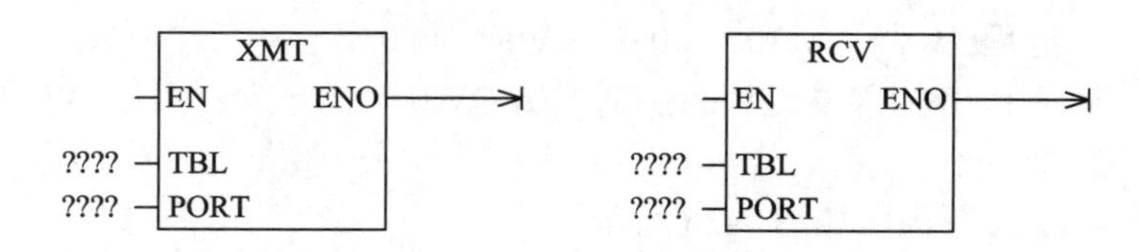

图 7-28 发送与接收指令的格式

1) 发送(XMT)指令

发送(XMT)指令在梯形图中以功能框形式表示，当允许输入 EN 有效时，初始化通信操作，通过通信端口 PORT 将数据表首地址 TBL 中的数据发送到远程设备，数据表的第一个字节指定传输的字节数目，从第二个字节以后的数据为需要发送的数据。在语句表 STL 中，XMT 指令的格式为 XMT TBL，PORT。

发送指令编程步骤如下：

(1) 建立发送表(TBL)。

(2) 发送初始化(SMB30/130)。

(3) 编写发送指令(XMT)程序。

【例 7-5】 在自由口通信模式下，发送(XMT)指令示例如图 7-29 所示。

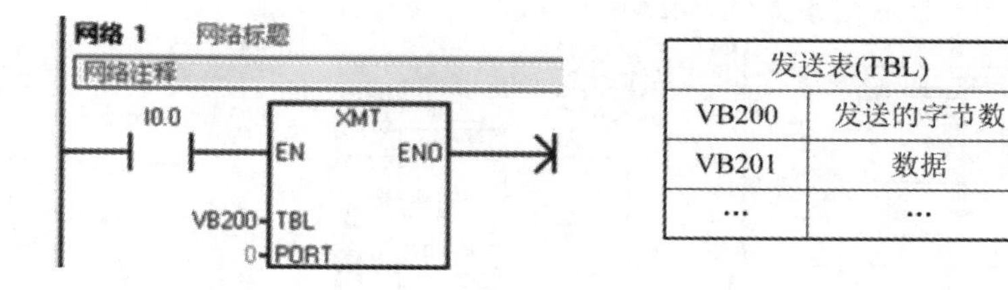

发送表(TBL)	
VB200	发送的字节数
VB201	数据
…	…

图 7-29 发送指令示例

2) 接收(RCV)指令

接收(RCV)指令在梯形图中以指令盒形式表示，当允许输入 EN 有效时，初始化通信操作，通过通信端口 PORT 接收远程设备的数据，并将其存放在首地址为 TBL 的数据接收缓冲区。数据缓冲区中的第一个字节为接收到的字节数目，第二个字节以后的数据为需要接收的数据。在语句表 STL 中，RCV 指令的格式为 RCV TBL，PORT。

【例 7-6】 在自由口通信模式下，接收(RCV)指令示例如图 7-30 所示。

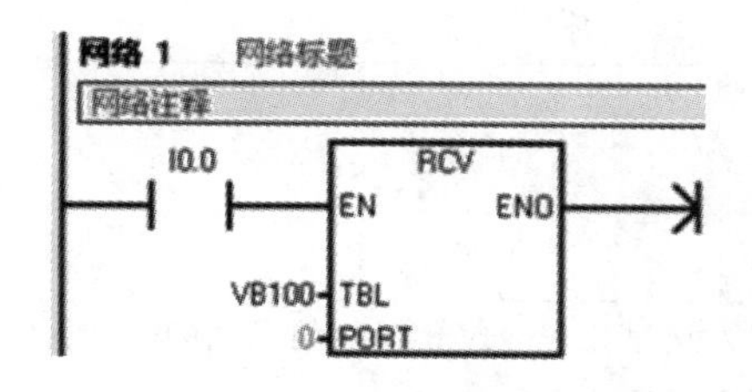

接收表(TBL)	
VB100	接收的字节数
VB101	数据
…	…

图 7-30　接收指令示例

3) 发送和接收完成中断

XMT 指令可以传送 1～255 个字节的缓冲区数据。XMT 指令发送数据的缓冲区格式如图 7-31 所示。如果有一个中断处理程序连接到发送数据结束事件上，则在发送完缓冲区的最后一个字符时，ST-200 PLC 的端口 0 会产生中断事件 9，端口 1 会产生中断事件 26。通过监视 SM4.5 或 SM4.6 信号，也可以判断发送是否完成。当端口 0 和端口 1 发送空闲时，SM4.5 或 SM4.6 置 1。

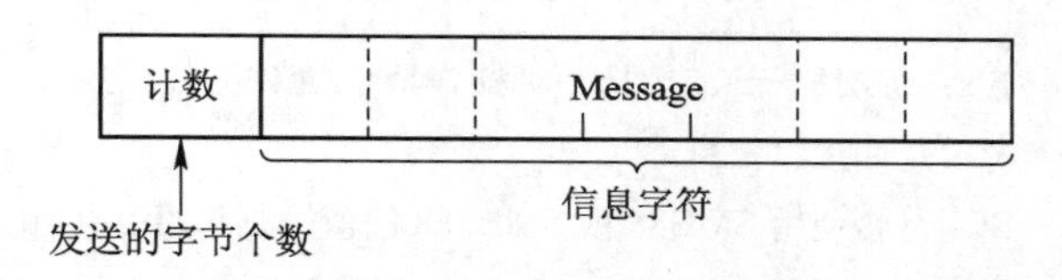

图 7-31　发送缓冲区格式

RCV 指令可以接收 1～255 个字符的缓冲区数据。RCV 指令接收数据的缓冲区格式如图 7-32 所示。如果有一个中断处理程序连接到接收数据完成事件上，则在接收完缓冲区的最后一个字符时，S7-200 PLC 的端口 0 会产生中断事件 23，端口 1 会产生中断事件 24。也可以不使用中断，通过监视 SMB86 或 SMB186(端口 0 或端口 1)来接收信息。当接收指令未被激活或已经被中止时，SMB86 或 SMB186 为 1；当接收正在进行时，SMB86 或 SMB186 为 0。

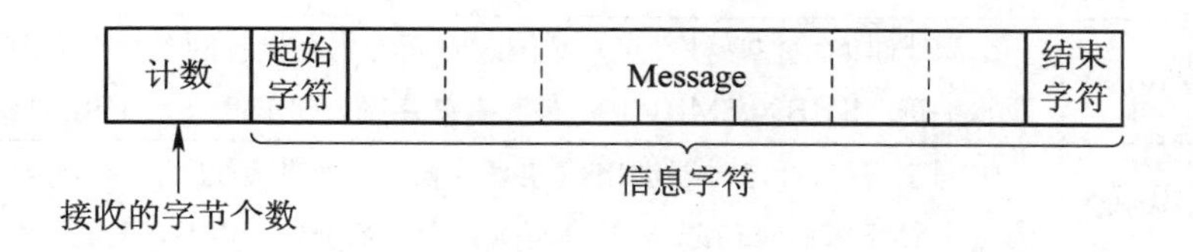

图 7-32　接收缓冲区格式

4) 接收缓冲区字节

使用 RCV 指令时，用户必须指定一个起始条件和一个结束条件。设置起始和结束条件，是为了在自由口通信模式下实现接收同步，保证信息接收的安全可靠。RCV 指令允许用户选择接收信息的起始和结束条件，见表 7-4。使用 SMB86～SMB94 对端口 0 进行设置，SMB186～SMB194 对端口 1 进行设置。当出现超限或有校验错误时，接收信息功能会自动终止。

表 7-4　接收缓冲区字节(SMB86～SMB94 和 SMB186～SMB194)

<table>
<tr><th>端口 0</th><th>端口 1</th><th>中 断 描 述</th></tr>
<tr><td>SMB86</td><td>SMB186</td><td>接收信息状态字节。
MSB　　LSB<table><tr><td>N</td><td>R</td><td>E</td><td>0</td><td>0</td><td>T</td><td>C</td><td>P</td></tr></table>N：为 1 表示用户通过发送禁止命令终止接收信息功能。
R：为 1 表示因输入参数错误或无起始和结束条件而终止接收信息功能。
E：为 1 表示收到结束字符。
T：为 1 表示因超时而终止接收信息功能。
C：为 1 表示因超出最大字符数而终止接收信息功能。
P：为 1 表示因奇偶校验错误而终止接收信息功能</td></tr>
<tr><td>SMB87</td><td>SMB187</td><td>接收信息控制字节。
MSB　　LSB<table><tr><td>EN</td><td>SC</td><td>EC</td><td>IL</td><td>C/M</td><td>TMR</td><td>BK</td><td>0</td></tr></table>EN：每次执行 RCV 指令时检查禁止/允许接收信息位。0 表示禁止接收信息，1 表示允许接收信息。
SC：是否使用 SMB88 或 SMB188 的值检测起始信息。0 表示忽略，1 表示使用。
EC：是否使用 SMB89 或 SMB189 的值检测结束信息。0 表示忽略，1 表示使用。
IL：是否使用 SMW90 或 SMW190 的值检测空闲状态。0 表示忽略，1 表示使用。
C/M：0 表示定时器是内部字符定时器，1 表示定时器是信息定时器。
TMR：是否使用 SMW92 或 SMW192 的值终止接收。0 表示忽略，1 表示终止接收。
BK：是否使用中断条件作为信息检测的开始。0 表示忽略，1 表示使用</td></tr>
<tr><td>SMB88</td><td>SMB188</td><td>信息字符的开始</td></tr>
<tr><td>SMB89</td><td>SMB189</td><td>信息字符的结束</td></tr>
<tr><td>SMW90</td><td>SMW190</td><td>空闲线时间段按毫秒设定。空闲线时间溢出后接收的第一个字符是新的信息的开始字符。SMB90/SMB190 是最高有效字节，SMB91/SMB191 是最低有效字节</td></tr>
<tr><td>SMW92</td><td>SMW192</td><td>中间字符/信息定时器溢出值按毫秒设定。如果超过这个时间段，则终止接收信息。SMB92/SMB192 是最高有效字节，SMB93/SMB193 是最低有效字节</td></tr>
<tr><td>SMB94</td><td>SMB194</td><td>要接收的最大字符数(1～255 字节)。必须设置为所希望接收的最大字节数(缓冲区)</td></tr>
</table>

2. 自由口通信模式

S7-200 PLC 支持自由口通信模式，在这种通信模式下，用户程序通过使用接收中断、发送中断、发送指令和接收指令来控制通信口的操作。当处于自由口通信模式时，通信协议(对所传数据的定义)完全由用户程序(自定义协议)控制，各站点无主从之分，任何时刻只能有一个站向总线发送数据。

只有当 S7-200 PLC 处于 RUN 模式时(此时特殊继电器 SM0.7 为“1”)，才能进行自由口通信。如果选用自由口通信模式，则 PPI 协议被禁止，此时 S7-200 PLC 不能与编程设备通信。当 S7-200 PLC 处于 STOP 模式时，自由口通信模式被禁止，通信口自动切换为 PPI 协议通信模式，重新建立与编程设备的正常通信。

要将 PPI 协议通信模式转变为自由口通信模式，必须使 SMB30/SMB130 的低 2 位设置为 2#01。SMB30 和 SMB130 分别用于配置端口 0 和端口 1，用于为自由口操作提供波特率、校验和数据位数的选择，每一个配置都产生一个停止位。用于自由口通信模式的 SM 控制字节的功能描述如图 7-33 所示。

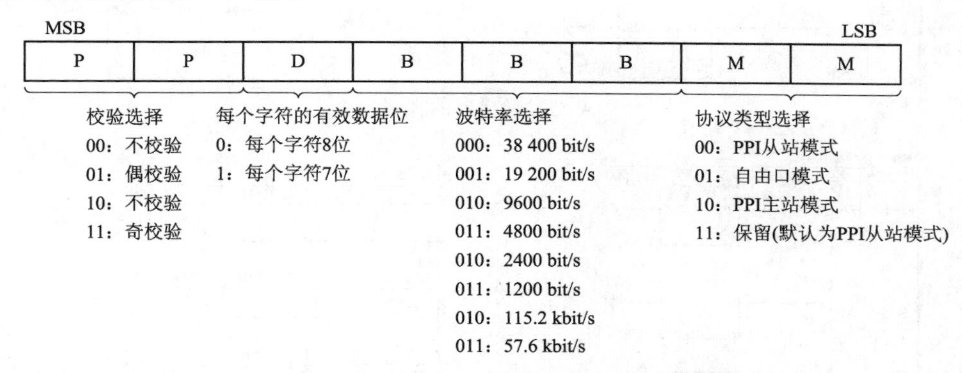

图 7-33　用于自由口通信模式的 SM 控制字节的功能描述

【例 7-7】 运用自由口通信模式，实现 PLC A 站的输入信号 IB0 状态控制 PLC B 站的输出继电器状态。

梯形图程序如图 7-34 所示。

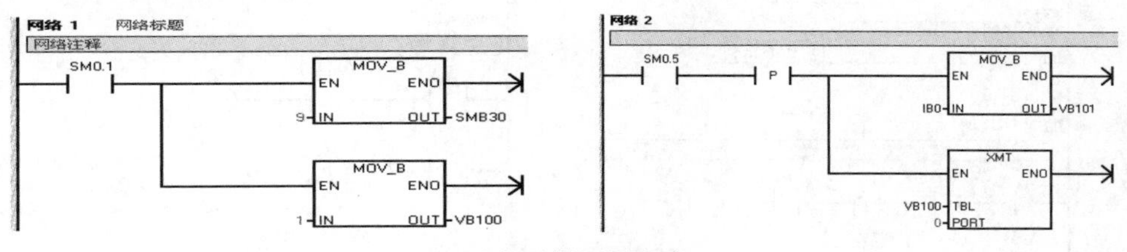

A 站发送梯形图程序

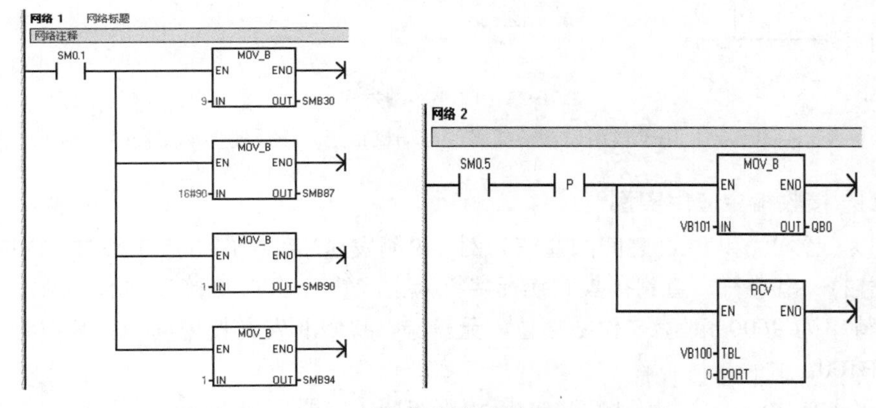

B 站接收梯形图程序

图 7-34　用于自由口通信模式的梯形图程序

【例 7-8】 由 PLC A 站自由口通信模式输入信息(I0.0～I0.2)，控制 PLC B 站实现三相鼠笼式异步电动机带延时正反转运行。

梯形图程序如图 7-35 所示。

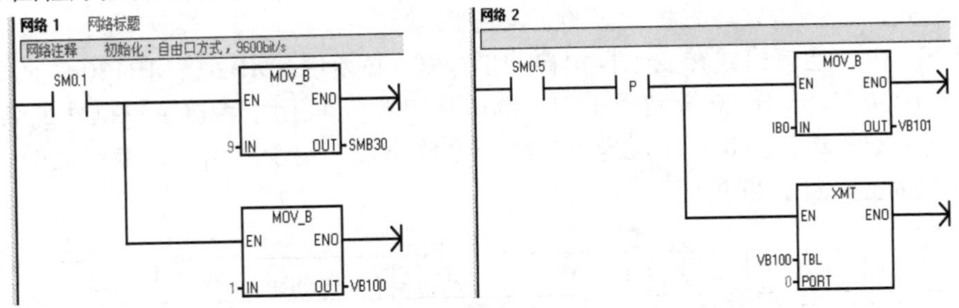

A 站发送梯形图程序

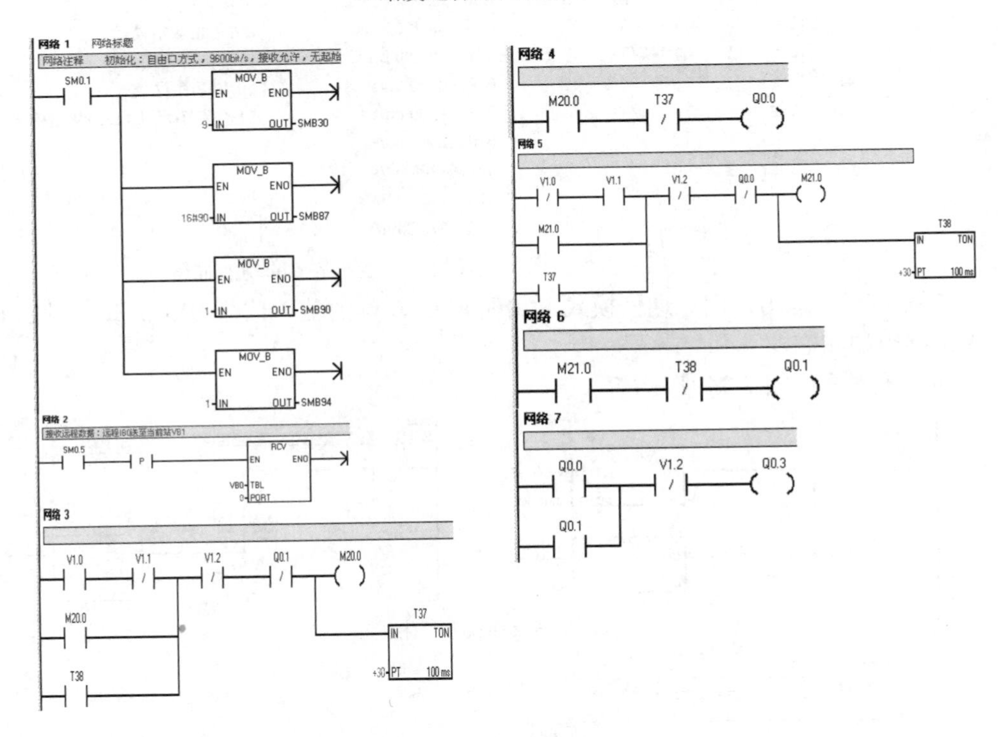

B 站接收梯形图程序

图 7-35 用于自由口通信模式的电动机带延时正反转梯形图程序

3. 发送/接收指令应用实例

这里以一个 PC 和 PLC 之间的通信为例，说明发送/接收指令的应用。本例中，PLC 接收 PC 发送的一串字符，直到接收到换行字符为止，然后 PLC 将接收到的信息发送回 PC。要求：波特率为 9600 bit/s，8 位数据位，无校验，接收和发送使用同一个数据缓冲区，首地址为 VB100。

该程序主要由一个主程序和三个中断程序组成，如图 7-36 所示。主程序用于自由口初始化、RCV 信息控制字节初始化、调用中断程序等；中断程序 0 为接收完成中断，如果接收状态显示接收到换行字符，则连接一个 10ms 的定时器，触发发送后返回；中断程序 1 为 10ms 定时器中断；中断程序 2 为发送完成中断。

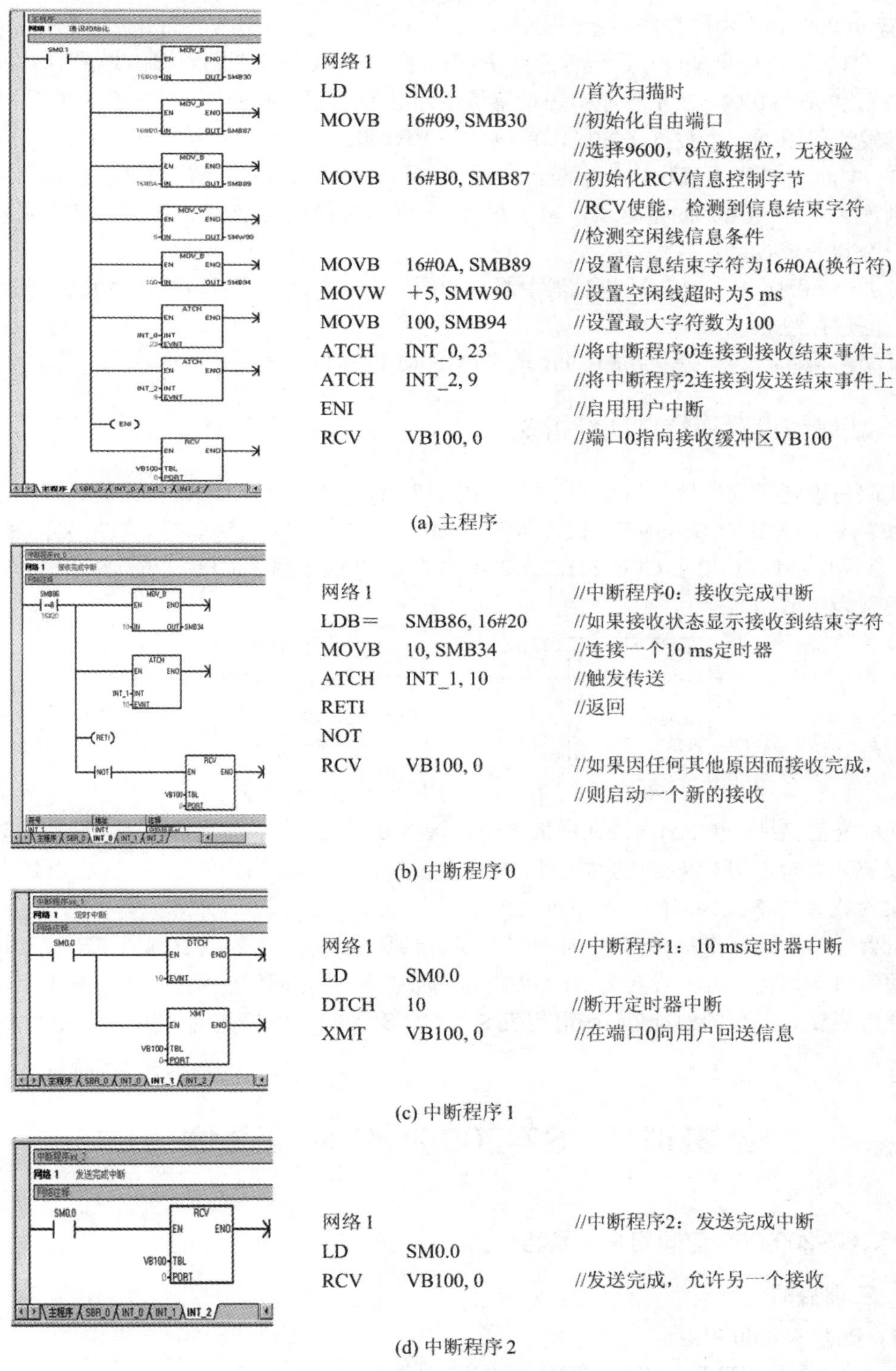

```
网络 1
LD      SM0.1              //首次扫描时
MOVB    16#09, SMB30       //初始化自由端口
                           //选择9600，8位数据位，无校验
MOVB    16#B0, SMB87       //初始化RCV信息控制字节
                           //RCV使能，检测到信息结束字符
                           //检测空闲线信息条件
MOVB    16#0A, SMB89       //设置信息结束字符为16#0A(换行符)
MOVW    +5, SMW90          //设置空闲线超时为5 ms
MOVB    100, SMB94         //设置最大字符数为100
ATCH    INT_0, 23          //将中断程序0连接到接收结束事件上
ATCH    INT_2, 9           //将中断程序2连接到发送结束事件上
ENI                        //启用用户中断
RCV     VB100, 0           //端口0指向接收缓冲区VB100
```

(a) 主程序

```
网络 1                      //中断程序0：接收完成中断
LDB=    SMB86, 16#20       //如果接收状态显示接收到结束字符
MOVB    10, SMB34          //连接一个10 ms定时器
ATCH    INT_1, 10          //触发传送
RETI                       //返回
NOT
RCV     VB100, 0           //如果因任何其他原因而接收完成，
                           //则启动一个新的接收
```

(b) 中断程序 0

```
网络 1                      //中断程序1：10 ms定时器中断
LD      SM0.0
DTCH    10                 //断开定时器中断
XMT     VB100, 0           //在端口0向用户回送信息
```

(c) 中断程序 1

```
网络 1                      //中断程序2：发送完成中断
LD      SM0.0
RCV     VB100, 0           //发送完成，允许另一个接收
```

(d) 中断程序 2

图 7-36　发送/接收指令应用实例

PC 和 PLC 之间通信程序的工作过程如下：

(1) 主程序完成通信初始化设置，如图 7-36(a)所示。在第一个扫描周期，初始化自由口(设置 9600 bit/s，8 位数据，无校验)和 RCV 信息控制字节(RCV 使能，检测到信息结束字符，检测空闲线信息条件)，设置信息结束字符(换行符 16#0A)，设置空闲线超时时间(5 ms)以及最大字符数(100)。在主程序中还设置了中断服务，用于调用中断程序 0 和中断程序 2。接收和发送使用同一个数据缓冲区，首地址为 VB100。

(2) 中断程序 0 为接收完成中断，如图 7-36(b)所示。如果接收状态显示接收到结束字符，则连接一个 10 ms 的定时器，触发发送后返回。如果因任何其他原因而接收完成，则启动一个新的接收。

(3) 中断程序 1 为 10 ms 定时器中断，如图 7-36(c)所示。断开定时器中断，在端口 0 向用户回送信息。

(4) 中断程序 2 为发送完成中断，如图 7-36(d)所示。发送完成，允许另一个接收。

7.2.3 获取与设置通信口地址指令

获取与设置通信口地址指令的格式如图 7-37 所示。图中，ADDR 是通信口地址，操作数可以为 VB、MB、SB、SMB、LB、AC、常数、*VD、*LD 或*AC 等，数据类型为字节；PORT 是操作端口，0 用于 CPU 221/222/224 的 PLC，0 或 1 用于 CPU 226 / 226XM 的 PLC，数据类型为字节。

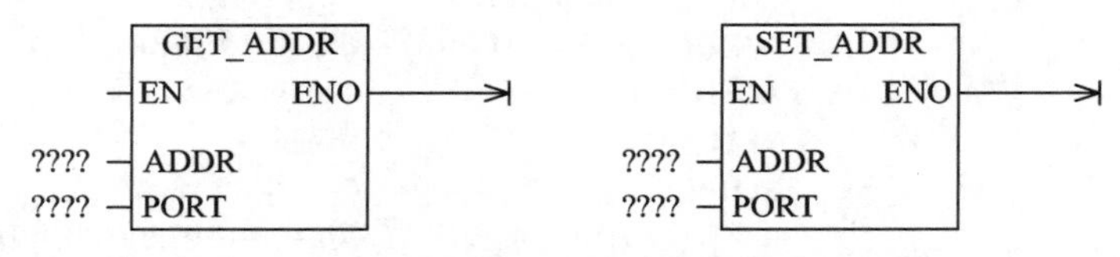

图 7-37 获取与设置通信口地址指令的格式

获取通信口地址(GPA)指令在梯形图中以指令盒形式表示，当允许输入 EN 有效时，用来读取 PORT 指定的 CPU 口的站地址，并将数值放入 ADDR 指定的地址中。在语句表 STL 中，GPA 指令的格式为 GPA ADDR，PORT。

设置通信口地址(SPA)指令在梯形图中以功能框形式表示，当允许输入 EN 有效时，用来将通信口站地址 PORT 设置为 ADDR 指定的数值。新地址不能永远保存，重新上电后，口地址仍恢复为上次的地址值。在语句表 STL 中，SPA 指令的格式为 SPA ADDR，PORT。

实训 7 S7-200 PLC 网络通信

一、S7-200 PLC 之间的 PPI 通信

1. 实训目的

(1) 熟悉 S7-200 PLC 通信协议类型。

(2) 学会利用 STEP 7-Micro/WIN 建立 S7-200 与 PC 的通信。

(3) 掌握 S7-200 PLC 通信指令编程方法。

2. 实训内容

(1) 配置 STEP 7-Micro/WIN 和 S7-200 CPU 的通信参数。

(2) 编程实现本地 PLC 与远程 PLC 之间的 PPI 通信。要求：在 PPI 单主站模式下，主站地址为 3，从站 PLC 地址为 5；从站 IB0 输入单元状态控制主站 QB0 输出单元；主站 IB0 输入单元状态控制从站 QB0 输出单元。

3. 实训设备及元器件

(1) 本地 S7-200 PLC 装置和远程 S7-200 PLC 装置。

(2) 安装有 STEP 7-Micro/WIN 编程软件的 PC。

(3) PC/PPI 通信电缆。

4. 实训步骤

(1) 用 PC/PPI 通信电缆将 PC、本地 S7-200 PLC 和远程 S7-200 PLC 连接。电源及硬件端口应连接正确。

(2) 启动 PC，打开 STEP 7-Micro/WIN，配置 STEP 7-Micro/WIN 和本地 S7-200 PLC 的通信端口和通信波特率等通信参数(在操作栏中单击“通信”图标，在弹出的设置 PG/PC 接口对话框中，选择 PC/PPI 协议，单击“Properties”按钮，配置 STEP 7-Micro/WIN 和本地 S7-200 CPU 的通信参数)。

(3) 在操作栏中单击“系统块”图标，在弹出的通信端口对话框中设置 PLC 地址。

(4) 在 STEP 7-Micro/WIN 编程软件中，输入本地 PLC 和远程 PLC 之间 PPI 通信的相关梯形图程序。

(5) 编译、保存、下载梯形图程序到 S7-200 PLC 中。

(6) 启动并运行 PLC，观察运行结果。若发现运行错误或需要修改程序，则重复上述过程。

5. 实训报告

(1) 整理出运行调试后的梯形图程序。

(2) 写出该程序的调试步骤和观察结果。

二、S7-200 PLC 之间的自由口通信

1. 实训目的

(1) 熟悉 S7-200 PLC 通信协议类型。

(2) 学会利用 STEP 7-Micro/WIN 建立 S7-200 PLC 与 PC 的通信。

(3) 掌握 S7-200 PLC 通信指令及中断的编程方法。

2. 实训内容

(1) 配置 STEP 7-Micro/WIN 和 S7-200 CPU 的通信参数。

(2) 编程实现本地 PLC 与远程 PLC 之间的自由口通信。要求：本地 S7-200 PLC 接收来自远程 PLC 的 10 个字符，接收完成后，又将信息发送回远程 PLC；本地 PLC 通过一个

外部信号(I0.1)的脉冲控制接收任务的开始；当发送完成后用本地指示灯(Q0.1)显示；通信参数为 9600 b/s，偶校验，8 位数据位；不设置超时时间，接收和发送使用同一个数据缓冲区，首地址为 VB200。

3. 实训设备及元器件

(1) 本地 S7-200 PLC 装置和远程 S7-200 PLC 装置。

(2) 安装有 STEP 7-Micro/WIN 编程软件的 PC。

(3) PC/PPI 通信电缆。

4. 实训操作步骤

(1) 用 PC/PPI 通信电缆将 PC、本地 S7-200 PLC 和远程 S7-200 PLC 连接。电源及硬件端口应连接正确。

(2) 启动 PC，打开 STEP 7-Micro/WIN，配置 STEP 7-Micro/WIN 和本地 S7-200 PLC 的通信端口和通信波特率等通信参数(在操作栏中单击“通信”图标，在弹出的设置 PG/PC 接口对话框中，选择 PC/PPI 协议，单击“Properties”按钮，配置 STEP 7-Micro/WIN 和本地 S7-200 CPU 的通信参数)。

(3) 将本地 S7-200 PLC 设置为 RUN 工作方式(此时特殊继电器 SM0.7 为 1，运行自由口通信)。

(4) 在 STEP 7-Micro/WIN 编程软件中，输入本地 PLC 和远程 PLC 之间自由口通信的相关梯形图程序。

提示：本地 PLC 的通信控制程序如图 7-38 所示。在图 7-38(a)中，主程序的网络 1 实现本地 PLC 的设置如下：

- 通信参数设置：9600 bit/s，偶校验，8 位数据位。
- 送 10 个字符到首地址为 VB200 的数据缓冲区。
- 多个字符接收结束后，产生中断事件 23。
- 发送字符完成后，产生中断事件 9。

主程序的网络 2 实现在触点 I0.1 有效时控制本地 PLC 开始接收远程 PLC 发送来的字符。

在图 7-38(b)中，中断程序实现本地 PLC 的设置如下：

- 中断程序 INT_0：控制本地 PLC 通过通信端口 0 将数据表首地址为 VB200 中的 10 个字符数据发送回远程 PLC。
- 中断程序 INT_1：用指示灯(Q0.1)显示，本地 PLC 将 10 个字符数据发送完成。

(5) 编译、保存、下载梯形图程序到 S7-200 PLC 中。

(6) 启动并运行 PLC，观察运行结果。若发现运行错误或需要修改程序，则重复上述过程。

5. 实训报告

(1) 整理出运行调试后的梯形图程序。

(2) 写出该程序的调试步骤和观察结果。

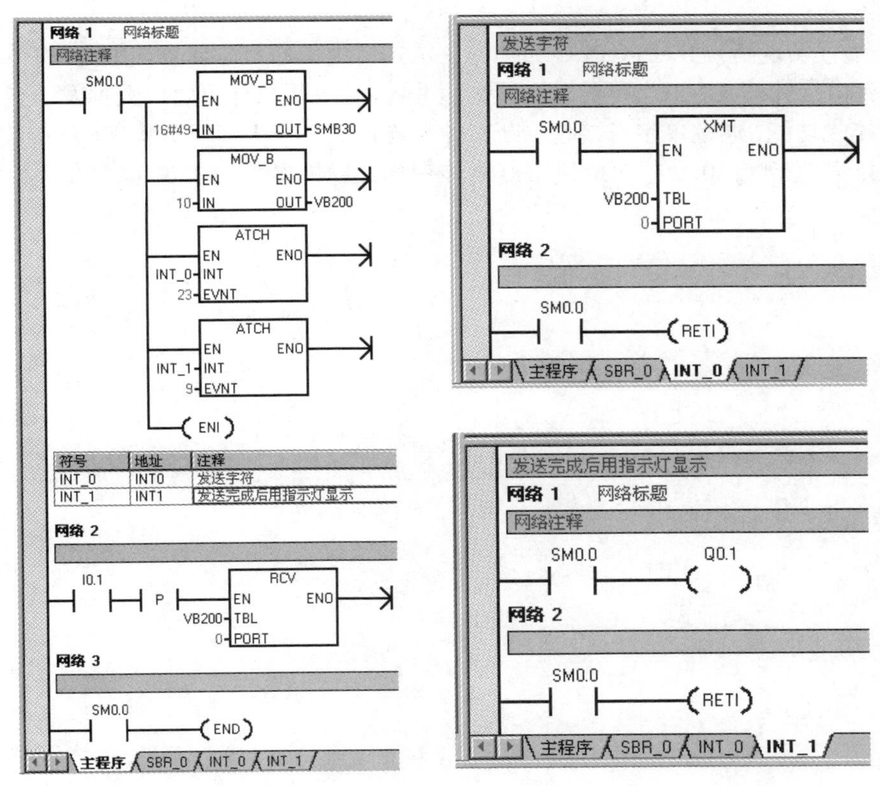

主程序　　　　　　　　中断程序

图 7-38　本地 PLC 通信控制程序

思考与练习 7

7.1　S7-200 PLC 网络通信类型有哪些？各有什么特点？

7.2　S7-200 PLC 使用的是哪一种串行通信标准端口？在和 PC 通信时，是如何进行端口匹配的？

7.3　S7-200 CPU 支持哪些通信协议？

7.4　在 STEP 7-Micro/WIN 中进行通信参数设置，要求：PPI 主站地址为 0，PPI 从站地址为 2，用 PC/PPI 通信电缆连接主站 PC 的串行通信端口 COM1，传送速率为 9600 b/s，传送字符为默认值。

7.5　网络读/网络写(NETR/NETW)指令以及发送与接收(XMT/RCV)指令分别应用在什么场合？

7.6　编程实现 PLC 主从两站的 PPI 通信。要求：用主站的输入按钮(I0.0)控制从站的电机(Q0.0)运转；用从站的输入按钮(I0.0)控制主站的电机(Q0.0)运转。

7.7　运用自由口通信模式，实现 PLC A 站的输入信号 IB1 状态控制 PLC B 站的输出继电器状态。

7.8 编程实现两台 S7-200 PLC 的单向主从式自由口通信。要求：主机只有发送功能，将 IB0 送到由指针&VB100 指定的发送数据缓冲区，且不断执行自由口数据发送指令 XMT；从机只有接收功能，通过单字符接收中断事件 8 连接到一个中断服务程序，将接收到的 IB0 通过 SMB2 传送到 QB0，使 QB0 随 IB0 同步变化；通信参数为 9600 b/s，8 位数据位，无校验。

第 8 章　PLC 控制系统设计实例

本章以 PLC 作为主控部件，通过应用实例说明 PLC 控制系统的设计步骤和方法，使读者加深对 PLC 控制系统设计过程的认识、理解和实践。

8.1　三相异步电动机带延时的正反转控制系统

本节以三相异步电动机的控制为例，介绍电动机启动、停止、正转、反转和互锁保护控制功能的设计过程和编程。

1. 工作原理

在自动控制系统中，根据生产过程和工艺要求，经常要对电动机进行启动、停止、正转、反转、顺序启动、降压启动、自锁保护和互锁保护等控制。

控制系统中的设备或部件的上下、左右、前后的运动，正是利用电动机的正转和反转功能实现的。三相异步电动机的正反转可借助正反向接触器改变定子绕组的相序来实现，控制的方法很多，但都必须保证正反向接触器不会同时接通，以防止电动机短路故障，常用“互锁”电路来避免此类故障。

三相异步电动机正、反转主电路如图 8-1 所示。其中 M 为电动机，三绕组，每绕组均有首尾接头。继电器 KM1 和 KM2 分别控制电动机的正转运行和反转运行，继电器 KM3 用于控制电动机的星型连接。

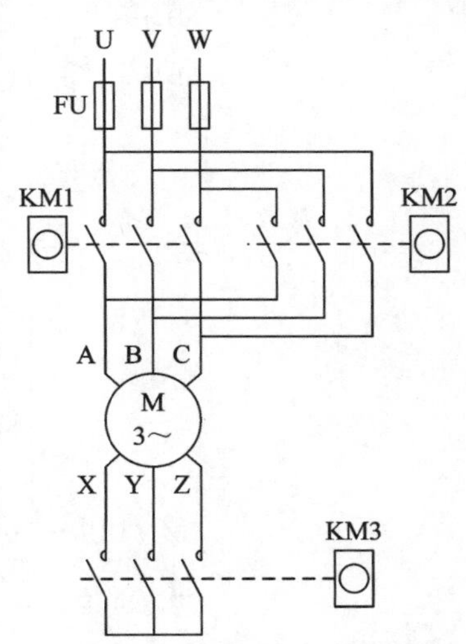

图 8-1　电动机正反转主电路工作原理图

2. 系统控制要求

对三相异步电动机正反转控制系统的要求如下：

(1) 实现三相异步电动机的启动、停止控制。

(2) 实现三相异步电动机的正转、反转控制。

(3) 实现三相异步电动机在正向运转时，延时 1～2 s 后能进入反向运转模式。

(4) 实现三相异步电动机在反向运转时，延时 1～2 s 后能进入正向运转模式。

(5) 实现三相异步电动机的互锁保护控制。

3. 控制系统 I/O 资源分配

在 PLC 系统设计时，I/O 资源分配非常重要。资源规划的好坏将直接影响到系统软件的设计质量优劣。根据系统控制要求，设计使用 3 个继电器分别控制电动机(星型连接)的正转、反转，资源分配见表 8-1 所示。

表 8-1　系统 I/O 资源分配表

名　称	代码	地址	说　明
正转启动按钮	SB1	I0.0	电动机正向转动
反转启动按钮	SB2	I0.1	电动机反向转动
停止按钮	SB3	I0.2	电动机停止
控制继电器 1	KM1	Q0.0	控制电动机的正向转动
控制继电器 2	KM2	Q0.1	控制电动机的反向转动
控制继电器 3	KM3	Q0.3	控制电动机星型连接

4. 选定 PLC 型号

根据 I/O 资源的配置可知，系统共有 3 个开关量输入点，3 个开关量输出点。考虑到 I/O 点的利用率和 PLC 的价格，可选用西门子公司的 S7-200 PLC CPU221。

5. 控制系统接线图

图 8-2 为三相异步电动机正、反转控制接线图，PLC 的输入开关量 I0.0、I0.1 和 I0.2 能检测来自按钮 SB1、SB2 和 SB3 输入信号，PLC 的输出开关量 Q0.0、Q0.1 和 Q0.3 的输出值，用于驱动外部控制继电器，以实现相应的控制动作。

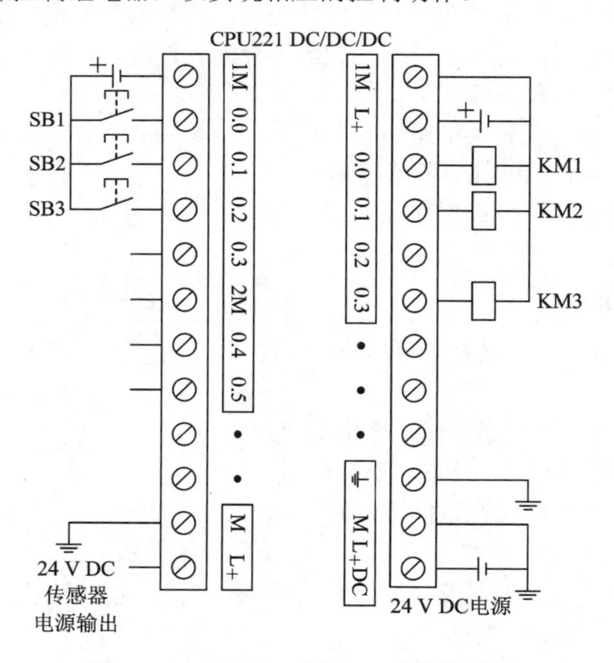

图 8-2　电动机正、反转 PLC 控制接线图

6. 控制系统软件设计

在 STEP 7-Micro/WIN V4.0 编程环境中，通过软件设计实现对电动机的启动、停止、正转、反转和互锁保护等功能，具体操作步骤如下所示。

1) 建立新工程

在 STEP 7-Micro/WIN V4.0 主操作界面下，选择主菜单中的“文件”→“新建”选项或单击工具栏中的“新建项目”图标，在主操作窗口中将显示新建的程序文件区，新建的程序文件以“项目 1”命名，如图 8-3(a)所示。

用户可以根据实际情况选择 PLC 型号。右击“CPU224XP CN REL 02.01”图标，在弹出的按钮中单击“类型”，如图 8-3(b)所示。在 PLC 类型选择对话框中，选择需要的 CPU221 类型，单击“确认”按钮，如图 8-3(c)所示。

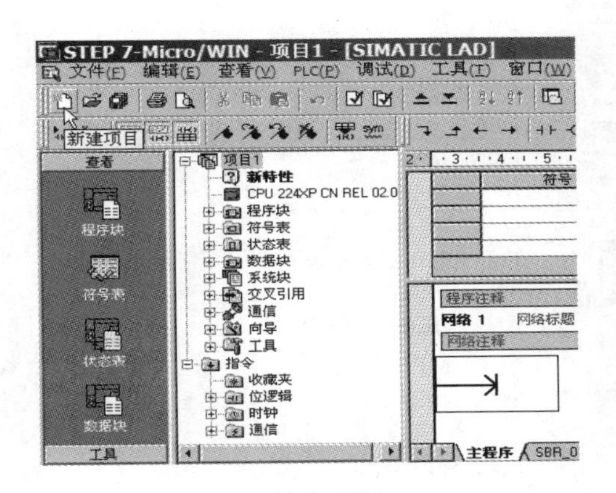

(a) 新建工程　　(b) 更改类型

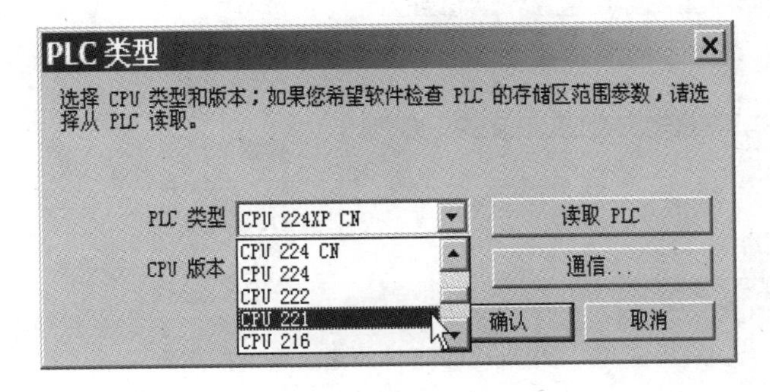

(c) 选择类型

图 8-3　建立新工程对话框

2) 编写控制程序

在 STEP 7-Micro/WIN V4.0 中编写控制程序，具体操作步骤可以参考图 9-26 所示的编程方法。

为了增加程序的可读性和调试维修的方便，可单击“程序注释”“网络标题”或“网络注释”，输入必要的说明信息。

三相异步电动机带延时的正、反转控制系统程序如图 8-4 所示。

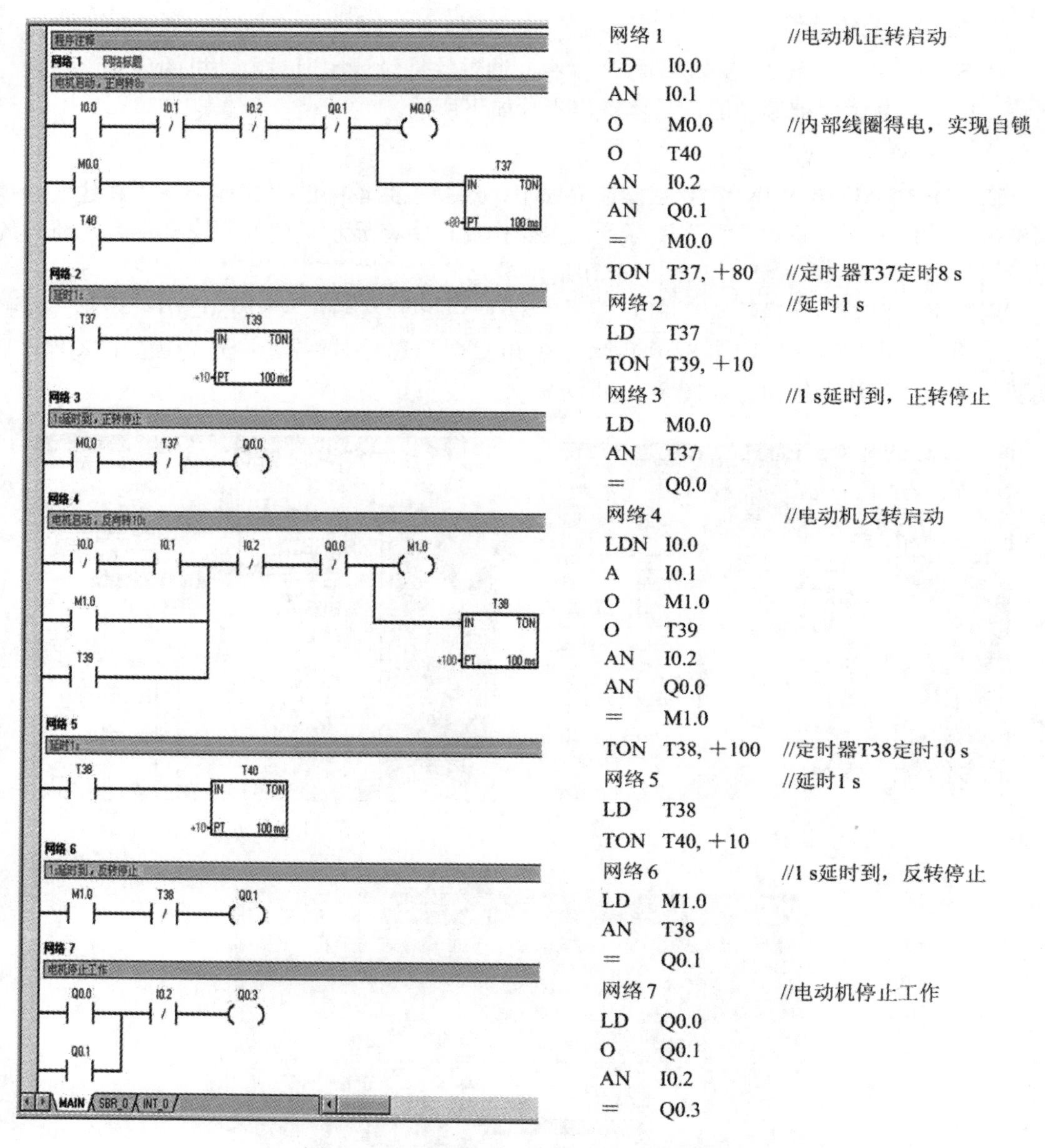

图 8-4　电动机带延时的正、反转控制程序

7. 控制系统调试

程序编译、下载后，进行控制程序调试，三相异步电机带延时的正、反转控制程序的工作过程如下：

(1) 电动机正转→延时(8 s)→停止(1 s)→反转。

① 如果首先按下正向启动按钮 SB1，常开触点 I0.0 闭合，线圈 Q0.0 得电，线圈 Q0.3 也同时得电，即继电器 KM1 和 KM3 的线圈得电，此时电机正转。

② 电动机正转工作 8 s 后，Q0.0 的线圈失电，延时 1 s 后 Q0.1 的线圈得电，即继电器 KM1 的线圈失电，继电器 KM2 的线圈得电，此时电机反转。

(2) 电动机反转→延时(10 s)→停止(1 s)→正转。

① 如果首先按下反向启动按钮 SB2，常开触点 I0.1 闭合，线圈 Q0.1 得电，线圈 Q0.3 也同时得电，即继电器 KM2 和 KM3 的线圈得电，此时电机反转。

② 电动机反转工作 10 s 后，Q0.1 的线圈失电，延时 1 s 后 Q0.0 的线圈得电，即继电器 KM2 的线圈失电，继电器 KM1 的线圈得电，此时电机正转。

(3) 自锁保护。内部线圈 M0.0 和 M1.0 得电时，对 I0.0 和 I0.1 实现自锁保护。

(4) 停止运行。在电动机正转或反转时，按下停止按钮 SB3，电动机停止运转。

必须指出：在设计 PLC 控制系统时，还要注意 PLC 系统配置优化、外部传感器信号输入和输出驱动电路，电源容量计算，以及执行机构和控制对象的特性等因素对控制系统的效率和控制质量产生较大影响。

8.2　带有数显及倒计时功能的 4 人抢答器系统

1. 工作原理

PLC 抢答器外部控制由四个选手抢答开关、一个数码管、一个开始按钮和一个复位按钮组成。在按下开始按钮之后，数码管显示倒计时，当倒计时为 0 时开始抢答，四个抢答开关分别对应数字 1、2、3、4，数码管将显示最先按下的按钮所对应的数字。按下清零按钮之后，数码管恢复为 0。

2. 系统控制要求

对 4 人抢答器的控制要求如下。

(1) 能对抢答器进行开和清零控制。

(2) 要求 4 个抢答按钮之间互锁。

(3) 要求在筛选出抢答者之后，数码管要显示其对应的数字。

3. 控制系统 I/O 分配

用 PLC 构成的 4 人抢答器的控制系统的资源分配表见表 8-2。

表 8-2　系统 I/O 资源分配表

名　称	代码	地址	说　明
开始按钮	SB1	I1.0	开始倒计时
复位按钮	SB2	I1.1	抢答器复位
抢答按钮 1	SB3	I0.1	抢答人 1
抢答按钮 2	SB4	I0.2	抢答人 2
抢答按钮 3	SB5	I0.3	抢答人 3
抢答按钮 4	SB6	I0.4	抢答人 4
数码管	XS	QB0	倒计时显示/抢答人显示

4. 选择 PLC 型号

根据 I/O 资源的配置可知，系统共有 6 个开关输入量，8 个开关输出量，因此选用西门子公司的 S7-200 PLC CPU224。

5. 控制系统接线图

图 8-5 所示为 4 人抢答器外围接线图，PLC 的输入开关量 I1.0、I1.1 为系统开始和复位控制按钮，I0.1~I0.4 为抢答按钮，7 段数码管共阴极连接由 QB0 驱动。

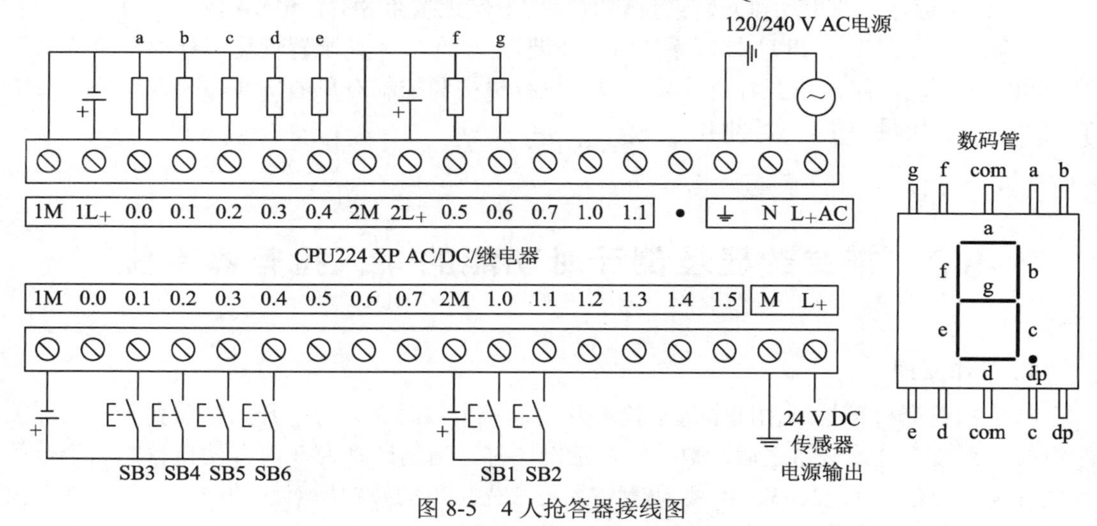

图 8-5　4 人抢答器接线图

6. 控制系统软件设计

4 人抢答器系统的梯形图程序如图 8-6 所示。

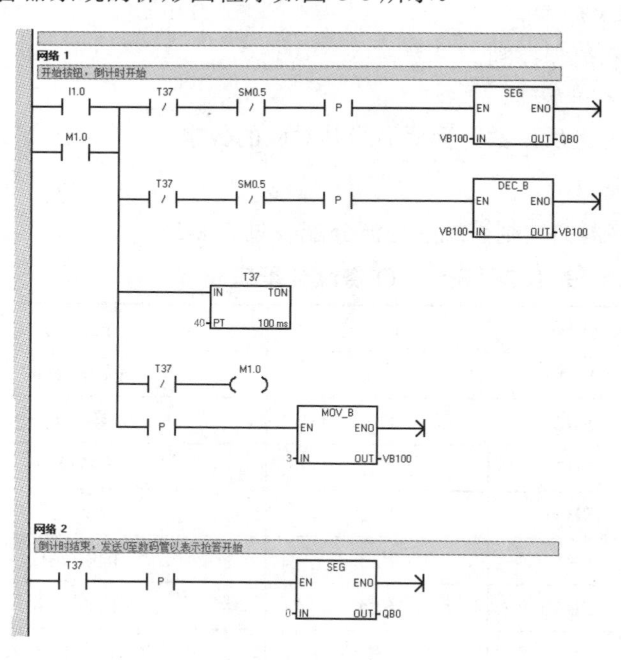

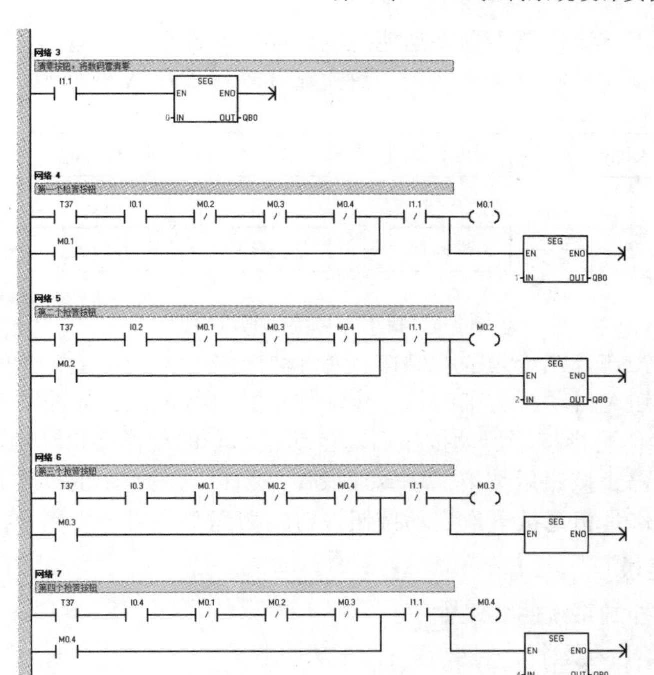

图 8-6　4 人抢答器梯形图程序

8.3　自动搬运车控制系统

1. 工艺过程

自动搬运车是现代自动化物流系统中的关键设备之一，能够自动完成不同地点货物的装载和卸载，实现自动、高效、低故障无人化作业。

图 8-7 为一个自动搬运车操作示意图，自动搬运车的控制过程属于双向控制，可由一台三相异步电动机拖动，电机正转，搬运车向右行；电机反转，搬运车向左行。在自动搬运车行程线上有 6 个编码为 R1、R2、R3、L1、L2 和 L3 的站点供搬运车停靠，在每一个停靠点安装一个行程开关以监视搬运车是否到达该站点。

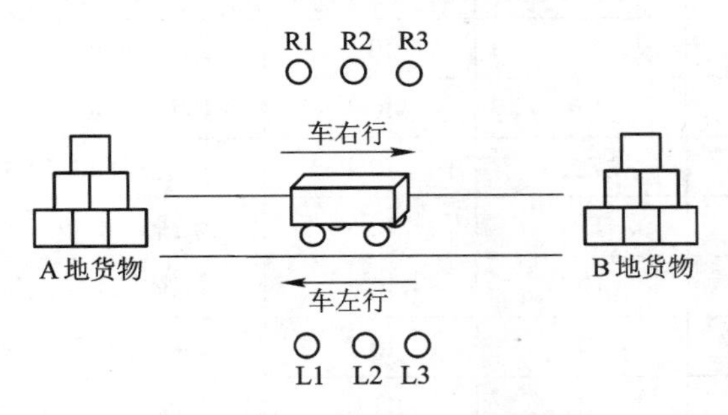

图 8-7　自动搬运车操作示意图

自动搬运车的工艺流程属于顺序功能控制，如图 8-8 所示。

自动搬运车控制流程共有 7 步动作，每次循环动作均从 A 地开始。

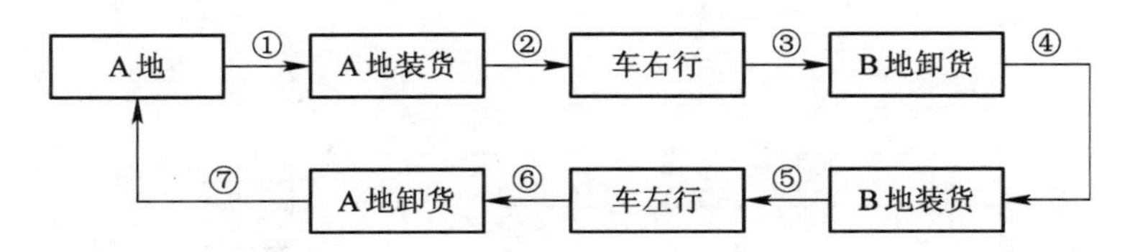

图 8-8　自动搬运车控制流程图

自动搬运车的操作方式分为手动操作、全自动操作、单周期操作和单步操作 4 种类型。手动操作是指用按钮对自动搬运车的每一步动作单独进行控制，如控制车右行/左行、装货/卸货等；全自动操作是指按下启动按钮后，自动搬运车的动作将自动地、连续不断地周期性循环，直到按下停止按钮后结束；单周期操作是指自动搬运车的动作自动完成一个周期后就停止；单步操作是指每按一次启动按钮，自动搬运车完成一步操作，然后自动停止。

2. 系统控制要求

对自动搬运车控制系统的要求如下：

(1) 实现搬运车自动运行，且要有一定的方向性。

(2) 实现货物位置检测和货物形态检测装置，以便精确无误地进行货物的自动装载和卸载。

(3) 设有车辆位置定位和限位装置，以便搬运车能准确停靠到 R1、L1 等站点。

(4) 灵活的运行方式，如全自动操作、单周期操作等操作方式。

(5) 必要的人机界面，如系统启/停按钮、运行方式选择开关、右行/左行显示灯、装货/卸货指示灯等。

(6) 可以手动控制，以便突发异常紧急停止系统运行，或在系统维护检修时使用。

3. 控制系统 I/O 资源分配

用 PLC 控制自动搬运车的资源分配表如表 8-3 所示。

表 8-3　系统 I/O 资源分配表

名 称	代码	地址	说　明
系统启/停按钮	QT	I0.0	系统启动/停止运行
装载货物按钮	ZH	I0.1	系统装载货物
卸载货物按钮	XH	I0.2	系统卸载货物
搬运车右行开关	YX	I0.3	搬运车向右行驶
搬运车左行开关	ZX	I0.4	搬运车向左行驶
单步操作方式按钮	DB	I0.5	系统单步完成动作
单次周期操作方式开关	DC	I0.6	系统自动完成一个周期
全自动操作方式开关	ZD	I0.7	系统自动、连续不断地周期性运行
手动操作方式开关	SD	I1.0	系统由用户手动操作完成各步动作

续表

名 称	代码	地址	说 明
搬运车装货指示灯	S1	Q0.0	搬运车装货，该指示灯点亮
搬运车卸货指示灯	S2	Q0.1	搬运车卸货，该指示灯点亮
右行线站点 1	R1	Q0.2	右行线上，可供搬运车停靠的站点 1
右行线站点 2	R2	Q0.3	右行线上，可供搬运车停靠的站点 2
右行线站点 3	R3	Q0.4	右行线上，可供搬运车停靠的站点 3
左行线站点 1	L1	Q0.5	左行线上，可供搬运车停靠的站点 1
左行线站点 2	L2	Q0.6	左行线上，可供搬运车停靠的站点 2
左行线站点 3	L3	Q0.7	左行线上，可供搬运车停靠的站点 3

4. 选定 PLC 型号

根据 I/O 资源的配置可知，系统共有 9 个开关量输入点，8 个开关量输出点，此处选用了西门子公司的 S7-200 PLC CPU224。

5. 控制系统接线图

图 8-9 为自动搬运车控制系统外围接线图，PLC 的输入开关量 I0.0～I1.0 检测按钮和开关的输入信号；PLC 的输出开关量 Q0.0～Q0.7 的输出值，用于驱动外部负载，以实现相应的控制动作。

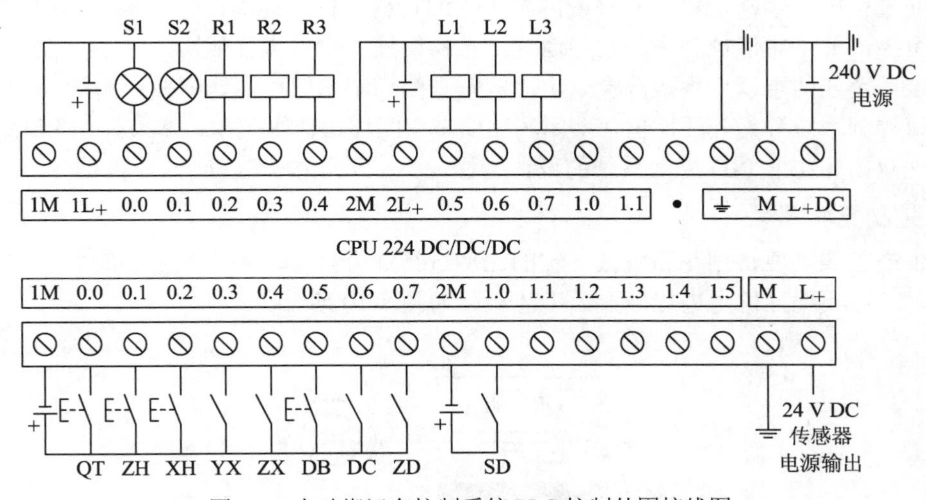

图 8-9 自动搬运车控制系统 PLC 控制外围接线图

6. 控制系统软件设计

自动搬运车控制程序工作过程如下：

(1) 按下启/停按钮 ST，系统启动，等待用户选择系统操作方式。

(2) 当手动操作方式开关 SD 为 ON，系统以手动操作方式工作。按下装货按钮 ZH，搬运车在 A 地装货，装货指示灯 S1 亮，15 s 后搬运车装货完毕 S1 灭；右行开关 YX 为 ON，搬运车开始向右行驶，在右行线上，用依次(间隔时长为 2 s)被点亮的指示灯表示经过 R1、

R2、R3 站点；搬运车行驶到 B 地后，按下卸货按钮 XH，搬运车在 B 地装货，卸货指示灯 S2 亮，15 s 后搬运车卸货完毕 S2 灭，同时，空的搬运车可以在 B 地装载新的货物；左行开关 ZX 为 ON，搬运车开始向左行驶，在左行线上，用依次(间隔时长为 2 s)被点亮的指示灯表示搬运车经过 L1、L2、L3 站点；最后，搬运车返回 A 地卸货。

(3) 当全自动操作方式开关 ZD 为 ON，系统以全自动操作方式工作。自动完成“A 地装货→车右行→B 地卸货→B 地装货→车左行→A 地卸货”，延时 5 s 后，开始下一个周期，且连续不断地循环。如果在搬运车工作中按下启/停按钮 ST，系统不会立即停止工作，而是在搬运车完成一个周期的动作后，返回 A 地自动停止。

(4) 当单周期操作方式开关 DC 为 ON，系统以单周期操作方式工作。完成“A 地装货→车右行→B 地卸货→B 地装货→车左行→A 地卸货”，然后系统自动停止。

(5) 当按下单步操作方式按钮 DB 时，系统以单步操作方式工作，每按一次该按钮，搬运车运行一步。

自动搬运车控制系统梯形图源程序见本书电子资源(源程序文件夹中：文件名：8.1.3.mwp)。

8.4 双闭环比值 PID 控制系统

工业过程中，经常需要使两种或两种以上的物料保持一定的比例关系。其中，主物料可测或可控，处于比值控制中的主导地位，从物料按主物料进行配比。

实现两个或两个以上参数符合一定比例关系的控制系统称为比值控制系统。

比值控制系统分为开环比值、单闭环比值、双闭环比值等类型，本节介绍 PLC 为控制装置实现双闭环比值 PID 控制系统的设计过程。

1. 控制要求

某生产工艺需要将刨花和胶按一定的比例进行混合搅拌，当刨花量和胶的重量达到配比要求时，送到搅拌机内进行搅拌，工艺流程如图 8-10 所示。

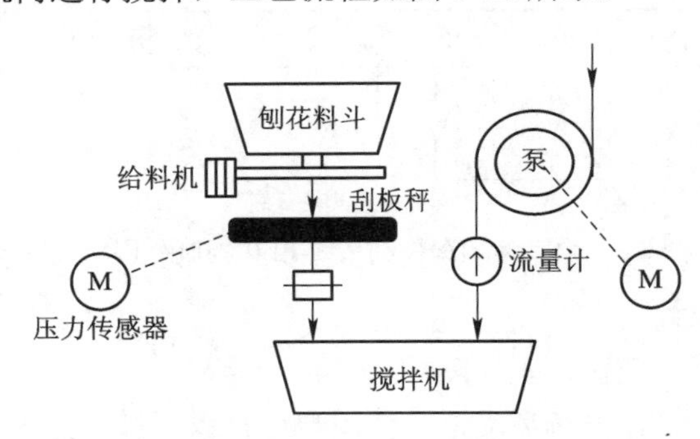

图 8-10 工艺流程图

(1) 刨花由执行器螺旋给料机供给，通过压力传感器检测刨花量。

(2) 胶由执行器胶泵供给，通过流量计检测胶流量。

(3) 刨花量为主物料，胶流量为从物料，即胶流量随着刨花量的变化按一定比例变化。主物料刨花量的测量值经过比值运算作为从物料胶流量的给定值。

(4) 为克服干扰对主物料和从物料比值的影响，采用双闭环比值控制。主物料为定值闭环控制，从物料为随动闭环控制，比值系数编程实现。

双闭环比值控制系统的方框图如图 8-11 所示。

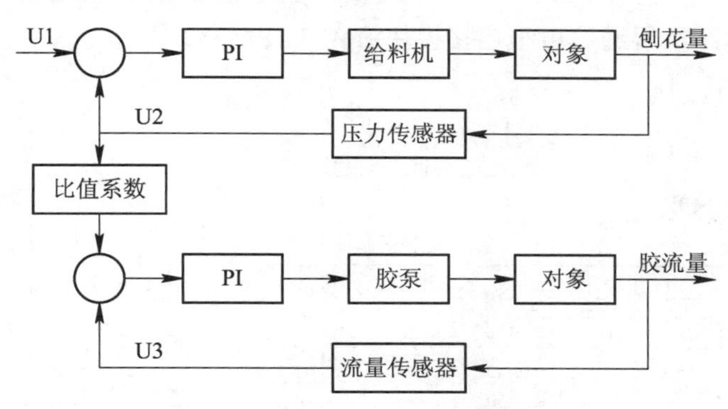

图 8-11　双闭环比值控制系统的方框图

2. I/O 分配

根据系统控制要求，I/O 资源实现功能如下：

(1) 控制系统的输入信号有启动、停止开关 2 个开关量信号。

(2) 刨花量设定值 U1、压力传感器信号 U2、流量计信号共 3 个模拟量信号。

(3) 各执行器工作时分别设置指示灯显示。

I/O 地址分配表见表 8-4。

表 8-4　I/O 地址分配表

类别	电气元件	PLC 软元件	功　能
输入(I)	SB1	I0.0	启动按钮
	SB2	I0.1	停止按钮
	U1	CH1	刨花外模拟量设定
	U2	AIW4	压力传感器模拟量输出
	U3	AIW6	流量传感器计输出
输出(O)	指示灯 L1	Q0.0	模拟量输入正常指示灯
	指示灯 L2	Q0.1	模拟量输出正常指示灯
	(驱动)执行器 1	AQW0	给料机模拟量控制信号
	(驱动)执行器 2	AQW2	胶泵模拟量控制信号

3. PLC 选择

根据输入/输出信号的数量类型和控制要求，选择 PLC 模块如下：

(1) 主控选择 CPU 224CN。

(2) 模拟量输入模块 EM231，4 输入。

(3) 模拟量输出模块 EM232，2 输出。

4. 控制系统 I/O 电路

根据 I/O 分配关系，模拟量输入模块 EM231 可以实现 4 路模拟量输入，设置为电流输入 0～20 mA，其输出信号为 12 位(0～32 000)数字量，由 CPU 读入。模拟量输出模块 EM232 可以实现 2 路模拟量输出，设置输出模拟信号为 0～20 mA。输入信号为 CPU 写入的 12 位(0～32 000)数字量。EM231/EM232 扩展模块接线如图 8-12 所示(开关量 I/O 略)。

CPU224CN 通过扩展通信电缆连接模块 EM231/EM232。

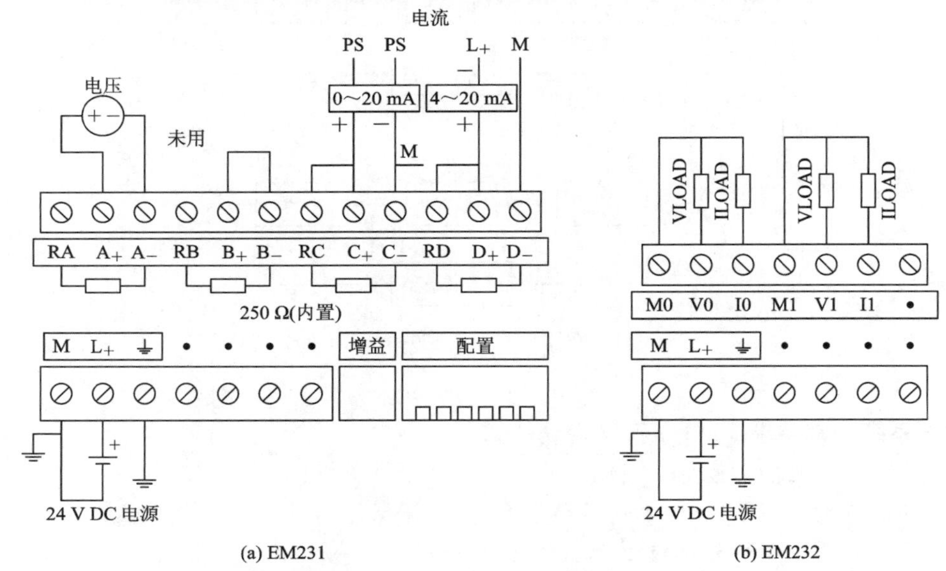

(a) EM231　　(b) EM232

图 8-12　EM231/EM232 扩展模块接线图

5. 程序设计

根据图 8-11 所示的双闭环比值控制系统的方框图，设置主物料为比例(P)控制，从物料为比例积分(PI)控制器，以消除比值的偏差。控制系统程序设计思想和方法如下：

(1) 首先选择 PID 回路 0 作为主物料 PID 控制回路，选择 PID 回路 1 作为从 PID 控制回路(可参考第 6 章 PID 控制系统编程)。

(2) 分别选择 PID 回路表首地址(回路 0 取 VD100，回路 1 取 VD300)。

(3) 分别设置回路 0、回路 1 的过程变量(PV_0 来自 AIW4、PV_1 来自 PIW6)、设定值(SP_n)、增益(P)、采样时间(T_s)、积分时间(T_i)、微分时间(T_d)等参数。

注意，回路 1 的给定值是回路 0 的过程变量经比值系数处理后的值。

(4) 设置定时中断初始化程序，可以选择定时中断(中断事件号 9)，定时时间为 200 ms。

(5) 编写初始化程序，将回路参数和中断设置写入初始化程序表中。

(6) 编写中断处理程序。中断处理程序包括回路 0 读取模拟输入通道 AIW4 模拟量数据及转换、PID 运算指令输出及数据转换，经模拟输出通道 AQW0 输出；回路 1 首先完成给定值(AIW4)比值系数的计算，然后读取模拟输入通道 AIW4 模拟量数据及转换、PID 运算指令输出及数据转换，经模拟输出通道 AQW2 输出。

双闭环比值控制系统的梯形图源程序文件见本书电子资源(源程序文件夹中：文件名:8.1.4.mwp)。

实训 8　PLC 控制系统设计

一、交流异步电动机星-三角(Y-△)降压启动控制系统

1. 实训目的

(1) 熟悉和掌握 PLC 控制系统的设计方法、步骤。

(2) 进一步掌握 S7-200 PLC 的程序设计方法。

2. 实训内容

1) 工作原理

交流异步电动机星-三角降压启动的工作过程如下。

(1) 电动机在启动过程中，首先将三绕组的尾端连在一起，首端则接在三相电源上，此时形成星形连接。

(2) 经过一段时间，再将三相绕组的首尾依次相连，在三个连接点处，加上三相交流电源，实现三角形连接。

2) PLC 控制系统

利用 S7-200PLC 控制系统实现交流异步电动机星-三角降压启动。

利用 STEP 7-Micro/WIN V4.0 编写步进电机运动控制的梯形图程序。

3. 实训设备及元器件

(1) S7-200 PLC 实验工作台或 PLC 装置。

(2) 安装有 STEP 7-Micro/WIN 编程软件的 PC。

(3) PC/PPI 通信电缆。

(4) 按钮式开关、继电器或接触器、导线等必备器件。

4. 实训操作步骤

实训操作步骤包括系统控制要求、控制系统 I/O 资源分配、选定 PLC 型号、控制系统原理图设计、控制系统程序设计。

1) 系统控制要求

对交流异步电动机星-三角降压启动控制系统的要求是:

(1) 实现交流异步电机的启动、停止控制。

(2) 实现交流异步电机启动 1～2 s 后，进入星形运行控制。

(3) 实现交流异步电机启动 5～7 s 后，进入三角形运行控制。

2) 控制系统 I/O 资源分配

PLC 系统设计时，资源分配非常重要。资源规划的好坏，将直接影响到系统软件的设计质量。根据系统控制要求，设计使用 3 个继电器分别控制电动机的启停、星形与三角形运行，资源分配表见表 8-5。

表 8-5 系统 I/O 资源分配表

名　称	代码	I/O 映象寄存器地址	功能说明
启动按钮	SB1	I0.0	电动机启动
停止按钮	SB2	I0.2	电动机停止
控制继电器 1	KM1	Q0.0	控制电动机的启停
控制继电器 2	KM2	Q0.2	控制电动机三角形运转
控制继电器 3	KM3	Q0.3	控制电动机星形运转

3) 选定 PLC 型号

根据 I/O 资源的配置可知，系统共有 2 个开关量输入点，3 个开关量输出点，无模拟量输入/输出点，故可以选择 CPU22X 系列 PLC。又考虑到 I/O 点的利用率和 PLC 的价格，选用了西门子公司的 S7-200 PLC CPU221。

4) 控制系统原理图设计

如图 8-13(a)所示为交流异步电动机星-三角降压启动主电路，M 为电动机，三绕组，每绕组均有首尾接头；继电器 KM1、KM2、KM3 分别控制电动机的启停、三角形运行、星形运行。

继电器 KM1 控制着电动机三绕组的首端与 ABC 三相电源相连，在电动机启动过程中，继电器 KM2 控制着电动机三绕组的首尾相连成为三角形，继电器 KM3 控制着电动机三绕组的尾端连接在一起成为星形。

如图 8-13(b)所示为交流异步电动机星-三角降压启动控制外围接线图，PLC 的输入开关量 I0.0 和 I0.2 能检测来自按钮 SB1 和 SB2 输入信号，PLC 的输出开关量 Q0.0、Q0.2 和 Q0.3 的输出值，用于驱动外部控制继电器，以实现相应的控制动作。

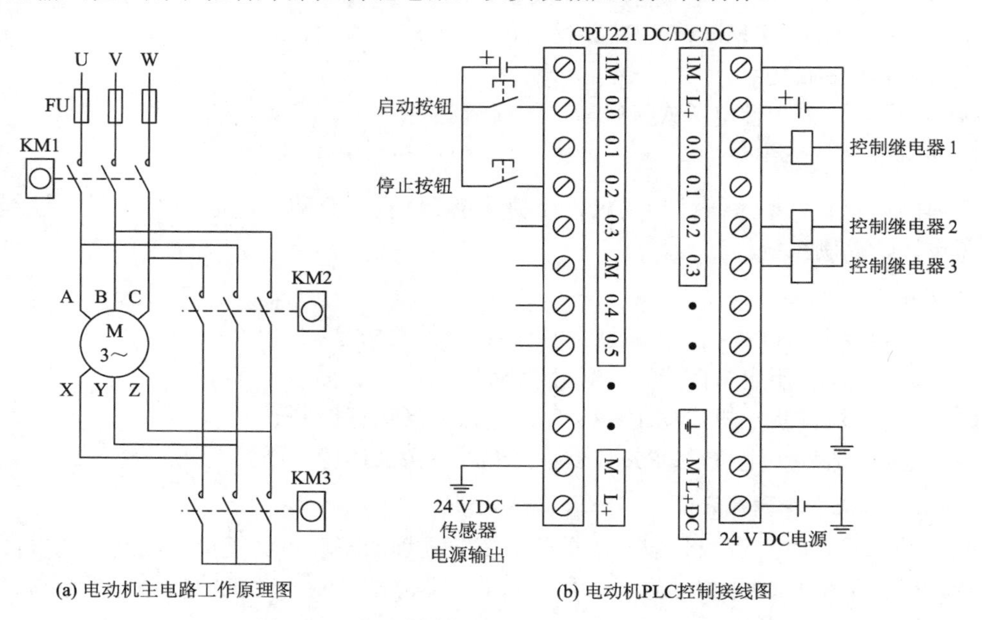

(a) 电动机主电路工作原理图　　(b) 电动机PLC控制接线图

图 8-13 电动机星-三角降压启动控制原理图

5) 控制系统程序设计

交流异步电动机星-三角降压启动控制程序如图 8-14 所示。

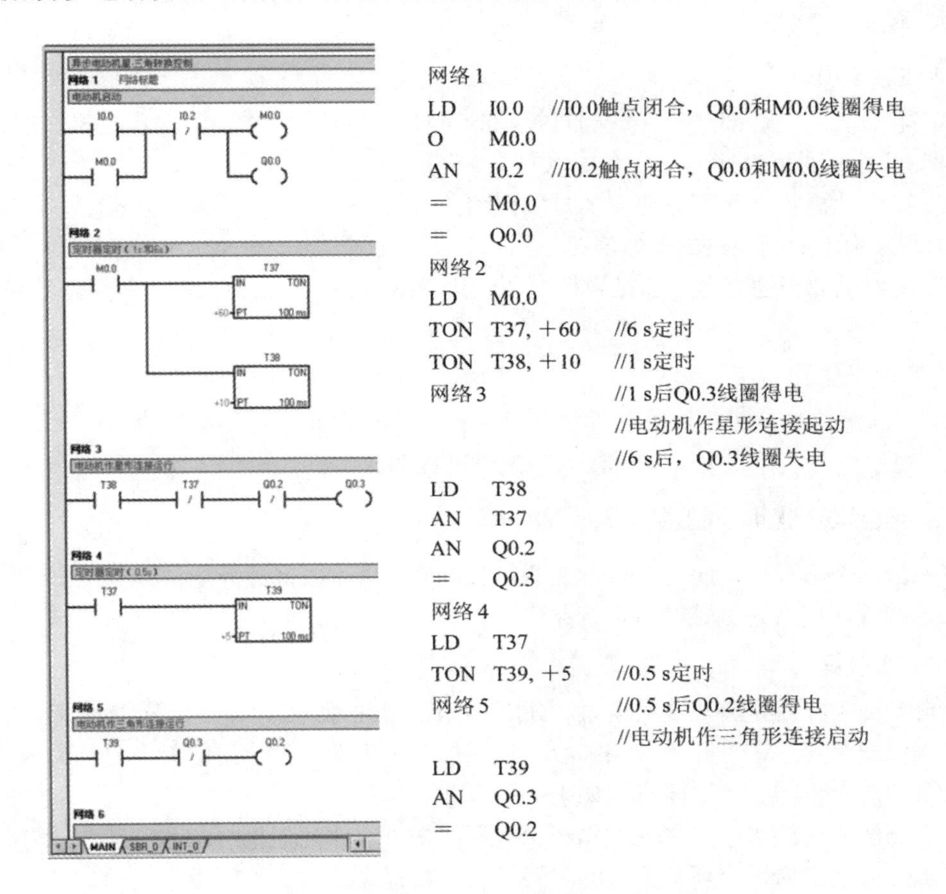

图 8-14　电动机星-三角降压启动控制程序

交流异步电动机星-三角降压启动控制程序工作过程如下：

(1) 按下启动按钮 SB1，常开触点 I0.0 闭合，M0.0 线圈得电，常开触点 M0.0 闭合，同时 Q0.0 线圈得电，即继电器 KM1 的线圈得电，电动机三绕组首端与三相电源相连。

(2) 1 s 后 Q0.3 线圈得电，即继电器 KM3 的线圈得电，电动机三绕组的尾端连在一起，电动机做星形连接启动。

(3) 6 s 后 Q0.3 线圈失电，即继电器 KM3 的线圈失电。

(4) 0.5 s 后 Q0.2 线圈得电，即继电器 KM2 的线圈得电，电动机三相绕组的头尾依次相连，在三个连接点处，加上三相交流电源，电动机做三角形连接运行。

(5) 按下停止按钮 SB2，电动机停止运行。

6) 其他步骤

(1) 按图 8-13 进行 PLC 外部硬件线路连接。

(2) 将 PC/PPI 通信电缆与 PC 连接。

(3) 启动编程软件，编辑如图 8-14 的梯形图程序。

(4) 编译、保存、下载梯形图程序到 S7-200 PLC 中。

(5) 启动运行 PLC，通过操作按钮控制，观察运行结果，发现运行错误或需要修改程序重复上面过程。

5. 注意事项

(1) 电动机主电路部分应在教师直接指导下按规范安全操作，防止电动机在缺相时工作，电动机外壳要可靠接地，注意用电安全。

(2) 在电动机主电路不方便实现时(或者为安全起见)，可以观察接触器(或相应的指示灯)的状态来确定控制电路的工作情况。

(3) 注意电源极性、电压值是否符合所使用 PLC 输入、输出电路、接触器及指示灯的要求。

6. 实训报告

(1) 分析程序运行过程，外部连接开关、接触器与软继电器关系及功能。

(2) 观察电路工作状态，写出该电路工作过程和状态。

二、全自动洗衣机控制系统设计

下面给出全自动洗衣机工作过程、系统控制要求及 I/O 资源分配，其 PLC 选型、外部接线、控制程序及系统调试读者自行完成。

1. 工作过程

全自动洗衣机就是将洗衣的全过程(进水-洗涤-漂洗-脱水)预先设定好 N 个程序，洗衣时选择其中一个程序，打开水龙头和启动洗衣机开关后洗衣的全过程就会自动完成。

全自动洗衣机的工作顺序过程如下：

进水→洗涤→排水→脱水→进水→第一次漂洗→排水→脱水→进水→第二次漂洗→排水→脱水。可以根据每个环节要求的时间不同，在程序中设定不同数据。

本系统中，全自动洗衣机共有 6 个模式，分别为模式 1 快速洗涤、模式 2 标准、模式 3 大件洗涤、模式 4 洗涤、模式 5 漂洗、模式 6 脱水。其中快速洗涤、标准、大件洗涤模式均完成工作顺序所有过程，但在每个环节的时间不同；在洗涤模式中，用户可以手动调节洗涤时间；漂洗与脱水模式为自动模式，不允许用户调节时间。

2. 系统控制要求

对全自动洗衣机的基本要求如下：

(1) 按下总开关，数码管显示 0。

(2) 实现洗衣机的模式选择，选择模式由 7 段数码管显示模式对应的数字，7 段数码管采用共阴极连接方式，由扩展模块 EM222 控制(地址 QB2)；选择洗涤模式 4 时，数码管闪烁，并通过时间加减开关设置洗涤时间。

(3) 再次按下步骤(2)中选择的模式，表示确认该模式，并按其功能运行。

3. 控制系统 I/O 资源分配

全自动洗衣机 I/O 分配表如表 8-6 所示。

表 8-6　系统 I/O 资源分配表

名称	符号	地址	说　明
总开关	SB0	I0.0	系统启动
开关	SB1	I0.1	模式 1 快速洗涤
	SB2	I0.2	模式 2 标准
	SB3	I0.3	模式 3 大件洗涤
	SB4	I0.4	模式 4 洗涤
	SB5	I0.5	模式 5 漂洗
	SB6	I0.6	模式 6 脱水
	SB7	I1.0	增加时间(T1)
	SB8	I1.1	减少时间(T2)
继电器	KM5	Q0.7	进水
	KM4	Q0.6	排水
	KM3	Q0.5	电机正转开关
	KM2	Q0.4	电机反转开关
	KM1	Q0.3	脱水开关
7 段数码管	XS	扩展 EM222 (QB2)	模式 x 数字显示

4. PLC 选型及外部接线

PLC 选型及外部接线由读者自行完成。

5. 控制系统程序设计

全自动洗衣机控制程序由读者自行完成(参考答案见本书电子资源：源程序文件夹中，文件名：8.2.2.mwp)。

思考与练习 8

8.1　PLC 控制系统的结构类型有哪些？各有什么特性？

8.2　简述 PLC 控制系统的一般设计步骤。

8.3　输入外围电路在什么情况下可以进行化简？输出外围电路在什么情况下可以进行化简？

8.4　在设计输入输出外围电路时应注意哪些问题？

8.5　为了提高 PLC 控制系统的可靠性，应采取哪些措施？

8.6　如何进行 PLC 机型选择？

8.7　简述 PLC 软件设计内容和步骤。

8.8　试简述 PLC 联机调试的过程。

8.9 设计实现 3 台电动机的顺序启动/停止电路，要求如下：

(1) 按启动按钮后，3 台电机按照 M1、M2、M3 的顺序启动。

(2) 按停止按钮后，3 台电机按照 M3、M2、M1 的顺序停止。

(3) 动作之间要有一定的时间间隔。

8.10 设计一交通灯控制系统。

(1) 通过红、黄、绿三组颜色的灯组按设定好的时间进行规则性的转换。

(2) 通过对交通灯状态的数据编码，以数据传送方式控制交通灯输出显示。

(3) 实现交通灯启动、停止控制。

第9章　S7-200系列PLC编程软件及应用

S7-200 PLC和S7-200 SMART PLC的编程软件分别是STEP 7-Micro/WIN和STEP 7-Micro/WIN SMART。

STEP 7-Micro/WIN是西门子公司专门为S7-200 PLC设计的，能在Windows操作系统中运行的编程软件。该软件可以在线(联机)或离线(脱机)方式开发用户程序，并能在线实时监控用户程序的执行状态，其具有功能强大、使用方便、支持多种编程语言、能满足不同用户要求等优点。

本章主要从软件安装、功能简介、程序编辑、编译与下载、调试与监控等几个方面重点介绍STEP 7-Micro/WIN编程软件的功能和使用方法，同时介绍STEP 7-Micro/WIN SMART编程软件的窗口、主要特点及编程软件应用示例。

9.1　STEP 7-Micro/WIN V4.0编程软件

STEP 7-Micro/WIN编程软件简单易学，为用户开发、编辑和监控程序运行提供了良好的编程环境。

9.1.1　STEP 7-Micro/WIN V4.0的软件环境

1. PC的配置要求

STEP 7-Micro/WIN V4.0既可以在PC上运行，又可以在西门子公司的编程器上运行。其对PC或编程器的最小配置要求如下：

(1) 操作系统：Windows XP等操作系统。

(2) 计算机硬件：586以上兼容机，内存64 MB以上，VGA显示器，350 MB以上的硬盘空间，Windows支持的鼠标。

(3) 通信电缆：专用PC/PPI电缆(或使用一个通信处理器卡)，用于PC与PLC的连接。

2. 硬件连接

目前，S7-200 PLC CPU大多采用PC/PPI电缆直接与PC相连。典型的单S7-200 PLC CPU与PC连接如图9-1所示。该连接中，PC/PPI电缆一端与PC的RS-232通信口(一般为COM1口)相连，另一端与PLC的RS-485通信口相连。

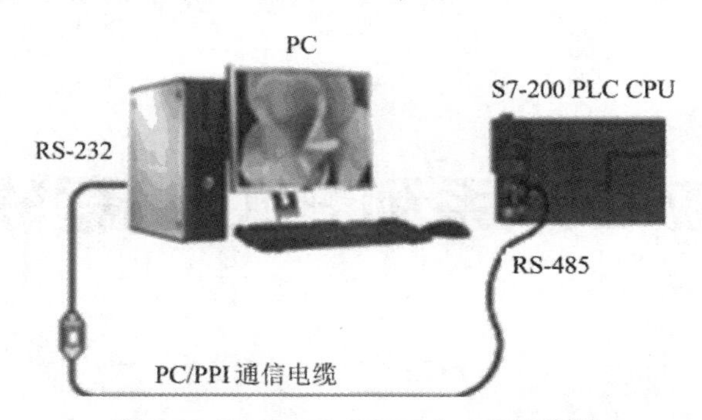

图 9-1　S7-200 PLC CPU 与 PC 连接图

3. 软件安装

将 STEP 7-Micro/WIN V4.0 的安装光盘插入 PC 的 CD-ROM 中，安装向导程序将自动启动并引导用户完成整个安装过程。用户还可以在安装目录中双击 setup.exe 图标，进入安装向导，按照安装向导完成软件的安装。

(1) 选择安装程序界面的语言。STEP 7-Micro/WIN V4.0 提供德语、法语、西班牙语、意大利语和英语五个选项，系统默认使用英语，如图 9-2 所示。

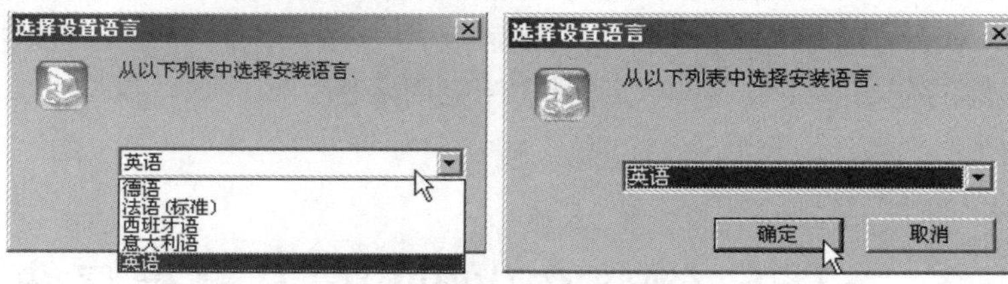

图 9-2　选择安装语言

(2) 选择完安装语言后，单击“确定”按钮，安装向导进入 STEP 7-Micro/WIN V4.0 的安装界面，如图 9-3 所示。然后按照安装向导提示，接受 License 条款，单击“Next”按钮继续。

(3) 图 9-4 为 STEP 7-Micro/WIN V4.0 安装目录文件夹选择对话框，单击“Browse…”按钮可以更改安装目录文件夹，然后单击“Next”按钮继续。

图 9-3　安装界面

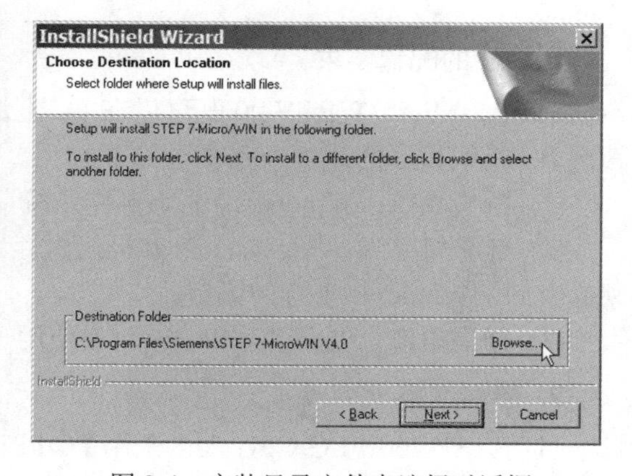

图 9-4　安装目录文件夹选择对话框

(4) 在 STEP 7-Micro/WIN V4.0 安装过程中，必须为 STEP 7-Micro/WIN V4.0 配置波

特率和站地址，其波特率必须与网络上其他设备的波特率一致，而且站地址必须唯一。由于之前已经用 PC/PPI 电缆将 S7-200 PLC CPU 和 PC 连接在一起，因此在 STEP 7-Micro/WIN V4.0 SP3 安装过程中，系统会提示用户设置 PG/PC 接口参数(如果用户在安装软件时，没有连接 PC/PPI 电缆，则可以在安装完成后再进行通信参数设置)，如图 9-5 所示。在图 9-5 中单击“Properties…”按钮，弹出 PC/PPI 通信电缆参数设置对话框，在“Address”栏中选择站地址，在“Transmission Rate”栏中设置波特率，如图 9-6 所示。PC/PPI 电缆的通信地址默认值为 0(通常情况，不需要改变 STEP 7-Micro/WIN V4.0 的默认站地址)，通信波特率默认值为 9.6 kb/s。如果需要修改某些参数，可以直接修改再单击“OK”按钮，保存设置后退出设置 PG/PC 接口对话框，继续程序安装。

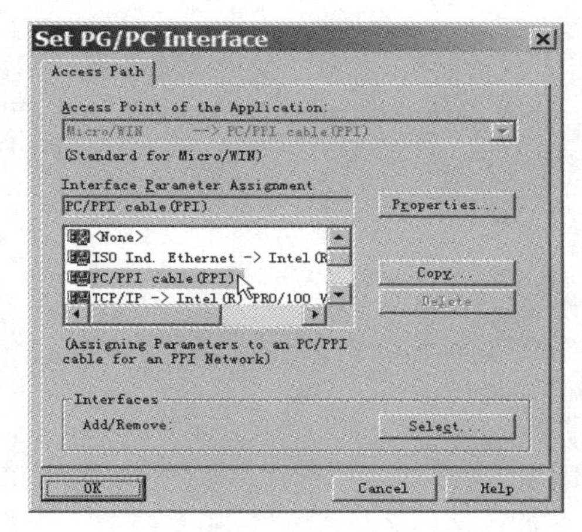

图 9-5　设置 PG/PC 接口对话框

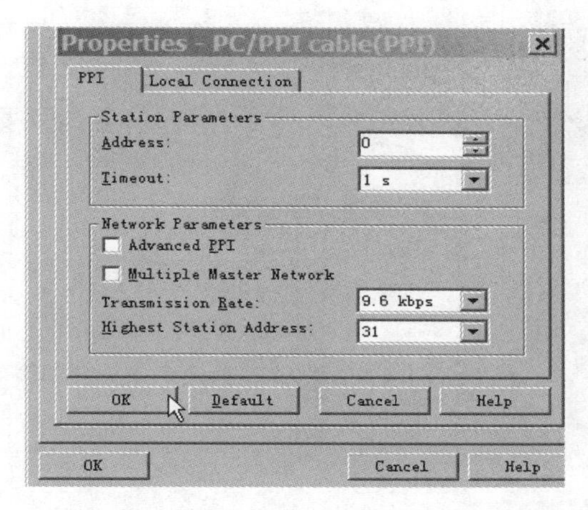

图 9-6　PC/PPI 通信电缆参数设置对话框

(5) STEP 7-Micro/WIN V4.0 SP3 安装完成窗口如图 9-7 所示，同时提示用户在使用该软件之前，必须重新启动 PC，单击“Finish”按钮完成软件的安装。需要注意的是，在 Windows 2000、Windows XP 或 Windows Vista 操作系统上安装 STEP 7-Micro/WIN 后，必须以管理员权限登录 PC。

图 9-7　程序安装完成窗口

(6) 重启计算机后，STEP 7-Micro/WIN V4.0 图标将会显示在 Windows 桌面上。此时运行的 STEP 7-Micro/WIN V4.0 为英文界面，如果用户想要使用中文界面，必须进行设置。如图 9-8 所示，在主菜单中，选择“Tools”中的“Options…”选项。在弹出的“Options”对话框中选择“General”(常规)，在对话框的右半部分的“Language”栏中选择“Chinese”，如图 9-9 所示。单击“OK”按钮，保存退出，重新启动 STEP 7-Micro/WIN V4.0 后即为中文操作界面，如图 9-10 所示。

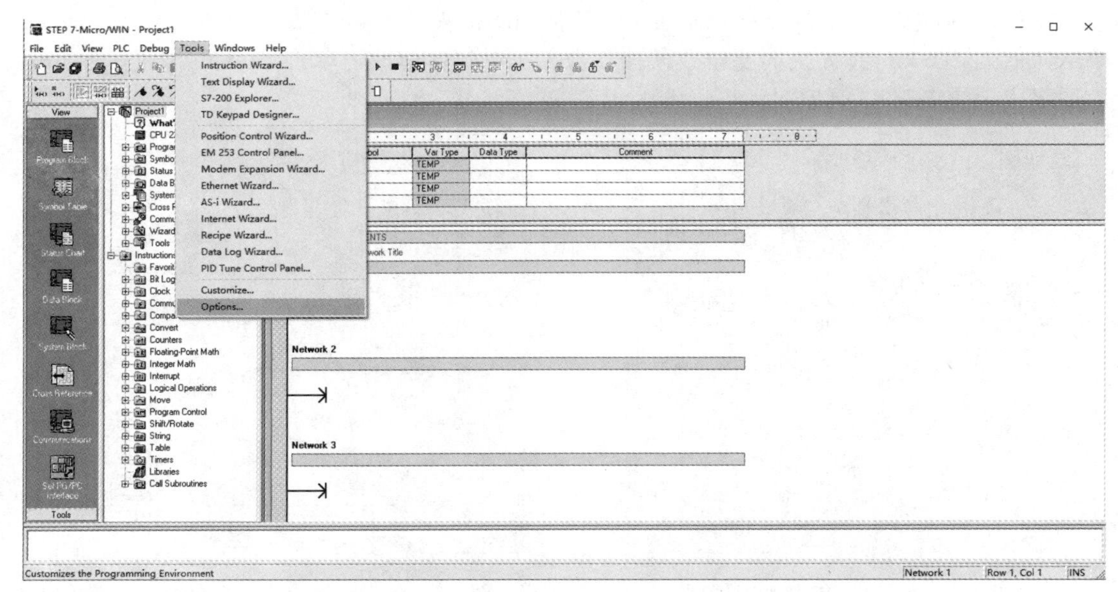

图 9-8　Tool 菜单选项

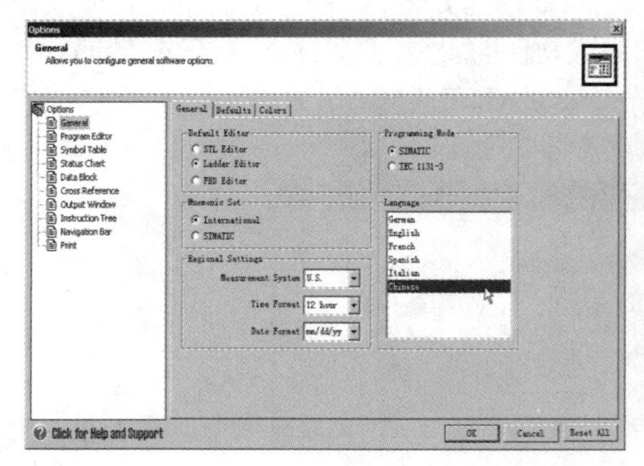

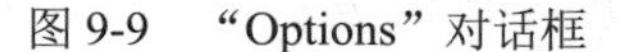

图 9-9　“Options”对话框

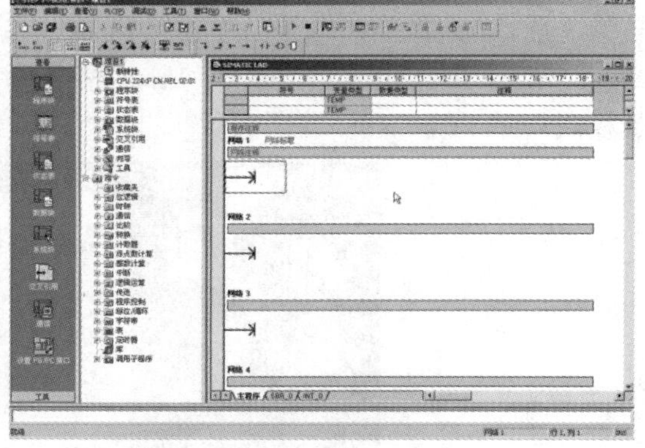

图 9-10　STEP 7-Micro/WIN V4.0 中文操作界面

4. 在线连接

在完成硬件连接和软件安装后，即可建立 PC 与 S7-200 PLC CPU 的在线连接。其步骤如下：

(1) 在 STEP 7-Micro/Win V4.0 主操作界面下，单击操作栏中的“通信”图标或选择主菜单中的“查看”→“组件”→“通信”选项(如图 9-11 所示)，会出现一个通信建立结果对话框(如图 9-12 所示)，显示是否连接了 CPU 主机。

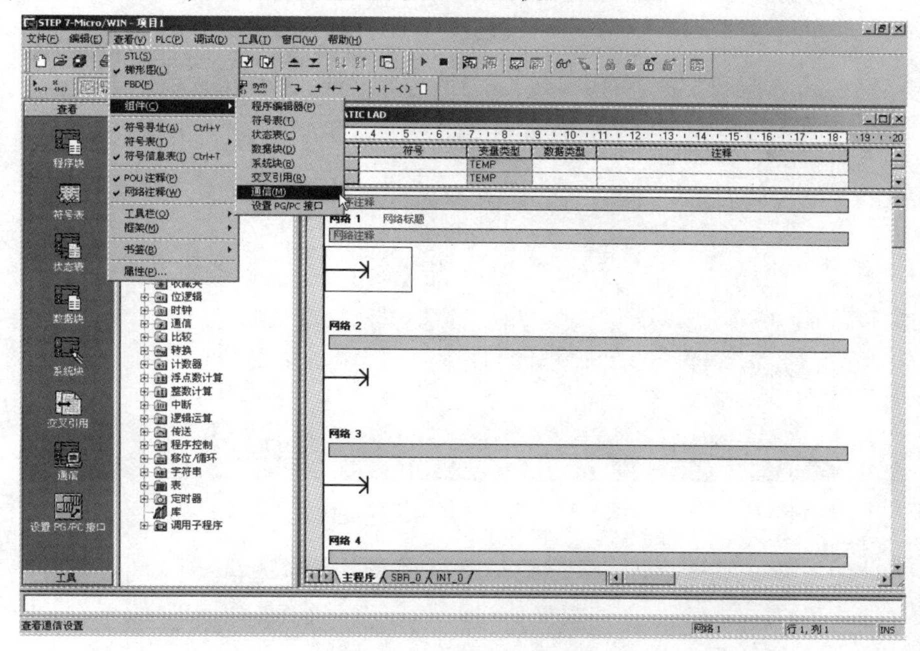

图 9-11　“通信”选项窗口

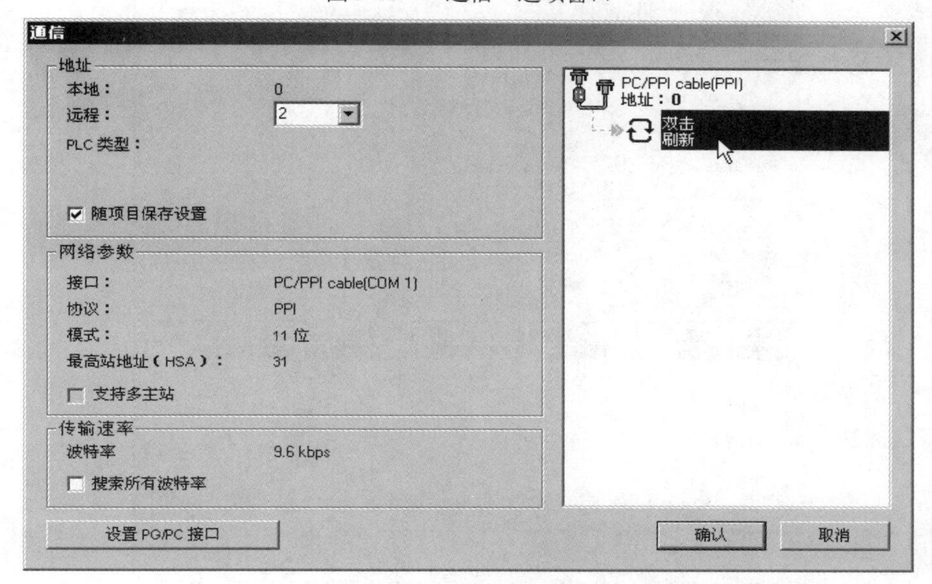

图 9-12　通信建立结果对话框 1

(2) 在图 9-12 中双击“双击刷新”图标，STEP 7-Micro/WIN V4.0 将检查连接的所有 S7-200 PLC CPU 站，并为每个站建立一个 CPU 图标，如图 9-13 所示。图 9-13 中显示了 PC 与 CPU 224XP 的通信地址、网络参数等，通信地址为 2。

(3) 双击要进行通信的站，在通信建立对话框中可以显示所选站的通信参数，如图 9-14 所示。此时，可以建立与 S7-200 PLC CPU 的在线联系，如进行主机组态、上传和下载用户程序等操作。

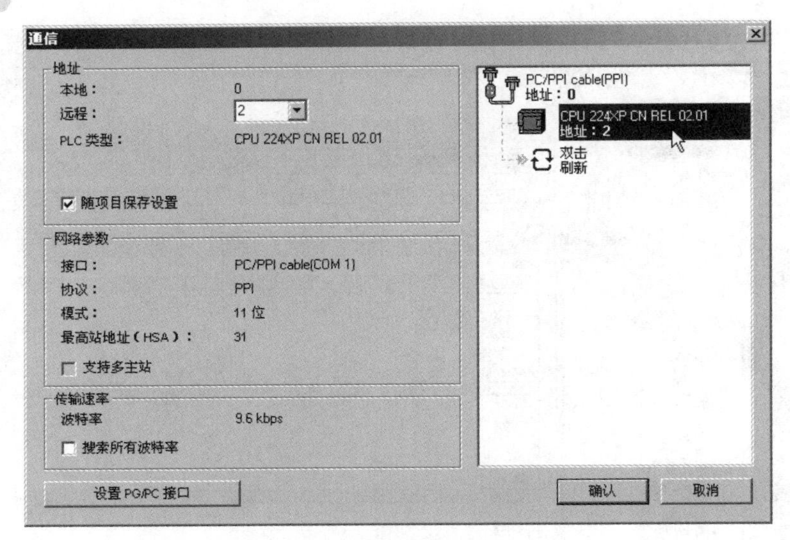

图 9-13　通信建立结果对话框 2

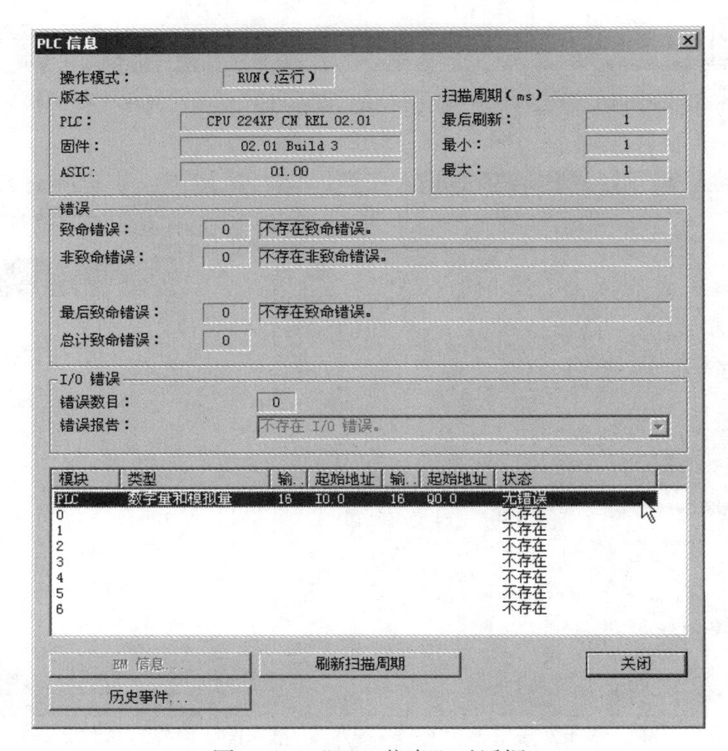

图 9-14　“PLC 信息”对话框

9.1.2　STEP 7-Micro/WIN V4.0 的功能

1. 编程软件的基本功能

STEP 7-Micro/WIN V4.0 是在 Windows 平台上运行 S7-200 PLC 的编程工具，其主要功能如下。

(1) 离线(脱机)方式下可以实现对程序的编辑、编译、调试和系统组态。

(2) 在线方式下可通过联机通信的方式上传和下载用户程序及组态数据，编辑和修改用户程序。

(3) 支持 STL、LAD、FBD 三种编程语言，并且可以在三者之间任意切换。

(4) 在编辑过程中具有简单的语法检查功能，能够在程序错误行处加上红色曲线进行标注。

(5) 具有文档管理和密码保护等功能。

(6) 提供软件工具，能帮助用户调试和监控程序。

(7) 提供设计复杂程序的向导功能，如指令向导功能、PID 自整定界面、配方向导等。

(8) 支持 TD 200 和 TD 200C 文本显示界面(TD 200 向导)。

2. 窗口组件及功能

启动 STEP 7-Micro/WIN V4.0 编程软件后，其主界面如图 9-15 所示。它采用了标准的 Windows 界面，熟悉 Windows 的用户可以轻松掌握。

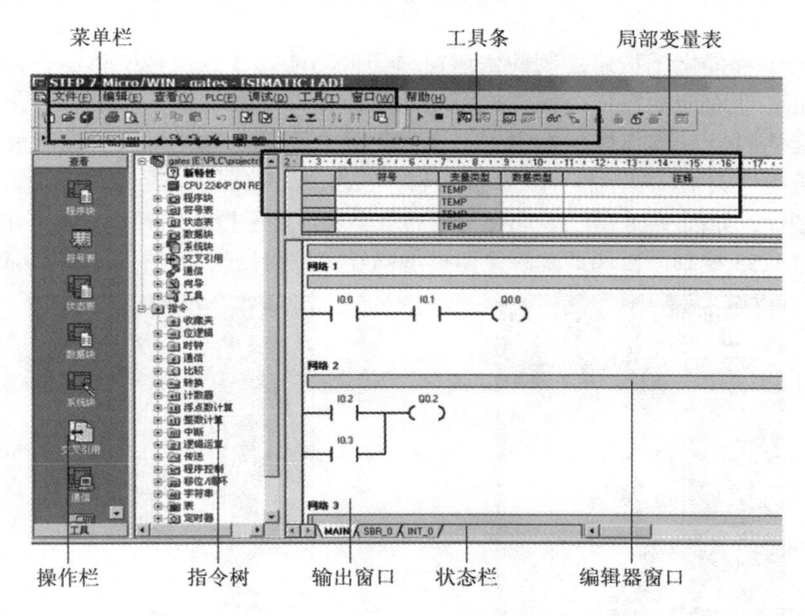

图 9-15　STEP 7-Micro/WIN V4.0 窗口组件

1) 菜单栏

与基于 Windows 的其他应用软件一样，位于窗口最上方的是 STEP 7-Micro/WIN V4.0 的菜单栏。它包括文件、编辑、查看、PLC、调试、工具、窗口及帮助 8 个主菜单，这些菜单包含了通常情况下控制编程软件运行的命令，可以通过鼠标或热键执行操作。

2) 工具条

工具条是一种代替命令或下拉菜单的便利工具，通常是为最常用的 STEP 7-Micro/WIN V4.0 操作提供便利的鼠标访问。用户可以定制每个工具条的内容和外观，将最常用的操作以按钮的形式设定到工具条中。工具条可以用鼠标来拖动，放到用户认为合适的位置。通用的工具条如图 9-16 所示，常用的指令工具条如图 9-17 所示。

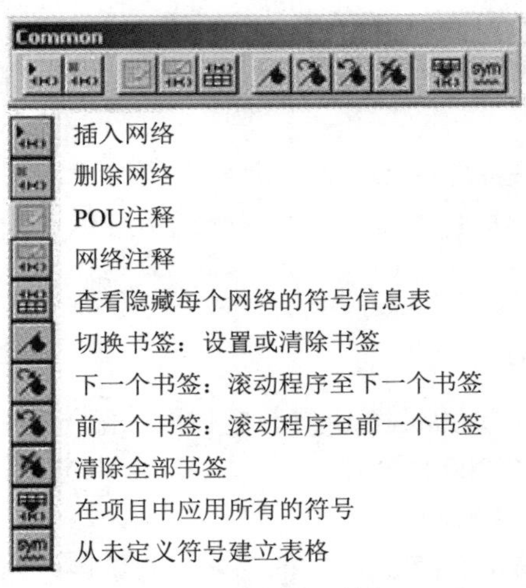

图 9-16 通用的工具条

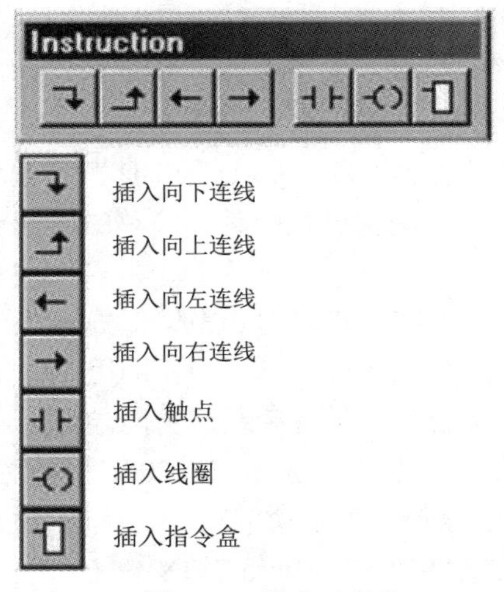

图 9-17 指令工具条

3) 操作栏

操作栏为编程提供了按钮控制的快速窗口切换功能。在操作栏中单击任何按钮，主窗口就切换成此按钮对应的窗口。操作栏可用主菜单中的“查看”→“框架”→“导航条”选项控制其是否打开。操作栏中提供了“查看”和“工具”两种编程按钮控制群组。

选择“查看”类别，显示程序块、符号表、状态表、数据块、系统块、交叉引用及通信等按钮控制图标，如图 9-18 所示。选择“工具”类别，显示指令向导、文本显示向导、位置控制向导、EM253 控制面板和调制解调器扩展向导等按钮控制等图标，如图 9-19 所示。

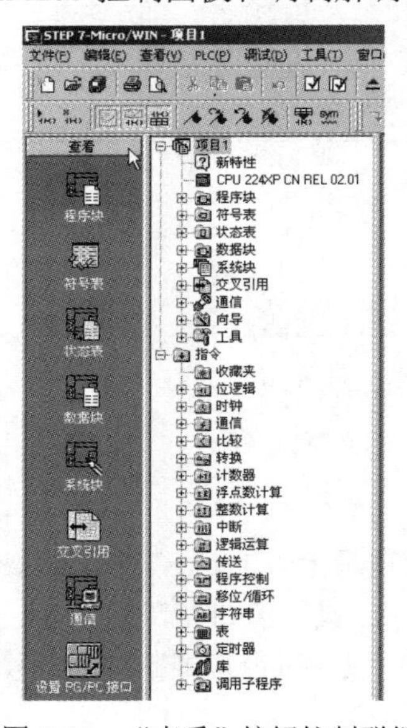

图 9-18 “查看”按钮控制群组

图 9-19 “工具”按钮控制群组

4) 指令树

指令树提供所有项目对象和当前程序编辑器(LAD 或 STL)的所有指令的树形视图。指令树可用主菜单中的“查看”→“框架”→“指令树”选项控制其是否打开。

5) 输出窗口

输出窗口用来显示程序编译的结果信息，如各程序块(主程序、子程序数量及子程序号、中断程序数量及中断程序号等)及各块大小、编译结果有无错误以及错误编码及其位置。输出窗口可用主菜单中的“查看”→“框架”→“输出窗口”选项控制其是否打开。

6) 状态栏

状态栏提供在 STEP 7-Micro/WIN V4.0 中操作时的操作状态信息。如在编辑模式中工作时，它会显示简要的状态说明、当前网络号码的光标位置等编辑信息。

7) 程序编辑器

程序编辑器包含局部变量表和程序窗口，如图 9-20 所示。如果需要，用户可以拖动分割条，扩展程序视图，并覆盖局部变量表。当用户在主程序之外建立子程序或中断程序时，标记出现在程序编辑器窗口的底部。单击该标记即可，在子程序、中断程序和主程序之间移动。

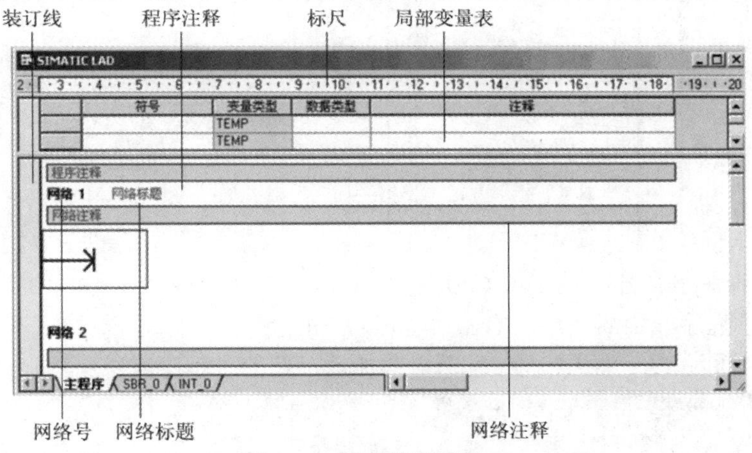

图 9-20　程序编辑器窗口

每个程序块都对应一个局部变量，在带有参数的子程序调用中，参数的传递就是通过局部变量表进行的。局部变量表包含对局部变量所作的赋值(即子程序和中断程序使用的变量)。

9.1.3　程序编辑

利用 STEP 7-Micro/WIN V4.0 编程软件进行程序编辑，是学习并掌握 STEP 7-Micro/WIN V4.0 编程软件的重要目的。本小节以如何实现一个具有自启动功能的定时器为例，重点介绍梯形图编辑器下的编辑过程和基本操作。

1. 建立项目

1) 新建项目

双击 STEP 7-Micro/WIN V4.0 图标，或在命令菜单中选择“开始”→“SIMATIC”→“STEP 7-Micro/WIN V4.0”启动应用程序，同时会打开一个新项目。单击工具条中的“新建”按钮或者选择主菜单中的“文件”→“新建”命令新建一个项目文件。如图 9-21 所示，一个新建项目的指令树包含程序块、符号表、状态表、数据块、系统块、交叉引用、通信、向导以及工具等 9 个相关的块，其中程序块中有一个主程序 OB1、一个子程序 SBR_0 和一个中断程序 INT_0。

用户可以根据实际需要对新建项目进行修改。

(1) 选择 CPU 型号。在项目指令树中右击“CPU 224XP CN REL 02.01”图标，在弹出的命令中选择“类型”，如图 9-22 所示。在弹出的“PLC 类型”对话框中选择合适的 PLC 类型，如图 9-23 所示。

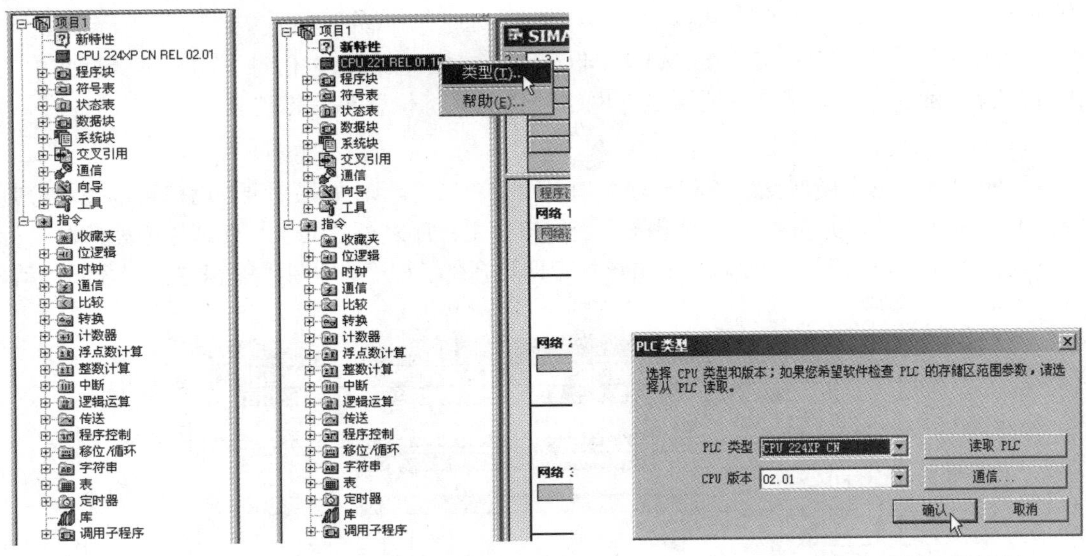

图 9-21 项目指令树　图 9-22 选择 CPU 型号　图 9-23 “PLC 类型”对话框

(2) 添加子程序或中断程序。右击“程序块”图标，选择“插入”→“子程序”(如图 9-24 所示)或“插入”→“中断程序”即可添加一个新的子程序或中断程序。

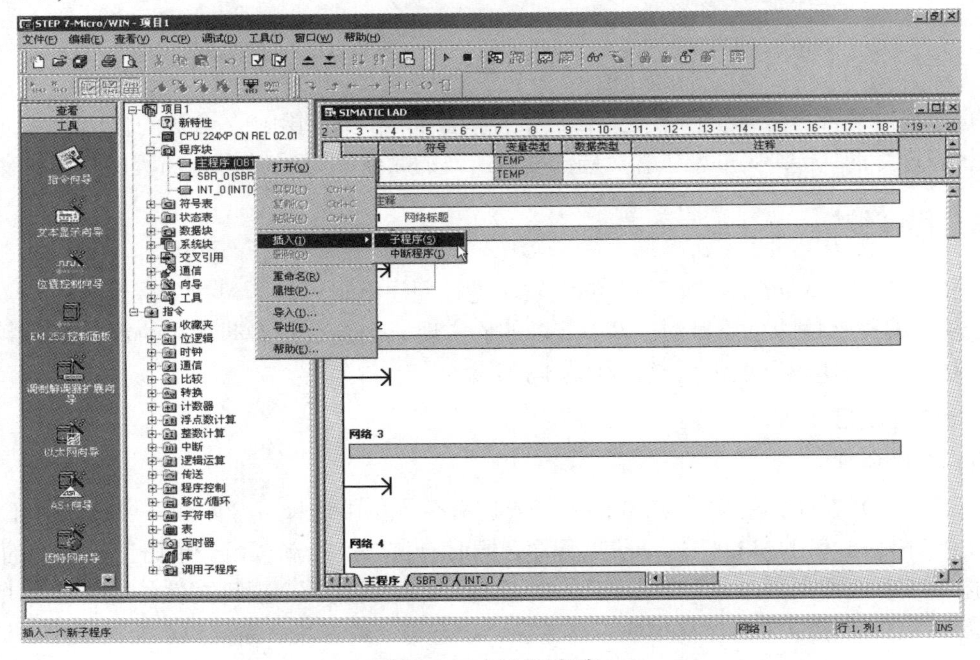

图 9-24 插入子程序

(3) 程序更名。在项目中，所有的程序都可以修改名称。通过右击各个程序图标，在弹出的对话中选择“重命名”，即可修改程序名称。

(4) 项目更名。在主菜单中选择“文件”→“另存为...”命令，在弹出的对话框中可以输入新的名称项目，并选择项目保存的位置，如图 9-25 所示。

图 9-25　项目更名及保存

2) 打开现有项目

在 STEP 7-Micro/WIN V4.0 编程软件主界面中，单击工具栏中的“打开”按钮，系统将允许用户浏览至一个现有项目，用户可打开该项目。如果用户最近在某项目中工作过，该项目将会在“文件”菜单下列出，用户可直接选择并打开该项目。

2. 编辑程序

STEP 7-Micro/WIN V4.0 编程软件有很强的编辑功能，它提供了 3 种程序编辑器来创建用户的梯形图 LAD 程序、语句表 STL 程序与功能块图 FBD 程序，而且用任何一种程序编辑器编写的程序都可以用另外一种程序编辑器来浏览和编辑。通常情况下，用 LAD 编辑器或 FBD 编辑器编写的程序可以在 STL 编辑器中查看或编辑，但是，只有严格按照网络块编程格式编写的 STL 程序才可以切换到 LAD 编辑器中。

下面主要介绍 LAD 的编程方法和过程，如果在实际工作中需要使用 STL 和 FBD 编程，可以参考西门子公司的编程手册。

1) 在 LAD 中输入编程元件

(1) 指令树按钮。这里以设计一个具有自启动、自复位的 2 s 定时器为例，介绍利用指令树按钮输入编程元件的步骤。

① 在程序视图窗口中将光标定位到所要编辑的位置(见图 9-26(a))。

② 在指令树中选择需要的元件(见图 9-26(b))。

③ 双击或者按住鼠标左键拖放元件到指定位置(见图 9-26(c))。

④ 释放鼠标(见图 9-26(d))后，可以直接在“??.?”处输入常闭触点元件的地址 M0.0(见图 9-26(e))。

⑤ 按回车键确认后，光标自动右移一格。

⑥ 同理选择定时器元件。

⑦ 在定时器上方的“????”处输入定时器号 T37。

⑧ 按回车键确认后，光标自动移动到预置时间值参数处(见图 9-26(g))，输入 20 后再按回车键确认。

⑨ 单击“网络注释”，输入注释信息“启动定时器”(见图 9-26(h)、(i))，按回车键确认，完成设计。

图 9-26 所示为定时器程序段 1，用于实现定时器的启动功能。

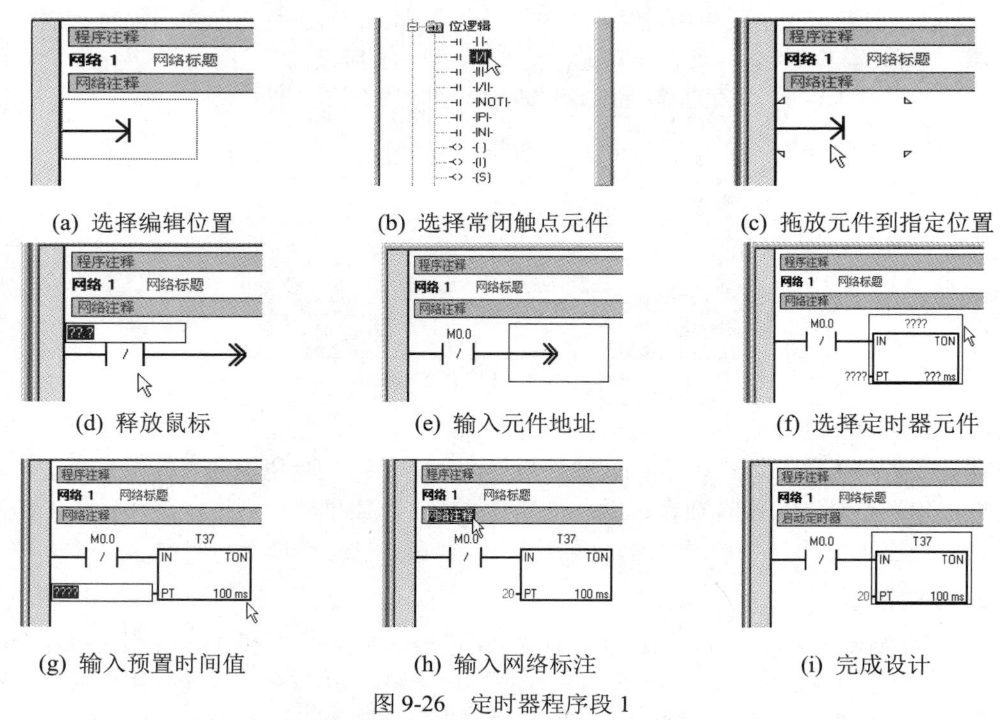

(a) 选择编辑位置 (b) 选择常闭触点元件 (c) 拖放元件到指定位置

(d) 释放鼠标 (e) 输入元件地址 (f) 选择定时器元件

(g) 输入预置时间值 (h) 输入网络标注 (i) 完成设计

图 9-26 定时器程序段 1

(2) 工具条按钮。单击指令工具条上的触点、线圈或指令盒按钮，会出现一个下拉列表，如图 9-27 所示。滚动或键入开头的几个字母，浏览至所需的指令，然后双击所需的指令或使用回车键插入该指令。也可以使用功能键(F4 为触点、F6 为线圈、F9 为指令盒)插入一个类属指令。

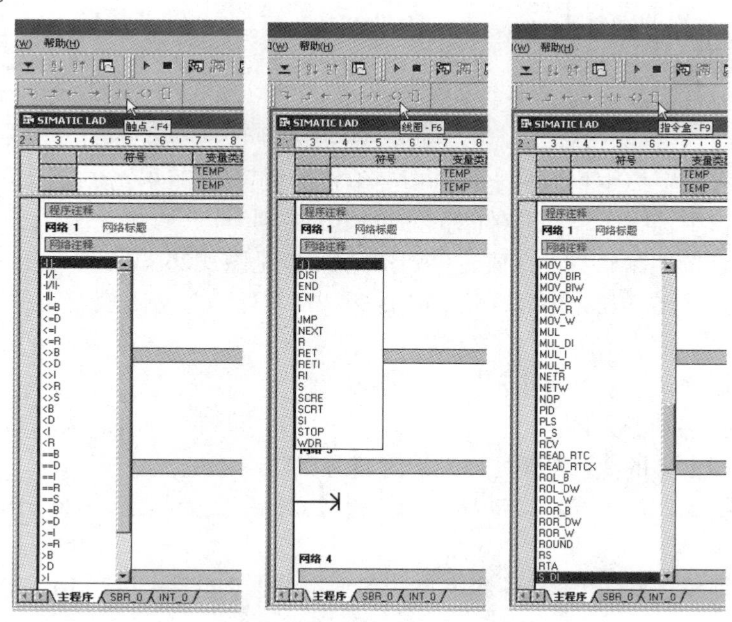

图 9-27 类属指令列表

下面仍以 2 s 定时器为例，用指令工具条的按钮完成 2 s 定时器的另外两个程序段。

① 在输入触点指令中，选择“>=1”指令，并将其拖放到网络 2 的合适位置。

② 单击触点上方的“????”，输入定时器号 T37，按回车键确认后，光标会自动移动到比较指令下方的比较值参数，在该处输入比较值 10，再按回车键确认。

③ 选择线圈指令，拖放输出线圈到程序段 2 中，并输入地址 Q0.0，按回车键确认。

④ 在网络 3 中，输入常开触点 T37，输出线圈 M0.0，并按回车键确认。至此完成了具有自启动、自复位的 2 s 定时器的程序，如图 9-28 所示。

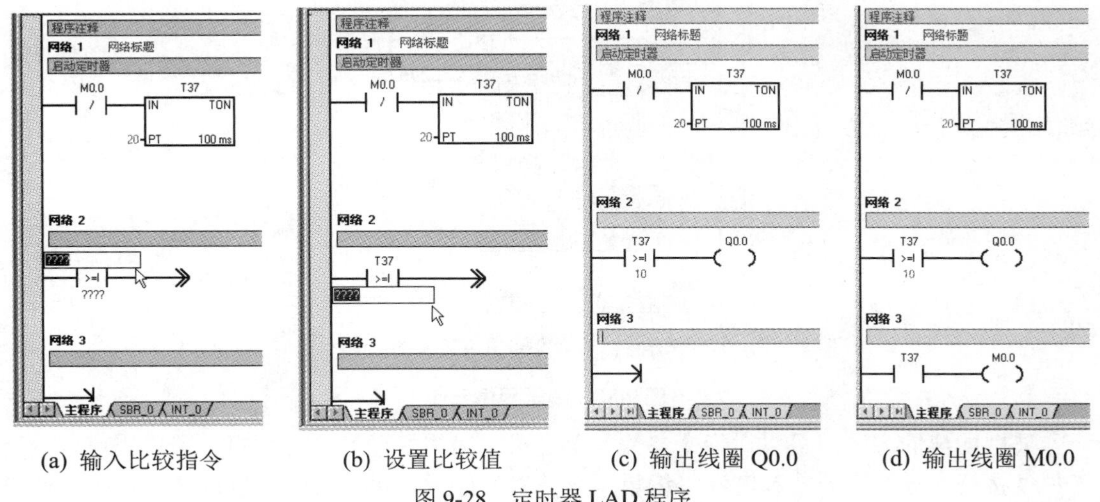

(a) 输入比较指令　(b) 设置比较值　(c) 输出线圈 Q0.0　(d) 输出线圈 M0.0

图 9-28　定时器 LAD 程序

在网络 1 中，100 ms 定时器 T37 在 2 s 后输出，但是在输入触点 M0.0 处通过的脉冲太狭窄，不利于状态图监视；在网络 2 中，利用比较指令，当定时器大于等于 10 时，S7-200 PLC 的输出点 Q0.0 闭合，这样，就可以由状态图监视程序的工作情况；网络 3 使定时器具有复位功能，当定时器计时值到达预置时间值 20 时，定时器触点闭合，T37 闭合会使 M0.0 置位，由于定时器是利用 M0.0 的常闭触点启动的，因此 M0.0 的状态由 0 变为 1 会使定时器复位。

需要注意的是，在 LAD 程序编辑器中，用户输入的操作数不合法时，系统能自动显示不同的错误信息提示。当用户输入非法的地址值或符号时，字体自动显示为红色，如图 9-29(a)所示。只有用有效数值替换后才自动更改为系统默认字体颜色(黑色)。如果用户输入的数值超过了范围或者不适用某个指令，就会在该数值下方显示一条红色波浪线，如图 9-29(b)所示。而数值下方的一条绿色波浪线，则表示正在使用的变量或符号尚未定义，如图 9-29(c)所示。

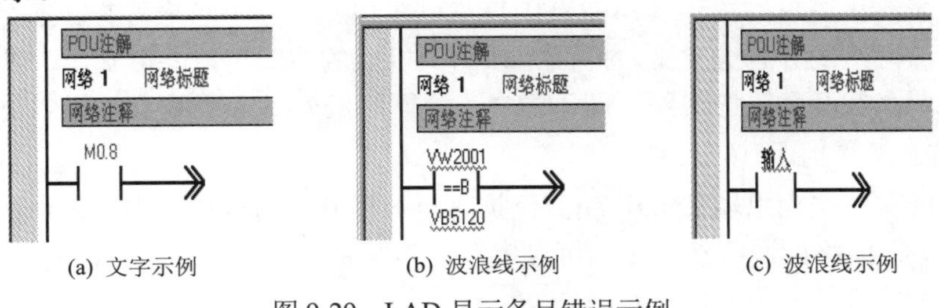

(a) 文字示例　(b) 波浪线示例　(c) 波浪线示例

图 9-29　LAD 显示条目错误示例

2) 在 LAD 中编辑程序元素

在 STEP 7-Micro/WIN V4.0 中，程序元素可以是单元、指令、地址或网络，编辑方法与普通文字处理软件相似。当单击指令时，会在指令周围出现一个方框，显示用户选择的指令。用户可以通过单击鼠标右键，在弹出的菜单中选择剪切、复制、粘贴、插入或删除等选项，如图 9-30 所示。

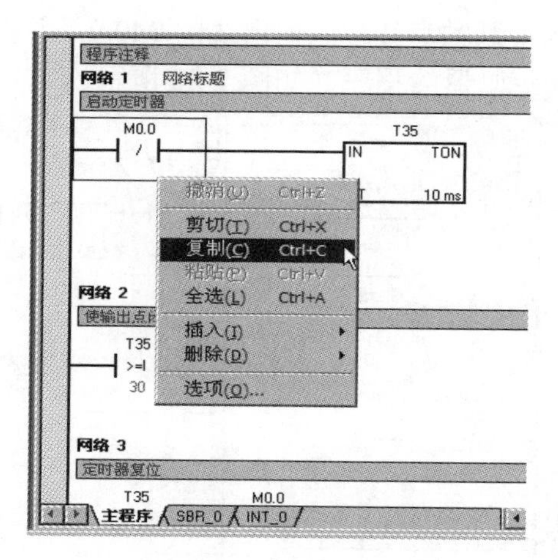

图 9-30 编辑程序元件

采用同样的方法，可以对指令参数、单元格、网络标题等进行编辑。用户也可以使用工具条按钮、标准窗口控制键和“编辑”菜单对程序元素进行剪切、复制或粘贴等操作。如果需要删除某个元件，最快捷的方法是使用“Delete”键直接删除。

3. 创建逻辑网络的规则

在 LAD 编程中，必须遵循一定的规则，从而减少程序错误。

1) 元件放置规则

外部输入/输出继电器、内部继电器、定时器、计数器等器件的接点可多次重复使用，无需用复杂的程序结构来减少接点的使用次数。每个梯形图程序必须符合顺序执行的原则，即从左到右，从上到下地执行。不符合顺序执行的电路不能直接编程。

2) 触点放置规则

每个网络必须以一个触点开始，但网络不能以触点终止。梯形图每一行应从左母线开始，线圈接在右边，触点不能放在线圈的右侧。另外，串联触点可无限次地使用。

3) 线圈放置规则

线圈用于终止逻辑网络，其不能直接与左母线相连。一个网络可有若干个线圈，但线圈必须位于该网络的并行分支上，即两个或两个以上的线圈可以并联输出。此外，不能在网络中串联两个或两个以上线圈，即不能在一个网络的一条水平线上放置多个线圈。

4) 方框放置规则

如果方框有使能输出端 ENO，使能位扩充至方框外，则意味着用户可以在方框后放置更多的指令。在网络的同级线路中，可以串联若干个带 ENO 的方框。如果方框没有 ENO，则不能在其后放置任何指令。

5) 网络尺寸限制

用户可以将程序编辑器窗口视作划分为单元格的网格(单元格是可放置指令、参数指定值或绘制线段的区域)。在网格中，一个单独的网络最多能垂直扩充 32 个单元格或水平扩充 32 个单元。用户可以用鼠标右键在程序编辑器中单击，并选择“选项”菜单项，来改变网格大小(网格初始宽度为 100)。

9.1.4　编译与下载

1. 程序编译

程序编辑完成后，用户可以通过选择菜单“PLC”→“编译”或“全部编译”命令，或者单击工具条的“编译”或“全部编译”按钮(如图 9-31 所示)进行离线编译。在编译时，“输出窗口”会列出发现的所有错误，如图 9-32 所示(错误具体位置(网络、行和列)以及错误类型识别，用户可以双击错误线，调出程序编辑器中包含错误的代码网络)。在编译过程中遇到程序错误代码时，用户可以查看 STEP 7-Micro/WIN V4.0 的帮助与索引，以获取关于错误代码的详细解释和解决方案。

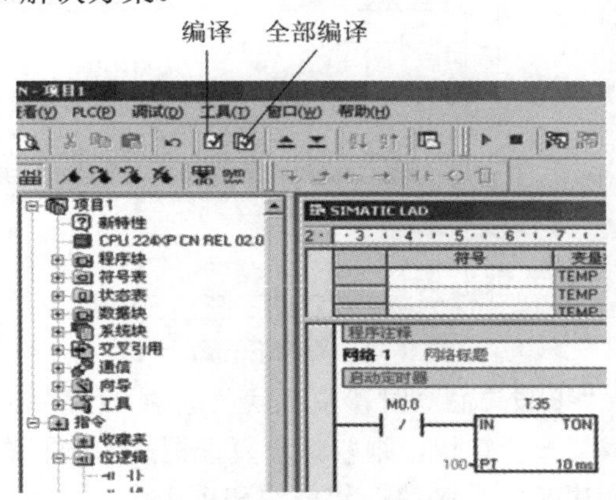

图 9-31　程序编译命令

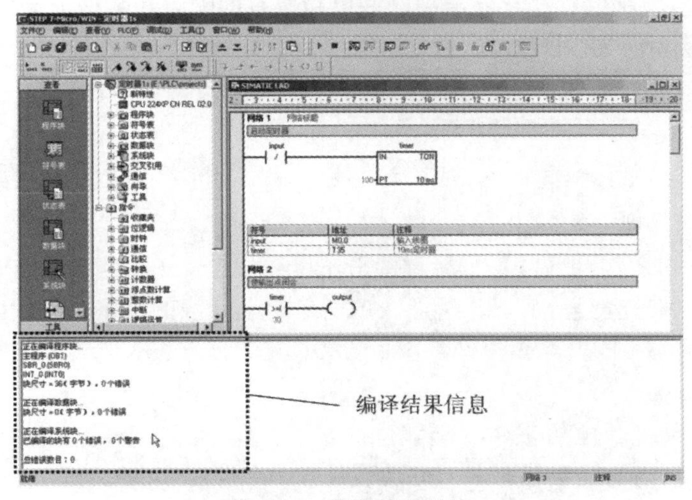

图 9-32　编译结果显示

2. 程序下载

如果编译无误，用户即可将程序下载到 PLC 中。在下载过程中，新的下载块内容将覆盖 PLC 块中的内容。因此，在开始下载之前，用户要按以下步骤进行操作。

(1) 下载程序之前，用户必须核实 PLC 是否位于“停止”模式，可以通过检查 PLC 上的模式指示灯来确认。如果 PLC 未设为“停止”模式，则单击工具条中的“停止”按钮，或选择菜单“PLC”→“停止”命令。

(2) 单击工具条中的“下载”按钮，或选择菜单“文件”→“下载”命令，如图 9-33 所示，出现“下载”对话框。

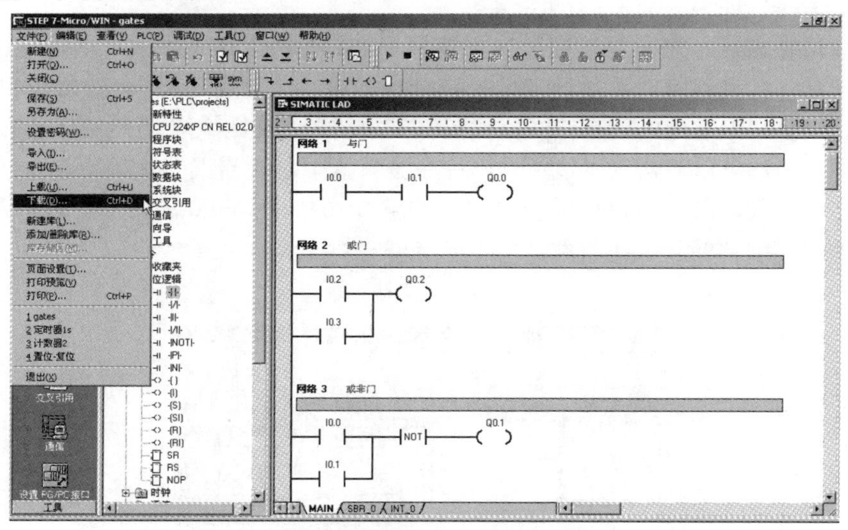

图 9-33 程序下载命令

(3) 用户在初次选择“下载”命令时，系统默认选中“程序块”“数据块”和“系统块”复选框，如果不需要下载某一特定块，则取消该复选框的勾选状态，如图 9-34 所示。出于安全考虑，用户在下载程序时，程序块、数据块和系统块将被储存在永久存储器中，而配方和数据记录配置将被储存在存储卡中，并更新原有的配方和数据记录。完成选择后，单击“下载”按钮开始下载用户程序。

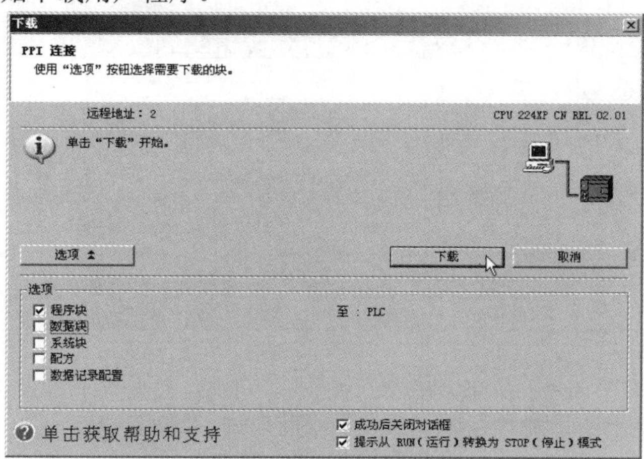

图 9-34 程序下载对话框

(4) 如果下载成功，用户可以看到“输出窗口”中程序下载情况的信息，如图 9-35 所示。

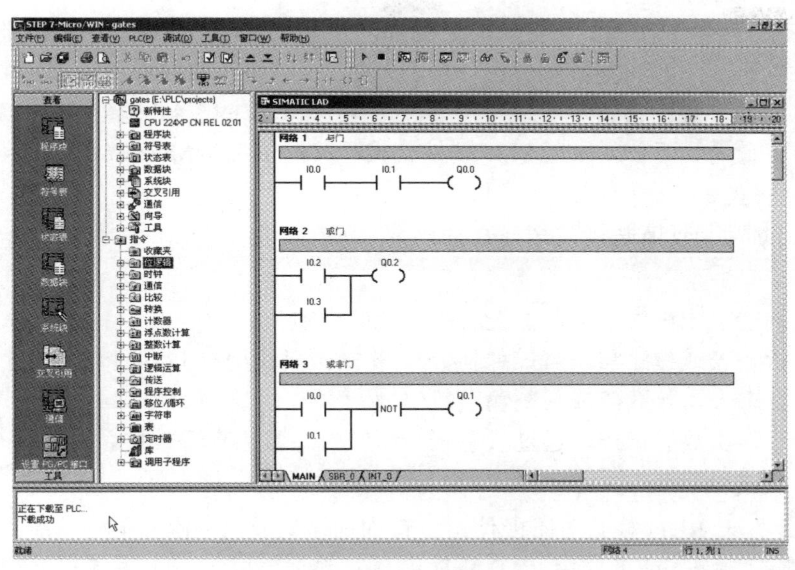

图 9-35　程序下载成功信息显示

(5) 如果 STEP 7-Micro/WIN V4.0 中用于用户的 PLC 类型的数值与用户实际使用的 PLC 不匹配，则会显示警告信息：“为项目所选的 PLC 类型与远程 PLC 类型不匹配。继续下载吗？”此时用户可终止程序下载，纠正 PLC 类型后，再单击“下载”按钮，重新开始程序下载。

(6) 一旦下载成功，用户在 PLC 中运行程序之前，必须将 PLC 从“停止”模式转换为“运行”模式。可通过单击工具条中的“运行”按钮，或选择菜单“PLC”→“运行”命令来实现。

9.1.5　调试与监控

STEP 7-Micro/WIN V4.0 编程软件提供了一系列工具，可使用户直接在软件环境下调试并监控用户程序的执行情况。当用户成功地运行 STEP 7-Micro/WIN V4.0 的编程设备，同时建立了和 PLC 的通信，并向 PLC 下载程序后，就可以使用调试工具条的诊断功能了。单击工具条按钮或从“调试”菜单列表选择调试工具，即可打开调试工具条，如图 9-36 所示。

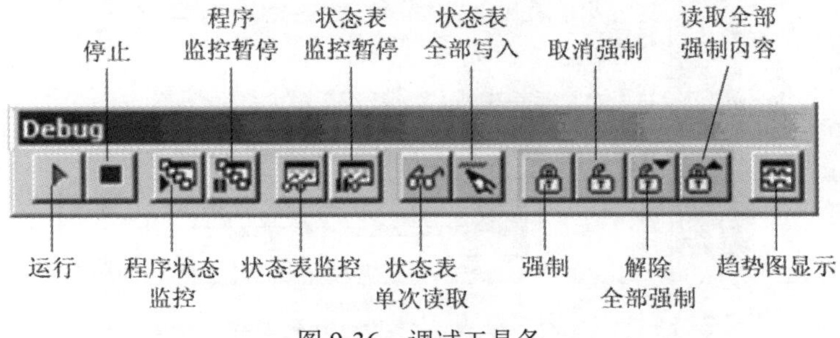

图 9-36　调试工具条

1. 控制 PLC 的工作模式

PLC 的工作模式决定了调试及运行监控操作的类型。S7-200 PLC CPU 主要有 STOP(停止)和 RUN(运行)两种工作模式。在 STOP 模式下，可以编辑、编译程序，但是不能执行程序；RUN 模式下，不仅可以执行程序，还可以编辑、编译及监控程序操作和数据。

PC 和 PLC 建立通信后，就可以使用 STEP 7-Micro/WIN V4.0 软件控制 STOP 或 RUN 模式的选择了。此时，还必须保证 PLC 硬件模式开关处于 TERM(终端)或 RUN(运行)位置。

1) STOP 模式

虽然 PLC 处于 STOP 模式时不执行程序，但用户可利用状态表或程序状态监控执行以下操作。

(1) 利用状态表或程序状态监控查看操作数的当前值。

(2) 利用状态表或程序状态监控强制数据(此操作只能用在 LAD 和 FBD 程序状态中)。

(3) 利用状态表写入数值或强制输出数值。

(4) 执行有限次数的扫描，通过状态表或程序状态监控查看效果。

2) RUN 模式

虽然 PLC 处于 RUN 模式时不能使用“首次扫描”或“多次扫描”功能，但可以在状态表中写入/强制数据，或者使用 LAD 程序编辑器强制数据(方法与在 STOP 模式中的操作相同)。此外，还可以执行以下操作。

(1) 使用状态表监控采集不断变化的 PLC 数据的连续更新信息。必须先关闭状态表监控，才能使用“状态表单次读取”命令。

(2) 使用程序状态监控采集不断变化的 PLC 数据的连续更新信息。

(3) 使用运行模式中的程序编辑功能编辑程序，并将改动下载至 PLC。

2. 选择扫描次数

将 PLC 置于 STOP 模式，并在联机通信时选择单次或多次扫描来监控用户程序，可以有效地提高用户程序的调试效率。

1) 首次扫描

首先将 PLC 置于 STOP 模式，然后选择菜单“调试”→“首次扫描”命令，如图 9-37 所示。第一次扫描时，SM0.1 数值为 1(打开)。

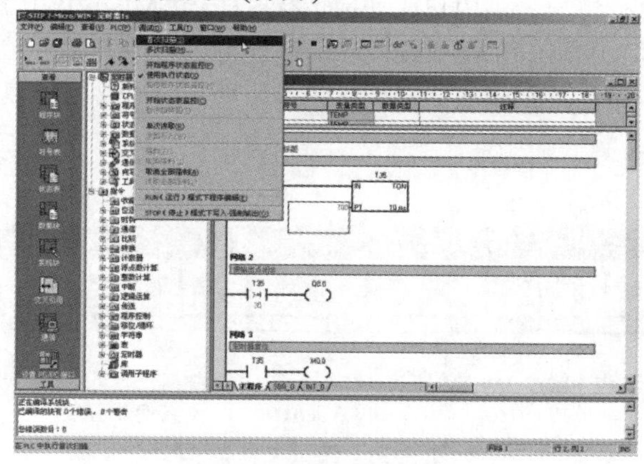

图 9-37 选择扫描命令

2) 多次扫描

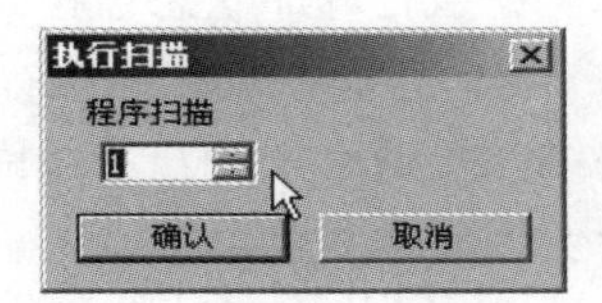

图 9-38　设置扫描次数

首先将 PLC 置于 STOP 模式，然后选择菜单“调试”→“多次扫描”命令，弹出如图 9-38 所示的执行扫描对话框。在该对话框中，设置程序扫描次数(其范围是 1～65 535，系统默认为 1 次)，然后单击“确认”按钮进行监控。

3. 状态监控

所谓状态监控，是指显示程序在 PLC 中执行时的有关 PLC 数据的当前值和能流状态的信息。可以使用状态表监控和程序状态监控窗口读取、写入和强制 PLC 数据值。在控制程序的执行过程中，PLC 数据的动态改变可用以下两种方式查看。

1) 程序状态监控

程序状态监控是指在程序编辑器窗口中显示状态数据。当前 PLC 数据值会显示在引用该数据的 LAD 图形或 STL 语句旁边。LAD 图形也会显示能流，由此可看出哪个图形分支处于活动状态。单击工具条中的“程序状态监控”按钮，或选择菜单“调试”→“开始程序状态监控”命令，即可打开程序状态监控功能。

这里以简单的门电路为例进行说明。图 9-39 所示为门电路的 LAD 程序，该程序包含三个程序段。其中，I0.0、I0.1、I0.2 及 I0.3 为输入点，Q0.0、Q0.1 及 Q0.2 为输出点。网络 1 实现了与门功能，网络 2 实现了或门功能，网络 3 实现了或非门功能。图 9-40 所示为该程序的 LAD 状态监控结果。

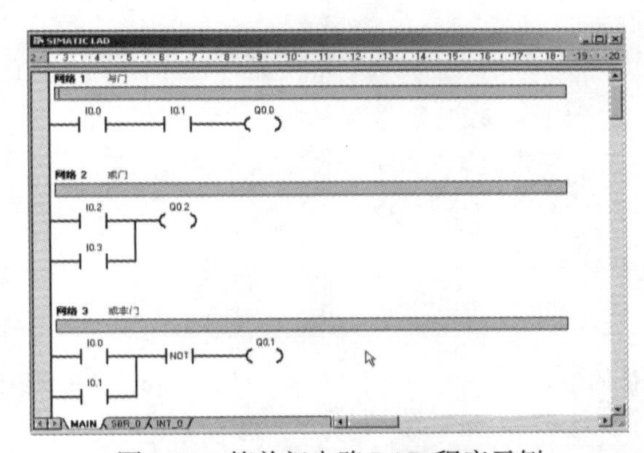

图 9-39　简单门电路 LAD 程序示例

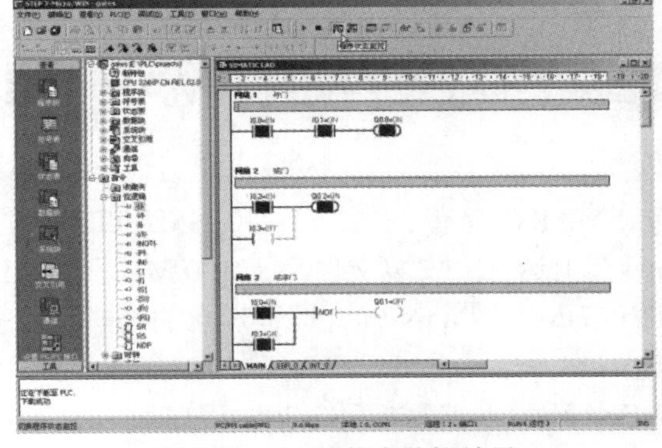
图 9-40　LAD 状态监控结果

在执行程序状态监控时，编辑器的程序段会有不同的颜色变换。

(1) 当程序被扫描执行时，梯形图中的电源母线及能流会变为蓝色显示；当触点或输出线圈接通时，触点和线圈会变为蓝色显示；当指令盒有能流输入并执行时，指令盒方框会变为蓝色显示。

(2) 绿色的定时器和计数器表示定时器和计数器包含有效数据。

(3) 红色表示指令执行时发生错误。

(4) 灰色(默认状态)表示无能流、指令未扫描(跳过或未调用)或 PLC 位于 STOP 模式。如果跳转和标签指令为激活状态，则显示为能流的颜色；如果为非激活状态，则显示为灰色。

2) 趋势图显示

趋势图显示是指用随时间而变的 PLC 数据绘图跟踪状态数据。用户可以将现有的状态表在表格视图和趋势视图之间切换，新的趋势数据亦可在趋势视图中直接生成。

仍以门电路为例进行说明。图 9-41 为门电路 LAD 程序的趋势图监视示例。其中，图 9-41(a)是无强制数值的情况，从趋势图中可以清晰地看到，当输入点 I0.0 和 I0.1 有一个为低电平时，输出点 Q0.0 就为低电平，只有它们同时为高电平时，Q0.0 点才为高电平，完全符合与门的功能；图 9-41(b)对输入点 I0.1 做了强制处理，从趋势图中可以看到，该点始终保持强制数值不变。

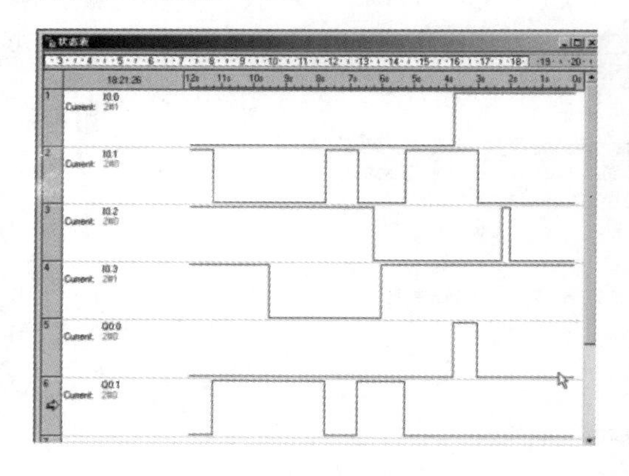

(a) 无强制数值的趋势图

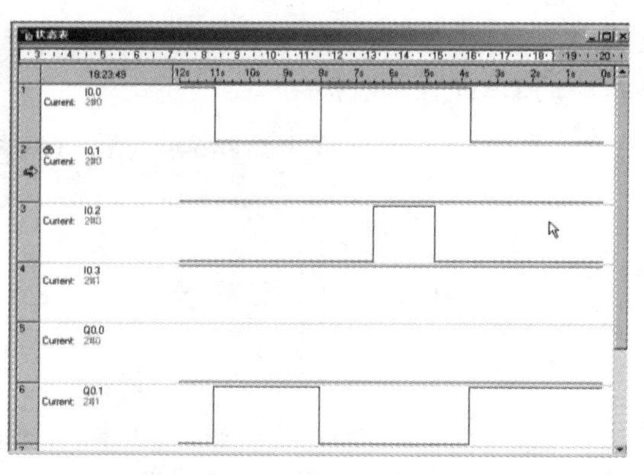

(b) 有强制数值的趋势图

图 9-41 趋势图监视示例

9.2 STEP 7-Micro/WIN SMART 编程软件

STEP 7-Micro/WIN SMART 是专门为 S7-200 SMART 开发的编程软件，可以在 Windows XP SP3/Windows 7 上运行，安装文件小于 100 MB，支持 LAD、FBD、STL 编程语言。该软件在沿用 STEP 7-Micro/WIN 优秀编程理念的同时，更多的人性化设计使编程更加方便，项目开发更加高效。

在 STEP 7-Micro/WIN 环境下编写的 S7-200 程序可以直接在 STEP 7-Micro/WIN SMART 环境下运行。

9.2.1　STEP 7-Micro/WIN SMART 编程软件的窗口

在 PC 上安装 STEP 7-Micro/WIN SMART 编程软件后，在桌面双击该软件执行文件图标，即可运行该软件。STEP 7-Micro/WIN SMART 的主界面如图 9-42 所示。

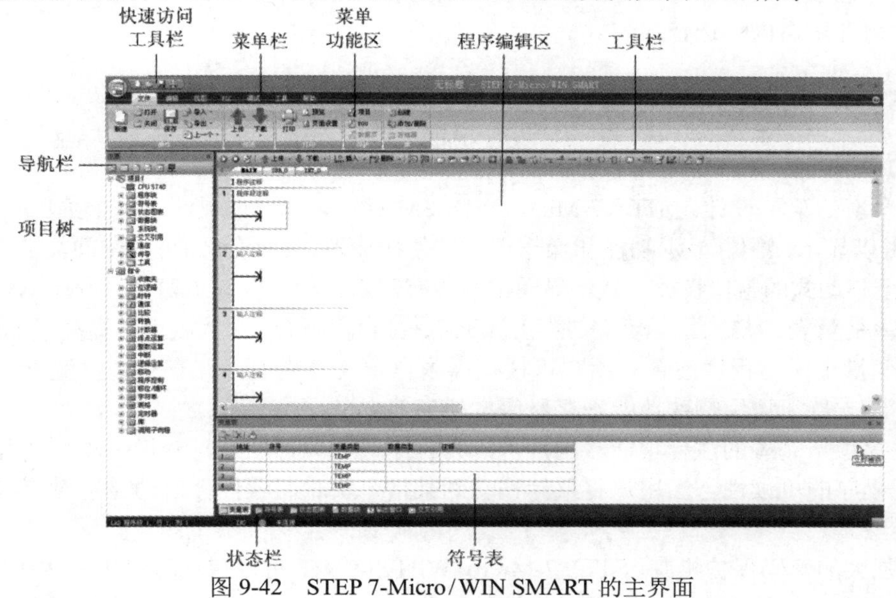

图 9-42　STEP 7-Micro/WIN SMART 的主界面

1. 快速访问工具栏

快速访问工具栏设有新建、打开、保存和打印按钮，用户可以通过“自定义”对话框，增加和删除工具栏上的命令按钮。

2. 菜单栏

STEP 7-Micro/WIN SMART 采用了全新菜单设计，单击菜单项可以打开其功能区(菜单功能区可以全部再现)，图标显示功能和操作更加方便快捷。

3. 程序编辑区

程序编辑区用于用户输入和编辑程序。

4. 工具栏

启用工具栏及工具栏上的按钮，可以执行相应的操作。

在 LAD 程序编辑状态时，LAD 工具栏处于活动状态。其触点、线圈、接线和指令的 LAD 按钮均处于活动状态。

5. 状态栏

状态栏位于主窗口底部，用于显示执行操作的相关信息。在编辑模式下时，状态栏显示编辑器信息(简要状态说明、当前程序段编号、编辑器的光标位置、编辑模式： 插入或覆盖)，以方便用户编辑程序。

6. 项目树

项目树用于组织项目，包括程序块、符号表、通信、向导及编程指令块等。

单击项目树的空白区，可以选择“单击打开项目”命令，用于设置单击或双击打开项目树中的对象。

7. 导航栏

导航栏位于项目树上方，用于快速访问项目树上的对象。单击一个导航栏按钮相当于展开项目树并单击同一选择内容。

9.2.2 STEP 7-Micro/WIN SMART 的主要特点

STEP 7-Micro/WIN SMART 的主要特点如下：

(1) 全新的菜单设计。STEP 7-Micro/WIN SMART 菜单设计灵活，每个菜单功能区(选项)全部得以显示，图标显示功能和操作更加方便快捷，编程窗口的可视空间灵活。

(2) 全移动式的窗口设计。软件界面中的所有窗口移动方便。主窗口、程序编辑窗口、输出窗口、变量表、状态图等均可按照用户习惯进行自由组合，最大限度地提高了编程效率。

(3) 变量定义与程序注释。用户可根据需求自定义变量名，并直接通过变量名进行调用。软件还支持在调用特殊功能寄存器后自动为其命名。

软件提供了完善的注释功能，用户可以为程序块、编程网络、变量等添加注释，大大地提高了程序的可读性。当用户将鼠标移动到某指令块时，软件会自动显示对应参数支持的数据类型。

(4) 强大的密码保护机制。STEP 7-Micro/WIN SMART 可以对计算机中的源程序、CPU 模块中的代码实施的密码保护，通过灵活的密码保护机制，以满足用户的不同需求。用户可以通过对源程序包括工程、POU(程序组织单元)、数据页设置密码，实现三重保护。只有授权的用户才能查看并修改相应的内容并对 CPU 模块里的程序提供 4 级(全部、部分、最小权限及禁止上载)保护。

(5) 新颖的设置向导。软件集成了简易快捷的向导设置功能，用户只需按照向导提示设置每一步的参数即可完成复杂功能的设定。向导设置支持 HSC(高速计数)、运动控制、PID 回路、PWM(脉宽调制)及文本显示等功能。新的向导功能允许用户直接对功能中的某一步进行设置。

(6) 便捷的状态监控。状态监控更加方便。用户可以通过状态图监测 PLC 每一输入/输出通道的当前值，并对每路通道进行输入操作，以检验程序的正确性。状态监测值可以以数值或波形图形式展示。

针对 PID 回路和运动控制等操作，系统设有专用的操作面板，以便用户对设备运行状态进行监控。

(7) 丰富的指令库。指令库将一般子程序转化成指令块，便于调试和阅读。西门子公司提供了大量完成各种功能的指令库，用户可以方便地添加到软件中。用户可以像使用普通指令块一样使用指令库中的指令块(子程序)。此外，指令库还提供了密码保护功能。

(8) 强大的通信功能。S7-200 SMART PLC CPU 支持以太网端口、RS-485 端口(端口 0)和 RS-485/RS-232 信号版(SB，如端口 1)三个通信接口。STEP 7-Micro/WIN SMART 只能通过以太网端口连接到 S7-200 SMART CPU。支持自由口通信、PPI 协议，支持和变频器通信的 Mosbus RTU、USS、Modbus 协议，支持扩展板功能(可以扩展一个 RS-485 或 RS-232

端口)。S7-200 SMART PLC 的两个 RS-485 端口都可以作 Modbus RTU 通信的从站。S7-200 SMART PLC 的编程软件自带 Modbus RTU 指令库和 USS 协议指令库。

9.2.3　STEP 7-Micro/WIN SMART 的使用帮助

单击菜单“帮助”→菜单功能区“信息”区域中的“帮助”按钮，可打开 STEP 7-Micro/WIN SMART 的在线帮助，如图 9-43 所示。

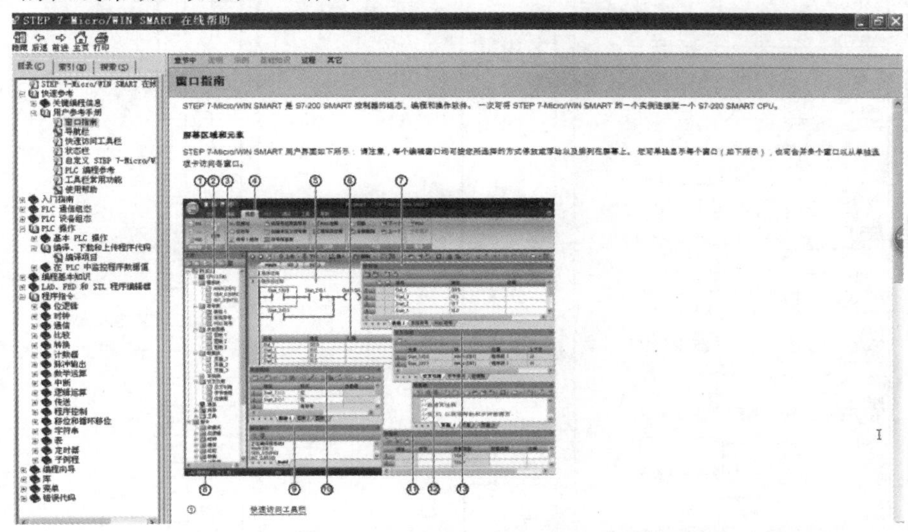

图 9-43　STEP 7-Micro/WIN SMART 的在线帮助窗口

STEP 7-Micro/WIN SMART 提供了介绍概念、指令和任务的全面帮助系统，方便用户学习。每一项“帮助”可以在单独的窗口中打开，窗口左侧为导航窗格，右侧为主题窗格(帮助内容)。

9.3　编程软件应用示例

本节分别通过 STEP 7-Micro/WIN 和 STEP 7-Micro/WIN SMART 编程环境，介绍 S7-200 系列 PLC 编程软件的使用方法和开发过程。

9.3.1　STEP 7-Micro/WIN V4.0 应用示例

下面通过编程软件应用示例，介绍利用 STEP 7-Micro/WIN V4.0 编程软件进行程序开发的一般过程。

1. 控制要求

利用 STEP 7-Micro/WIN V4.0 编写 LED 数码显示控制电路的梯形图程序。

程序功能要求：按下启动按钮后，LED 数码管开始分别显示 7 个段(显示次序是段 a、b、c、d、e、f、g)，随后显示数字及字符，显示次序是 0、1、2、3、4、5、6、7、8、9、

A、B、C、D、E、F；断开启动按钮后，程序停止运行。输出 QB0，LED 数码管段 a、b、c、d、e、f、g 分别与 Q0.0～Q0.6 对应连接，这里未使用数码管 dp 段。

2. 梯形图程序

LED 数码显示控制电路的梯形图程序可以利用移位寄存器指令 SHRB，详见图 9-44。

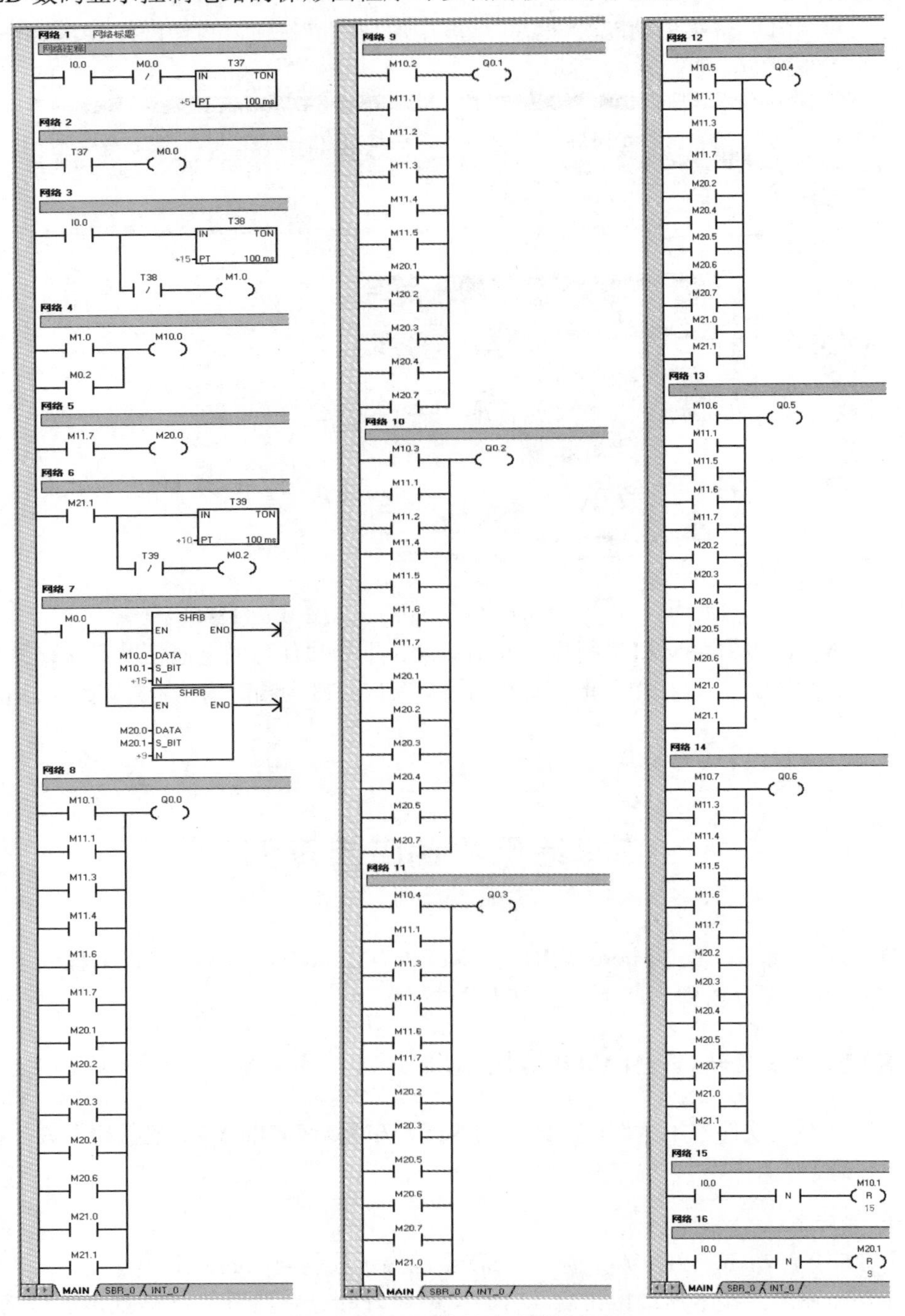

图 9-44　LED 数码显示控制程序

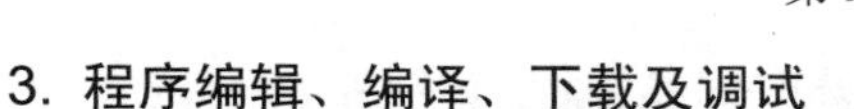

3. 程序编辑、编译、下载及调试

程序编辑、编译、下载及调试可参考 9.1 节。

9.3.2　STEP 7-Micro/WIN SMART 应用示例

下面通过编程软件应用示例，介绍利用 STEP 7-Micro/WIN SMART 编程软件进行程序开发的一般过程。

1. 控制要求

利用 STEP 7-Micro/WIN SMART 编写闪光灯控制电路的控制程序。

程序功能要求：打开输入开关，延时 5 s 后控制闪光灯闪烁(周期为 1 s)；关闭输入开关后，停止闪烁。

2. 控制程序

利用定时器延时 5 s，特殊继电器 SM0.5 实现周期为 1 s、占空比为 0.5 的时钟脉冲。

闪光灯控制程序如图 9-45 所示。

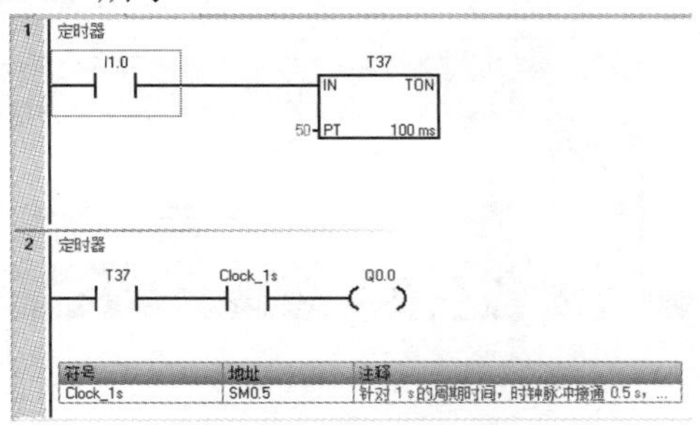

图 9-45　闪光灯控制程序

3. 程序编辑、编译

(1) 程序编辑。打开 STEP 7-Micro/WIN SMART 编程软件，在主窗口中单击“文件”菜单→“新建”命令按钮，在程序编辑区编辑程序(编辑方法与 STEP 7-Micro/WIN 基本相同)，输入和编辑梯形图元件，如图 9-46 所示。

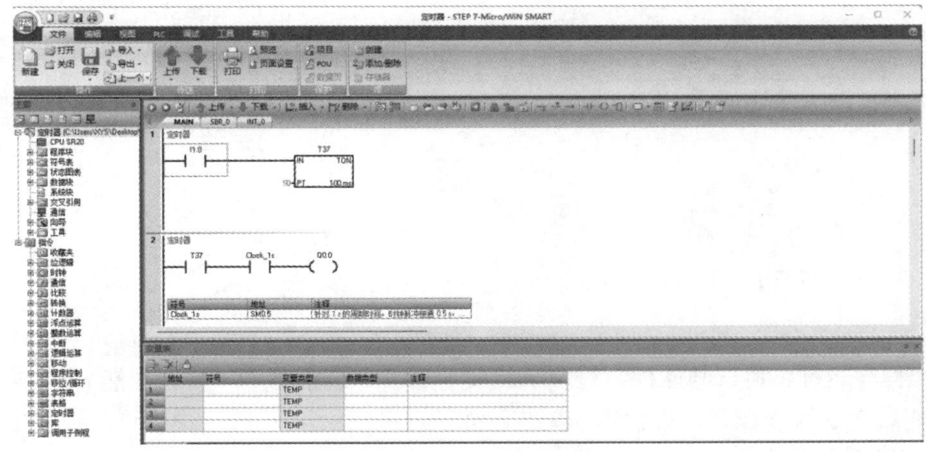

图 9-46　程序编辑

(2) 单击“保存”按钮，输入文件名，将编辑好的梯形图程序存盘。

(3) 程序编译。如图 9-47 所示，单击“PLC”菜单→“编译”命令按钮，如果程序语法正确，则编译成功。

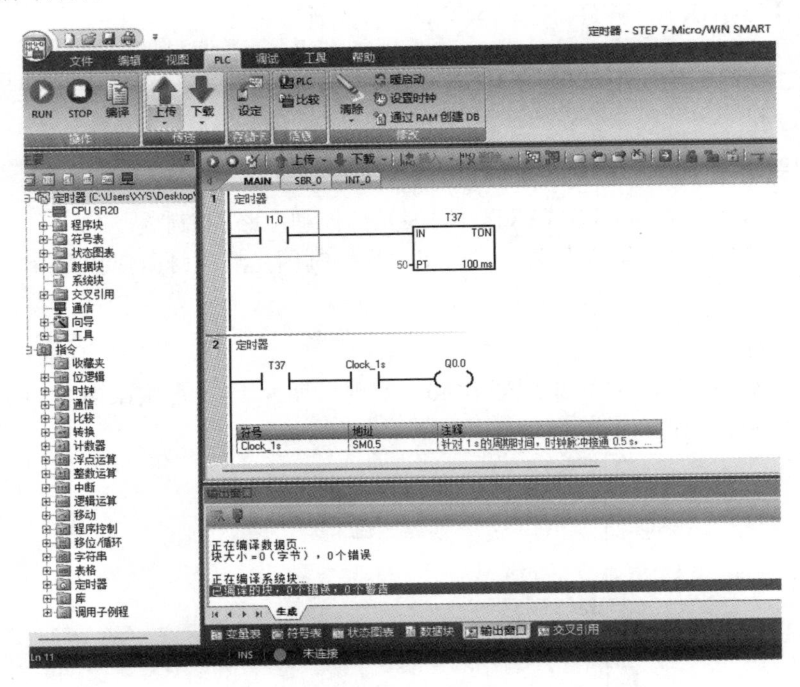

图 9-47 程序编译

4. 程序下载及调试

(1) 程序下载。首先建立 PLC 与上位机的以太网通信联系，PLC 的 IP 地址与上位机的 IP 地址位于同一局域网内，然后单击“下载”按钮，如图 9-48 所示。

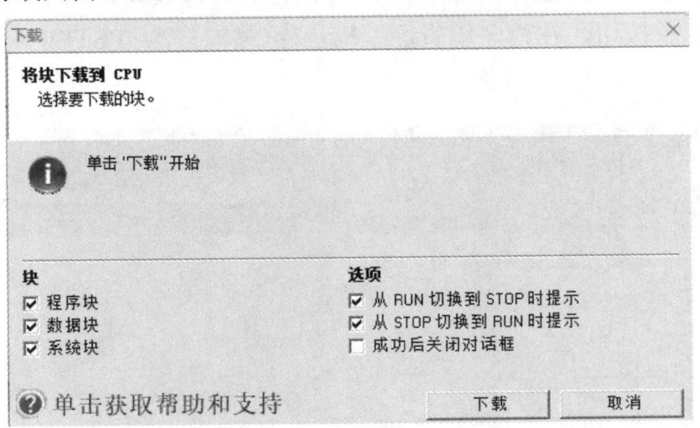

图 9-48 下载程序

(2) 程序运行、调试与监控。程序下载成功后，单击“RUN”按钮，然后单击“调试”菜单→“程序状态”按钮，进行程序调试，如图 9-49 所示。同时，用户可以在上位机上直接监控程序的工作状态。

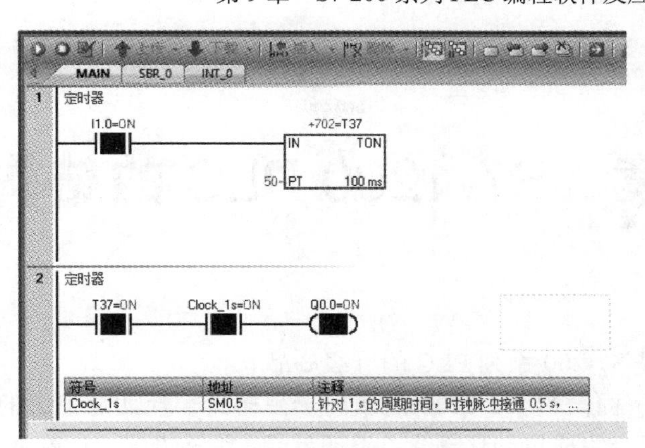

图 9-49　调试程序及监控

思考与练习 9

9.1　简述 STEP 7-Micro/WIN V4.0 和 STEP 7-Micro/WIN SMART 编程软件的主要功能。

9.2　简述 STEP 7-Micro/WIN SMART 编程软件的主要特点。

9.3　在 STEP 7-Micro/WIN V4.0 编程软件中，如何建立主程序、子程序和中断程序？

9.4　如何配置 PC 与 S7-200 PLC CPU 的通信参数？

9.5　在使用梯形图编辑程序时要注意哪些问题？

9.6　指出图 9-50 所示梯形图程序的错误，并改正之。

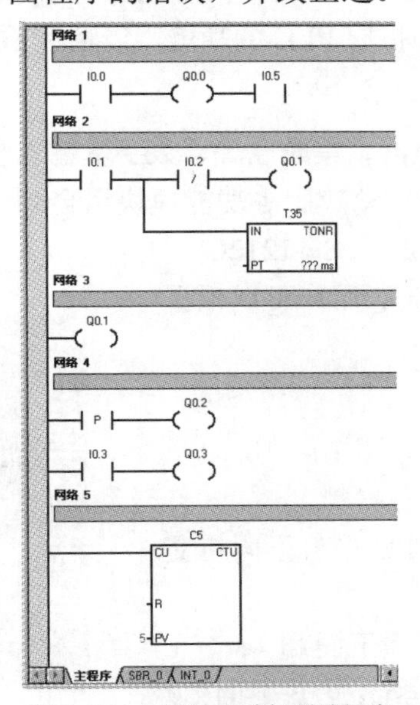

图 9-50　习题 9.6 梯形图程序

第 10 章　S7-1200 PLC 的结构及应用

S7-1200 PLC 是 S7-200 系列 PLC 的升级产品。

S7-1200 PLC(下面简称 S7-1200)是西门子公司新一代功能强大的模块化小型 PLC。S7-1200 秉承西门子全集成自动化理念，设计灵活、组态方便，功能强大，不但可以应用于一般控制系统，而且可以满足更高质量及更加复杂多变的控制系统的要求。

10.1　S7-1200 PLC 结构特征

本节简单介绍 S7-1200 PLC 的硬件结构及 CPU 基本性能。

10.1.1　S7-1200 硬件结构

S7-1200 硬件主要由 CPU 模块、信号模块、信号板、通信模块等组成，各种硬件模块安装在标准 DIN 导轨上。S7-1200 PLC 硬件组成具有高度的灵活性，用户可以根据自身需求添加 PLC 扩展模块，增强和扩展 PLC 的功能，以适应不同的工业控制要求。

1. CPU 模块

S7-1200 的 CPU 将微处理器、集成电源、数字量输入和输出电路、模拟量输入输出电路、PROFINET 网络接口、高速运动控制等功能模块组合到一个设计紧凑的外壳中。S7-1200 CPU 模块型号有 S7-1211C、S7-1212C、S7-1214C、S7-1215C、S7-1217C，用户可以根据系统需要选择。

1) 模块外型

S7-1200 的 CPU 模块外形如图 10-1 所示。

图中：

①—工作电源接口(根据 CPU 型号不同有交流工作电源和直流工作电源)。

②—存储卡插槽(上部保护盖下面)。

③—可拆卸用户接线连接器(保护盖下面)。

④—板载 I/O 工作状态 LED 指示灯。

⑤—PROFINET 网络通信连接器。

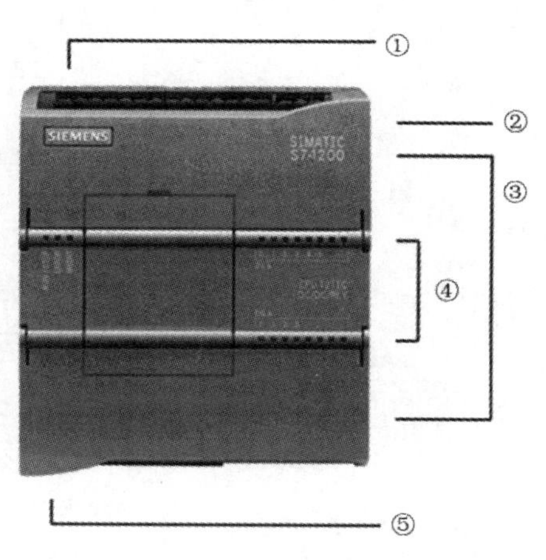

图 10-1　S7-1200CPU

2) CPU 特性功能

S7-1200 CPU 具有以下特性和功能：

(1) S7-1200 可以使用梯形图(LAD)、函数块图(FDB)和结构化控制语言(SCL) 3 种编程语言。每条直接寻址的布尔运算指令、字传送指令和浮点数数学运算指令的执行时间分别为 0.08 μs、0.137 μs 和 1.48 μs。

(2) CPU 集成了最大 150 KB 的工作存储器、最大 4 MB 的装载存储器和 10 KB 的保持性存储器。CPU 存储器最大为 8192 B，可选用 SIMATIC 存储卡扩展存储器的容量和更新 PLC 的固件。

(3) 有两点集成的模拟量输入(0～10 V)，10 位分辨率，输入电阻大于等于 100 kΩ。

(4) CPU 提供一个 PROFINET 端口用于与上位机、HMI 及其他 PLC 或设备进行以太网通信。其中 CPU 1215C 和 CPU 1217C 有两个带隔离的 PROFINET 以太网端口。

(5) 高速计数器，S7-1200 最多可组态 6 个最高频率为 100 kHz(单相)/80 kHz(互差 90°的正交相位)或最高频率为 30 kHz(单相)/20 kHz(正交相位)的高速计数器，CPU 1217C 有 4 路最高频率为 1 MHz 的高速计数器。

(6) 高速输出，S7-1200 支持最多 4 点高速脉冲输出(包括信号板的 DQ 输出)。CPU 1217C 的高速脉冲输出的最高频率为 1 MHz，其他 CPU 为 100 kHz，信号板为 200 kHz。

(7) 运动控制，S7-1200 可通过高速脉冲输出、PROFINET IO 协议、模拟量输出来控制伺服电机和步进电机，实现闭环位置控制。

(8) PID 功能用于闭环控制，可以实现 16 路 PID 控制回路。

2. 信号模块和信号板

具有输入功能和输出功能的模块称为 I/O 模块，包括数字量输入输出模块、模拟量输入输出模块及传感器 RTD 和热电偶输入模块。能力最强的 CPU 可以扩展 8 块信号模块。信号模块依次安装在 CPU 模块的右边。

信号板则可以直接安装在 CPU 模块的正面，不增加安装空间。

3. 通信模块

S7-1200 的 CPU 具有强大的通信扩展功能。扩展的通信模块安装在 CPU 的左边，包括点到点通信模块、PROFIBUS 主站模块和从站模块、工业远程通信模块、AS-i 接口模块和标示系统的通信模块。

另外，第 2 代精简系列面板(HMI)与 S7-1200 配套使用，可以使用 TIA Portal 中的 WinCC 进行硬件组态。

10.1.2　CPU 模块

下面以典型的 S7-1200 CPU 模块 CPU 1214C AC/DC/Relay 为例，简介其版本号含义及端口接线。

1. CPU 型号

CPU 版本号的含义如下。

(1) AC 表示 CPU 工作电源为交流 220 V(如果为 DC 则表示直流 24 V)。

(2) DC 表示 CPU 的数字量输入电路的输入类型为漏型/源型，电压额定值为 DC 24 V，输入电流为 4 mA。

(3) Relay 表示继电器输出型(如果为 DC 表示晶体管输出型)，继电器输出型的输出端子可外接直流或交流电源，输出 DC 5～30 V 或 AC 5～250 V 的电压。晶体管输出型只能外接直流电源，且驱动负载能力弱于继电器输出型，但是晶体管输出型开关频率更高，可输出 100kHz 高频脉冲信号，可对步进电机、伺服系统和电磁阀进行控制。

2. CPU 外部接线

CPU 1214C AC/DC/Relay 模块的基本接线如图 10-2 所示。

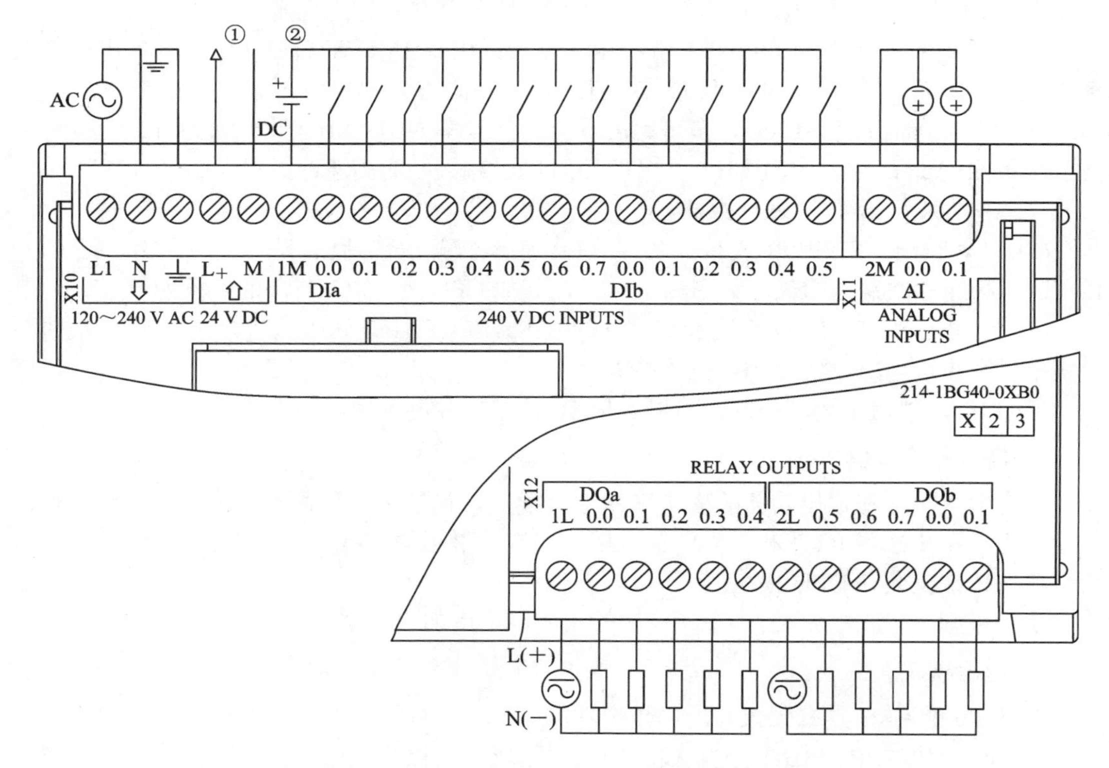

图 10-2　CPU 1214C AC/DC/Relay 外部接线图

图 10-2 中，上排端口为工作电源、输入位逻辑信号(开关量)及模拟信号的接线，下排端口为继电器输出位逻辑信号(开关量)的接线。图中①为 CPU 内置的 DC 24 V 工作电源(可以作为开关量传感器工作电源)，图中②为外部 DC 24 V 电源在漏型输入时的接线。

3. CPU 的操作模式

CPU 有 STOP、STARTUP 和 RUN 三种操作模式，CPU 前面的状态 LED 可以指示当前操作模式。

(1) 在 STOP 模式下，CPU 不执行任何程序，用户可以下载程序(项目)。

(2) 在 STARTUP 模式下，CPU 会执行任何启动逻辑，不处理任何中断事件。

(3) 在 RUN 模式下，CPU 按扫描周期循环执行用户程序，在扫描周期的任何时刻都可能发生和处理中断事件。

CPU 没有用于更改操作模式的物理开关，STEP 7 Basic 提供了用于在线 CPU 操作模式的操作面板，可以在设备配置中组态 CPU 时，设置 CPU 属性中组态启动行为。

10.2　TIA Portal 软件及程序结构

本节对 S7-1200 PLC 的编程软件及程序基本结构进行简单介绍。

10.2.1　TIA Portal 软件

1. TIA Portal 软件

TIA Portal(博途)是西门子自动化的全新工程设计软件平台，它将所有自动化软件工具集成在统一的开发环境中。TIA Portal 通过统一的控制、显示和驱动机制，实现高效的组态、编程和公共数据存储。

TIA Portal 中的 STEP 7 Professional 可用于 S7-1200/1500、S7-300/400 和 WinAC 的组态编程和诊断。S7-1200 还可以用 TIA Portal 中的 STEP 7 Basic 编程。TIA Portal 中的 WinCC 是用于西门子的 HMI(人机界面)、工业 PC 和标准 PC 的组态软件。

S7-1200 PLC 将组态和编程开发软件平台进行了整合，把所有功能集成化，具有简单快速的操作特性，很大程度上方便了用户，提高了工作效率。

2. 基本功能

TIA Portal 提供两种不同的工具视图，即基于项目的项目视图和基于任务的 Portal 视图。运行 TIA Portal 软件，在主窗口 Portal 视图中，可以概览自动化项目的所有可执行任务，如图 10-3 所示。

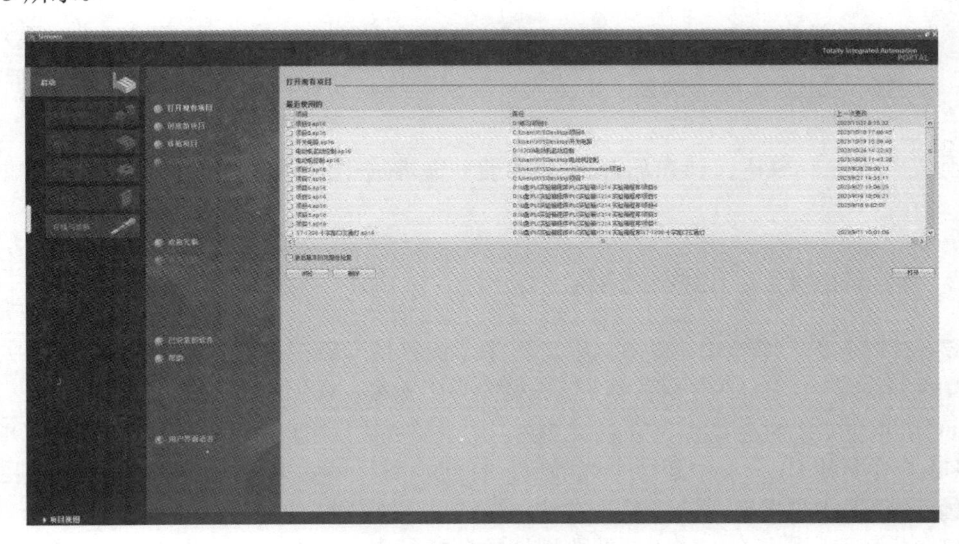

图 10-3　Portal 视图

在 Portal 视图中，可以打开现有的项目，创建新项目，打开项目视图中的“设备和网络”视图、程序编辑器和 HMI 画面编辑器等。

3. 项目视图

在主窗口单击视图左下角的“项目视图”，将切换到项目视图，如图 10-4 所示。

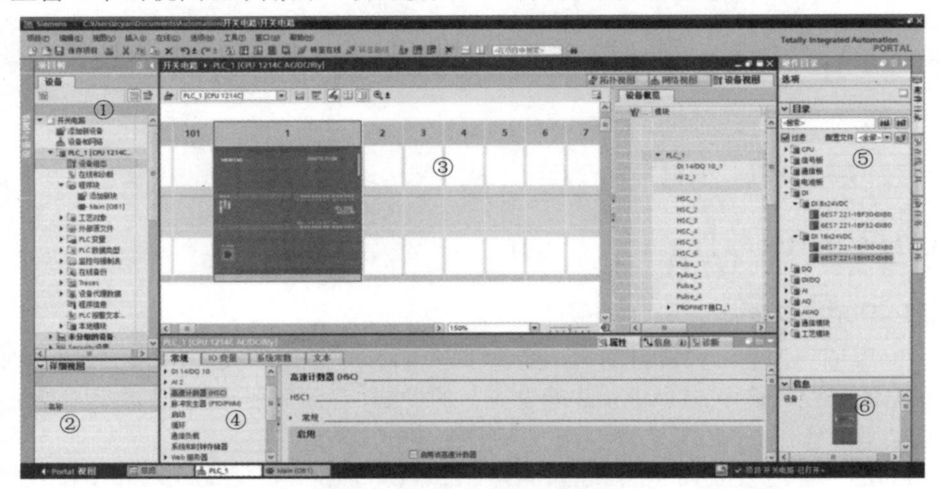

图 10-4 项目视图

项目视图中各部分功能如下：

①为项目树，可以用它访问所有的设备组件和项目数据，也可在项目树中执行任务，比如添加新组件、编辑已有组件、查看和修改现有组件的属性。

②为详细视图，详细视图可显示项目树中或相关窗口所选对象的特定内容。

③为工作区，在工作区可以打开程序编辑器(编辑源程序)和设备视图，将模块上的 I/O 点拖拽到程序编辑器中指令的地址域或 PLC 变量表中。

④为巡视窗口，用来显示工作区中选中对象的附加信息，巡视窗口包含“属性”“信息”(窗格⑥)“诊断”三部分内容。

⑤为任务卡(这里显示为硬件目录)，任务卡的功能与编辑器有关。可以通过任务卡进行进一步的或附加的操作。例如从库或硬件目录中选择对象，搜索与替代项目中的对象，将预定义的对象拖拽到工作区。

⑥为“信息”窗格，该窗格显示“目录”窗格选中的硬件对象的图形及对它的简要描述。

10.2.2 S7-1200 PLC 的程序结构

S7-1200 PLC 采用模块化编程，用户程序结构包括 OB(组织块)、FC(函数)、FB(函数块)和 DB(数据块)。

(1) 组织块(OB)对应 CPU 中的特定事件，用于循环执行用户程序的默认组织块为 OB1，如果程序中存在其他 OB，会中断 OB1 的执行。任何一个用户程序，起码包括一个默认组织块。

(2) 函数块(FB)是用户编写的具有特定功能的子程序，具有专用的背景数据块。

(3) 函数(FC)是用户编写的具有特定功能的子程序，没有专用的背景数据块。

(4) 数据块分为背景数据块和全局数据块，全局数据块用于存储所有代码块使用的数据；背景数据块用于存储的 FB 使用的数据。

CPU 执行用户程序时，总是从组织块 OB1 开始执行(可以调用函数或函数块)，并循环执行，直到被其他组织块(如中断组织块)中断。

在数据类型方面，S7-1200 提供了新的数据类型供用户选择，如无符号类型数据(UInt、UDInt)可以扩大正数的数值范围，短整型数据(SInt、USInt)可以节约内存资源；长实数型数据(LReal.64Bit)可以进行高精度数学函数运算；表达日期和时间的数据类型(DTL)可以更精确方便地存储时间。

10.3　S7-1200 PLC 应用示例

在 TIA Portal 软件中，用户可以完成 S7-1200 PLC 项目建立、设备组态、参数设置、编辑程序、编译、下载、仿真及调试过程。下面通过一个简单的 S7-1200 PLC 编程应用示例，介绍 TIA Portal 软件的应用过程。

示例要求：由 S7-1200 CPU 模块的继电器输出端口 Q0.0 控制一个闪光灯(设置闪光灯外接工作电源)，编写程序实现 Q0.0 输出一个周期为 1 s、占空比为 0.5 的脉冲。

1. 创建项目

在 PC 启动已经安装好的 TIA Portal 软件，弹出 TIA Portal 主窗口，选择 Portal 视图中的“项目视图”窗口，可以进行打开现有的项目、创建新项目等操作。S7-1200 PLC 的应用程序文件是通过项目建立的。

在“项目视图”中执行菜单命令“项目”→“新建”，在弹出的对话框中输入项目名等信息，这里默认项目名称为“项目 1”，路径选择“D/PLC 1200”，单击“创建”按钮，创建一个新项目，如图 10-5 所示。

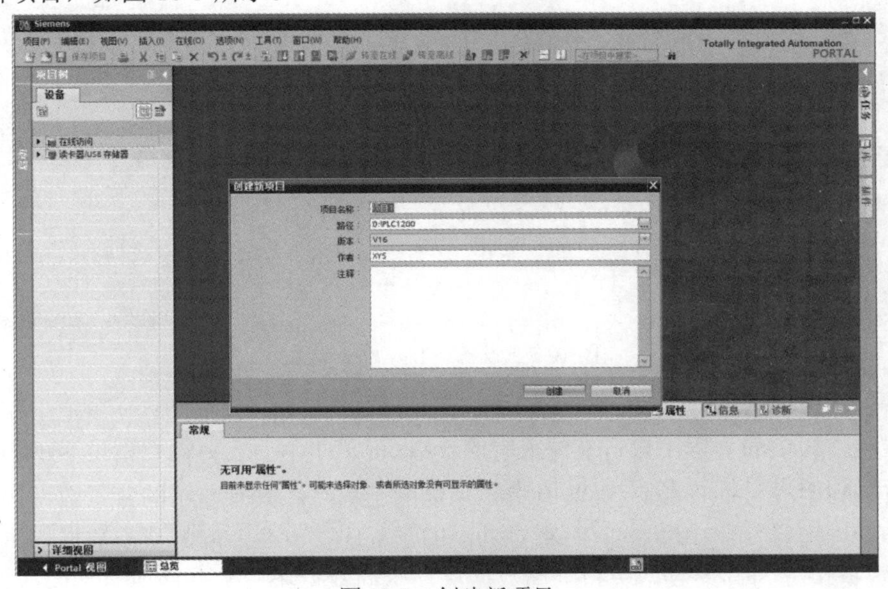

图 10-5　创建新项目

2. 添加新设备(设备组态)

在项目树中选择“添加新设备”→“SIMATIC S7-1200 PLC”，选择 CPU 模块，确定 CPU 型号“CPU1214C AC/DC/Rly”及订货号后，单击“确定”按钮，即可添加一个 PLC 的 CPU 模块，如图 10-6 所示。

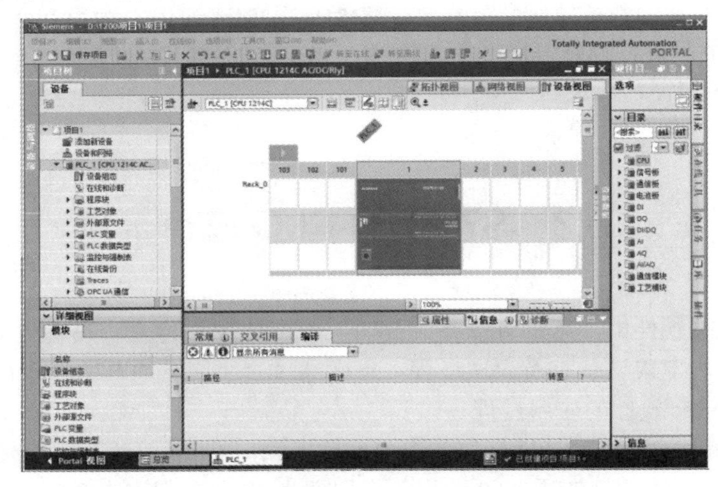

图 10-6 添加新设备

进入项目视图界面，双击项目树中“项目 1”选择“PLC_1[CPU 1214C AC/DC/Rly]”文件夹中的“设备组态”，打开设备视图，即可看到目前组态的模块，如图 10-7 所示。

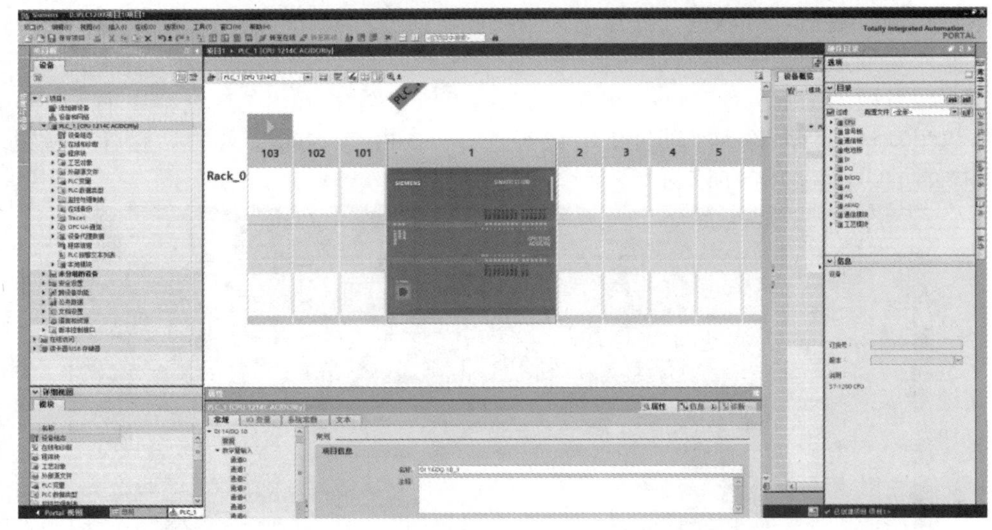

图 10-7 设备组态及设备概览

3. 编辑控制程序

双击项目树中的“程序块”文件夹中的“Main[OB1]”，进入编程界面，在窗口左面的基本指令选项中可以选择 PLC 的位指令。

首先选中编程界面“电源左母线”的起始位置，依次双击基本指令选项中相应的位指令、连接线等相关符号，可以完成编辑梯形图程序并保存文件，如图 10-8 所示。

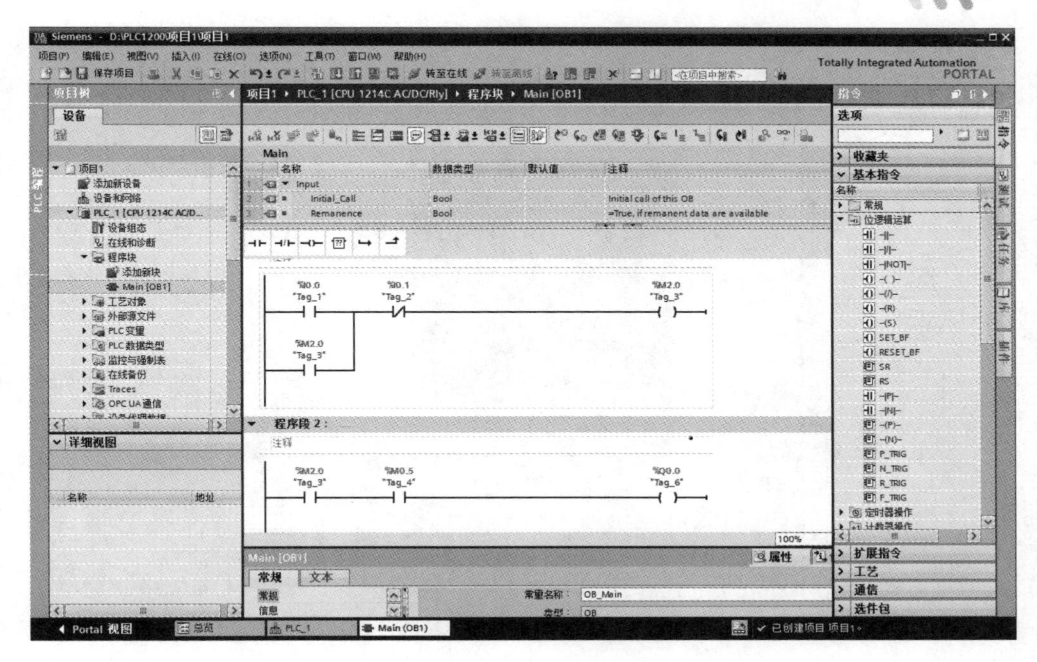

图 10-8　程序编辑

4. 编译程序

单击工具栏中的“编译命令”按钮，对编辑好的程序进行编译，如果没有语法错误，编译成功，如图 10-9 所示。

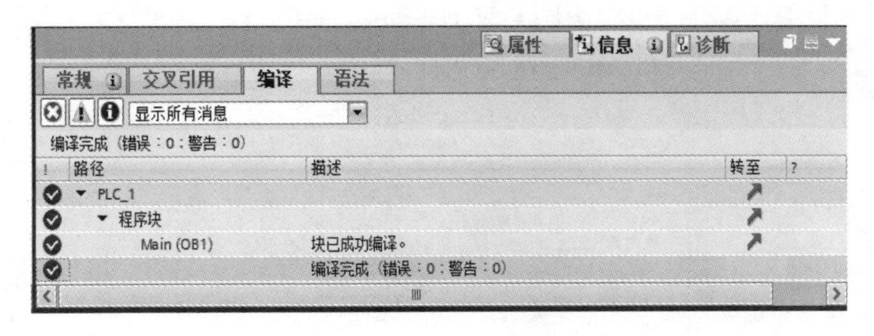

图 10-9　编译成功

5. 建立以太网通信-程序下载

1) 建立以太网通信设置

可以通过以太网在同一局域网内建立 PLC 与上位计算机(PC)的网络通信，一对一的通信不需要交换机，两台以上的设备则需要交换机。CPU 可以使用直通的以太网电缆进行通信。

(1) 确认 CPU 的 IP 地址。CPU 默认的 IP 地址是 192.168.0.1(4 个字节)，其中前 3 个字节 192.168.0 是默认的子网地址，第 4 个字节是子网内设备的地址，可以取 0～255(这里是 1)，但 IP 地址不能与子网中其他设备的 IP 地址重叠。

双击项目树的“设备组态”，然后单击 CPU 设备的以太网接口，打开其巡视窗口，选择“以太网地址”，对 CPU 的 IP 进行设置(如取 192.168.0.1)，如图 10-10 所示。

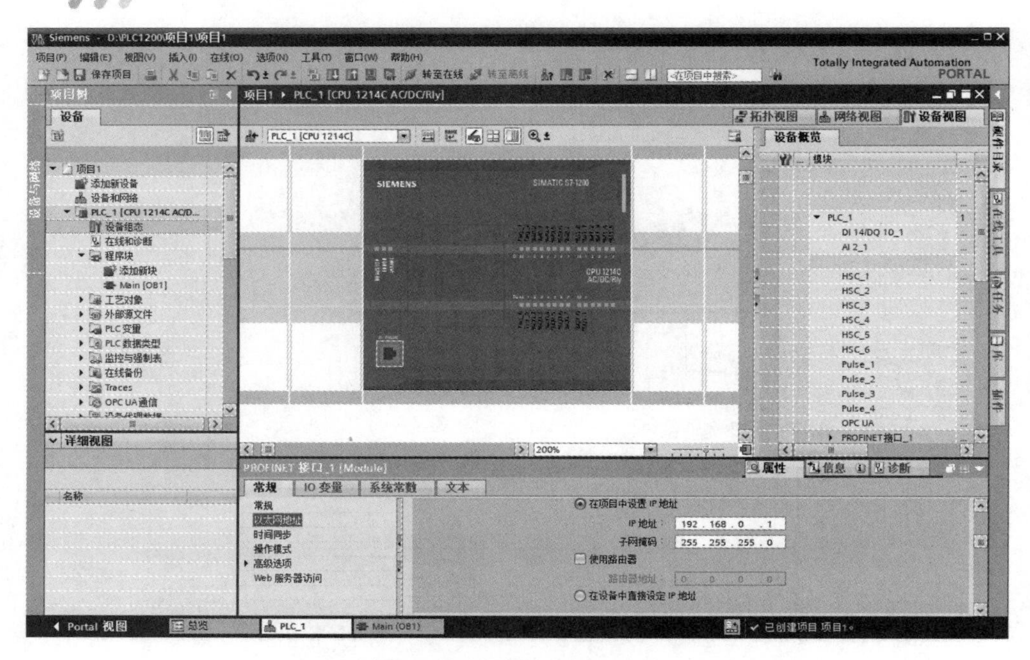

图 10-10　设置 CPU IP 地址

(2) 设置上位机的 IP 地址。在上位机(PC)中对其 IP 地址进行设置。一般 PC 可以在网络中打开“网络和共享中心”→“本地连接”→“属性”，在弹出的对话框中选择项目“TCP/IPv4”→“属性”打开“Interne 协议版本 4(TCP/IPv4)”属性，对上位机的 IP 地址进行设置(如取 192.168.0.2)，如图 10-11 所示。

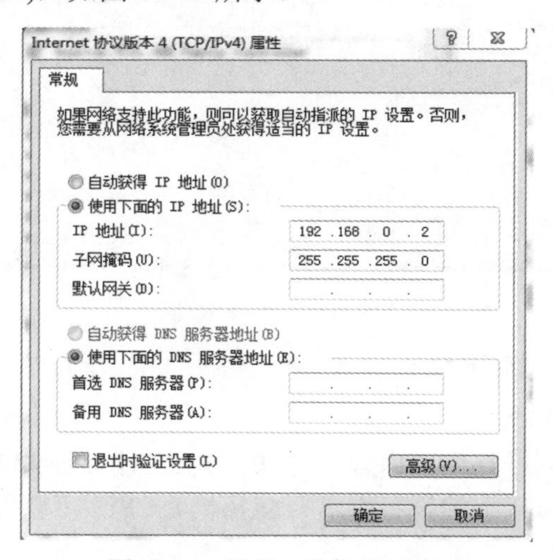

图 10-11　设置上位机 IP 地址

2) 程序下载

单击工具栏中的“下载”命令按钮，弹出“扩展下载到设备”对话框，如图 10-12 所示。

在“PG/PC 接口类型”下拉列表中，下载第 1 项“Realtek PCIe Gbe Family Controler”，

单击“开始搜索”→“下载”→“在不同步情况下继续”按钮，在“停止模块”中选择“全部停止”，然后单击“装载”→“完成”，即完成程序的下载。

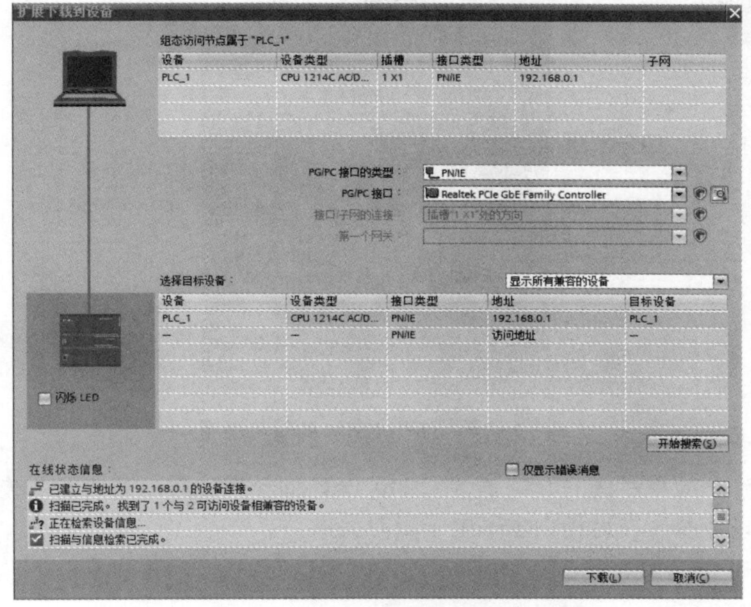

图 10-12　“扩展下载到设备”对话框

6. 程序运行与监控

单击工具栏中的“运行”按钮，可以观察 CPU 的 Q0.0 指示灯在闪烁，同时可以执行工具栏中的“转至在线”命令(按钮)，单击“启用监视”按钮，可以通过上位机观察程序运行状况，如图 10-13 所示。

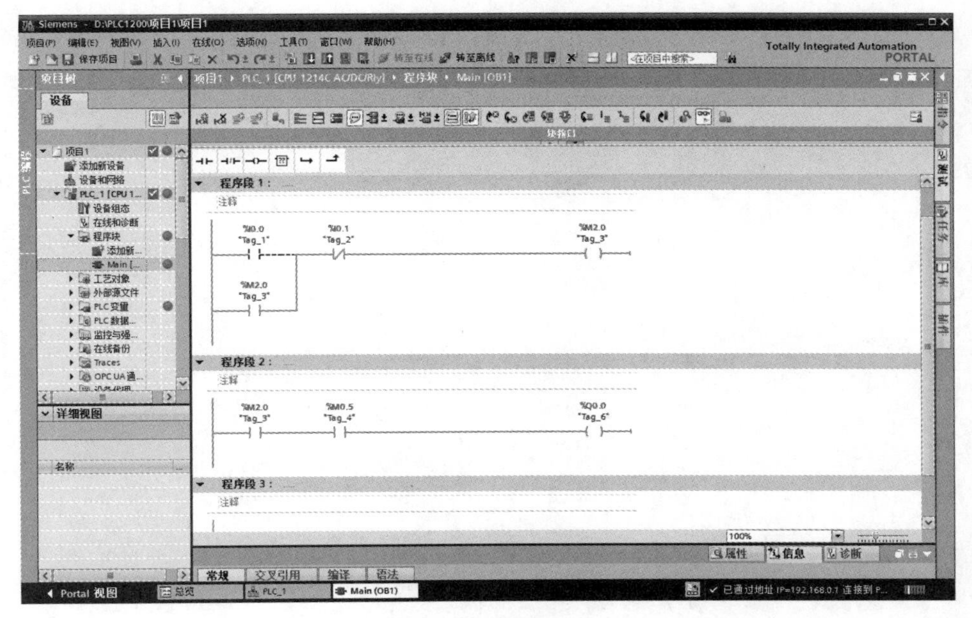

图 10-13　程序监控

在 PLC 运行前，也可以对程序进行仿真调试。选择项目树中的“PLC_1”，单击工具栏上的“启动仿真”按钮，S7-PLCSIM 被启动，S7-PLCSIM 的精简视图如图 10-14 所示。

图 10-14　S7-PLCSIM 的精简视图

本节通过一个简单示例，介绍了 S7-1200 PLC 的一般应用，其典型开关量、模拟量应用示例的程序设计及开发过程由本书电子资源提供。

附录 S7-200 系列 PLC 基本指令集

布尔指令			
指令格式	说 明	指令格式	说 明
LD N LDI N LDN N LDNI N	装载 立即装载 取反后装载 取反后立即装载	A N AI N AN N ANI N	与 立即与 取反后与 取反后立即与
O N OI N ON N ONI N	或 立即或 取反后或 取反后立即或	S BIT,N R BIT,N SI IT,N RI BIT,N	置位一个区域 复位一个区域 立即置位一个区域 立即复位一个区域
LDBx N1, N2	装载字节比较的结果 N1(x:<,<=,=,>=,>,<>) N2	LDWx IN1, IN2	装载字比较的结果 N1(x:<,<=,=,>=,>,<>)N2
ABx N1, N2	与字节比较的结果 IN1 (x:<,<=,=,>=,>,<>) IN2	Awx IN1, IN2	与字比较的结果 IN1 (x:<,<=,=,>=,>,<>) IN2
Obx IN1, IN2	或字节比较的结果 IN1 (x:<,<=,=,>=,>,<>) IN2	Owx N1, N2	或字比较的结果 IN1 (x:<,<=,=,>=,>,<>) IN2
LDDx IN1, IN2	装载双字比较的结果 IN1 (x:<,<=,=,>=,>,<>) IN2	LDRx IN1, IN2	装载实数比较的结果 IN1 (x:<,<=,=,>=,>,<>) IN2
Adx IN1, IN2	与双字比较的结果 IN1 (x:<,<=,=,>=,>,<>) IN2	Arx IN1, IN2	与实数比较的结果 IN1 (x:<,<=,=,>=,>,<>) IN2
Odx IN1, IN2	或双字比较的结果 IN1 (x:<,<=,=,>=,>,<>) IN2	Orx IN1, IN2	或实数比较的结果 IN1 (x:<,<=,=,>=,>,<>) IN2
NOT	堆栈取反	AENO	与 ENO
EU ED	检测上升沿 检测下降沿	ALD OLD	与装载 或装载
= Bit =1 Bit	赋值 立即赋值	LDSx IN1,IN2 Asx IN1,IN2 OSXI IN1,IN2	字符串比较的装载结果 IN1 (x: =, <>) IN2 字符串比较的与结果 IN1 (x: =, <>) IN2 字符串比较的或结果 IN1 (x: =, <>) IN2
LPS LRD LPP LDS N	逻辑进栈(堆栈控制) 逻辑读(堆栈控制) 逻辑出栈(堆栈控制) 装载堆栈(堆栈控制)		

续表一

传送、移位、循环和填充指令			
指令格式	说　明	指令格式	说　明

MOVB IN, OUT
MOVW IN, OUT
MOVD IN, OUT
MOVR IN, OUT
	字节、字、双字和实数传送	SRB OUT, N
		SRW OUT, N
		SRD OUT, N
			字节、字和双字右移

BIR IN, OUT BIW IN, OUT	立即读取传送字节 立即写入传送字节	SLB OUT, N SLW OUT, N SLD OUT, N	字节、字和双字左移
BMB IN, OUT, N BMW IN, OUT, N BMD IN, OUT, N	字节、字和双字块传送	RRB OUT, N RRW OUT, N RRD OUT, N	字节、字和双字循环右移
SWAP IN	交换字节	RLB OUT, N RLW OUT, N RLD OUT, N	字节、字和双字循环左移
SHRB DATA, SBIT, N	寄存器移位		

数学、增减指令			
指令格式	说　明	指令格式	说　明
+I IN1, OUT +D IN1, OUT +R IN1, OUT	整数、双整数或实数加法 IN1+OUT=OUT	*I IN1, OUT *D IN1, OUT *R IN1, IN2	整数、双整数或实数乘法 IN1 * OUT = OUT
-I IN1, OUT -D IN1, OUT -R IN1, OUT	整数、双整数或实数减法 OUT – IN1=OUT	/I IN1, OUT /D, IN1, OUT /R IN1, OUT	整数、双整数或实数除法 OUT / IN1 = OUT
MUL IN1, OUT	整数乘法(16*16→32)	DIV IN1, OUT	整数除法(16/16→32)
SQRT IN, OUT	平方根	SIN IN, OUT	正弦
LN IN, OUT	自然对数	COS IN, OUT	余弦
EXP IN, OUT	自然指数	TAN IN, OUT	正切
INCB OUT INCW OUT INCD OUT	字节、字和双字增 1	DECB OUT DECW OUT DECD OUT	字节、字和双字减 1
PID Table, Loop	PID 回路		

续表二

逻辑操作			
指令格式	说　明	指令格式	说　明
ANDB IN1, OUT ANDW IN1, OUT ANDD IN1, OUT	对字节、字和双字取逻辑与	XORB IN1, OUT XORW IN1, OUT XORD IN1, OUT	对字节、字和双字取逻辑异或
ORB IN1, OUT ORW IN1, OUT ORD IN1, OUT	对字节、字和双字取逻辑或	INVB OUT INVW OUT INVD OUT	对字节、字和双字取反 (1 的补码)
表、查找和转换指令			
指令格式	说　明	指令格式	说　明
ATT TABLE, DATA	把数据加到表中	FILL IN, OUT, N	用给定值占满存储器空间
LIFO TABLE, DATA FIFO TABLE, DATA	从表中取数据	BCDI OUT IBCD OUT	把 BCD 码转换成整数 把整数转换成 BCD 码
FND= TBL, PTN, INDX FND<> TBL, PTN, INDX FND< TBL, PTN, INDX FND> TBL, PTN, INDX	根据比较条件在表中查找数据	BTI IN, OUT ITB IN, OUT ITD IN, OUT DTI IN, OUT	把字节转换成整数 把整数转换成字节 把整数转换成双整数 把双整数转换成整数
DTR IN, OUT TRUNC IN, OUT ROUND IN, OUT	把双字转换成实数 把实数转换成双字 把实数转换成双字	ATH IN, OUT, LEN HTA IN, OUT, LEN ITA IN, OUT, FMT DTA IN, OUT, FM RTA IN, OUT, FM	把 ASCII 码转换成十六进制格式 把十六进制格式转换成 ASCII 码 把整数转换成 ASCII 码 把双整数转换成 ASCII 码 把实数转换成 ASCII 码
DECO IN, OUT ENCO IN, OUT	解码 编码		
SEG IN, OUT	产生 7 段格式		
ITS IN, FMT, OUT DTS IN, FMT, OUT RTS IN, FMT, OUT	把整数转为字符串 把双整数转换成字符串 把实数转换成字符串	STI STR, INDX, OUT STD STR, INDX, OUT STR STR, INDX, OUT	把子字符串转换成整数 把子字符串转换成双整数 把子字符串转换成实数

续表三

定时器和计数器指令			
指令格式	说　明	指令格式	说　明
TON Txxx, PT TOF Txxx, PT TONR Txxx, PT BITIM OUT CITIM IN, OUT	接通延时定时器 断开延时定时器 带记忆的接通延时定时器 启动间隔定时器 计算间隔定时器	CTU Cxxx, PV CTD Cxxx, PV CTUD Cxxx, PV	增计数 减计数 增/减计数

程序控制指令			
指令格式	说　明	指令格式	说　明
END	程序的条件结束	FOR INDX,INIT,FINAL NEXT	For/Next 循环
STOP	切换到 STOP 模式		
WDR	看门狗复位(300 ms)	DLED　IN	诊断 LED
JMP N IBL N	跳到定义的标号 定义一个跳转的标号	LSCR N SCRT N CSCRE SCRE	顺控继电器段的启动、转换，条件结束和结束
CALL N[N1,…] CRET	调用子程序[N1，…可以有 16 个可选参数] 从 SBR 条件返回		

字符串指令	
指令格式	说　明
SLEN IN, OUT SCAT IN, OUT SCPY IN, OUT SSCPY IN, INDX, N,OUT CFND IN1, IN2, OUT SFND IN1, IN2, OUT	字符串长度 连接字符串 复制字符串 复制子字符串 字符串中查找第一个字符 在字符串中查找字符串

实时时钟指令	
指令格式	说　明
TODR T TODW T TODRX T TODWX T	读实时时钟 写实时时钟 扩展读实时时钟 扩展写实时时钟

中断指令	
指令格式	说　明
CRETI	从中断条件返回
ENI DISI	允许中断 禁止中断
ATCH INT, VENT DTCH EVENT	给事件分配中断程序 解除事件

续表四

高速指令		通信指令	
指令格式	说　明	指令格式	说　明
HDEF HSC, Mode	定义高速计数器模式	XMT TABLE, PORT RCV TABLE, PORT	自由端口传送 自由端口接受消息
HSC N	激活高速计数器	TODR TABLE, PORT TODW TABLE, PORT	网络读 网络写
PLS X	脉冲输出	GPA ADDR, PORT SPA ADDR, PORT	获取端口地址 设置端口地址

参考文献

[1] 赵全利. S7-200 系列 PLC 应用教程. 2 版. 北京：机械工业出版社，2020.
[2] 赵全利. 西门子 S7-200 PLC 应用教程. 北京：机械工业出版社，2014.
[3] 廖常初. S7-200 SMART PLC 编程及应用. 3 版. 北京：机械工业出版社，2022.